鄱阳湖研究丛书

鄱阳湖水生态模拟与健康评价

Aquatic Ecosystem Modeling and Health Assessment of Lake Poyang

高俊峰　李海辉　齐凌艳　黄佳聪 等　著

科学出版社
北　京

内 容 简 介

本书构建了鄱阳湖水文水动力、水质、浮游植物（藻类）模型，模拟分析了典型水文年的水动力、水质、富营养化、浮游植物（藻类）时空分布的特征和变化规律，针对鄱阳湖水利枢纽工程进行了水动力、水环境、水生态影响评价。在此基础上，建立了鄱阳湖健康评价指标体系，分析评价了鄱阳湖健康状态。本研究成果可为认识鄱阳湖水文、水环境和湿地生态规律，改善鄱阳湖水环境，恢复与保护湿地生态，促进鄱阳湖管理等提供科学依据。

本书适合流域水文学、生态学、环境学、地理学等专业的管理部门、科研院所、高等院校和相关机构研究人员阅读与参考。

图书在版编目(CIP)数据

鄱阳湖水生态模拟与健康评价 / 高俊峰等著 .—北京：科学出版社，2020.6

(鄱阳湖研究丛书)

ISBN 978-7-03-065090-0

Ⅰ.①鄱… Ⅱ.①高… Ⅲ.①鄱阳湖-水环境-生态环境-研究 Ⅳ.①X143

中国版本图书馆 CIP 数据核字（2020）第 082206 号

责任编辑：刘 超/ 责任校对：樊雅琼

责任印制：吴兆东 / 封面设计：无极书装

科学出版社 出版

北京东黄城根北街 16 号

邮政编码：100717

http://www.sciencep.com

北京虎彩文化传播有限公司 印刷

科学出版社发行 各地新华书店经销

*

2020 年 6 月第 一 版 开本：787×1092 1/16

2020 年 6 月第一次印刷 印张：16 1/2

字数：389 000

定价：198.00 元

(如有印装质量问题，我社负责调换)

序

长江经济带是我国综合实力最强、战略支撑作用最大的重点区域，在我国社会经济活动中扮演着极其重要的角色。长江干流及其关联湖泊的水环境、水生态问题是关系长江经济带绿色发展的关键。鄱阳湖是中国最大的淡水湖泊，也是长江流域最大的通江湖泊。长期以来，鄱阳湖与长江的复杂交汇过程、独特的水文节律、洲滩湿地生态及生物多样性等领域是研究的热点。特别是近年来，鄱阳湖秋冬季干枯引发水生态和水环境问题，引起政府和社会各界的广泛关注。

2016 年 9 月，在江西省水利厅的委托下，“鄱阳湖水生态综合模型研究及开发”项目正式启动。项目由中国科学院地理科学与资源研究所牵头，联合中国科学院南京地理与湖泊研究所、南昌大学、北京林业大学等多家单位共同承担。项目以鄱阳湖水文、水动力过程变化及其湖泊生态系统效应研究为核心，通过系统的监测和调查研究，构建并集成了“鄱阳湖水生态综合模型”，实现了对湖泊水文水动力、水质、浮游生物、湿地植被、水鸟栖息地及鱼类资源的集成模拟，研究结果与实证有较好的一致性，为鄱阳湖相关问题的深入研究打下了坚实基础；搭建了鄱阳湖数据库信息平台，可视化展示了鄱阳湖水生态、水环境的现状及未来演变趋势，有效支撑了鄱阳湖水利枢纽建设办公室持续开展相关的管理工作，为鄱阳湖水文调控、湿地管理提供了科学依据。通过扎实的研究，项目组还回应了一些社会关注的热点问题。

我作为项目的指导专家，全程参与了项目立项、中期评估和验收的过程。非常欣喜地看到“鄱阳湖水生态综合模型研究及开发”项目取得了丰硕的、高水平的研究成果。为促进项目成果的推广，项目指导委员会建议编写《鄱阳湖研究丛书》。我希望该成果的出版能为长江中下游相关的水利、生态环保、林业等政府部门、研究机构提供重要的参考。

当前，生态文明建设成为国家发展战略的重要内容，开展鄱阳湖水生态、水环境模拟，预判未来的变化趋势是长江经济带发展和管理决策的现实需求。2019 年 2 月，中国科学院战略性先导科技专项“美丽中国生态文明建设科技工程”启动，我作为项目总体组的专家和“长江经济带干流水环境水生态综合治理与应用”项目的负责人，研发和集成监控-模拟-管理互联的“长江模拟器”是该项目预期的成果之一。我相信，本丛书的相关成果将为“长江模拟器”的建设提供实证研究，为长江干流水环境综合整治、上游水库联合调度等提供科学的支持。

2019 年 11 月

前　言

鄱阳湖是我国最大的淡水湖泊，在长江中下游地区防灾减灾、生态安全、生物多样性保护等诸多方面发挥着重要作用。近年来，出现了枯水期提前、枯水期延长、水位偏低等一系列水情变化，导致水生态环境和生物多样性面临严重威胁，渔业资源锐减，湿地生态系统退化态势加剧，对区域社会经济发展已然造成不利影响。

随着大量基础性研究工作的开展和数据的积累，研发鄱阳湖水生态综合模型已具备条件。围绕鄱阳湖水文水动力、水质、湿地植被分布与演替、生物多样性维持等方面开展的研究工作促进了对鄱阳湖水文过程、生态过程机制的理解。行业部门和科学研究机构在鄱阳湖区域监测研究工作不断深入，积累了大量数据。同时，国内外水生态相关的模型开发研究经验日益丰富。鄱阳湖水生态综合模型将可在充分理解鄱阳湖在区域生态安全、生态系统功能与服务的基础上，整合水文、水质、湿地植被、鸟类多样性、鱼类资源等多个方面的模型，形成相互联系的模型系统，从而综合地模拟、预测鄱阳湖水生态在给定情景下的状况。

同时，为应对鄱阳湖水文情势发生的这一变化和伴随而来的水环境、水生态问题，以及经济和社会问题，鄱阳湖水利枢纽工程再次被提上议程。鄱阳湖水利枢纽工程针对长江与鄱阳湖水资源水环境的新形势新变化，按照生态保护和综合利用要求，采取动态管理、阶梯式水位、适应性调度的调控方式，控制相对稳定的鄱阳湖枯水位，提高鄱阳湖枯水季节水环境容量，从而实现保护水环境、水生态的目的，解决湖区干旱及生态缺水问题，改善湿地环境，有效控制钉螺，提高航道等级，发展湖区旅游业及渔业等。随着鄱阳湖水利枢纽工程的提出，围绕鄱阳湖水环境、水生态、生物多样性保护功能等方面的争议不断，社会各界对此高度关切。

本书研究的核心目标是研发鄱阳湖水文水动力模型、水环境模型，为深入研究鄱阳湖水生态提供技术工具，推动鄱阳湖生态系统的研究向综合、系统的方向发展。同时可加深对鄱阳湖生态系统更为全面、综合的认识，不仅仅从科学技术的角度对鄱阳湖水文和水生态提供较为完备的认识，也能对鄱阳湖水生态在多种情景下的状况做出预测，从而为鄱阳湖的综合管理决策提供辅助工具和数据，并为数据向决策信息转化提供处理平台。

全书共分 9 章。第 1 章概述了研究背景、目的，研究的技术构架，以及国内外研究进展；第 2 章重点研究对象是未控区间，对流域径流入湖过程以及污染负荷变化开展模拟评估与分析，探明鄱阳湖未控区间的径流和污染物入湖过程变化，摸清入湖径流与污染物的时空变化特征，解析未控区间水量和污染负荷对湖区的相对贡献分量；第 3 章针对鄱阳湖湖盆内碟形湖营养物质浓度上升原因不清、控制措施较盲目等问题，以保障碟形湖乃至鄱阳湖湿地生态系统稳定和可持续发展为目标，以鄱阳湖典型碟形湖——梅溪湖为研究案例，构建机理模型，动态模拟氮磷变化，结合多因素情景模拟设计方案，利用因子贡献指数量化各驱动因子对营养物质的影响；第4章改进了WALRUS模型，采用不同的产流过程函数和参数反映不同土地类型的产流特性，形成新的WALRUS-paddy模型，并选取蒋巷联圩作为研究区，定量分析近20年来气候和下垫面变化对水文过程的影响；第5章构建了鄱阳湖二维水动力模型，模拟了不同典型年鄱阳湖水位、水深、流速、流向，分析其时空变化特点，并对比分析了水利枢纽建设工程对典型年水动力的影响；第6章构建了鄱阳湖水质模型，模拟分析了不同典型年鄱阳湖不同水质和富营养化指数的时空变化，并对比分析了水利枢纽建设工程对典型年水质和富营养化指数的影响；第7章构建了鄱阳湖浮游植物（藻类）模型，模拟分析了不同典型年鄱阳湖Chla的时空变化，并对比分析了水利枢纽建设工程对典型年Chla的影响；第8章构建了鄱阳湖水生态系统健康评价体系，筛选关键的指标参数，并对照参考状况，给出指标的健康得分，最终可定量、全面地分析鄱阳湖水生态系统健康状态；第9章利用开发的分布式水文模型——栅格型新安江模型，结合未来气候模式数据集CMIP5，分析了未来2016～2050年、2051～2100年两个时间段在气候变化下的信江的径流响应规律。在此基础上结合水动力模型进一步研究未来不同气候情景下信江径流变化对鄱阳湖水动力条件的影响。

本书的总体框架和内容由高俊峰和李海辉构思和设计。第1章由高俊峰、齐凌艳、黄琪、李云良撰写，第2章由李云良撰写，第3章由黄佳聪撰写，第4章由闫人华撰写，第5章由姚静撰写，第6章、第7章由黄佳聪、叶瑞撰写，第8章由齐凌艳、黄琪撰写，第9章由齐凌艳、闫人华撰写。崔桢、王双双、张俊儒等研究生参与了数据整理和制图工作。全书由高俊峰统稿。

本书的研究得到江西省鄱阳湖水利枢纽建设办公室项目“鄱阳湖水生态综合模型研究及开发”、江西省水利厅科技项目（重大项目）“鄱阳湖健康状况评价及保护策略研究”（编号：KT201406）、水体污染控制与治理科技重大专项子课题“流域水生态保护目标制定技术集成”（编号：017ZX07301-001-02）、国家重点基础研究发展计划“长江中游通江湖泊江湖关系演变及环境生态效应与调控”（编号：2012CB417006）等的支持。

研究实施过程中得到夏军、罗小云、朱来友、杨丕龙、纪伟涛、罗传彬、胡振鹏、谭国良、杨桂山、于秀波、张远、雷光春、彭文启、葛刚、许有鹏、王文、陆健健、王圣瑞、周国春、王仕刚、刘聚涛等领导、专家，以及诸多未列出名字的人士的指导和帮助。同时也得到江西省水利厅、江西省鄱阳湖水利枢纽建设办公室、鄱阳湖水文局、江西省水利科学研究院、中国科学院鄱阳湖湖泊湿地观测研究站、中国科学院流域地理学重点实验室、湖泊与环境国家重点实验室等单位和研究机构的大力支持，在此诚挚感谢并致以崇高敬意。

由于条件所限，本研究的不足之处请广大读者批评指正。

高俊峰

2020年2月

目　　录

第1章 概　　述

1.1　研究背景和目标

1.1.1　研究背景

鄱阳湖是我国最大的淡水湖泊，在长江中下游地区防灾减灾、生态安全、生物多样性保护等诸多方面发挥着重要甚至是关键性的作用。近年来，在人类活动的强烈干预下，鄱阳湖湖区社会经济发展需求增加与鄱阳湖资源环境承载力有限之间的矛盾日益突出。在区内资源开发利用、气候变化、长江上游及鄱阳湖流域河流控水性水库群运行等多重影响下，鄱阳湖出现了枯水期提前并延长、水位偏低等一系列水情变化，导致水生态环境和生物多样性面临严重威胁，渔业资源锐减，湿地生态系统退化态势加剧，对区域社会经济发展造成不利影响，如周边地区枯水期供水出现困难、灌溉水源不足、渔业资源衰退、通航能力下降、血吸虫病仍然存在等。

随着大量基础性研究工作的开展和数据的积累，研发鄱阳湖水生态综合模型的条件已经具备。围绕鄱阳湖水文水动力、水质、湿地植被分布与演替、生物多样性维持等方面开展的研究工作促进了对鄱阳湖水文过程、生态过程机制的理解。行业部门和科学研究机构在鄱阳湖区域监测研究工作不断深入，积累了大量数据。同时，国内外水生态相关模型开发的研究经验日益丰富。国内研究人员对太湖水质、水生态模拟的研究直接为本书的研究提供了区域内的经验。此外，以美国大沼泽湿地景观模型为代表的综合性模型已投入运行多年，为研究开发鄱阳湖水生态综合模型提供了宝贵的经验。鄱阳湖水生态综合模型研究可在充分理解鄱阳湖在区域生态安全、生态系统功能与服务的基础上，整合水文、水质、湿地植被、鸟类多样性、鱼类资源等多个方面的模型，形成相互联系的模型系统，从而综合地模拟、预测鄱阳湖水生态在给定情景下的状况。

同时，为应对鄱阳湖水文情势发生的这一变化和伴随而来的水环境、水生态问题，以及经济和社会问题，鄱阳湖水利枢纽工程再次被提上议程。鄱阳湖水利枢纽工程针对长江与鄱阳湖水资源水环境的新形势新变化，按照生态保护和综合利用要求，采取动态管理、阶梯式水位、适应性调度的调控方式，控制相对稳定的鄱阳湖枯水位，提高鄱阳湖枯水季节水环境容量，从而实现保护水环境、水生态的目的，解决湖区干旱及生态缺水问题，改善湿地环境，有效控制钉螺，提高航道等级，发展湖区旅游业及渔业等。随着鄱阳湖水利枢纽工程的提出，围绕鄱阳湖水环境、水生态、生物多样性保护功能等方面的争议不断，社会各界对此高度关切。

1.1.2 研究目标

鄱阳湖水生态综合模型研究及研发的核心目标是研发鄱阳湖水文水动力模型、水环境模型和湿地生态模型，为进一步深入研究鄱阳湖水生态提供技术工具，推动鄱阳湖生态系统的研究向综合、系统的方向发展，以促进更多的科技产出。另外，该研究可加深对鄱阳湖生态系统更为全面、综合的认识，不仅仅从科学技术的角度对鄱阳湖水文和水生态提供较为完备的认识，也能对鄱阳湖水生态在多种情景下的状况做出预测，从而为鄱阳湖的综合管理决策提供辅助工具和数据向决策信息转化的处理平台。

鄱阳湖水生态综合模型以水文过程变化和湖泊生态系统主要生态效应的关系为核心，总体目标如下。

1）鄱阳湖水文及入湖污染负荷模拟。定量反映在长江上游水库运行、降水变化、植被变化及生产生活的水资源消耗等因素的综合影响下，鄱阳湖水量、入湖污染负荷所发生的变化。为此，在鄱阳湖水生态综合模型中设立水文子模型，模拟入湖水量和污染负荷。本目标将通过水文模型加以实现。

2）鄱阳湖湖泊水质动态模拟。揭示鄱阳湖水利枢纽工程、流域水文情势变化和社会经济发展对湖泊水质的影响，反映给定情景下湖泊的富营养化风险。本目标将通过水质模型加以实现。

3）鄱阳湖浮游植物（藻类）动态模拟。揭示过去的水文情势变化对鄱阳湖藻类时空格局造成的影响，预判未来情景下的藻类时空格局。

4）鄱阳湖水利枢纽工程建设背景下的多情景模拟。鄱阳湖水生态综合模型开发的重要目的之一是在深刻认识鄱阳湖水生态状况的基础上，为鄱阳湖水利枢纽工程建设背景下的不同情景的模拟、预测和管理决策提供科学工具。通过模型模拟、情景预测，得出鄱阳湖水利枢纽工程建设与运行背景下鄱阳湖水生态及江湖关系的一系列科学认识。

1.2 研究的技术框架

1.2.1 研究对象的空间关系

鄱阳湖流域面积为16.2万km^2。流域内主要河流为赣江、抚河、信江、饶河和修水，称为五河，各自有独立的水系，流域面积均大于1km^2。五河水量和营养物质均注入鄱阳湖，由7个水文站监控，称为七口，分别为虬津站、万家埠站、外洲站、李家渡站、梅港站、虎山站和渡峰坑站。七口之下、鄱阳湖水面之上的陆地空间没有水文站，称为未控区间，其面积为2.2万km^2。鄱阳湖湖体位于未控区间内，本次研究的鄱阳湖面积约为0.4万km^2。研究对象的空间关系见图1-1。

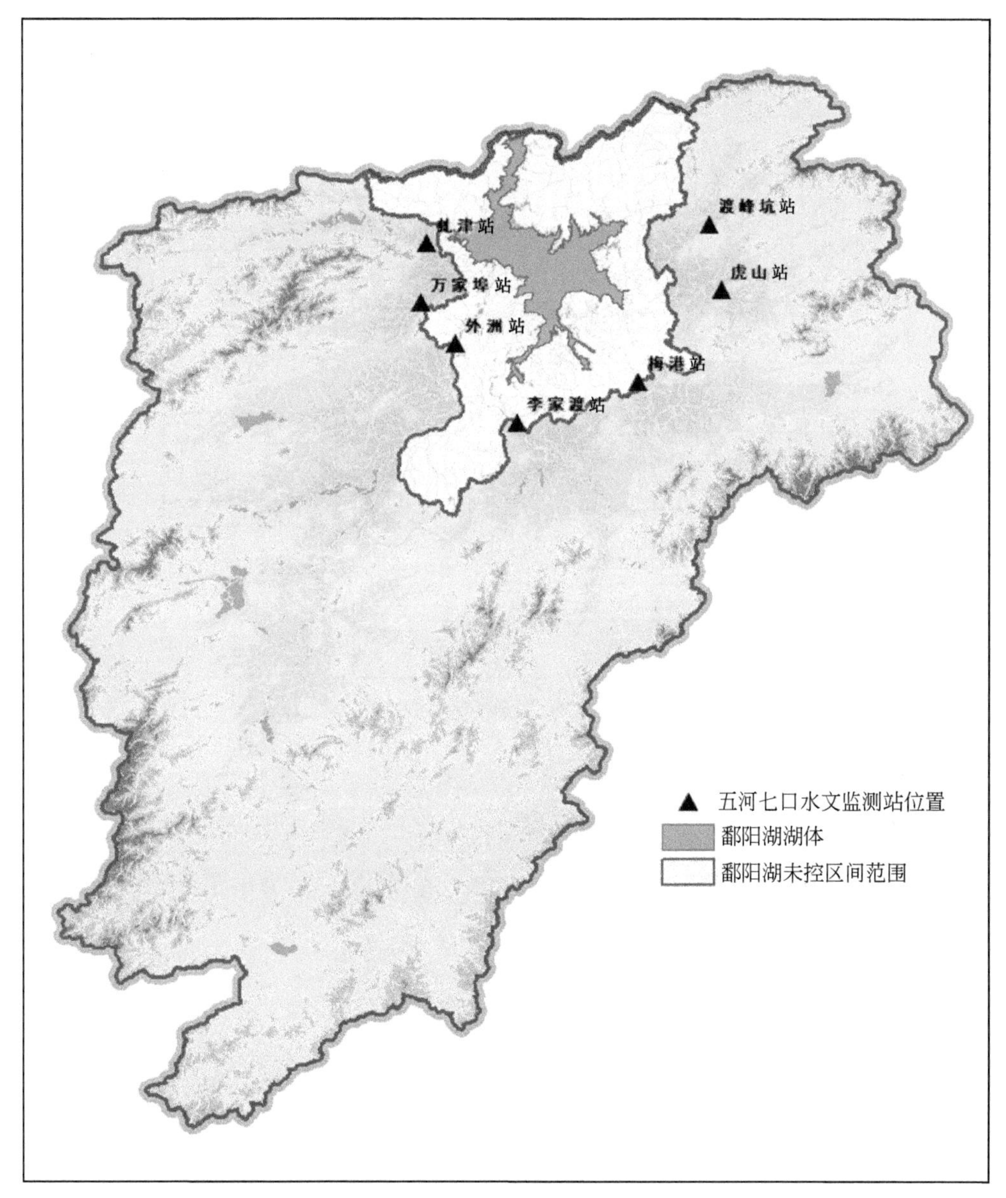

图 1-1 研究对象的空间关系示意图

1.2.2 研究整体思路及技术框架

根据鄱阳湖水生态系统结构组分和过程之间的关系，水生态综合模型包括未控区间水文与污染负荷模型，鄱阳湖水动力-水质模型、藻类模型，模拟对象主要为鄱阳湖水生态系统的水文过程、水体营养盐与富营养化风险变化过程、藻类演变过程。鄱阳湖水生态综合模型技术流程如图 1-2 所示。

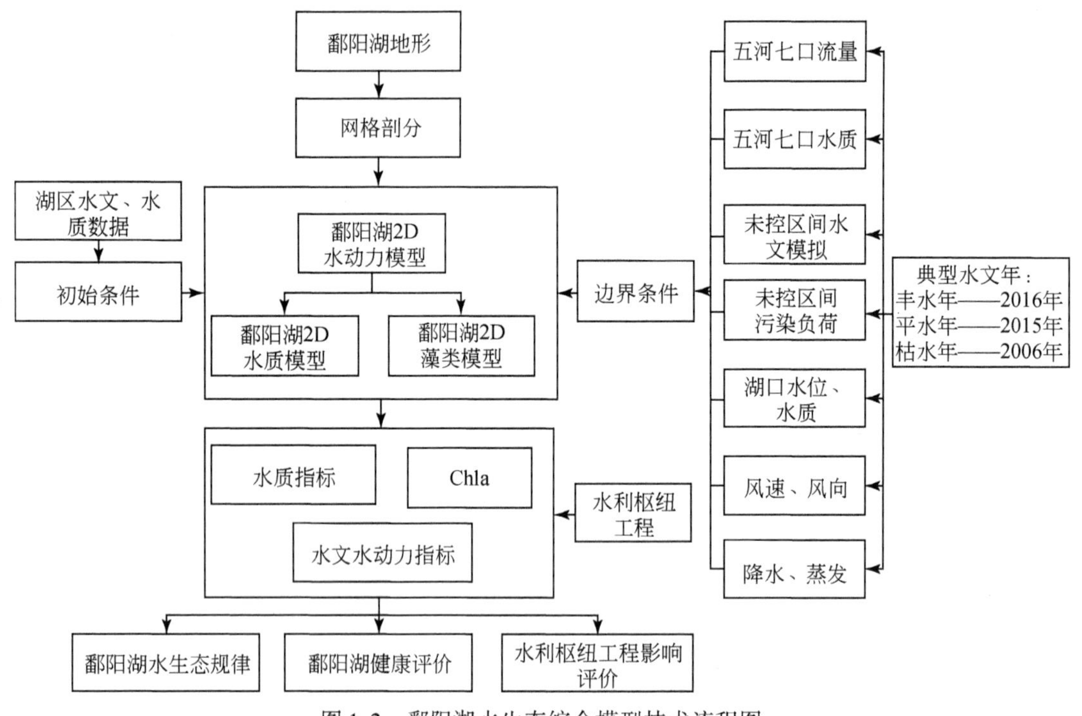

图 1-2　鄱阳湖水生态综合模型技术流程图

1.2.3　典型年的选择

根据 1956 ~ 2016 年鄱阳湖流域降水量变化，选择 2016 年为丰水年、2015 年为平水年、2006 年为枯水年。

1.2.4　鄱阳湖水利枢纽及运行方式

鄱阳湖水利枢纽调度方案划分为江湖连通期、枢纽蓄水期、湖泊退水期与生态调节期。调度规则如下。

1）江湖连通期：4 月 1 日至 8 月 31 日。泄水闸门全部敞开，江湖连通。

2）枢纽蓄水期：9 月 1 ~ 15 日。当闸上水位高于 14.5m 时，泄水闸门全部敞开；当闸上水位降到 14.5m 时，减少闸门开启孔数，按五河和区间来水下泄，水位维持在 14.5m；当闸上水位低于 14.5m 时，在泄放满足航运、水生态与水环境用水流量的前提下，最高蓄水至 14.5m；若长江干流与鄱阳湖水系来水量均较少，当大通站流量小于 15 000m^3/s时，枢纽敞泄，不调控。

3）湖泊退水期：9 月 16 日至次年 2 月底。9 月 16 ~ 30 日，闸上水位逐步均匀消落至 14.0m；至 10 月 10 日，闸上水位逐步均匀消落至 13.5m；至 10 月 20 日，闸上水位逐步均匀消落至 13.0m；至 10 月 31 日，闸上水位逐步均匀消落至 12.0m 左右；在消落过程中若外江水位达到闸上水位，则闸门全开；至 11 月 10 日，闸上水位逐步均匀消落至

11.0m；至11月底，闸上水位逐步均匀消落至10.0m；至12月，闸上水位基本维持在10.0m左右；至次年2月底，根据最小通航流量、水生态与水环境用水等需求控制枢纽下泄流量，使闸上水位逐步消落至9.5m左右。在11月至次年2月底，若长江干流下游突发水事件，则枢纽服从流域统一调度。

4）生态调节期：3月1日至3月上中旬，控制闸前水位不低于9.0m；当外江水位上涨至与闸前水位持平时，闸门打开，江湖连通。

1.3 国内外研究进展

1.3.1 湖泊水环境模拟

近年来，湖泊水动力模型得到迅速发展和成功应用，模型已成为国际上对湖泊模拟研究的前沿手段。水动力模型主要用于河道或大型水体（如湖泊、海湾等）2D或3D水动力模拟。考虑大尺度湖泊系统，传统原位观测往往受经费预算、时间和技术条件所限，经常局限于特定时间和特定区域的点或剖面观测，难以具有代表性。虽然遥感手段具有方便、快速的特点，使其能够捕捉湖泊流域一些关键要素的空间信息，但受天气状况和精度等因素限制，时间上不具有连续性，也不具备实时捕捉能力。统计模型物理基础薄弱，无法体现复杂系统的高度非线性响应，预测能力也略显不足。

我国水环境过程的建模案例大量采用国外模型，应用较为广泛的包括欧美国家开发的MIKE、EFDC、WASP、Delft3D等商业软件或开源程序，如李云良等基于MIKE模型模拟了鄱阳湖的水动力变化过程，唐天均等（2014）基于EFDC模型模拟了深圳水库的富营养化条件，上述模型/模拟系统具有功能强大、计算过程稳定、技术支持良好、研究案例丰富等优点。随着研究的深入，我国也自主研发了系列模型，与直接使用国外模型建模相比，模型自主研发需要投入大量的人力物力。所以国内学者目前主要针对大型湖泊开发湖泊水动力与水质模型，或基于已有的湖泊水动力模型研发水质模型（表1-1）。

表1-1 水环境模型基本特征比较

模型	维度	水平坐标	垂向坐标	网格类型	适用水域	应用案例
EFDC	1～3维	曲线坐标	Sigma坐标 GVC坐标	结构化网格	海洋、河流、湖泊、水库、湿地	摩洛湾（Ji et al.，2001）、 广阳湾（Ji et al.，2001）、 黑石河（Ji et al.，2002）、 圣卢西河口（Ji et al.，2007）、 鄱阳湖（杜彦良等，2015；赖格英等，2015；唐昌新等，2015；Huang et al.，2017）、 太湖（Lu et al.，2013；Huang et al.，2017）、 巢湖（Huang et al.，2017）、 洪泽湖（Huang et al.，2017）、 滇池（邹锐等，2011；刘永等，2012）、 异龙湖（Zhao et al.，2013）、 程海（Zou et al.，2014）、 深圳水库（唐天均等，2014）、 长潭水库（李一平等，2015）

续表

模型	维度	水平坐标	垂向坐标	网格类型	适用水域	应用案例
MIKE-SHE	1～3维	曲线坐标	Sigma坐标	非结构化网格	海洋、河流、湖泊、水库、湿地	Trichonis湖（Zacharias et al., 2005）、Karup集水区（Madsen, 2003）、Senegal河流域（Andersen et al., 2001）、Florida大沼泽（Chen et al., 2012；Long et al., 2015）、Faroe-Shetland渠道（Rullyanto et al., 2015）、鄱阳湖（Li et al., 2015a, 2015b；Yao et al., 2016）、阳澄湖（Zhu et al., 2009）
Delft3D	1～3维	曲线坐标	Sigma坐标	结构化网格	海洋、河流、湖泊、水库	Wadden Sea流域（Marciano et al., 2005）、San Pablo Bay（van der Wegen et al., 2011）、黄海（Van Maren et al., 2009）、杭州湾（Xie et al., 2009）、长江口（Hu et al., 2009）、鄱阳湖（胡春华等，2012；李海军等，2016）、钱塘江河口（Yu et al., 2012）
MOHID	1～3维	曲线坐标	Sigma坐标	结构化网格	海洋、湖泊、河口	Tagus河口（Braunschweig et al., 2003；Valentim et al., 2013）、浅水的温带潟湖（Trancoso et al., 2005）、连云港海域（张娜等，2012）
国内自主研发	1～2维	曲线坐标	Sigma坐标	结构化网格	湖泊	鄱阳湖（赖锡军等，2011）、洞庭湖（Lai et al., 2014）、洪泽湖（齐凌艳等，2015）、太湖（Huang et al., 2014）

水环境模拟对有效管理水资源具有重要的理论和实践意义。尽管国外已经开展大量湖泊水环境模拟研究并实现了成功应用，但应用于我国水环境过程模拟仍存在两方面突出问题。

1）模型缺乏对部分独特关键过程的描述。我国很多湖泊生态系统具有明显的地域性特征，造成了欧美国家模型（如MIKE、EFDC、Delft3D）应用的诸多困难。以我国大型淡水湖泊为例，鄱阳湖年内水位变化剧烈、出露滩频繁交替，而长时间露滩导致湖底形成了草滩湿地，极大地影响了湖泊水文水动力与营养盐循环等过程；洞庭湖广泛分布有速生杨树林，对湖体水流与营养物质的迁移转化有重要影响；太湖梅梁湾区域频繁发生的“黑水团”现象对湖泊水体与底泥的物质循环有显著的影响；上述过程在某一时间内可能成为湖泊水环境变化的关键，而已有水环境过程模型鲜少对其充分刻画，需要通过模型结构调整、第三方模块耦合等方式提高模型的预测能力。

2）模型参数本地化有限。水环境过程模型包含大量的参数，实际应用中容易存在误用现象，获取有效的参数是模型成功应用的关键，已有研究案例通过模型率定与物理实验等方法获得了参数的参考取值范围，但多数是基于国外湖泊的研究案例获取，直接应用于我国湖泊必然存在不确定性，实现国外模型的参数本地化是模型应用的迫切需求。

为满足用户与模型之间的交互需求，提高模型实用性，推进模型应用，需要开发运行模型的模拟系统，而湖泊水环境过程模拟需要模型与数据之间的频繁的交互，通过互联网提供的远程模拟服务极少，开发的模拟系统多数面向本地计算机，常用方法包括GIS软件耦合与独立开发；GIS软件支持常用的空间数据格式，空间数据显示与分析功能强大，但动态过程的展示能力较差；而由于水环境过程模型的特殊性，模拟系统开发主要通过独立开发方法实现，能够满足其特定的应用需求，如基于EFDC模型开发的第三方可视化模拟系统：EFDC_ Explorer与IWIND提供了EFDC模型的良好用户界面，MIKE与Delft3D模型也都有功能强大的可视化模拟系统，但模型校正方面的功能相对有限；此外，iLake（an intelligent system supporting phytoplankton prediction in Lakes）模拟系统从智能模拟的角度出发，基于Python编程语言及其第三方函数库开发了湖泊网格智能剖分、自适应的模型边界条件设置、模型参数敏感性分析、模型参数智能优化、模拟情景数据管理、可视化与统计分析等方面功能，减轻了建模的数据处理工作量，提高了建模效率。

除系统性能外，模型与模拟系统的共享程度也是用户选择模拟系统的重要依据；根据模型共享程度，可划分为商业模型、免费模型、开源模型，其中开源模型（如EFDC）具有多方面优势：①允许用户根据需求修改源代码，满足用户的应用需求；②大量模型用户在使用中能够发现并优化模型的不足，完善模型功能，对模型的发展有重要意义。基于上述原因，部分模型/模拟系统（如Delft3D）在不断提高其共享程度。

1.3.2 湖泊健康评价

1.3.2.1 评价指标体系

在水生态系统健康评价实践中，所选指标的不同往往反映了具体的评价对象、评价目标及评价者的知识背景和理论依据的差异。指标选择的途径主要分为单一途径和综合途径。单一途径偏重于生物或理化方面的指标，而综合途径则考虑不同范畴的评价指标，包括生命支撑系统对社会经济和人类健康作用的指标，以期获得综合全面的评价结果（孙燕等，2011）。该方法综合物理、化学、生物，甚至社会经济指标，能够反映不同尺度信息，成为目前生态系统健康评价的重要手段，但其指标体系的选取因环境背景和评价目标不同而有所差异，同时由于牵扯指标较多，需要完备的数据支撑，实施起来难度较大。根据不同的分类标准，可以将指标分为不同的类别。一般水生态系统健康的评价指标分为三类：①生态指标。在生态系统水平和群落层次上设计指标；②人类健康和社会经济指标。主要应用在一些与人类有密切关系的生态系统中；③物理化学指标。探究影响生态系统变化的非生物原因（刘永等，2004）。目前在国内外已开展的一系列水生态系统健康研究中，生态指标和物理化学指标较为常用（表1-2）。

表1-2 水生态系统健康研究中的评价指标

研究者	评价指标	指标类型
Karr等（1993）	物种完整性指标	生态指标
Cairns等（1993）	鱼类、浮游植物、浮游动物和底栖动物等指标	生态指标
Shear（1996）	水生群落的物理、生物和化学环境，经济机会和人类健康的风险	生态指标和物理化学指标

续表

研究者	评价指标	指标类型
Roger 和 Biggs（1999）	鱼类和底栖无脊椎动物指标	生态指标
Soto-Galwera 和 Paulo-Maya（1999）	鱼类分类群组成与变化的分析	生态指标
Welcomme（1999）		
O´Connor 等（2000）		
Xu（1996）	淡水生态系统的结构、功能和系统指标	生态指标和物理化学指标
Xu 等（1999）		
袁兴中等（2001）	水生生境类型和面积、水生动植物区系特征	生态指标和物理化学指标
Ludovisi 和 Poletti（2003）	熵和能质、结构能质	生态指标
Xu 等（2004）	压力指标、响应指标	生态指标
王备新等（2005）	底栖无脊椎动物主要分类单元耐污值	生态指标
张远等（2007）	底栖动物完整性指标	生态指标
渠晓东（2012）	底栖动物完整性指标	生态指标
Huang 等（2015b）	底栖动物群落的组成、结构、功能指标	生态指标
Zhang 等（2016）	浮游植物组成指标	生态指标

资料来源：刘永等（2004）

目前水生态系统健康评价方法划分并不强调将湖泊和河流分开，因此在本章节论述时，不作区分。水生态系统健康评价方法主要有两种。一种是指示物种法，其通过检测生态系统中指示物种对环境胁迫的反应，如种群数量、生物量、年龄结构、毒理反应、多样性、重要的生理指标等间接评价水生态系统健康状况。对水生态系统而言，其常用的指示物种为浮游生物、底栖无脊椎动物、营养顶级的鱼类等（孙燕等，2011）。生物完整性指数（index of biological integrity，IBI）是目前指示物种法中应用最广泛的指标之一，该方法最初由 Karr（1981）提出。生物完整性指数由一类生物的多个参数构成，通过比较参数值与参照状态的数值来计算单个参数的得分状况，再依据分级系统评价生态系统的健康状况。由于单个参数对干扰的敏感程度及类型有所差异，综合参数则可以更准确和全面地反映系统的干扰强度和受损状况（Karr，1991；Hering et al.，2006）。指示物种法中常用的生物完整性指数具有数据收集简单、易于分析等特点，但是也存在一些明显的缺点：仅依靠单一指标对生态系统健康进行评价具有一定的片面性；指示物种的筛选标准不明确，而且指示物种的减少是否会对系统产生重要影响及其在生态系统中的作用难以确定；未考虑社会经济与人类健康等因素，难以全面反映生态系统的健康状况（李冰等，2014）；同时该指数在我国湖泊生态系统中应用较少，因为我国绝大多数湖库均受到人类活动的强烈干扰，致使构建生物完整性指数的参照系统难以科学确定（黄琪，2015）。另一种是综合指标体系法，其根据水生态系统的物理、化学和生物特征，构建综合指标体系，有些甚至加入服务功能等指标，通过计算指标得分状况，结合指标权重，最终计算得到综合得分并进行等级划分和评定（廖静秋和黄艺，2013）。相对于我国在综合指标体系法方面开展的研究，欧盟、北美和大洋洲国家在河流健康评价中更多采用水质指标、水生态系统过程指标、营养盐指标、大型底栖动物指标和鱼类指标等多种类型指标来构建综合评价指标体系，其更注重河流、湖泊自然生态状况的评价研究，以期识别人类活动对流域水生态系统健康状况的干扰或影响（黄琪，2015）。综合指标体系法可全面、直观地反映目标生态系统各局部的健康状态，但实践中往往由于数据需求量巨大、数据采集难度高、处理过程复杂等因素影响，指标体系会根据实际需要进行适当调整。

2006年以来，中国"水体污染控制与治理科技重大专项"在全国十大流域开展了水生态系统健康评估研究工作，各学者对不同流域进行大量的实地调查和监测。在丰富的数据积累基础上，应用综合指标体系法对各大流域开展健康研究，其中就包括我国重要的湖泊。学者在太湖（马陶武等，2008；高俊峰和高永年，2012；水利部太湖流域管理局，2012；蔡琨等，2014；黄琪，2015；黄琪等，2016）、巢湖（Xu et al.，2001；余波等，2010；高俊峰等，2016，2017）、滇池（刘永等，2004；黄艺和舒中亚，2013；廖静秋和黄艺，2013；苏玉等，2013）、洱海（杨顺益等，2012；张红叶等，2012）、鄱阳湖（周云凯等，2012；张艳会，2015；Zhang et al.，2016；黄琪等，2016）、洞庭湖（李晓东等，2009；帅红等，2012），以及更大尺度范围内中国主要湖库开展的湖泊健康综合评价研究中，综合采用了物理、化学、生物复合完整性指标，对其湖泊生态系统健康进行了评价（张萍等，2016）。这些湖泊健康综合评价实践推动了多参数评价方法的发展，也为湖泊健康管理提供了有力的科学依据（表1-3），但从目前来看，湖泊健康评价实践因评价对象和评价目的不同，所开发的指标体系也有所差异。本书研究的目的在于针对鄱阳湖这种复杂的大型通江湖泊，评价其水生态系统健康特征。因此选择合适的指标，包括鄱阳湖自身的水文节律、丰富的水生植被等，来反映其健康特征变得尤为重要。同时考虑鄱阳湖地处江西省境内，受人为干扰影响较大，同时也与周边居民的生活生产活动密不可分，因此评价其健康水平，不仅要评价鄱阳湖水生态系统的自然属性，还需考量其是否能满足人类社会正常需求的能力。

表1-3 国内主要湖泊健康评价中的指标

湖泊	代表学者	主要指标
太湖	水利部太湖流域管理局（2012）、 高俊峰和高永年（2012）、 马陶武等（2008）、 蔡琨等（2014）、 黄琪（2015）、 黄琪等（2016）	河湖连通状况；湖面完整状况；水质状况；营养状况；浮游植物种类及优势度指数；底栖动物种类及优势度指数；鱼类种类及优势度指数等
巢湖	Xu等（2001）、 余波等（2010）、 高俊峰等（2016，2017）	水质指标；浮游植物、浮游动物、底栖动物生物量；水生动物覆盖度；叶绿素a（Chla）；细菌总数等
滇池	廖静秋等（2014）、 苏玉等（2013）、 黄艺和舒中亚（2013）、 刘永等（2004）	营养盐浓度；氧平衡指标（溶解氧、高锰酸盐指数、氨氮）；大型底栖动物分类单元数、优势度指数；着生藻类多类单元数及生物多样性指数等
洞庭湖	帅红等（2012）、 李晓东等（2009）	湖泊景观破碎度；生态需水量；换水周期；湖泊营养状况；有钉螺面积；浮游植物、底栖动物多样性指数；高等植物种数；调蓄洪水功能；旅游休闲功能；退田还湖力度；是否为自然保护区等
鄱阳湖	Zhang等（2016）、 周云凯等（2012）、 黄琪（2015）、 张艳会（2015）	蓝藻硅藻生物量比；底栖动物多样性指数、耐污指数；枯水期、涨水期水位距平；综合营养指数；底栖动物种类及优势度指数；鱼类种类及优势度指数等

1.3.2.2 参照状态建立

为了准确衡量人类活动对水生态系统的影响，必须确定水生态系统的参照基准，美国国家环境保护局提出参照状态是环境自然受人类活动影响最小或环境系统可达到的最佳状态（华祖林等，2014），只有将现状直接或间接地与未受人类活动影响的自然状态（参照状态）进行对比，才能科学评估人类活动对生态系统的影响。参照状态（reference condition，RC）被越来越多地作为基准应用于评估人类活动干扰程度的研究中。美国《清洁水法案》（*Clean Water Act*）、欧盟水框架指令（WFD）及澳大利亚水改革框架（Water Reform Framework）均应用到这一概念，在生态完整性基础上拓展水生态系统健康，将参照状态定义为生境未受干扰，维持和支持正常的生态过程、生物组成、多样性及其功能的状态（车越等，2011）。

由于研究者角度的差异及研究目的不同，目前对于参照状态也存在不同的认识和理解，如 WFD 将参照状态定义为：无或最小人类活动干扰，且满足“反映完全不受或几乎不受干扰的水文、形态、生物、理化等条件；特殊污染指标为零或低于某限值”的条件。若研究区域受人类活动高度干扰，区域内现存最佳状态常被定义为参照状态。本书研究将参照状态归纳为以下几种理解（吴阿娜，2008）。

历史状态（historical condition）：最理想的历史状态是没有人类干扰的历史时刻，但是获取不受任何人为影响时的健康资料几乎不可能，因此 Stoddard 等（2006）提出可供参考的历史状态：①大规模农业耕种以前。即没有大规模的工业化、城镇化及高强度的农耕活动，仅有极少数的物理化学、生物、水文形状发生变化。这种历史状态没有固定的时间，在各地定义均有所差异。在英国为 19 世纪 50 年代以前，在德国可能追溯至 17 世纪。②大规模移民以前。在北美，历史状态定义为仅有本地原住人口，而没有大规模欧洲移民以前的时期。美国东北部历史状态大约为 18 世纪，而美国西部和加拿大则为 20 世纪初期。澳大利亚历史状态通常定义为 1750 年以前。

最少干扰状态（least disturbed condition）：为生态系统物理、化学、生物方面可达的最佳状态。通常会用一些指标来计算最佳状态，如农业耕地面积<1%等。各区域的自然状况（景观格局、土地利用等）不同，导致选择最少干扰状态的标准存在差异，同时最少干扰状态在同一区域也会随时间变化而改变。

极少干扰状态（minimally disturbed condition）：与最少干扰状态类似，差别在于离极好状态的距离，极少干扰状态优于最少干扰状态。

最佳可达状态（best attainable condition）：如果在某一时期，区域进行了最大程度的管理恢复实践，那么最佳可达状态在这种情况下等同于最少干扰状态。最佳可达状态也可以是理论上对一个区域实现了生态修复最佳、优化土地利用结构和公共参与的环境管理目标。最佳可达状态介于极少干扰状态和最少干扰状态之间（Stoddard et al.，2006）。在实际健康评价工作中，参照状态的选择往往要根据研究对象尺度、数据资料积累程度、湖泊受人为干扰强度及专家意见等综合判断进行最优选择。

1.3.2.3 评价方法

作为复杂的大型通江水体，鄱阳湖拥有一系列特征：①物理生境不同于其他封闭式湖泊，具有特殊的水文节律，年内呈“枯水河相，丰水湖相”，年际分“丰、平、枯”水文年；②近年来随着人类社会干扰加剧，鄱阳湖水质逐渐下降，营养盐浓度上升；③作为我国重要的淡水湿地，其独特的地理环境和气候条件，为大量野生动植物提供生长栖息场所，具有丰富的生物多样性（黄金国和郭志永，2007）；④鄱阳湖水生态系统与人类社会关系密切，为人类提供水源等服务功能，同时也受到人为活动的改造和干扰，如采沙活动等。因此，对鄱阳湖水生态系统进行健康评价时，有必要综合考虑其物理生境（水位、径流量等）、水质理化指标（氮、磷等）、生物多样性（浮游生物、底栖动物、湿地植被等）及社会服务功能（水功能区水质达标率等）等各方面因素，以期得出鄱阳湖水生态系统全面科学的健康评价结果。

“生态完整性”即健康，指未受到损害、生态良好的状态。由于对水生态系统健康理解侧重点不同，目前主要有两种水生态系统健康评价方法。一是通过生物群落反映整体的生态完整性。生物类群整合了一段时间内该区域不同环境胁迫因子的影响，并且作为各种环境胁迫因子的综合受体，可反映所处水生态系统的健康水平。同时单独的生物监测费用比化学分析低廉，且单一生物群落的测量、鉴定的工作量远远低于综合完整性指标体系。因而可以进行快速评估，评价效率和实用性值得肯定。二是综合完整性指数法从综合指标体系法衍生而来，认为生态完整性包括物理、化学、生物完整性，有的研究加上水生态系统对人类活动的服务效用。集合物理生境、化学水质因子、生物类群等指标才能真正全面反映生态系统健康水平。虽然生物完整性指数在国内外河流生态系统健康评价研究中逐渐得到推广应用，为水生态系统评价和管理提供了有效的生物监测工具，但是却无法精确、量化表征。生物对胁迫的长期累积反应，使得其长期被用于“事前和事后”监测，但是作为污染防控的中间步骤，即鉴定污染原因并限制来源，需要整合各方面信息。鄱阳湖水生态系统复杂，单凭一类生物群落也很难反映其全面的健康状态。同时我国绝大部分湖库均受到人类活动不同程度的干扰，这使得构建生物完整性指数的参照系统难以基于调查现状确定，不能反映湖泊水生态系统完整性状况的历史变化（黄琪，2015；黄琪等，2016）。

综上所述，研究基于综合完整性指数法对鄱阳湖水生态系统进行健康（生态完整性）评价，通过选择鄱阳湖物理、化学、生物及社会服务功能指标，构建鄱阳湖综合完整性指标体系，评价人类活动干扰下鄱阳湖水生态系统的健康状态，为鄱阳湖水生态系统保护和恢复提供科学依据和支撑。

参 考 文 献

蔡琨，张杰，徐兆安，等. 2014. 应用底栖动物完整性指数评价太湖生态健康. 湖泊科学，26（1）：74-82.

车越，吴阿娜，曹敏，等. 2011. 河流健康评价的时空特征与参照基线探讨. 长江流域资源与环境，20（6）：761-767.

杜彦良，周怀东，彭文启，等. 2015. 近10年流域江湖关系变化作用下鄱阳湖水动力及水质特征模拟. 环境科学学报，35（5）：1274-1284.

高俊峰，高永年．2012．太湖流域水生态功能分区．北京：中国环境科学出版社．
高俊峰．2012．中国五大淡水湖保护与发展．北京：科学出版社．
高俊峰，蔡永久，夏霆，等．2016．巢湖流域水生态健康研究．北京：科学出版社．
高俊峰，张志明，黄琪，等．2017．巢湖流域水生态功能分区研究．北京：科学出版社．
胡春华，施伟，胡龙飞，等．2012．鄱阳湖水利枢纽工程对湖区氮磷营养盐影响的模拟研究．长江流域资源与环境，21（6）：749-755．
华祖林，汪靓，顾莉，等．2014．基于门限极值理论的湖泊水质参照状态的确定．中国环境科学，34（12）：3215-3222．
黄金国，郭志永．2007．鄱阳湖湿地生物多样性及其保护对策．水土保持研究，14（1）：305-312．
黄琪．2015．太湖流域水生态系统健康评价研究．南京：中科院南京地理与湖泊研究所．
黄琪，高俊峰，张艳会，等．2016．长江中下游四大淡水湖生态系统完整性评价．生态学报，36（1）：118-126．
黄艺，舒中亚．2013．基于浮游细菌生物完整性指数的河流生态系统健康评价——以滇池流域为例．环境科学，34：3010-3018．
赖格英，王鹏，黄小兰，等．2015．鄱阳湖水利枢纽工程对鄱阳湖水文水动力影响的模拟．湖泊科学，27（1）：128-140．
赖锡军，姜加虎，黄群，等．2011．鄱阳湖二维水动力和水质耦合数值模拟．湖泊科学，23（6）：893-902．
李冰，杨桂山，万荣荣．2014．湖泊生态系统健康评价方法研究进展．水利水电科技进展，34（6）：97-106．
李海军，陈晓玲，陆建忠，等．2016．考虑采砂影响的鄱阳湖丰水期悬浮泥沙浓度模拟．湖泊科学，28（2）：421-431．
李晓东，曾光明，梁婕，等．2009．基于层次分析法的洞庭湖健康评价．人民长江，40（14）：22-25．
李一平，王静雨，滑磊．2015．基于 EFDC 模型的河道型水库藻类生长对流域污染负荷削减的响应——以广东长潭水库为例．湖泊科学，27（5）：811-818．
廖静秋，黄艺．2013．应用生物完整性指数评价水生态系统健康的研究进展．应用生态学报，24（1）：295-302．
廖静秋，曹晓峰，汪杰，等．2014．基于化学与生物复合指标的流域水生态系统健康评价．环境科学学报，34（7）：1845-1852．
刘永，阳平坚，盛虎，等．2012．滇池流域水污染防治规划与富营养化控制战略研究．环境科学学报，32（8）：1962-1972．
刘永，郭怀成，戴永立，等．2004．湖泊生态系统健康评价方法研究．环境科学学报，24（4）：723-729．
马陶武，黄清辉，王海，等．2008．太湖水质评价中底栖动物综合生物指数的筛选及生物基准的确立．生态学报，28（3）：1192-1200．
齐凌艳，黄佳聪，高俊峰，等．2015．基于二维湖泊藻类模型的洪泽湖藻类空间动态模拟．中国环境科学，35（10）：3090-3100．
渠晓东．2012．标准化方法筛选参照点构建大型底栖动物生物完整性指数．生态学报，32（15）：4661-4672．
帅红，李景保，夏北成，等．2012．基于形态结构特征的洞庭湖湖泊健康评价．生态学报，32（8）：2588-2595．
水利部太湖流域管理局．2012．健康太湖指标体系研究．郑州：河南大学出版社．
苏玉，曹晓峰，黄艺．2013．应用底栖动物完整性指数评价滇池流域入湖河流生态系统健康．湖泊科学，

25（1）：91-98.
孙燕，周杨明，张秋文，等.2011. 生态系统健康：理论/概念与评价方法. 地球科学进展，26（8）：887-895.
唐昌新，熊雄，邬年华，等.2015. 长江倒灌对鄱阳湖水动力特征影响的数值模拟. 湖泊科学，27（4）：700-710.
唐天均，杨晟，尹魁浩，等.2014. 基于EFDC模型的深圳水库富营养化模拟. 湖泊科学，26（3）：393-400.
王备新，杨莲芳，胡本进，等.2005. 应用底栖动物完整性指数B-IBI评价溪流健康. 生态学报，25（6）：1481-1489.
吴阿娜.2008. 河流健康评价：理论、方法与实践. 武汉：华东师范大学.
杨顺益，唐涛，蔡庆华，等.2012. 洱海流域水生态分区. 生态学杂志，31（7）：1798-1806.
余波，黄成敏，陈林，等.2010. 基于熵权的巢湖水生态健康模糊综合评价. 四川环境，29（6）：85-91.
袁兴中，刘红，陆健健.2001. 生态系统健康评价——概念构架与指标选择. 应用生态学报，12（4）：627-629.
张红叶，蔡庆华，唐涛，等.2012. 洱海流域湖泊生态系统健康综合评价与比较. 中国环境科学，32（4）：715-720.
张娜，杨华，严冰，等.2012. SWAN和MOHID联合模型在连云港港30万吨级航道建设中的应用. 水运工程，2：128-133.
张萍，高丽娜，孙政.2016. 中国主要河湖水生态综合评价. 水利学报，47（1）：94-100.
张艳会.2015. 大型通江湖泊水生态系统健康评价——以鄱阳湖为例. 南京：中国科学院南京地理与湖泊研究所.
张远，徐成斌，马溪平，等.2007. 辽河流域河流底栖动物完整性评价指标与标准. 环境科学学报，27（6）：919-927.
周云凯，白秀玲，姜加虎.2012. 近17年鄱阳湖区生态系统健康时空变化研究. 环境科学学报，32（4）：1008-1017.
邹锐，朱翔，贺彬，等.2011. 基于非线性响应函数和蒙特卡洛模拟的滇池流域污染负荷削减情景分析. 环境科学学报，31（10）：2312-2318.
Andersen J, Refsgaard J C, Jensen K H. 2001. Distributed hydrological modelling of the Senegal River Basin-model constrction and validation. Journal of Hydrology, 247: 200-214.
Braunschweig F, Martins F, Chambel P, et al. 2003. A methodology to estimate renewal time scales in estuaries: the Tagus Estuary case. Ocean Dynamics, 53 (3): 137-145.
Cairns J, McCormick P V, Niederlehner B R. 1993. Aproposed framework for developing indicators of ecosystem health. Hydrobiologia, 263: 1-44.
Chen C F, Meselhe E, Waldon M. 2012. Assessment of mineral concentration impacts from pumped stormwater on an Everglades Wetland, Florida, USA-Using a spatially-explicit model. Journal of Hydrology, 452: 25-39.
Hering D, Feld C K, Moog O, et al. 2006. Cook book for the development of a Multimetric Index for biological condition of aquatic ecosystems: experiences from the European AQEM and STAR projects and related initiatives. Hydrobiologia, 566 (1): 311-324.
Hu K, Ding P X, Wang Z B, et al. 2009. A 2D/3D hydrodynamic and sediment transport model for the Yangtze Estuary, China. Journal of Marine Systems, 77 (1/2): 114-136.
Huang J C, Gao J F, Mooij W M, et al. 2014. A comparison of three approaches to predict phytoplankton biomass in Gonghu Bay of Lake Taihu. Journal of Environmental Informatics, 24 (1): 39-51.

Huang J C, Gao J F, Xu Y, et al. 2015a. Towards better environmental software for spatio-temporal ecological models: lessons from developing an intelligent systemsupporting phytoplankton prediction in lakes. Ecological Informatics, 25: 49-56.

Huang J C, Qi L Y, Gao J F, et al. 2017. Risk assessment of hazardous materials loading into four large lakes in China: a new hydrodynamic indicator based on EFDC. Ecological Indicators, 80: 23-30.

Huang Q, Gao J F, Cai Y J, et al. 2015b. Development and application of benthic macroinvertebrate- based multimetric indices for the assessment of streams and rivers in the Taihu Basin, China. Ecological Indicators, 48: 649-659.

Ji Z G, Hamrick J H, Pagenkopf J. 2002. Sediment and metals modeling in shallow river. Journal of Environmental Engineering, 2 (105): 105-119.

Ji Z G, Hu G D, Shen J, et al. 2007. Three- dimensional modeling of hydrodynamic processes in the St. Lucie Estuary. Estuarine, Coastal and Shelf Science, 73 (1/2): 188-200.

Ji Z J, Morton M R, Hamrick J M. 2001. Wetting and drying simulation of estuarine processes. Estuarine, Coastal and Shelf Science, 53 (5): 683-700.

Karr J R. 1981. Assessment of biotic integrity using fish communities. Fisheries, 6 (6): 21-27.

Karr J R. 1991. Defining and measuring river health. Freshwater Biology, 41 (2): 221-234.

Karr J R. 1993. Defining and assessing ecological integrity beyond water quality. Environmental Toxicology and Chemistry, 12: 1521-1531.

Lai X, Liang Q H, Jiang J H, et al. 2014. Impoundment effects of the three- gorges- dam on flow regimes in Two China' s largest freshwater lakes. Water Resources Management, 28 (14): 5111-5124.

Li Y L, ZhangQ, Werner A D, et al. 2015a. Investigating a complex lake- catchment- river system using artificial neural networks: Poyang Lake (China). Hydrology Research, 46 (6): 912-928.

Li Y L, Zhang Q, Werner A D, et al. 2015b. Investigation of residence and travel times in a large floodplain lake with complex lake- river interactions: Poyang Lake (China). Water, 7 (5): 1991-2012.

Long S A, Tachiev G I, Fennema A. 2015. Modeling the impact of restoration efforts on phosphorus loading and transport through Everglades National Park, FL, USA. Science of the Total Environment, 520: 81-95.

Lu C, Zhang F, Liu Z, et al. 2013. Three- dimensional numerical simulation of sediment transport in Lake Tai based on EFDC model. Journal of Food Agriculture & Environment, 11 (2): 1343-1348.

Ludovisi A, Poletti A. 2003. Use of the dynamic indices as ecological indicators of the development state of lake ecosystems. Ecological Modelling, 159 (2/3): 203-238.

Madsen H. 2003. Parameter estimation in distributed hydrological catchment modelling using automatic calibration with multiple objectives. Advances in Water Resources, 26: 205-216.

Marciano R, Wang Z B, Hibma A, et al. 2005. Modeling of channel patterns in short tidal basins. Journal of Geophysical Research, 110 (F1): F01001.

O'Connor R J, Walls T E, Hughes R M. 2000. Using multiple taxonomic groups to index the ecological condition of lakes. Environmental Monitoring and Assessment, 61: 207-228.

Roger K, Biggs H. 1999. Intergrating indicators, endpoints and value systems in strategic management of the rivers of the Kruger National Park. Freshwater Biology, 41: 429-451.

Rullyanto A, Jonasdottir S H, Visser A W. 2015. Advective loss of overwintering Calanus finmarchicus from the Faroe- Shetland Channel. Deep- Sea Research I, 98: 76-82.

Shear H. 1996. The development and use of indicators to assess the state of ecosystem health in the Great Lakes. Ecosystem Health, 2: 241-258.

Soto-Galwera E, Paulo- Maya J. 1999. Change in fish fauna as indication of aquatic ecosystem condition in Rio Grande de Morelia-Lago de Cuitzeo Basin, Mexico. Environmental Management, 24: 133-140.

Stoddard J L, Larsen D P, Hawkin C P, et al. 2006. Setting expectations for the ecological condition of stream: the concept of reference condition. Ecological Applications , 16 (4): 1267-1276.

Trancoso A R, Saraiva S, Fernandes L, et al. 2005. Modelling macroalgae using a 3D hydrodynamic-ecological model in a shallow, temperate estuary. Ecological Modelling, 187 (2/3): 232-246.

Valentim J M, Vaz N, Silva H, et al. 2013. Tagus estuary and Ria de Aveiro salt marsh dynamics and the impact of sea level rise. Estuarine, Coastal and Shelf Science, 130: 138-151.

van der Wegen M, Jaffe B E, Roelvink J A. 2011. Process-based, morphodynamic hindcast of decadal deposition patterns in San Pablo Bay, California. Journal of Geophysical Research, 116 (F2): 1856-1887.

van Maren D S, Winterwerp J C, Wu B S, et al. 2009. Modelling hyperconcentrated flow in the Yellow River. Earth Surface Processes and Landforms, 34 (4): 596-612.

Welcomme R L. 1999. A Review of a modelfor qualitative evaluation of exploitation levels in multi-species fisheries. Fisheries Management and Ecology, 6: 1-19.

Xie D F, Wang Z B, Gao S, et al. 2009. Modeling the tidal channel morphodynamics in a macro-tidal embayment, Hangzhou Bay, China. Continental Shelf Research, 29 (15): 1757-1767.

Xu F L, Jorgensen S E, Tao S. 1999. Ecological indicators for assessing freshwater ecosystem health. Ecological Modeling, 116 (1): 77-106.

Xu F L, Lam K C, Zhao Z Y. 2004. Marine coastal ecosystem health assessment: a case study of the Tolo Harbour, HongKong, China. Ecological Modelling, 173 (4): 355-370.

Xu F L, Tao S, Dawson R W, et al. 2001. Lake ecosystem health assessment: indicators and methods. Water Research, 35 (13): 3157-3167.

Xu F L. 1996. Ecosystem health assessment for Lake Chao, a shallow eutrophic Chinese lake. Lakes & Reservoirs: Research & Management, 2 (2): 101-109.

Yao J, Zhang Q, Li Y, et al. 2016. Hydrological evidence and causes of seasonal low water levels in a large river-lake system: Poyang Lake, China. Hydrology Research, 47 (S1): 24-39.

Yu Q, Wang Y W, Gao S, et al. 2012. Modeling the formation of a sand bar within a large funnel-shaped, tide-dominated estuary: Qiantangjiang Estuary, China. Marine Geology, 299-302: 63-76.

Zacharias I, Dimitriou E, Koussouris T. 2005. Integrated water management scenarios for wetland protection: application in Trichonis Lake. Environmental Modelling & Software, 20 (2): 177-185.

Zhang Y H, Yang G S, Li B, et al. 2016. Using eutrophication and ecological indicators to assess ecosystem condition in Poyang Lake a Yangtze connected lake. Aquat Ecosyst Health Manag, 19 (1): 29-39.

Zhao L, Li Y Z, Zou R, et al. 2013. A three-dimensional water quality modeling approach for exploring the eutrophication responses to load reduction scenarios in Lake Yilong (China). Environmental Pollution, 177: 13-21.

Zhu Y, Yang J, Hao J. 2009. Numerical simulation of hydrodynamic characteristics and water quality in Yangchenghu Lake. Advances in Water Resources and Hydraulic Engineering. Berlin Heidelberg: Springer: 710-715.

Zou R, Zhang X L, Liu Y. 2014. Uncertainty-based analysis on water quality response to water diversions for Lake Chenghai: a multiple-pattern inverse modeling approach. Journal of Hydrology, 514: 1-14.

第 2 章　鄱阳湖未控区水文模拟与污染物负荷估算

鄱阳湖水系统是一个时空高度异质、下垫面条件复杂、水文关系交互作用强烈的复合系统。就空间结构来看，鄱阳湖水系统可以划分为上游山区流域、下游近湖区未控区间，以及鄱阳湖水体三个主要部分。随着区域社会经济发展，鄱阳湖流域和湖区强人类活动的干扰以及长江干流大型水利工程的叠加影响，使得鄱阳湖与其流域及长江的水文关系发生了改变，引起鄱阳湖水量平衡关系的变化，表现为湖泊枯水期水位持续偏低、枯水期提前、汛后水位消退加速等干旱现象，给湖区生产生活带来巨大威胁，已经引起了诸多学者和有关政府部门的高度重视。从水资源整体角度出发，鄱阳湖流域扮演了各种水和污染物排放收集者的角色，通过河网向下游输送，而鄱阳湖则扮演了接受者的角色，即湖泊水、沙及各种营养物质和污染物主要来源于流域，流域入湖径流组分及其所挟带的污染组分均会影响湖泊水文水动力及水文情势的变化。

本章主要工作围绕鄱阳湖流域来展开，重点研究对象是未控区间，对流域径流入湖过程及污染负荷变化开展模拟评估与分析，探明鄱阳湖未控区间的径流和污染物入湖过程变化，摸清入湖径流与污染物的时空变化特征，解析未控区间水量和污染负荷对湖区的相对贡献分量，并阐明不同典型年份下入湖组分时空动态过程，旨在为鄱阳湖水动力切实模拟与评估提供边界输入资料。

2.1　研究技术路线

本章首先基于气象、水文、植被及社会经济等基础数据资料，构建未控区间分布式水文模型，开展模型的率定与验证，计算未控区间不同子流域的降雨-径流过程。其次根据输出系数模型估算未控区间 TN、TP 的年负荷量，基于子流域的降雨-径流关系，确定降雨对 TN、TP 的影响系数或比例系数，从而计算未控区间入湖河流断面的浓度变化过程。总体研究思路与技术路线如图 2-1 所示。

2.2　子流域划分

五河七口以上流域、未控区间和鄱阳湖水体构成了完整的鄱阳湖流域，总面积约为 16.2 万 km^2。本节分布式水文模型研究边界为鄱阳湖未控区间，介于鄱阳湖五河流域和鄱阳湖水体之间，实际计算域面积约为 2.2 万 km^2（图 2-2）。根据江西省水文局提供资料和实地调研，本次未控区间共划分 18 个子流域，且 18 个子流域的出口断面基本位于鄱阳湖湖区水体的边界附近。鄱阳湖上游山区流域采用水文站的观测数据结果，未控区间采用本节提出的水文和污染物计算结果。总体上，五河七口观测结果（站点数据）叠加未控区间

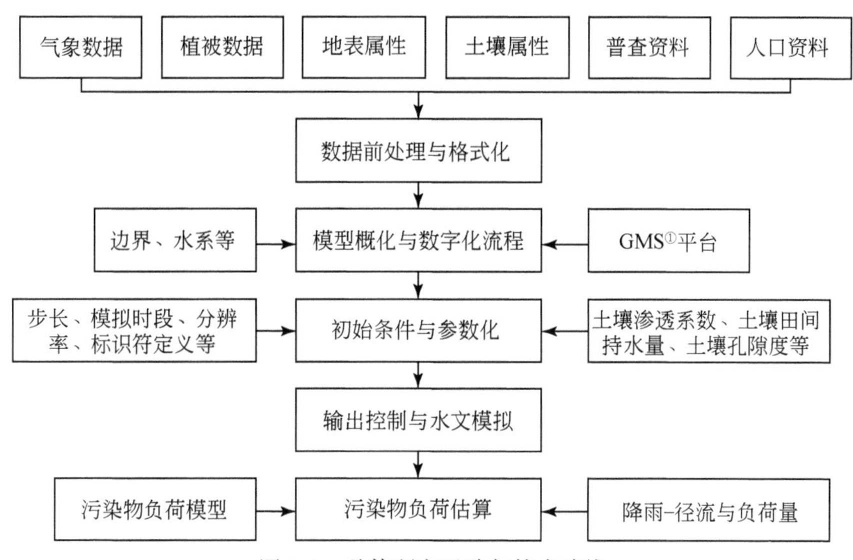

图 2-1　总体研究思路与技术路线

的模拟结果构成了鄱阳湖流域的水文和污染负荷输入。

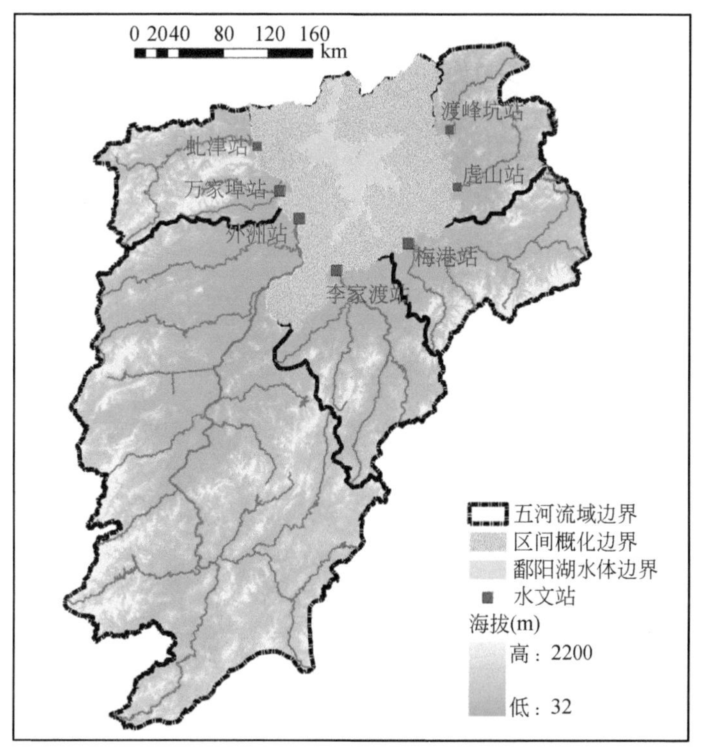

图 2-2　鄱阳湖未控区空间结构示意图

① 地下水模型系统（groundwater modeling system，GMS）。

结合江西省水文局提供的子流域边界，基于数字高程模型 DEM，以 18 个入湖口或下游出口为节点，采用 ArcGIS 软件对实际水系进行不断校正，水系概化至 3 级，因此精细划分 18 个子流域（图 2-3 和表 2-1）。

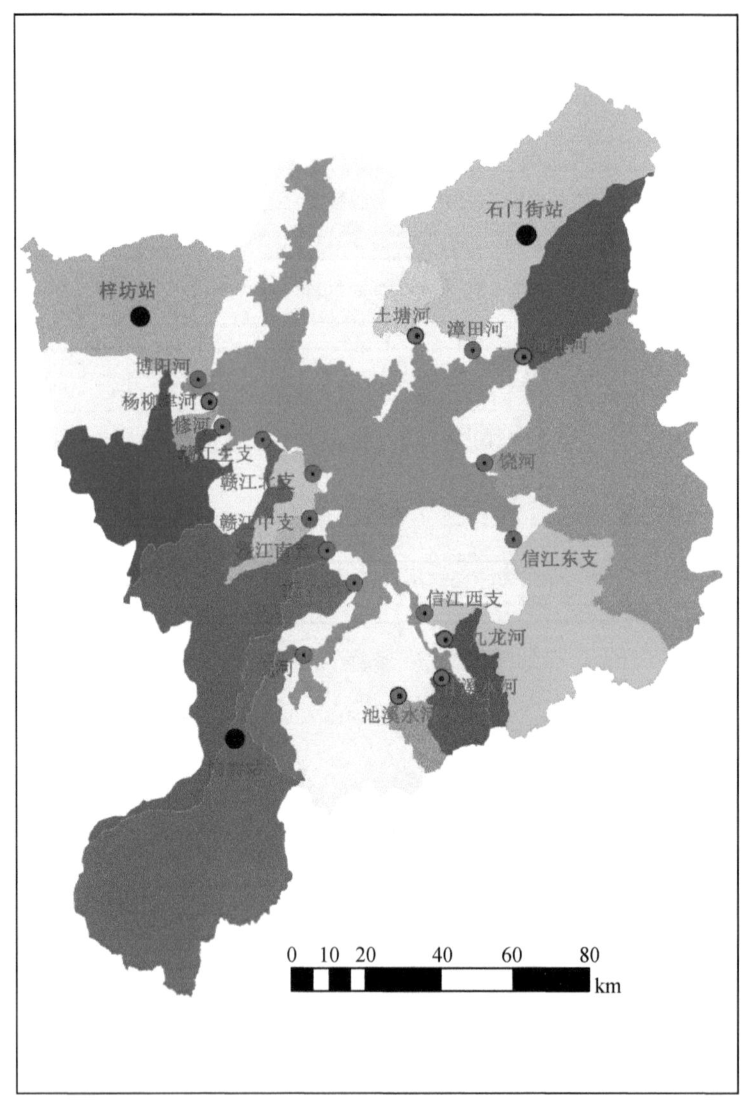

图 2-3　未控区间子流域划分示意图

表 2-1　区间子流域基础属性信息

编号	子流域名称	集水面积（km^2）	经纬度	坡度（°）		主要地表属性所占比例（%）				
				平均值	最大值	耕地	林地	草地	建设用地	水域
1	博阳河	1161.3	115.84°E，29.21°N	8.0	51.6	37.7	57.1	1.5	1.1	2.6
2	杨柳津河	86.6	115.89°E，29.16°N	1.0	8.5	70.0	8.1	5.8	6.9	9.2
3	修河	1106.6	115.91°E，29.10°N	4.3	41.5	34.2	27.7	2.2	0.7	4.1

续表

编号	子流域名称	集水面积（km^2）	经纬度	坡度（°）		主要地表属性所占比例（%）				
				平均值	最大值	耕地	林地	草地	建设用地	水域
4	赣江主支	1126.0	116.02°E，29.07°N	2.1	38.5	47.1	12.5	0.5	19.7	13.1
5	赣江北支	222.2	116.16°E，28.99°N	0.6	5.0	83.3	0	0	3.2	13.5
6	赣江中支	107.2	116.16°E，28.88°N	0.8	5.5	70.0	0	0	21.5	0
7	赣江南支	563.0	116.20°E，28.81°N	2.5	39.2	47.1	12.5	0.5	19.7	13.1
8	抚河	234.0	116.28°E，28.73°N	1.1	16.8	74.0	4.3	1.3	7.3	13.1
9	抚故河	2498.0	116.14°E，28.55°N	4.0	42.2	54.0	30.2	3.3	3.9	6.0
10	信江西支	403.0	116.48°E，28.65°N	3.8	32.0	45.5	45.6	4.3	1.5	3.1
11	甘溪水河	186.6	116.55°E，28.49°N	2.7	26.5	47.7	37.5	5.4	0	8.6
12	饶河	3435.0	116.72°E，28.83°N	4.2	49.0	38.0	30.4	4.2	4.2	3.9
13	漳田河	1882.2	116.75°E，29.28°N	8.4	41.9	31.4	56.1	8.6	1.3	2.0
14	潼津河	948.0	116.61°E，29.29°N	8.1	41.1	34.5	59.7	2.5	1.6	1.3
15	土塘河	217.5	116.45°E，29.31°N	6.7	36.0	39.5	57.5	0.3	1.8	0.9
16	九龙河	185.6	116.53°E，28.55°N	2.6	30.1	53.9	30.2	2.2	1.1	12.4
17	信江东支	806.0	116.64°E，29.02°N	3.1	29.7	42.4	45.6	4.3	1.5	6.2
18	池溪水河	130.9	116.39°E，28.40°N	2.3	25.7	52.7	34.4	9.2	0	1.5

2.3　水文模型构建及典型年模拟

2.3.1　水文模型原理

区间水文模型为中国科学院南京地理与湖泊研究所自主研发、基于分布式理念的大尺度水文模拟系统。该模型以 FORTRAN 90 语言为基础，是一个基于 GMS 前处理操作平台，以日为时间步长而实现空间格网离散与数字化的模拟计算模型。该模型主要包括两项计算任务：产流计算和汇流计算。其主要模拟的水文过程包括植被截留、冠层蒸发、非饱和带土壤蓄水、土壤层蒸发、地表径流、河道汇流、土壤水渗漏补给、地下水基流估算等(图 2-4)。该模型最初是团队成员基于太湖平原区产汇流模拟需求而设计的，经过近几年不断地修改与调试，其在关键过程算法、数据前后处理方面有所完善，并于 2013 年与国际流行软件 PEST 进行成功联合，实现了数据接口传递与参数自动优化。目前该模型已在太湖平原河网区及鄱阳湖赣江入湖平原区取得了较为成功的应用(李云良等，2013)。

区间水文模型主要计算研究区的降雨–径流过程，首先根据下垫面不同的土地利用类

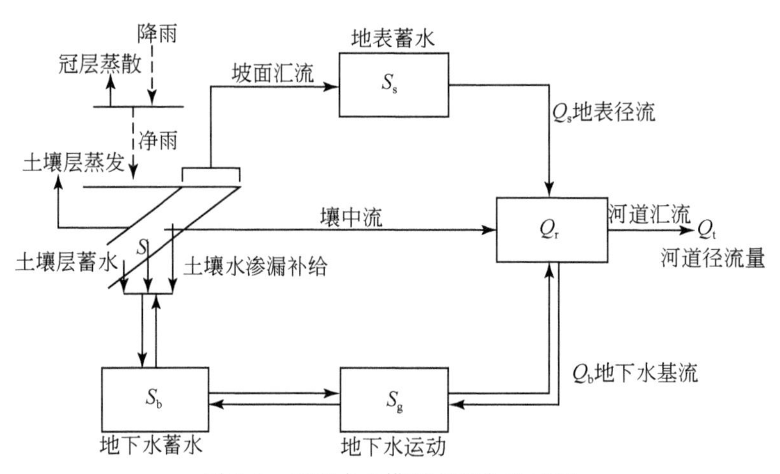

图 2-4　区间水文模型主要考虑过程

型确定相应产流机制，进行由产流至流域出口或河网节点的汇流过程分析。模型主要采用基于温度变量的两种潜在蒸散发（PET）估算方法，同时采用反距离加权（inverse distance weight，IDW）法、最近邻法和普通克里金法三种算法自动进行站点数据的空间插值，作为模型的分布式输入条件来驱动整个水文过程。模型根据叶面积指数（leaf area index，LAI）进行冠层的截留计算，采用普遍应用的线性比例系数关系来计算截留量。穿过植被层的地面降水一部分会入渗成为非饱和土壤水，另一部分则以自由水的形式在地表形成地表径流。模型采用有效蓄水系数确定土壤层的最大蓄水量并定义土壤层厚度阈值来约束最大蓄水量，其中土壤层厚度受地下水位季节性波动的影响而变化，从而决定了土壤层的蓄水量，即模型考虑了地下水位季节性波动对土壤水的反馈作用。借鉴 SWAT 等模型理论方法，该区间水文模型将田间持水量作为阈值来计算土壤水渗漏补给的地下水量。如果当天土壤含水量超过田间持水量，则土壤水发生渗漏补给；否则，土壤水不发生渗漏补给。基流量大小主要与当前时段和前一时段的地下水补给量有关，并通过下垫面不同土地利用类型来判别基流响应快慢，并最终汇入流域出口断面或河网节点。模型中将地面净雨量扣除实际土壤入渗后的水量作为地表径流量，径流按照下垫面土地利用类型差异选择不同机制的产流模式，并考虑径流延迟效应，进而采用经验汇流曲线模拟地面汇流过程，利用变动蓄量法或马斯京根法完成汇流单元与流域出口或河网节点流量演算过程。此外，该区间水文模型考虑了不同灌溉作物在灌溉期内的用水情况及不同的产流模式。在每个计算时段末，上述过程涉及的所有状态变量都会被更新替代（图 2-5）。

该模型充分考虑地形起伏变化不大的平原区产汇流难点，采用分布式网格精细刻画的理念进行关键水文过程模拟，能够根据数字高程模型来识别汇流路径，可对多个相互独立的子流域同时加以模拟，无须重复构建子模型。模型数据准备文件和输出结果文件能够直接与 ArcGIS、Surfer 等软件进行数据传递，方便模拟结果的空间可视化处理。虽然大部分水文模型的计算原理基本相同，但这些水文模型更适用于山区降雨–径流过程的模拟计算，而本研究使用的区间水文模型是专门结合平原区产汇流特点而设计和改进的，且同时又以山区产汇流的理论为依据而发展。因此，至少在模型结构上，本书研究使用的区间水文模

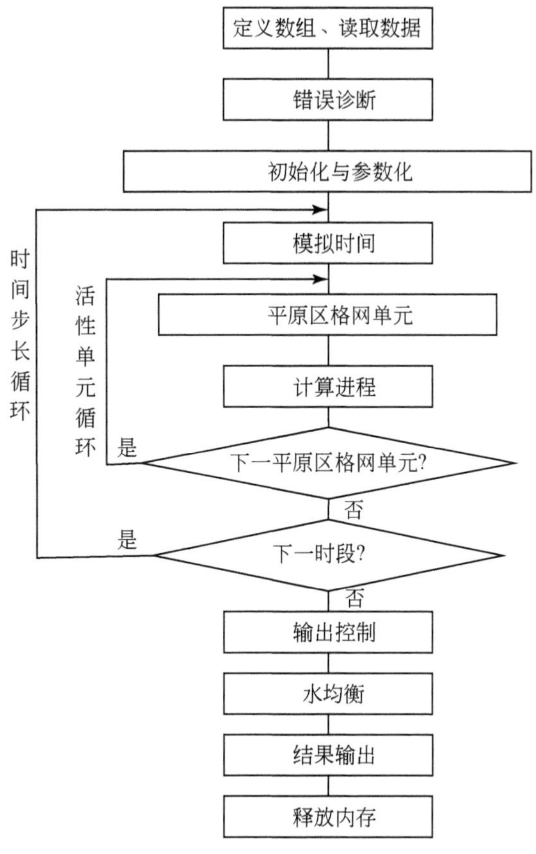

图 2-5　区间水文模型计算流程图

型是一个比较理想的选择，可在相似的未控区或者平原区开展产汇流模拟分析，解析水量平衡组分。

2.3.2　水文模型构建与参数

当前模型空间网格分辨率为 1000m×1000m，离散单元总数目为 46 360 个（244 行×190 列），其中未控区间计算域网格数目为 21 850 个（有效单元）。模拟时段设定为 2015 年 1 月 1 日至 12 月 31 日，采用变动蓄量法进行河道洪水演算。区间水文模型主要的输入资料为气象降雨和潜在蒸散发等时间序列资料；LAI；DEM、土壤类型、土壤水力特性参数（土壤孔隙度、土壤饱和渗透系数、土壤田间持水量）、土地利用类型、土壤初始含水率、地表水系分布与边界等矢量数据。本书研究使用的区间水文模型主要的输入资料为：星子、都昌、波阳等湖区站点的降雨和气温时间序列资料；2015 年每月 1 景遥感反演的 LAI 数据，反映区内植被季节性生长状况；DEM、土地利用类型和土壤类型数据，反映下垫面地理属性特征；土壤水力特性参数有土壤孔隙度、土壤饱和渗透系数和土壤田间持水量，反映土壤水运动的物理特性；土壤初始含水率、地表水系分布与边界等矢量数据，用以对不同计算单元的标识与定义（图 2-6 ~ 图 2-8）。

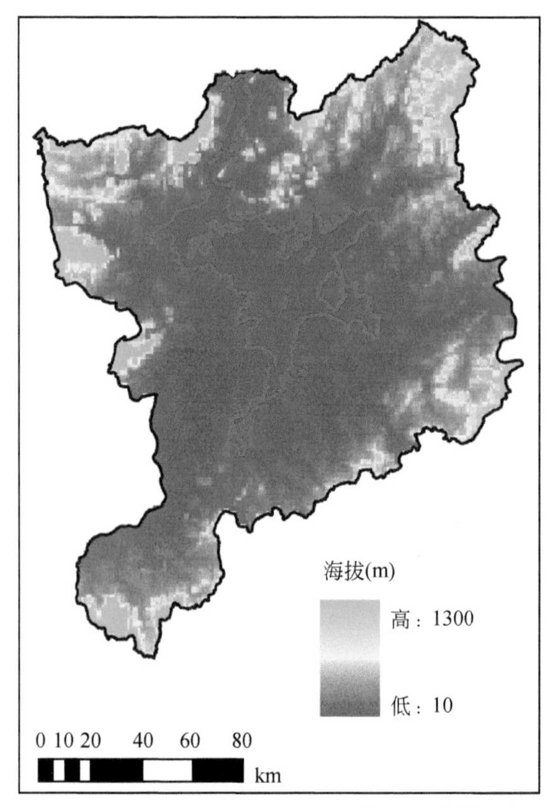

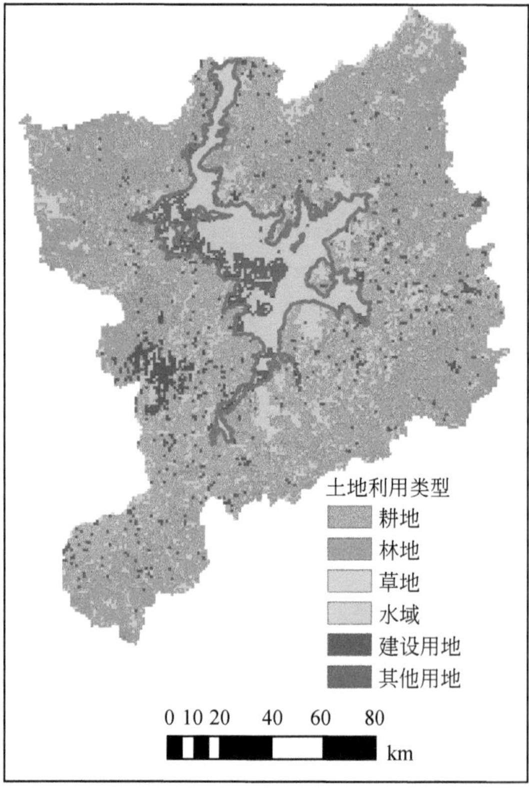

图 2-6　未控区间地形与土地利用类型

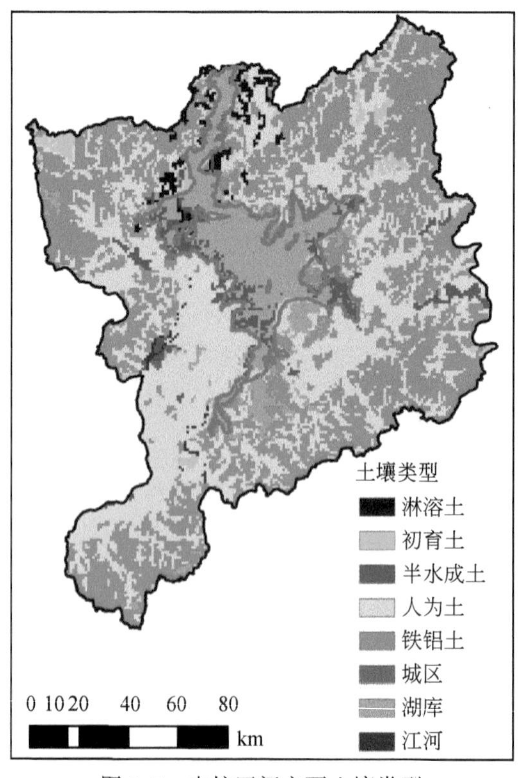

图 2-7　未控区间主要土壤类型

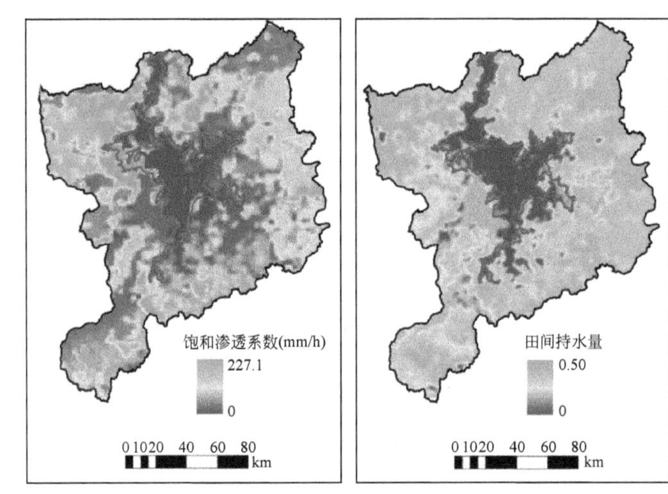

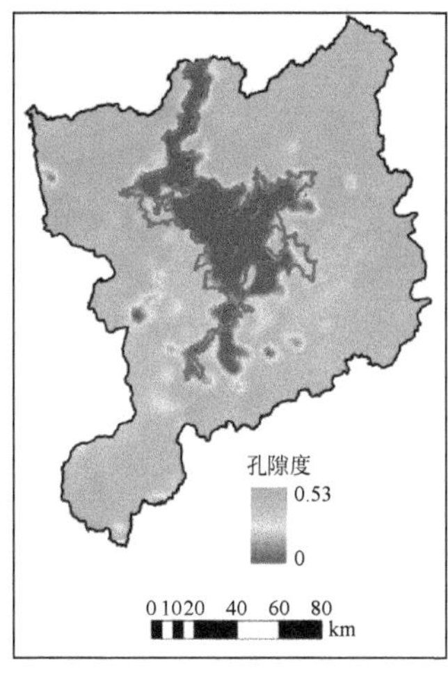

图 2-8　未控区间关键土壤水力特性参数空间分布

模型涉及的主要参数有土壤水入渗系数、地下水补给率系数、基流退水系数、汇流时间与坡面汇流距离阈值等。模型其他设置主要包括：空间网格离散单元数目、矩形网格分辨率、系统坐标、未控区间计算域标识符（active）、模拟时段、土壤层初始厚度、PET 估算方法选择、空间插值方法选择等（表 2-2）。

表 2-2　区间水文模型主要参数

参数名称	参数描述	参数取值
土壤水入渗系数	降雨入渗土壤层能力	0.01 ~ 2.0
地下水补给率系数	土壤层渗漏补给地下水	0.01 ~ 2.0
基流退水系数	基流补给河道径流	0.01 ~ 1.0
汇流时间（d）	河道汇流演算	0.01 ~ 6.0
坡面汇流距离阈值（km）	坡面径流汇流路径	0.5 ~ 2.0

2.3.3　模拟数据获取

区间水文模型主要的输入资料为气象降雨和潜在蒸散发等时间序列资料，日序列资料；DEM 初始分辨率为 30m×30m，LAI、土壤类型、土壤水力特性参数（土壤孔隙度、土壤饱和渗透系数、土壤田间持水量）、土地利用类型等，初始分辨率均为 1000m×1000m。模型构建的其他数据包括土壤初始含水率、地表水系与边界图层等矢量数据。详细模型输入条件见表 2-3。

表 2-3 区间水文模型所需基础数据

数据名称	初始分辨率	数据类型
降雨、气温等气象数据	天	时间序列
径流等水文数据	天	时间序列
DEM	30m×30m	栅格
土地利用类型	1000m×1000m	栅格
土壤类型	1000m×1000m	栅格
土壤孔隙度	1000m×1000m	栅格
土壤田间持水量	1000m×1000m	栅格
土壤饱和渗透系数	1000m×1000m	栅格
LAI	1000m×1000m	栅格
地表水系与边界图层	—	矢量

2.3.4 模型率定及验证

区间水文模型采用梓坊、岗前和石门街 3 个站点进行率定与验证，基于 2015 年观测数据开展模型的验证。采用 PEST（Parameter ESTimation）优化技术实现计算机自动调参（图 2-9）。模拟评估指标主要采用国际上通常使用的纳什效率系数 E_{NS}、确定性系数 R^2 与

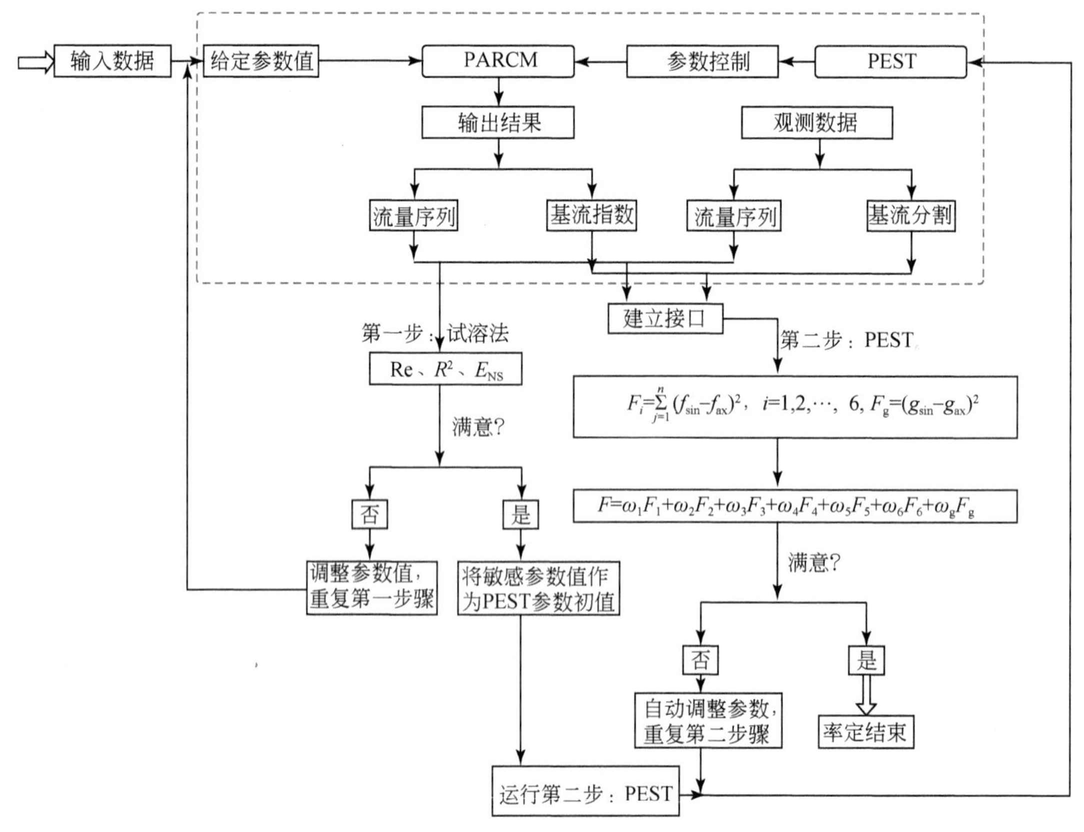

图 2-9 区间水文模型的参数率定过程图

相对误差 Re。

模拟显示，当前计算结果能够反映湖区内的降雨-径流动态时序变化过程，尤其是不同站点径流过程的季节性变化特征（图2-10）。通过 E_{NS}、R^2 和 Re 的综合评估来看，E_{NS} 介于0.64～0.79，R^2 介于0.69～0.81，Re 的绝对值基本在10%左右，表明当前计算效果基本上满足后续应用要求，达到了国际上同类水文模型的模拟能力。客观而言，本次计算结果在一些洪峰时段流量的模拟上存在误差，但尽量权衡各站点，将水量误差绝对值控制在10%左右。需要说明的是，未控区间下垫面特征极为复杂，存在水库调蓄、农业灌溉用水等人类活动的频繁干扰，当前模型无法切实把这些因素加以考虑，导致模拟结果存在一定的偏差。例如，岗前站径流模拟结果的相对误差偏大，原因可归结为该子流域人类活动颇为显著，对下垫面径流过程的人为干扰较为频繁（如引水灌溉等）。鉴于项目总体目标更侧重于过程或季节尺度水文变化特征的模拟，虽然分布式水文模型不同于一般的洪水预报模型，对洪峰难以捕捉，但对鄱阳湖这样一个开放的水系统来说，不会对湖体水动力计算带来很大影响，其当前的模拟效果完全在可以接受的范围内。

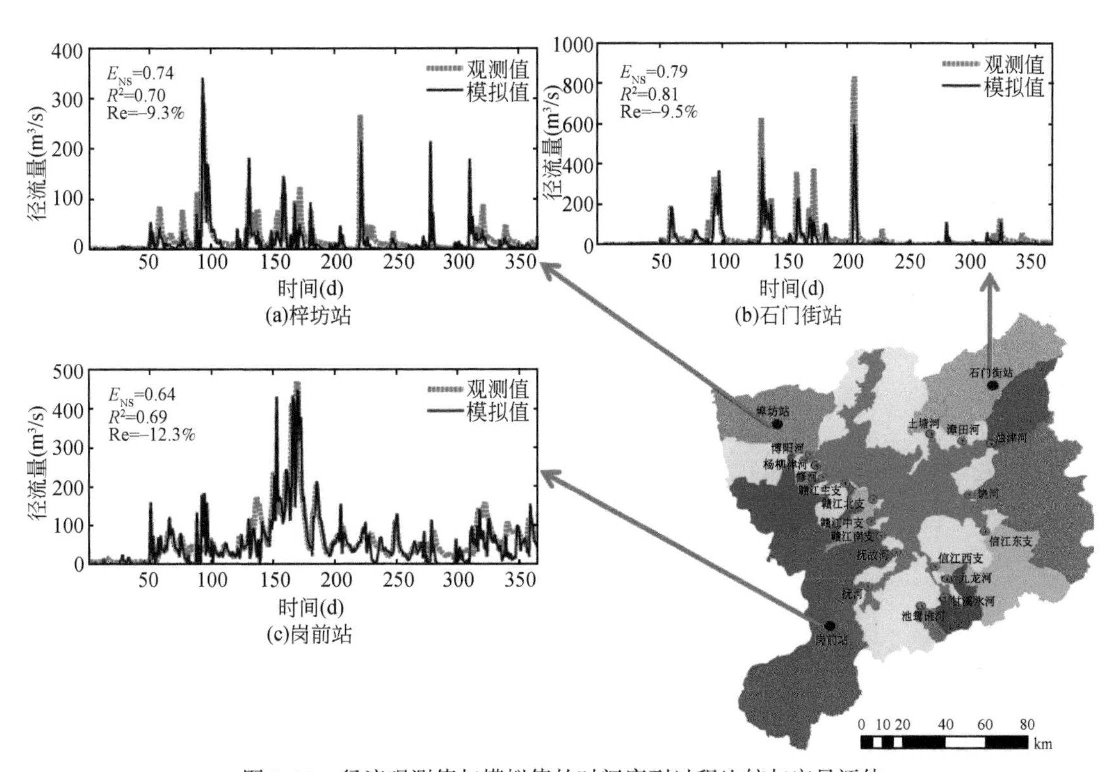

图2-10　径流观测值与模拟值的时间序列过程比较与定量评估

水量平衡方法能够从长时间尺度上客观反映模型的水量模拟状况，间接验证水文模型的模拟能力。从鄱阳湖年水量而言，2015年流域五河七口入湖水量约为 $1560\times10^8\text{m}^3$，模型计算湖区2015年入湖水量（18个入湖节点）累积为 $233\times10^8\text{m}^3$，约占五河入湖水量的14.9%。通过鄱阳湖水量平衡关系式可得，2015年未控区间入湖水量约占五河七口入湖水量的15.6%（表2-4），该比值从总水量上间接验证了本次模拟结果的合理性。需要说明的是，区间地下水入湖量等组分并未在水量平衡中加以考虑，可能会导致基于水量平衡方法的比值结果要略微偏大，表明当前结果较为可靠。

表 2-4　鄱阳湖水量平衡分析　　（单位：$10^8 m^3$）

平衡组分	五河七口水量（Q_r）	未控区间水量（Q_u）	湖面降雨量（P）	湖面蒸发量（E）	湖口出流水量（Q_o）	湖泊水量变化（ΔV）
方法依据	观测数据直接计算	水量平衡反求结果	基于观测估算结果	基于观测估算结果	观测数据直接计算	文献结果
计算水量	1560	244	81	13	1890	17.61 ~ 0.079

注：$\Delta V=Q_r+Q_u+P-E-Q_o$

对于一般性流域水文而言，通常有流域面积（A）比等于径流（Q）比，即 $A_1/A_2=Q_1/Q_2$（比例系数法）。鄱阳湖五河七口水文站以上集水面积约为 137 147km²，未控区间实际计算面积约为 21 850km²，面积比例系数为 0.16。受地形变化特点影响，五河七站以上流域的产汇流条件要比未控区间的产汇流条件更为优越，即未控区间的产汇流过程不明显，不能完全根据面积比例系数 0.16 来计算未控区间径流量。结合多年已有资料的试算结果，取经验值 0.155（谭国良等，2013）。根据上述比例系数方法，即未控区间年径流量约为 $0.155\times1560\times10^8 m^3=241.8\times10^8 m^3$，该结果与模拟值之间的水量误差则小于 5%（图 2-11）。因此，至少在年入湖总水量上，当前计算结果可以普遍接受，保证了湖区的水量平衡，可以为其他专项的水动力模拟提供保障。

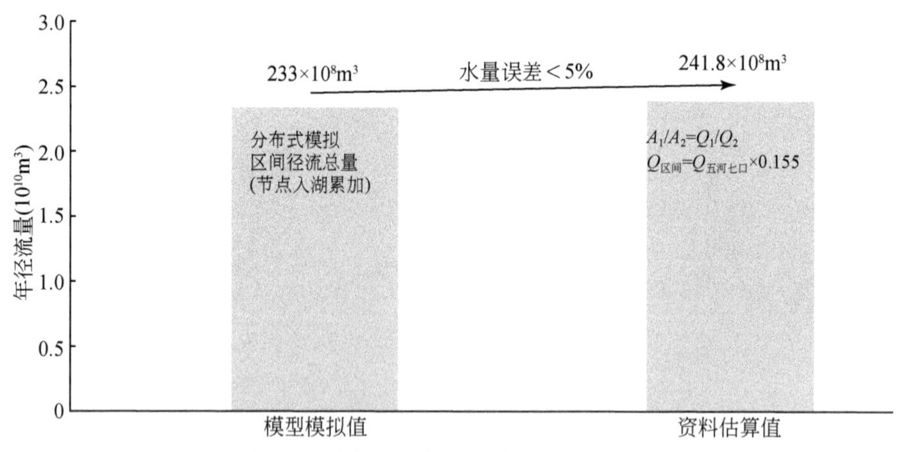

图 2-11　未控区间模拟入湖年径流量验证

2.3.5　典型年未控区间入湖径流模拟分析

选取 2015 年作为平水年。图 2-12 模拟的未控区间 18 个节点的入湖径流为水动力模型提供了强大的数据支撑。径流变化过程充分体现了季节性变化特征，与研究区降雨的季节分布趋势具有很好的一致性，即处于 4 ~ 6 月的鄱阳湖雨季，每个入湖节点的径流量值也较大，径流量集中分布在该时期内，然而其他相对少雨的季节，径流量总体上变化不大。总的来说，未控区间日入湖径流量的变化幅度基本介于10～1000m^3/s，各个节点的入湖径流过程在时序变化上呈现一定的差异，但空间的差异性或变异性要更为明显一些。总的来说，当前模拟的各个子流域入湖径流量与其集水面积大小成正比关系（图2-13中Pearsons'r=0.733 27，调整后的R^2=0.508 79，残差平方和=5.116 59×10^{18}），但气候要素和下垫面特征的空间异质性也是影响入湖径流量差异的主要因素。

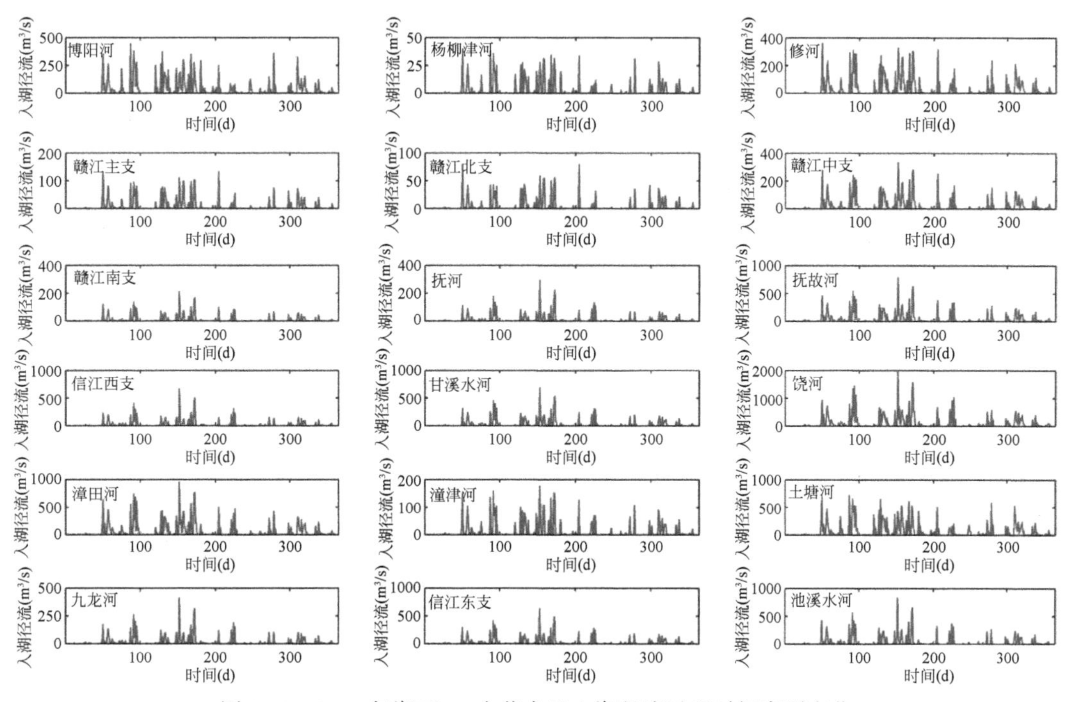

图2-12　2015年湖区18个节点日入湖径流过程时间序列变化

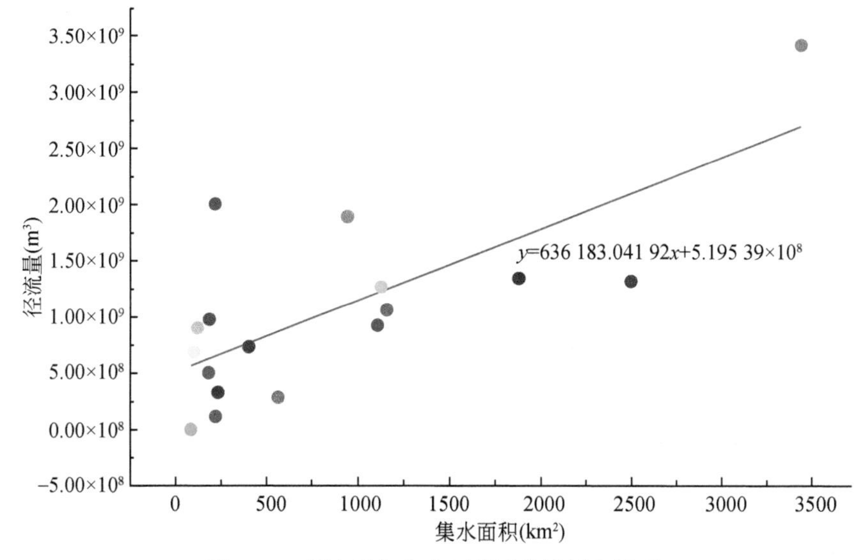

图2-13　径流量与集水面积的线性拟合关系

分别选取2006年和2016年为枯水年和丰水年。保持未控区间水文模型的率定参数和基本设置均保持不变（同2015年设置），采用2006年和2016年典型年份的降雨和蒸发（气温资料）分别来驱动模型，进而模拟2006年和2016年的未控区间子流域入湖径流量变化。通过图2-14可见，2006年、2015年和2016年未控区间入湖总径流量分别为122 933m^3/s、210 957m^3/s、292 670m^3/s，体现了枯水年、平水年和丰水年的未控区间径流情势变化，未控区间径流量分别占上游五河流域总径流量的14.1%、14.8%、13.6%，间接验证了不同年份未控区间水量计算的可靠性，同时也表明了未控区间水文模型的可移植性和稳定性。

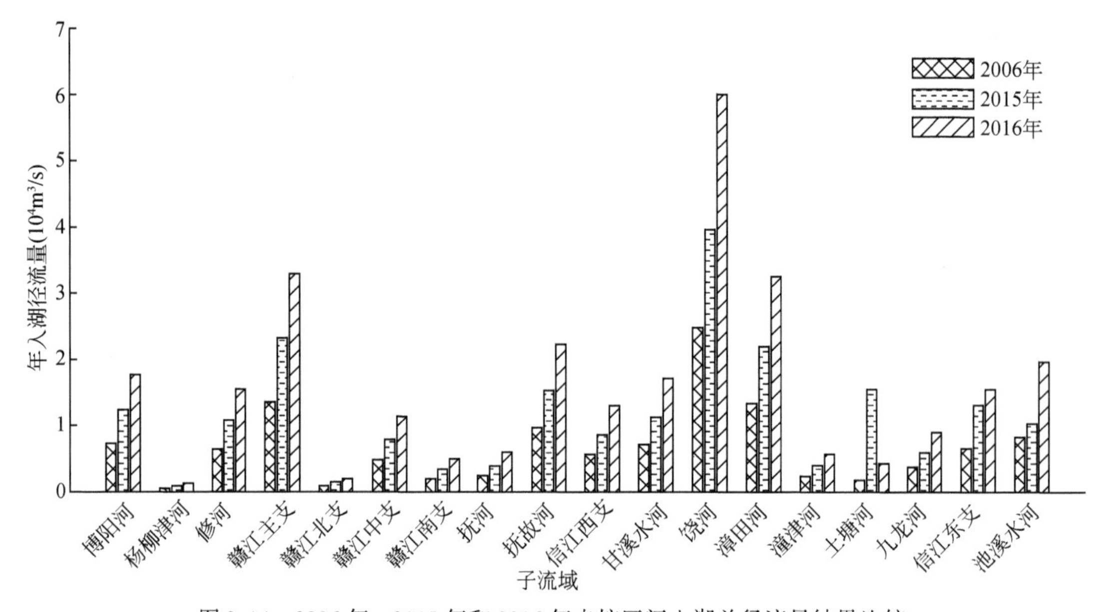

图2-14　2006年、2015年和2016年未控区间入湖总径流量结果比较

2.3.6　未控区间入湖径流特征的情景模拟

为了减少未来预测的不确定因素及简化研究方案，对于未控区间入湖径流特征的情景模拟而言，情景方案拟在三个典型年（2006年、2015年和2016年）模拟结果的基础上，将径流量按照±5%、±10%、±20%的变化来设计，其结果参见表2-5。

表2-5　未控区间入湖径流特征的情景方案设计结果

名称	集水面积（km^2）	年径流量（m^3）	+5%（m^3）	+10%（m^3）	+20%（m^3）	−5%（m^3）	−10%（m^3）	−20%（m^3）
博阳河	1161.3	1.10×10^9	1.16×10^9	1.21×10^9	1.32×10^9	1.05×10^9	9.90×10^8	8.80×10^8
杨柳津河	86.6	8.90×10^6	9.35×10^6	9.79×10^6	1.07×10^7	8.46×10^6	8.01×10^6	7.12×10^6
修河	1106.6	9.40×10^8	9.87×10^8	1.03×10^9	1.13×10^9	8.93×10^8	8.46×10^8	7.52×10^8

续表

名称	集水面积（km^2）	年径流量（m^3）	+5%（m^3）	+10%（m^3）	+20%（m^3）	-5%（m^3）	-10%（m^3）	-20%（m^3）
赣江主支	1126.0	1.30×10^9	1.37×10^9	1.43×10^9	1.56×10^9	1.24×10^9	1.17×10^9	1.04×10^9
赣江北支	222.2	1.30×10^8	1.37×10^8	1.43×10^8	1.56×10^8	1.24×10^8	1.17×10^8	1.04×10^8
赣江中支	107.2	7.00×10^8	7.35×10^8	7.70×10^8	8.40×10^8	6.65×10^8	6.30×10^8	5.60×10^8
赣江南支	563.0	2.90×10^8	3.05×10^8	3.19×10^8	3.48×10^8	2.76×10^8	2.61×10^8	2.32×10^8
抚河	234.0	3.50×10^8	3.68×10^8	3.85×10^8	4.20×10^8	3.33×10^8	3.15×10^8	2.80×10^8
抚故河	2498.0	1.30×10^9	1.37×10^9	1.43×10^9	1.56×10^9	1.24×10^9	1.17×10^9	1.04×10^9
信江西支	403.0	7.50×10^8	7.88×10^8	8.25×10^8	9.00×10^8	7.13×10^8	6.75×10^8	6.00×10^8
甘溪水河	186.6	9.80×10^8	1.03×10^9	1.08×10^9	1.18×10^9	9.31×10^8	8.82×10^8	7.84×10^8
饶河	3435.0	3.40×10^9	3.57×10^9	3.74×10^9	4.08×10^9	3.23×10^9	3.06×10^9	2.72×10^9
漳田河	1882.2	1.40×10^9	1.47×10^9	1.54×10^9	1.68×10^9	1.33×10^9	1.26×10^9	1.12×10^9
潼津河	948.0	1.90×10^9	2.00×10^9	2.09×10^9	2.28×10^9	1.81×10^9	1.71×10^9	1.52×10^9
土塘河	217.5	2.00×10^8	2.10×10^8	2.20×10^8	2.40×10^8	1.90×10^8	1.80×10^8	1.60×10^8
九龙河	185.6	5.20×10^8	5.46×10^8	5.72×10^8	6.24×10^8	4.94×10^8	4.68×10^8	4.16×10^8
信江东支	806.0	1.10×10^9	1.16×10^9	1.21×10^9	1.32×10^9	1.05×10^9	9.90×10^8	8.80×10^8
池溪水河	130.9	9.10×10^8	9.56×10^8	1.00×10^9	1.09×10^9	8.65×10^8	8.19×10^8	7.28×10^8

2.4　污染物负荷模型构建及负荷估算

2.4.1　污染物负荷模型基本原理

20 世纪 70 年代初期，美国、加拿大在研究土地利用-营养负荷-湖泊富营养化关系的过程中，提出并应用了输出系数模型。英国学者 Johnes 等在实际应用中加入了牲畜、人口等因素的影响，使该方法更为完备，得到了进一步完善和广泛应用。模型的一般表达式为

$$L_i = \sum_{j=0}^{n} E_{ij}A_j \tag{2-1}$$

式中，L_i 为污染物 i 在流域的总负荷量［kg/（km^2·a)］；j 为流域中的土地利用类型，共 n 种；E_{ij}为污染物 i 在第 j 种土地利用类型中的输出系数（kg/km^2）或第 j 种畜禽每头排泄系数（kg/a）或人均输出系数（kg/a）；A_i 为流域中第 i 种土地利用类型的面积（km^2）或第 i 种畜禽数量（头）或人口数量（人）。

受流域监测资料缺乏的影响，在实际应用中，非点源污染负荷的估算模型通常比过程机理模型更具操作性和可行性，输入参数容易获取，且与实际监测结果有很好的吻合度，

尤其是对资料缺乏地区进行非点源污染负荷估算时具有明显优势，得到了广泛应用。就鄱阳湖地区来说，未控区间实际上属于无资料、无站点区域，涉及范围较大，地表过程颇为复杂，使得输出系数模型能够更加广泛地应用于未控区间负荷估算。

2.4.2 污染物负荷模型构建与参数

参考鄱阳湖未控区间以往类似研究及结论，本次估算主要考虑的是未控区间内的非点源污染。采用 ArcGIS 空间分析计算模块，以子流域为计算单元，确定子流域内每种土地利用类型的面积、农村人口数、畜禽数量（猪、牛、羊与家禽等）；通过文献资料确定其对应的输出系数或排放系数，根据输出系数模型估算 TN、TP 的负荷量。根据子流域内的降雨–径流关系，确定降雨对 TN、TP 的影响系数（或比例系数），从而转化为入湖断面的日浓度变化过程。未控区间 TN 和 TP 负荷与浓度估算的基本研究方案如图 2-15 所示。

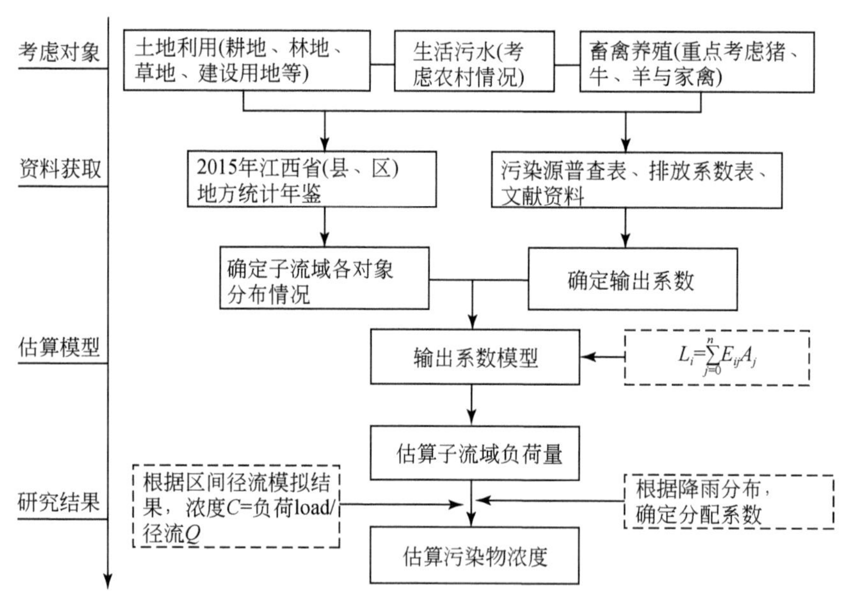

图 2-15　未控区间 TN 和 TP 负荷与浓度估算的基本研究方案

2.4.3 污染物负荷模型数据获取

估算所需的基础输入包括土地利用（耕地、林地、草地、建设用地等）、农村生活污染（用水与其季节性差异）与畜禽养殖（猪、牛、羊与家禽等）等数据资料，还需要结合 2015 年江西省（县、区）地方统计年鉴、第一次全国污染源普查表和排放系数表等资料（图 2-16 ~ 图 2-18 和表 2-6）。

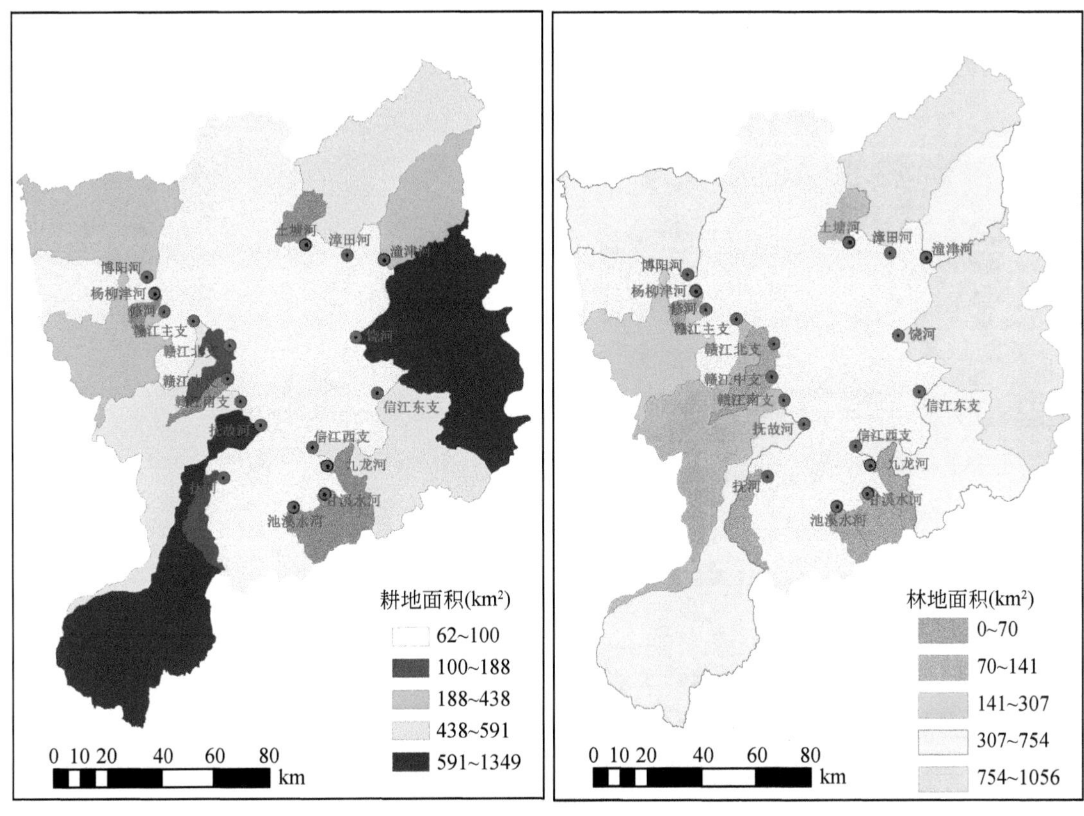

图 2-16　耕地和林地空间分布结果图

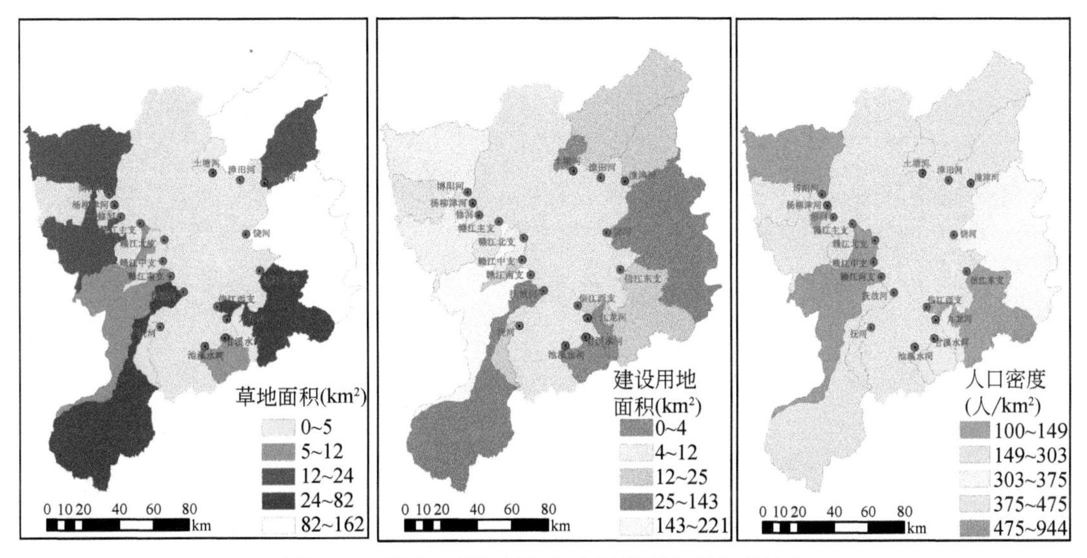

图 2-17　草地、建设用地与人口密度空间分布结果

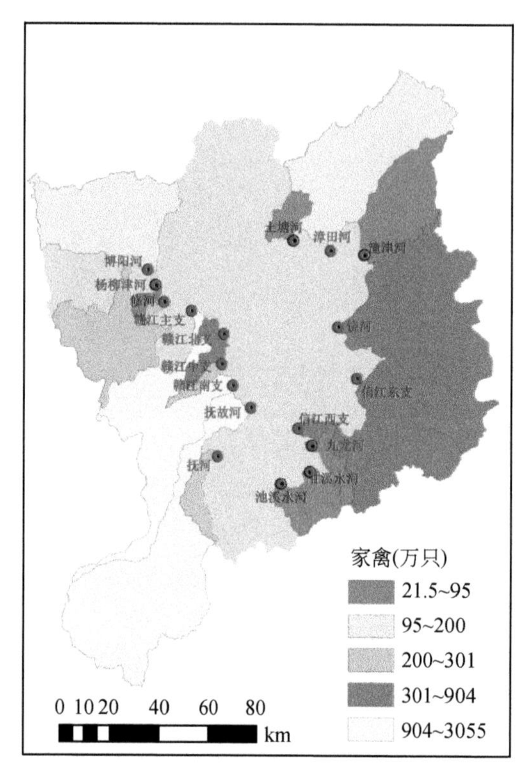

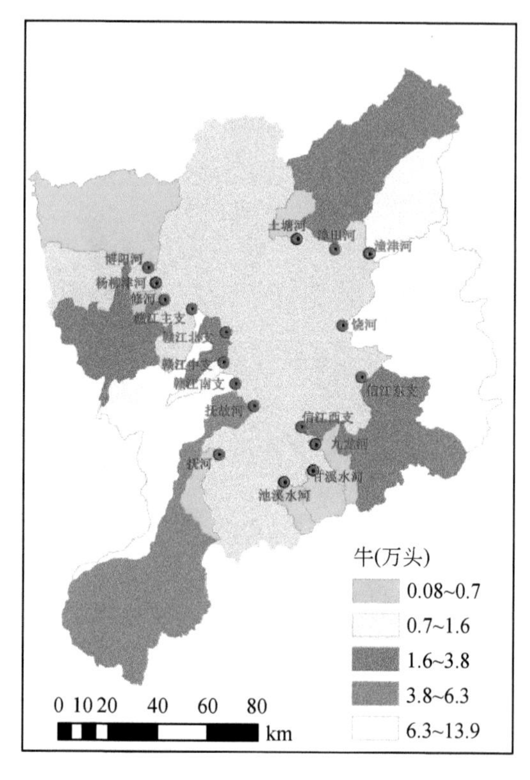

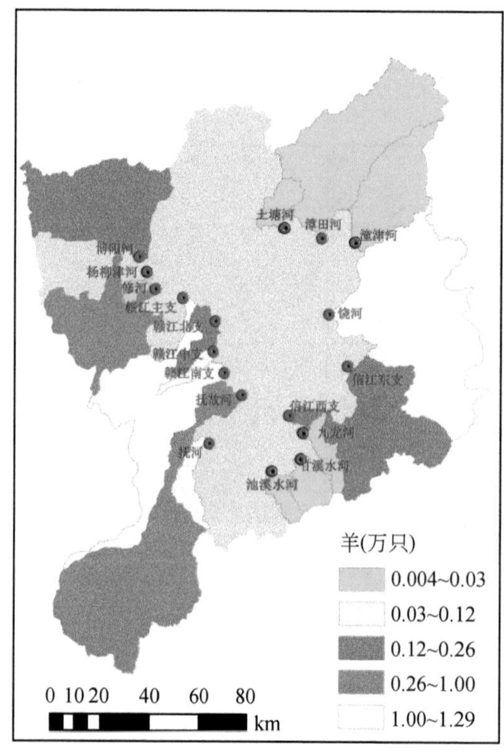

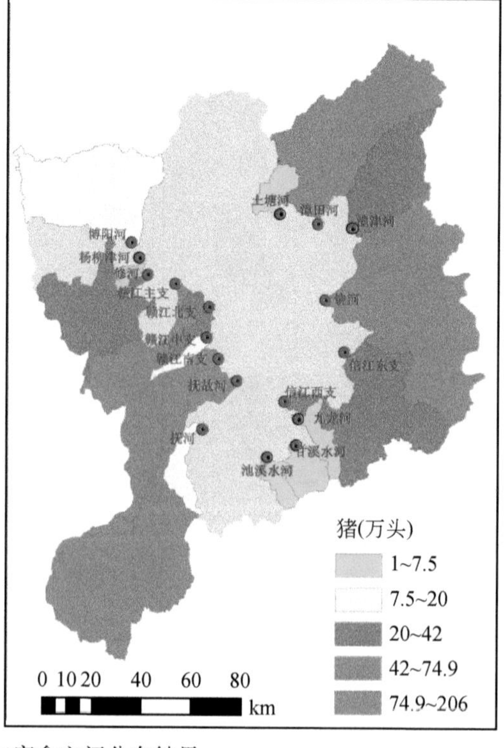

图 2-18　猪、牛、羊与家禽空间分布结果

表 2-6　主要考虑对象的输出系数取值

项目 1		耕地	林地	草地	建设用地	
土地利用	TN 输出系数［t/(km². a)］	2.9	0.19	1.0	1.6	
	TP 输出系数［t/(km². a)］	0.09	0.005	0.02	0.12	
项目 2		猪	牛	羊	家禽	农业人口
农村生活与畜禽	TN 输出系数［t/(万单位·a)］	13.65	92.01	9.68	0.86	21.4
	TP 输出系数［t/(万单位·a)］	1.62	7.53	0.85	0.1	3.8

2.4.4　污染物负荷模型验证

针对计算的 18 个子流域 TN 和 TP 负荷量结果（图 2-19），估算整个未控区间 TN 负荷量约为 6.1 万 t，TP 负荷量约为 5934 t，这与多年平均结果（TN 约为 6.3 万 t，TP 约为 5771 t）十分接近（康晚英，2010）。由此表明，输出系数模型能够很好地应用于未控区间的污染负荷估算，从总量上验证了结果的合理性与可靠性。

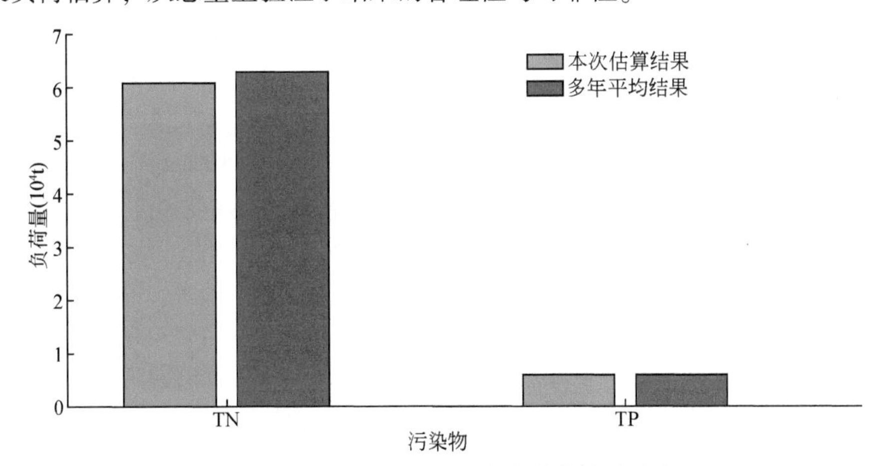

图 2-19　未控区间 TN 和 TP 年负荷估算结果验证

图 2-20 绘制了基于梓坊站和石门街站的 TP 入湖浓度验证。TP 浓度可达到 0.1mg/L，当前 TP 入湖浓度估算结果整体上要略高于监测结果，原因可归结为梓坊站和石门街站处于博阳河及漳田河流域的中上游位置，其 TP 浓度监测数据还不能够完全代表这两个小流域的入湖浓度变化，即无法与当前估算结果进行时间上的同步验证或对比。总的来说，未控区间估算结果基本捕捉了 TP 监测结果的季节或者月尺度变化特征，表明本次模型估算结果基本合理，量级比较吻合野外监测，可应用该方法开展 TN 和 TP 的进一步估算。

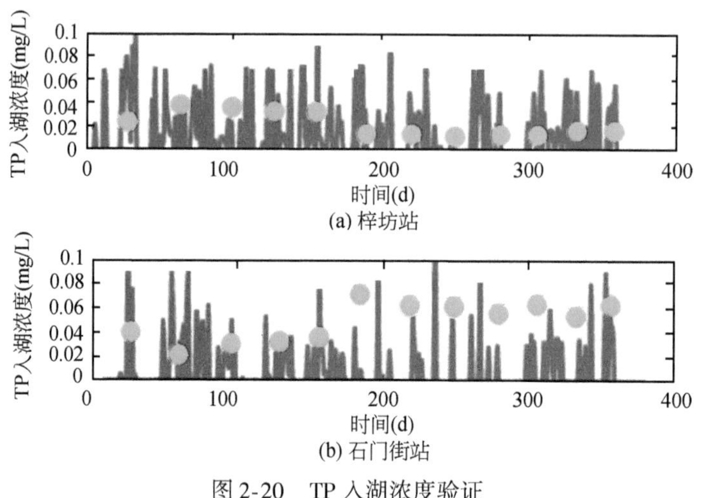

图 2-20 TP 入湖浓度验证

绿色圆点表示梓坊站和石门街站的监测数据

2.4.5 典型年未控区间入湖污染物负荷计算

就估算 18 个入湖节点的浓度变化过程而言，基本捕捉了 TN、TP 监测结果的季节或者月尺度变化特征（图 2-21 和图 2-22）。从文献调研及经验评估角度而言，估算值的量级以及浓度过程的季节性变化趋势是比较合理的。不同入湖断面的浓度历时过程存在明显的差异，入湖口 TN、TP 浓度较高的主要有赣江各支流、信江及抚河等主要河流，TN 基本介于 0.5 ~ 1.0mg/L，TP 基本小于 0.05mg/L。然而，部分时段污染物入湖浓度较高，TN 浓度能够达到 1.2mg/L，TP 浓度可接近 0.1mg/L，原因很有可能与极端降雨事件或者人类活动影响有关。需要注意的是，当前 TP 入湖浓度估算结果整体上要略高于监测结果，原因可归结为梓坊站和石门街站处于博阳河及漳田河流域的中上游位置，其 TP 浓度监测数据还不能够完全代表这两个小流域的入湖浓度变化，即无法与当前估算结果进行时间上的同步验证或对比。

选取 2015 年作为平水年，2006 年和 2016 年分别为枯水年和丰水年。保持未控区间水文模型的率定参数和基本设置均保持不变（同 2015 年设置），采用 2006 年和 2016 年典型年份的降雨和蒸发（气温资料）分别来驱动模型，进而模拟 2006 年和 2016 年的未控区间子流域入湖径流变化。2006 年、2015 年和 2016 年未控区间入湖总径流量分别为 122 933m^3/s、210 957m^3/s、292 670m^3/s，体现了枯水年、平水年和丰水年的未控区间径流情势变化，未控区间径流量分别占上游五河流域总径流量的 14.1%、14.8%、13.6%，间接验证了不同年份未控区间水量计算的可靠性，同时也表明了未控区间水文模型的可移植性和稳定性。

图 2-23 为不同典型年下各个子流域的 TN 和 TP 负荷结果。可见，2006 年未控区间 TN 和 TP 入湖负荷量约为 3.9 万 t 和 3750 t，2015 年 TN 和 TP 入湖负荷量分别为 6.1 万 t 和 5934 t，而 2016 年分别约为 9.1 万 t 和 8782 t。由此表明，年入湖负荷量与相应年份的水情变化有关，主要取决于年内的降雨–径流过程。

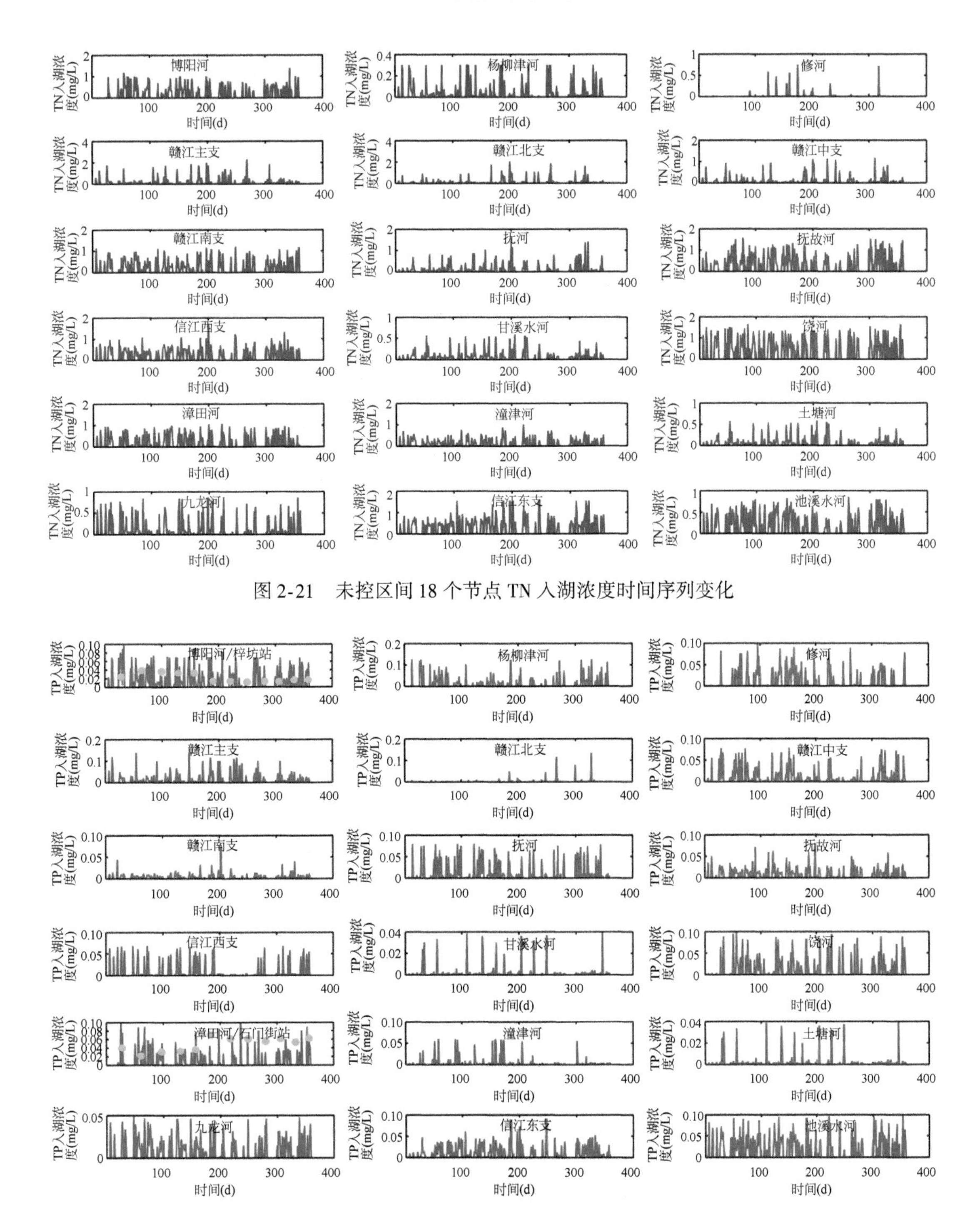

图 2-21　未控区间 18 个节点 TN 入湖浓度时间序列变化

图 2-22　2015 年未控区间 18 个节点 TP 入湖浓度时间序列变化

绿色圆点表示梓坊站和石门街站的监测数据

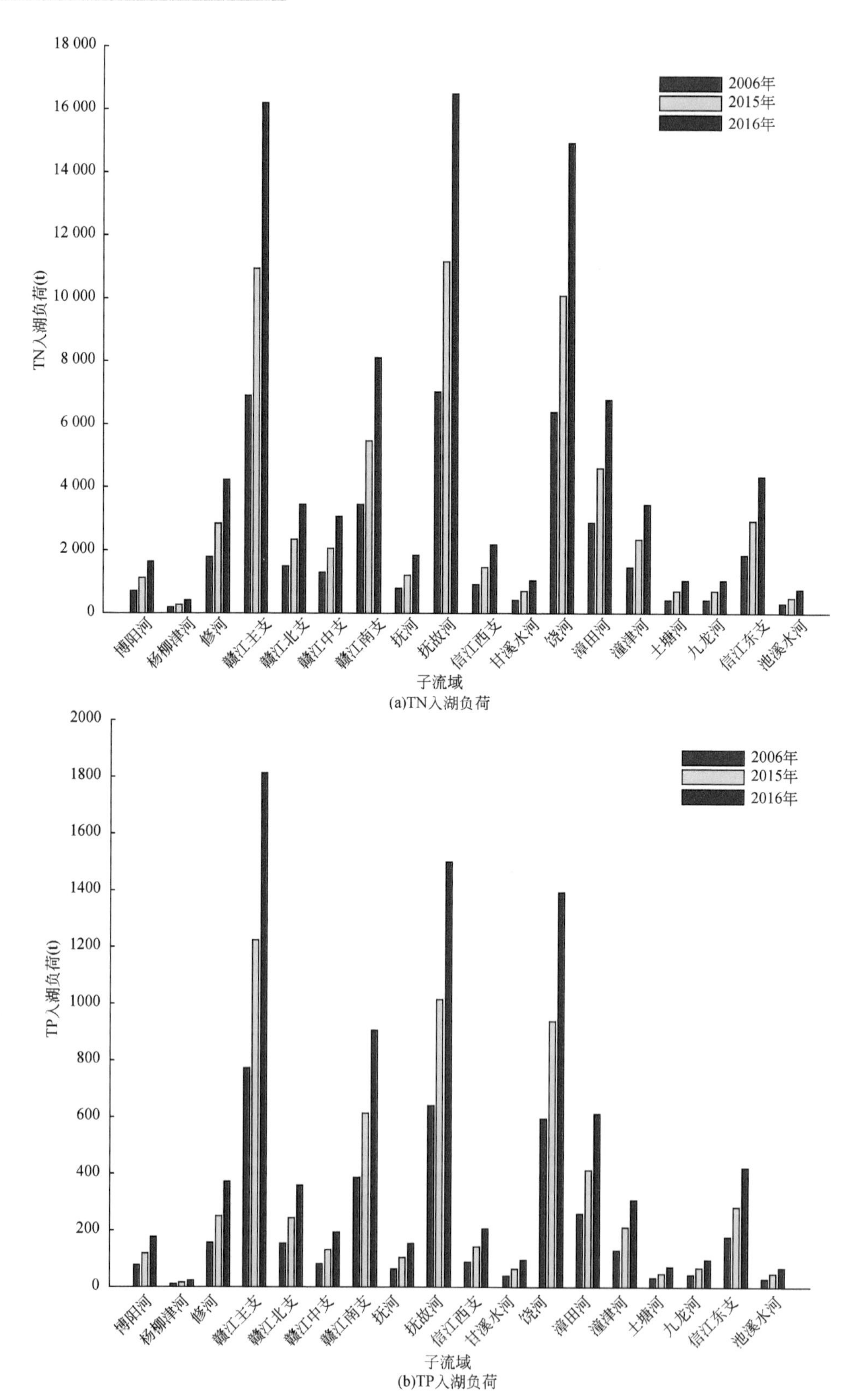

图 2-23　典型年 TN 和 TP 入湖负荷估算结果比较

2.4.6　典型年未控区间入湖污染负荷特征的情景分析

情景方案拟在三个典型年（2006 年、2015 年和 2016 年）模拟结果的基础上，按照±5%、±10%、±20% 的变化来设计，将上述径流结果进一步结合 TN、TP 污染负荷估算模拟来完成（表 2-7 和表 2-8）。

表 2-7　未控区间 TN 负荷的情景方案设计结果　　（单位：t）

名称	TN	+5%	+10%	+20%	-5%	-10%	-20%
博阳河	1 111. 17	1 166. 73	1 222. 29	1 333. 40	1 055. 61	1 000. 05	888. 94
杨柳津河	266. 6	279. 93	293. 26	319. 92	253. 27	239. 94	213. 28
修河	2 840. 31	2 982. 33	3 124. 34	3 408. 37	2 698. 29	2 556. 28	2 272. 25
赣江主支	10 931	11 477. 54	12 024. 09	13 117. 19	10 384. 44	9 837. 89	8 744. 79
赣江北支	2 334. 8	2 451. 54	2 568. 28	2 801. 76	2 218. 06	2 101. 32	1 867. 84
赣江中支	2 071. 17	2 174. 73	2 278. 29	2 485. 40	1 967. 61	1 864. 05	1 656. 94
赣江南支	5 473. 58	5 747. 26	6 020. 94	6 568. 30	5 199. 90	4 926. 22	4 378. 86
抚河	1 226. 34	1 287. 66	1 348. 97	1 471. 61	1 165. 02	1 103. 71	981. 07
抚故河	11 149. 9	11 707. 37	12 264. 87	13 379. 86	10 592. 39	10 034. 89	8 919. 90
信江西支	1 466. 7	1 540. 04	1 613. 37	1 760. 04	1 393. 37	1 320. 03	1 173. 36
甘溪水河	685. 72	720. 01	754. 29	822. 86	651. 43	617. 15	548. 58
饶河	10 079. 1	10 583. 02	11 086. 98	12 094. 88	9 575. 12	9 071. 16	8 063. 26
漳田河	4 587. 54	4 816. 92	5 046. 29	5 505. 05	4 358. 16	4 128. 79	3 670. 03
潼津河	2 339. 34	2 456. 31	2 573. 27	2 807. 21	2 222. 37	2 105. 41	1 871. 47
土塘河	564. 52	592. 75	620. 97	677. 42	536. 29	508. 07	451. 62
九龙河	708. 49	743. 91	779. 34	850. 19	673. 07	637. 64	566. 79
信江东支	2 930. 56	3 077. 09	3 223. 62	3 516. 67	2 784. 03	2 637. 50	2 344. 45
池溪水河	502. 59	527. 72	552. 85	603. 11	477. 46	452. 33	402. 07

表 2-8　未控区间 TP 负荷的情景方案设计结果　　（单位：t）

名称	TP	+5%	+10%	+20%	-5%	-10%	-20%
博阳河	118. 83	124. 77	130. 71	142. 60	112. 89	106. 95	95. 06
杨柳津河	16. 16	16. 97	17. 78	19. 39	15. 35	14. 54	12. 93
修河	251. 09	263. 64	276. 20	301. 31	238. 54	225. 98	200. 87
赣江主支	1 224. 03	1 285. 23	1 346. 43	1 468. 84	1 162. 83	1 101. 63	979. 22
赣江北支	244. 65	256. 88	269. 12	293. 58	232. 42	220. 19	195. 72
赣江中支	132. 05	138. 65	145. 26	158. 46	125. 45	118. 85	105. 64
赣江南支	613. 05	643. 70	674. 36	735. 66	582. 40	551. 75	490. 44
抚河	104. 8	110. 04	115. 28	125. 76	99. 56	94. 32	83. 84

续表

名称	TP	+5%	+10%	+20%	-5%	-10%	-20%
抚故河	1 014.5	1 065.23	1 115.95	1 217.40	963.78	913.05	811.60
信江西支	142.21	149.32	156.43	170.65	135.10	127.99	113.77
甘溪水河	65.85	69.14	72.44	79.02	62.56	59.27	52.68
饶河	939.33	986.30	1 033.26	1 127.20	892.36	845.40	751.46
漳田河	413.24	433.90	454.56	495.89	392.58	371.92	330.59
潼津河	208.81	219.25	229.69	250.57	198.37	187.93	167.05
土塘河	48.8	51.24	53.68	58.56	46.36	43.92	39.04
九龙河	66.37	69.69	73.01	79.64	63.05	59.73	53.10
信江东支	284.02	298.22	312.42	340.82	269.82	255.62	227.22
池溪水河	46.62	48.95	51.28	55.94	44.29	41.96	37.30

2.5 结论与讨论

鄱阳湖水系统可划分为上游山区流域、近湖区未控区间及鄱阳湖水体三个主要部分。本章主要应用分布式水文模型和输出系数模型，模拟计算未控区间多个子流域的入湖径流动态及污染物负荷变化。主要得出以下几点结论：

1）构建了鄱阳湖未控区间 1000m×1000m 分布式水文模型，实现 18 个子流域同时模拟，能够快速、高效地为水动力模型提供开边界合成流量。水文模型与污染物负荷估算结果通过多方面验证，其精度评价效果比较满意，总体结果较为可靠。

2）未控区间入湖径流约占上游五河七口总量的 14%，对湖区水量平衡具有一定的影响作用。未控区间日入湖径流量存在子流域之间的差异性，日变化幅度基本介于 10～1000m^3/s，且 4～6 月雨季径流量要明显偏高。

3）从量级而言，未控区间 TN 入湖负荷量约为 6.1 万 t，TP 入湖负荷量约为 5934 t。赣江、抚故河、饶河等子流域的 TN 与 TP 入湖负荷量较大，占比超过 15%。入湖口 TN、TP 浓度较高的主要有赣江各支流、信江及抚河等主要河流，TN 基本介于 0.5～1.0mg/L，TP 基本小于 0.05mg/L。

4）对典型年水文与污染负荷的认识。2006 年、2015 年和 2016 年未控区间入湖总径流量分别为 122 933m^3/s、210 957m^3/s、292 670m^3/s，枯水年、平水年和丰水年的未控区间径流分别占五河流域总径流的 14.1%、14.8%、13.6%。2006 年未控区间 TN 和 TP 入湖负荷量约为 3.9 万 t 和 3750 t，2015 年 TN 和 TP 负荷量分别为 6.1 万 t 和 5934 t，而 2016 年分别约为 9.1 万 t 和 8782 t。年入湖负荷量与相应年份的水情变化有关，主要取决于年内的降雨-径流过程。

鄱阳湖未控区间水系复杂，人类活动干扰程度较强，径流与污染负荷入湖差异空间变化较为明显，本专项虽然对该区域有了较为系统的认识和理解，但建议重点考虑未控区间（上游五河流域）入湖水量和污染负荷较大的河流水系，增强管理和整治力度，可加强对未控区间的野外监测，对水利枢纽工程的建设和后期运行更加具有切实意义。主要为如下几个方面：

1）未控区间下垫面高度异质，人类生活生产等活动干预强（如平原地形，子流域边界划定，取用水等），很多因素水文模型还无法考虑与概化。

2）污染物负荷估算在数量级水平上可满足，但高精度-高频次的污染数值模拟或估算仍缺乏数据和工具支撑，目前未见该方面成果。

3）未控区间水量对鄱阳湖水情影响作用不显著，但入湖水质动态可能影响更敏感，水质影响可能远远强于水文的影响。

4）未控区地下水整体埋深较浅，河流-地下水转化频繁且均易遭到污染，其对鄱阳湖水体的贡献与影响分量目前未知，后续应重点关注。

参 考 文 献

康晚英 . 2010. 环鄱阳湖区面源污染负荷的估算及预测评价 . 南昌：南昌大学硕士学位论文 .

李云良，张奇，姚静，等 . 2013. 鄱阳湖湖泊流域系统水文水动力联合模拟 . 湖泊科学，25（2）：227-235.

谭国良，郭生练，王俊，等 . 2013. 鄱阳湖生态经济区水文水资源演变规律研究 . 北京：中国水利水电出版社 .

第3章 鄱阳湖区碟形湖营养物质输移模拟

3.1 碟形湖概况

胡振鹏等（2015）最早定义碟形湖为鄱阳湖（我国第一大淡水湖）在低水位时期湖盆内出现的独立子湖。鄱阳湖出现碟形湖这样独特的生态系统，主要是由于水位波动较大，年内水位波动可达5.9～22.5m（1950～2010年湖口站监测统计）。根据水位波动，碟形湖与主湖季节性相连。根据其与主湖的联系，可将碟形湖划分为两个阶段，即隔离期及淹没期。在隔离期（枯水期），水位低于阈值水位H_1（图3-1），碟形湖与主湖分离（图3-1）。在淹没期（丰水期），水位高于阈值水位H_1（图3-1），碟形湖被淹没，与主湖相连。

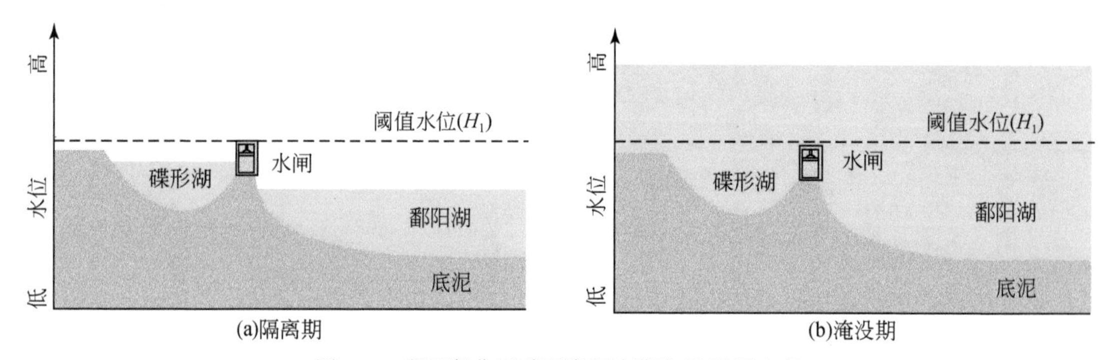

图3-1 鄱阳湖典型碟形湖隔离期与淹没期定义

鄱阳湖内共有100多个碟形湖（图3-2），由于阈值水位不同，碟形湖具有不同的隔离期（图3-1）。受水位动态变化影响，每个碟形湖的隔离期存在较大年际差异。枯水年碟形湖的隔离期较丰水年长。从水资源管理角度来看，这些碟形湖一般可分为两类，即孤立和半孤立的碟形湖。孤立的碟形湖（如军山湖）历史上曾是鄱阳湖的一部分，人工与主湖分离，几乎很少被淹没。半孤立的碟形湖，如蚌湖（43.7km^2）和梅溪湖（2.0km^2），季节性地与主湖分离。类似这种碟形湖，大多数使用水闸控制水位（图3-1），以便于捕鱼。

碟形湖是典型的湿地生态系统（Wang et al.，2016），对维持生物多样性、植被生长、鱼类繁殖和越冬鸟类稳定生存起着重要作用。碟形湖为鄱阳湖贡献了54%的植被（胡振鹏等，2015），为底栖动物和鱼类繁殖提供了丰富的食物和稳定的水动力条件。由于丰富的植物和鱼类，碟形湖也是水鸟的重要栖息地。每年有数千只水鸟在碟形湖越冬，尤其是草食性的鸭科（Xia et al.，2016）。

3.2　典型碟形湖氮磷输移过程模拟

3.2.1　典型碟形湖简介

本节的研究区域是鄱阳湖内的一个碟形湖（梅溪湖）。它是一个半孤立碟形湖，面积为 2.0km²，在枯水期独立成湖。没有与湖相连的出入水口。2016～2017 年，湖泊的隔离期为 290 天（2016 年 9 月 4 日至 2017 年 6 月 20 日）。在隔离期间，当地渔民在捕鱼期前人工放低水位。因此梅溪湖选为鄱阳湖内的一个典型碟形湖（图 3-2）。

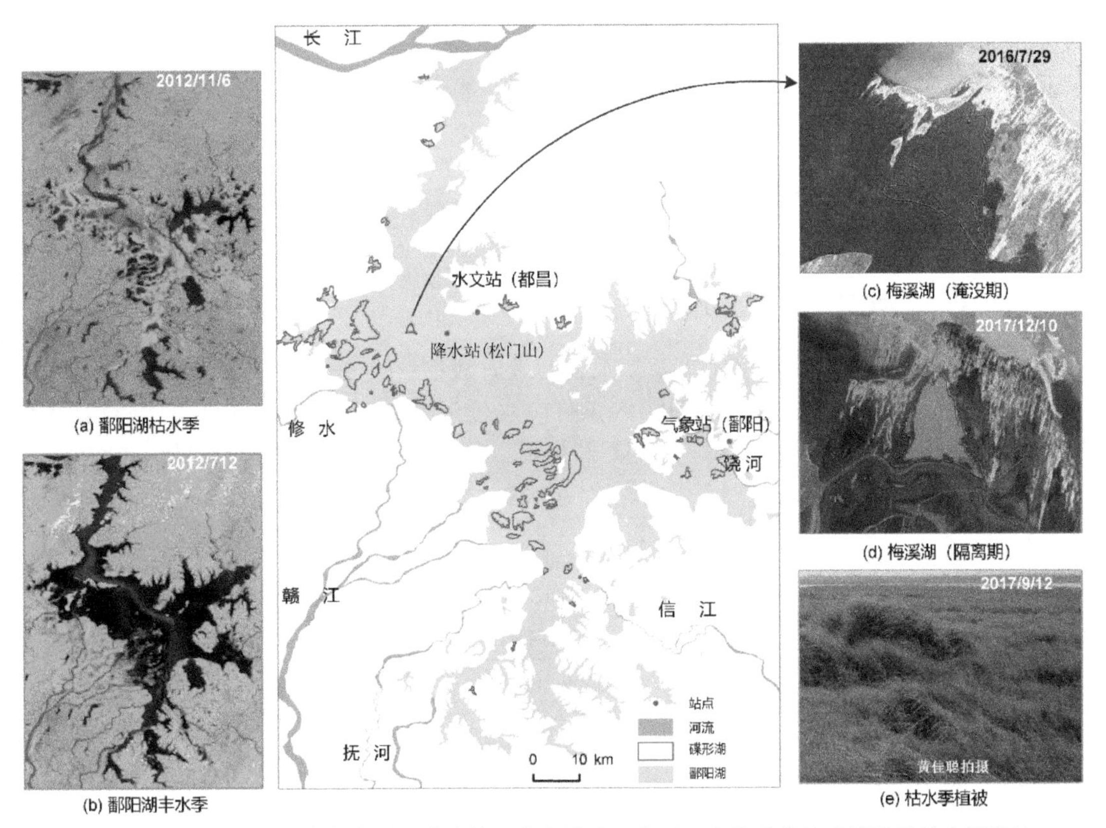

图 3-2　梅溪湖、鄱阳湖气象站、降水站、水文站地理位置，水位季节波动情况及枯水期植被

3.2.2　模型简介

梅溪湖营养物质（磷和氮）动态模拟基于 Hamrick（1996）开发的水动力水质模型（EFDC 模型）。EFDC 模型是一个包括水动力学、泥沙输送、有毒污染物输移和水质组分的地表水模型系统。水动力模块研究变密度流体的三维、垂直静水、自由表面和湍流平均运动方程（Tetra Tech，2007）。水质模块在功能上相当于（CE-QUAL-ICM）（Cerco and

Cole, 1993)。该模块求解了21个状态变量的质量平衡方程，主要包括三个藻类群和N、P、C的组分（Tetra Tech, 2007）。EFDC模型在多种水生态系统的水动力和营养物质模拟中得到应用，如湖泊（Arifin et al., 2016; Huang et al., 2017; Zhang et al., 2016）、水库（Wu et al., 2017; Zeng et al., 2015）、河流（Bae and Seo, 2018; Jeong et al., 2010）和河口等（Du and Shen, 2016）。EFDC模型的源代码可以在线下载（http://sourceforge.net/projects/snl-efdc/）。

各水质变量的质量平衡方程可以表示为（Tetra Tech, 2007）:

$$\frac{\partial(m_x m_y HC)}{\partial t}+\frac{\partial}{\partial x}(m_y HuC)+\frac{\partial}{\partial y}(m_x HvC)+\frac{\partial}{\partial z}(m_x m_y wC)$$
$$=\frac{\partial}{\partial x}\left(\frac{m_y HA_x}{m_x}\frac{\partial C}{\partial x}\right)+\frac{\partial}{\partial y}\left(\frac{m_x HA_y}{m_y}\frac{\partial C}{\partial x}\right)+\frac{\partial}{\partial z}\left(m_x m_y\frac{A_z}{H}\frac{\partial C}{\partial z}\right)+m_x m_y HS_c \quad (3\text{-}1)$$

式中，C为水质变量浓度；u、v和w分别为曲线sigma在x、y和z方向上的速度分量；A_x、A_y和A_z分别为x、y、z方向的湍流扩散系数；S_c为单位体积内部和外部的源和汇；H为水柱深度；m_x和m_y为水平曲线坐标尺度因子。

3.2.3 模型构建

3.2.3.1 数据

模拟梅溪湖营养物质需收集气象、水文、水质数据（表3-1），从梅溪湖附近的国家气象站收集每日气象数据作为模型输入条件。水位记录仪（HOBO U20）监测每日水位（WL, m），用于模型校准。每月定期采集湖水水质数据进行模型校准，包括水温（WT,℃）、溶解氧（DO, mg/L）、总氮浓度（TN, mg/L）、总磷浓度（TP, mg/L）四个水质指标。

表3-1 鄱阳湖典型碟形湖（梅溪湖）养分动态模型采集数据

类型	指标	时期	时间周期	来源	使用
气象	P_r	2016～2017年	日	雨量站（松门山）	输入
	T_{Max}, T_{Min}, T_{Ave}, Wet、WS、H_{Sun}	2016～2017年	日	气象站（博阳）	输入
	EV	2016～2017年	日	水文站（都昌）	输入
水文	WL	2016～2017年	日	水文站（都昌） 梅溪湖	校准
水质	TP、TN	2016～2017年	月	梅溪湖	校准
	DO、WT	2016～2017年	双周	梅溪湖	校准

注：P_r为日降水量（mm）；T_{Max}、T_{Min}、T_{Ave}分别为日最高气温、日最低气温、日平均气温（℃）；Wet为日平均湿度（%）；WS为日平均风速（m/s）；H_{Sun}为每日日照时数（h）；EV为蒸发（mm）；TP为总磷浓度（mg/L）；TN为总氮浓度（mg/L）；DO为溶解氧（mg/L）；WT为水温（℃）；WL为每日水位

3.2.3.2 数据构建

EFDC模型考虑了泥沙养分通量、大气养分沉降、养分输送和浮游植物动力学等因素。

浮游植物微孢藻属在梅溪湖为优势种，在模型中也同样考虑到这点。模型时间步长为 30s，空间分辨率为 100m×100m，划分为 200 个网格。为了捕捉水温和流速的垂直变化，使用 sigma 坐标在垂直方向分为两层。水动力和水质模型的边界条件包括降水、风速风向、蒸发和鱼饵投喂。模型中饵料设为常数，未对食物网进行详细描述。考虑到研究区域的流域面积非常小，模型边界条件没有包括降雨径流。

模拟周期为梅溪湖的隔离期（2016 年 9 月 4 日至 2017 年 6 月 20 日）。在此期间，梅溪湖与主湖分离。因为碟形湖在淹没期会受鄱阳湖主湖养分条件的影响，因此没有模拟该时段的营养迁移。该模型对水质模型进行了多变量（WL、WT、DO、TN、TP）校准。采用 WL 和 WT 数据对水动力模块参数进行校准，DO、TN 和 TP 数据对水质模块参数进行校正。校准过程采用试错法实现，该方法已广泛应用于基于过程的模型校准。虽然已有几种用于全局优化的先进方法（如遗传算法），但它们需要大量的重复运行，而且由于单次运行的计算时间较长，不适用于多维模型（Huang et al. , 2018）。通过模拟结果与实测数据的比较，对模型性能进行了合理评价。

3.2.4　模型校验

采用多变量（WL、WT、DO、TN、TP）校准得到参数集。基于校准后的参数集，EFDC 模型较好地模拟出梅溪湖隔离期的水动力和营养物质季节变化。水位模拟的 E_{NS} 值高达 0.96。在隔离期间梅溪湖的水位稳定，标准差低至 0.6m，而鄱阳湖主湖（都昌站）的水位波动大，标准差高达 2.0m（图 3-3）。水位在 2016 年 11 月 23 日至 2016 年 12 月 9 日模拟效果一般，主要由于捕鱼期受人类活动影响，水位从 13.69m 直接降低到 12.45m。

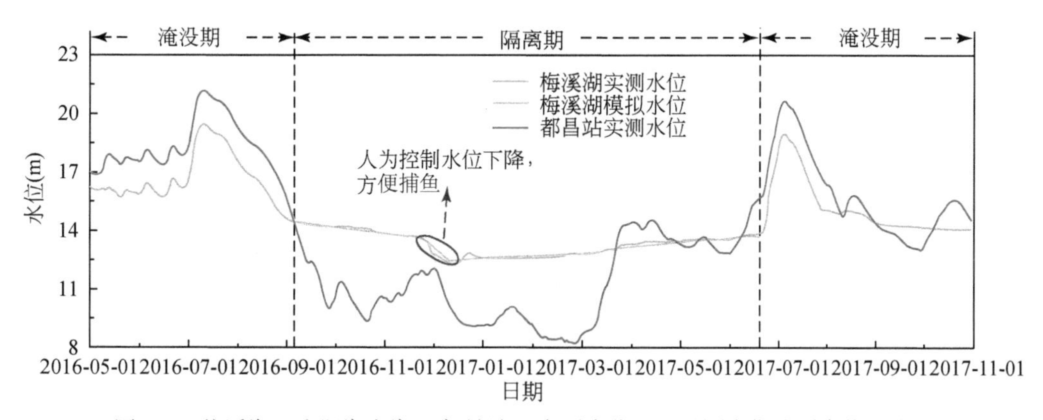

图 3-3　梅溪湖、鄱阳湖主湖（都昌站）实测水位，以及隔离期梅溪湖模拟水位

WT 模拟效果很准确，但存在一定偏高（图 3-4）。这可能是由距离梅溪湖 65km 的鄱阳湖气象站的气象数据模型输入不准确造成的（图 3-2）。DO 和 TP 的季节性趋势被很好地获取。DO 模拟效果冬季优于夏季，可能是 WT 模拟结果过高造成。TP 未捕获 2017 年 1 月 3 日的峰值（图 3-4），TN 与其他变量（WL、WT、DO、TP）相比也没有得到很好的模拟。

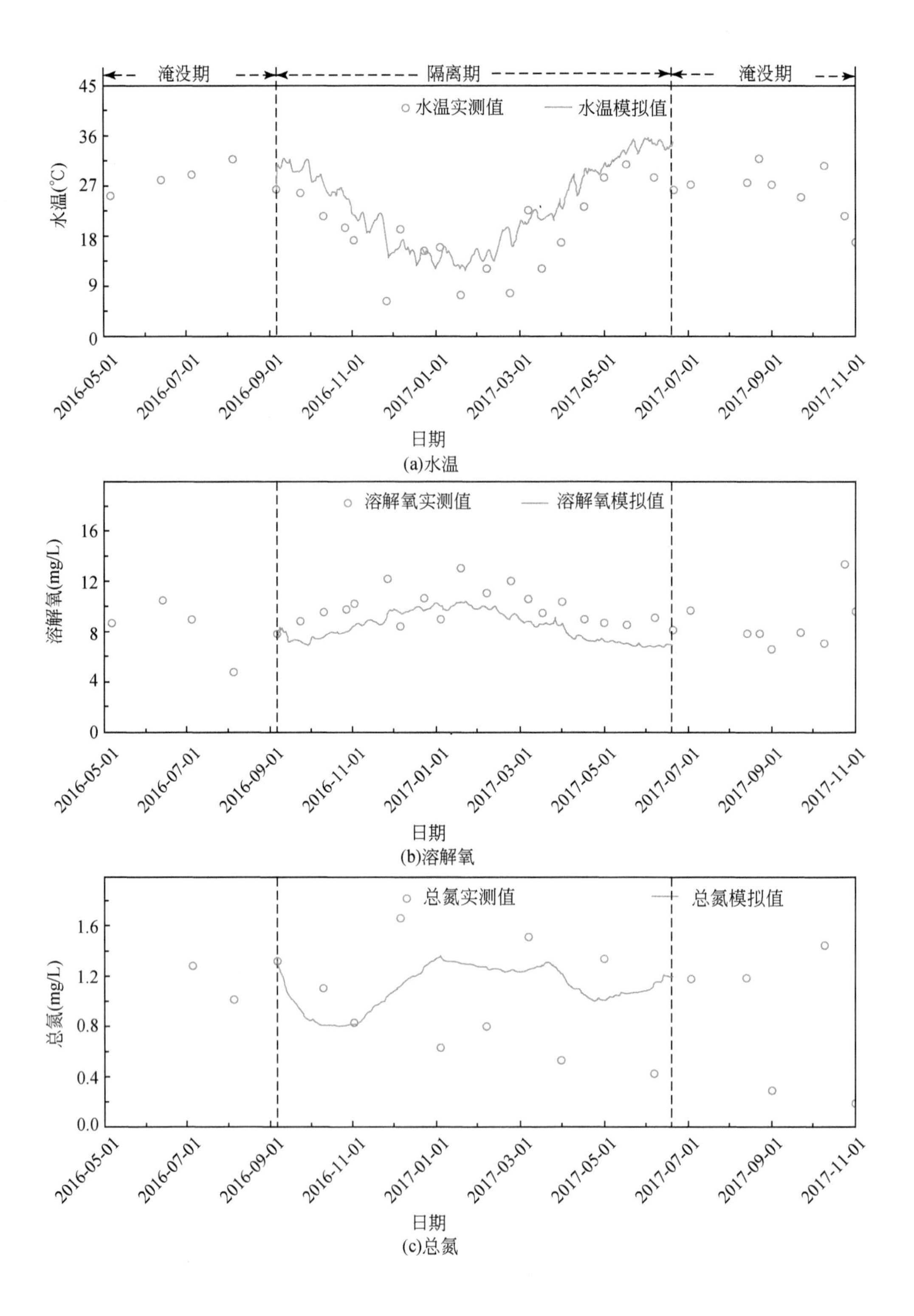

淹没期
隔离期
淹没期
水温实测值
水温模拟值
水温(°C)
45
36
27
18
9
0
2016-05-01
2016-07-01
2016-09-01
2016-11-01
2017-01-01
2017-03-01
2017-05-01
2017-07-01
2017-09-01
2017-11-01
日期
溶解氧实测值
溶解氧模拟值
溶解氧(mg/L)
16
12
8
4
0
日期
总氮实测值
总氮模拟值
总氮(mg/L)
1.6
1.2
0.8
0.4
0.0
日期

(a)水温

(b)溶解氧

(c)总氮

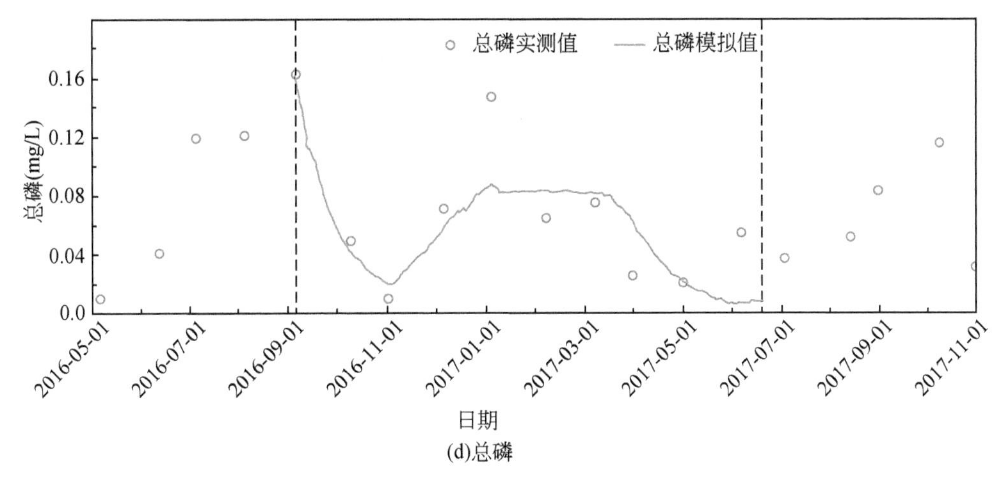

(d)总磷

图 3-4　梅溪湖隔离期地实测数据和模拟结果对比

实测数据日期为 2016 年 5 月 1 日至 2017 年 10 月 31 日，模拟数据日期为 2016 年 9 月 4 日至 2017 年 6 月 20 日

3.3　典型碟形湖营养物质输移规律

3.3.1　情景设计与模拟

基于开发的梅溪湖模型进行情景模拟，利用因子贡献指数去量化各驱动因子对营养物质的影响（图 3-5），选取气温、鱼饵料、初始营养条件和营养物质沉降 4 个因子进行模拟。其中，气温直接关系到湖泊内氮、磷的相关生化过程。调查资料显示，鱼饵料是湖泊氮、磷的主要来源。初始营养条件是评价氮、磷动态变化对初始条件的响应。与此同时，由于我国大气污染严重，营养物质沉降被认为是一个重要的氮源（Liu et al.，2013），因此也被纳入情景模拟中。

通过表 3-2 模拟因子设置，评价 4 个因子在模拟期间对梅溪湖营养状况的影响情况。采用基础模拟（SBase）对当前条件下的营养动态变化进行了模拟。将模拟结果与其他模拟结果进行比较，评价 4 个因子对营养物质浓度的影响。SFish+i 为鱼饵料，用于研究鱼饵料对营养物质浓度的影响；SInit+i 为增加的初始磷、氮含量，用于研究初始营养条件对鄱阳湖营养物质状况的影响；SDep+i 为增加的氮、磷沉降量，用于研究营养物质沉降对营养物质状况的影响；SAirT+i 为增加的气温，用于研究气温对营养物质状况的影响。

在 17 次模拟的基础上（表 3-2），利用因子贡献指数（factor contribution index，FCI）来量化 4 个因子对湖泊营养物质状况的影响。FCI 的基本理念是从试验模拟和基础模拟两方面比较营养条件的差异。使用以下公式定义 FCI。

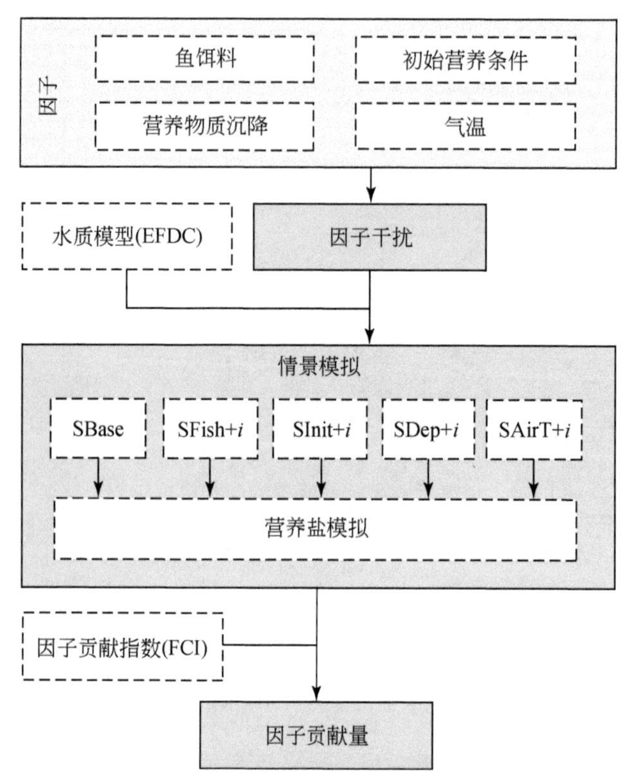

图 3-5　梅溪湖营养物质因子贡献研究框架

表 3-2　2016～2017 年梅溪湖环境因子（驱动因子）对营养物质动态影响的模拟结果

情景模拟	情景表述
SBase	当前的基准条件
SFish+i	基于湖泊管理员获取的调查资料，按照 i（i=5%、10%、15%、20%）增加鱼饵料量，鱼类捕食速率范围在 30～45kg N/(hm^2·a) 和 5～15kg P/(hm^2·a)
SInit+i	在初始模拟日期（2016 年 9 月 4 日），按照 i（i=5%、10%、15%、20%）增加初始的 TP 和 TN 浓度。模拟过程中实测 TN 和 TP 浓度分别介于 0.42～1.66mg/L 和 0.01～0.16mg/L
SDep+i	按照 i（i=5%、10%、15%、20%）增加 N、P 沉降。之前学者研究指出过去几十年中国 N 沉降量为 13.2～21.1kg/(hm^2·a)（Liu et al.，2013），P 由于浓度低，其沉降量可以忽略不计
SAirT+i	按照 i（i=5%、10%、15%、20%）增加气温。模拟期间实测气温范围为 3.6～29.9℃

$$FCI_x^{TN} = \frac{|TN_x - TN_{SBase}|}{\sum |TN_x - TN_{SBase}|} \times 100\% \tag{3-2}$$

$$FCI_x^{TP} = \frac{|TP_x - TP_{SBase}|}{\sum |TP_x - TP_{SBase}|} \times 100\% \tag{3-3}$$

式中，FCI_x^{TN}、FCI_x^{TP} 为测试因子 x（$x \in$ [SFish，SInit，SDep，SAirT]）的 FCI 值；TN_x 和 TP_x 分别为 SFish、SInit、SDep 和 SAirT 4 种测试模拟的 TN 和 TP 平均值（表 3-2）；TN_{SBase}

和 TP_{SBase} 为 SBase 模拟的 TN 和 TP 平均值。

FCI 量化了 N 和 P 影响程度。基于这些因子可以完全解释碟形湖营养来源的假设，所有因子的 FCI_x^{TN} 或 FCI_x^{TP} 的和为 100%。更高的 FCI_x^{TN} 或 FCI_x^{TP} 值意味着因子 x 对 TN 或 TP 的影响更大。FCI_x^{TN} 或 FCI_x^{TP} 为 0 表示因子 x 对 TN 或 TP 没有影响。

3.3.2 驱动因子识别与分析

营养物质动态模拟周期为碟形湖的隔离期。利用 2016 ~ 2017 年的实测数据，对比了隔离期和淹没期的营养浓度差异。由于碟形湖 N 循环过程复杂，TN 季节变化表现出非常大的波动，且没有明显的规律。在淹没期，TN 和 TP 在不同年份之间差异较大。例如，TP 平均浓度在 2016 年 7 ~ 8 月为 0.14mg/L，而 2017 年则为 0.04mg/L（图 3-6）。Huang 等（2017）研究表明这是因为根据模拟的水循环模式，梅溪湖的营养物质受鄱阳湖（修水和赣江）两条入湖河流的强烈影响。

式（3-2）和式（3-3）对 4 个因子的 FCI 计算结果表明这些因子对碟形湖营养状况的总体贡献分布。鱼饵料、初始营养条件、营养物质沉降和气温的 FCI_x^{TN} 值分别为 13.8%、45.2%、19.7% 和 21.2%。结果表明，鄱阳湖营养物质状况是决定碟形湖 TN 动态的最关键因子，贡献率为 45.2%。鱼饵料、初始营养条件、营养物质沉降和气温的 FCI_x^{TP} 值分别为 36.8%、18.5%、1.9% 和 42.9%，说明影响碟形湖 TP 动态的关键因子为气温和鱼饵料，贡献率分别为 42.9% 和 36.8%。

为了研究这 4 个因子对营养物质动态的影响，图 3-6 给出了 5 个模拟时间序列结果（SBase、SFish、SInit、SDep 和 SAirT）。结果表明，在整个模拟期间，随着鱼饵料（SFish）的增加，TN 和 TP 均明显增加，而随着气温（SAirT）的升高，TN 和 TP 在 2017 年 3 月和 4 月显著下降。鄱阳湖营养物质状况在整个模拟期间对 TN 有着显著影响，但对 TP 的影响不显著。N 沉降对 TN 有累积影响，而 P 沉降对 TP 的影响可以忽略。5 种模拟的描述详见表 3-2。

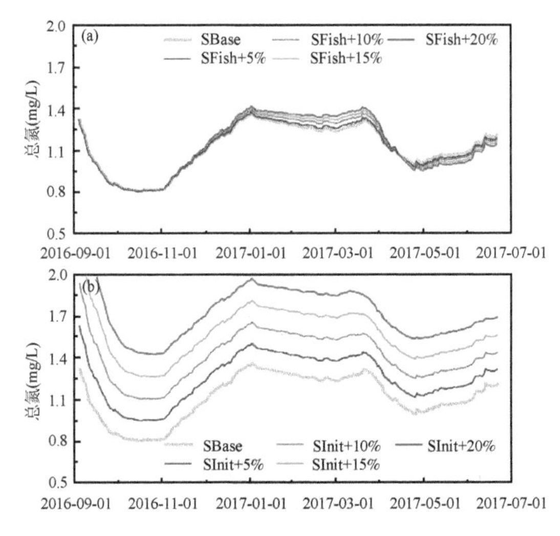

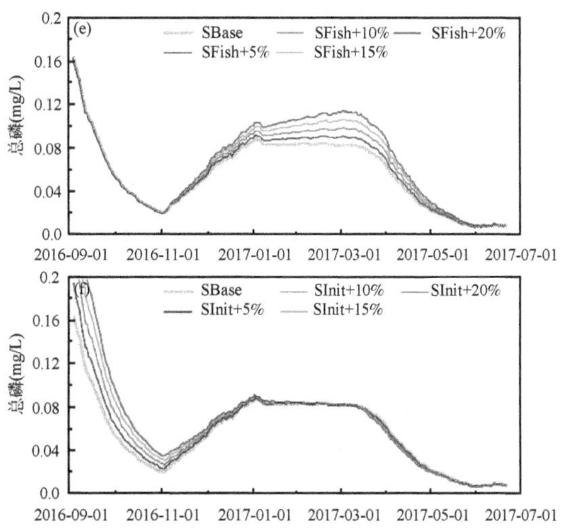

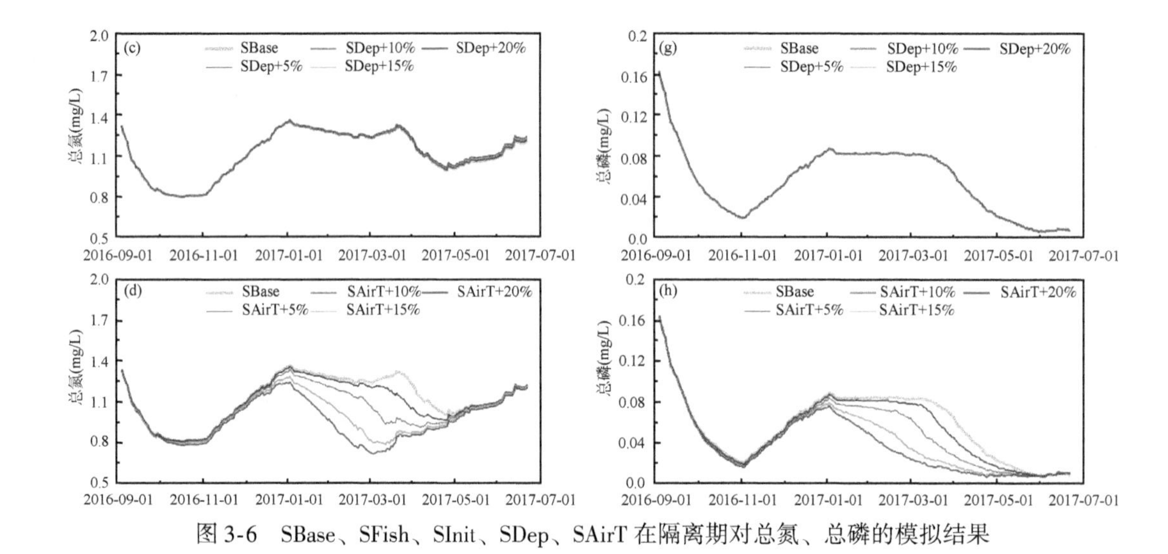

图 3-6　SBase、SFish、SInit、SDep、SAirT 在隔离期对总氮、总磷的模拟结果

参 考 文 献

胡振鹏，张祖芳，刘以珍，等. 2015. 碟形湖在鄱阳湖湿地生态系统的作用和意义. 江西水利科技，41（5）：317-323.

Arifin R R，James S C，de Alwis Pitts D A，et al. 2016. Simulating the thermal behavior in Lake Ontario using EFDC. Journal of Great Lakes Research，42（3）：511-523.

Bae S，Seo D. 2018. Analysis and modeling of algal blooms in the Nakdong River，Korea. Ecological Modelling，372：53-63.

Cerco C F，Cole T. 1993. Three-dimensional eutrophication model of chesapeake bay. Journal of Environmental Engineering，119（6）：1006-1025.

Du J，Shen J. 2016. Water residence time in Chesapeake Bay for 1980-2012. Journal of Marine Systems，164：101-111.

Hamrick J M. 1996. User's manual for the environmental fluid dynamics computer code. Department of Physical Sciences，School of Marine Science，Virginia Institute of Marine Science，College of William and Mary.

Huang J，Arhonditsis G B，Gao J，et al. 2018. Towards the development of a modeling framework to track nitrogen export from lowland artificial watersheds（polders）. Water Research，133：319-337.

Huang J，Qi L，Gao J，et al. 2017. Risk assessment of hazardous materials loading into four large lakes in China：a new hydrodynamic indicator based on EFDC. Ecological Indicators，80：23-30.

Jeong S，Yeon K，Hur Y，et al. 2010. Salinity intrusion characteristics analysis using EFDC model in the downstream of Geum River. Journal of Environmental Sciences-China，22（6）：934-939.

Liu X，Zhang Y，Han W，et al. 2013. Enhanced nitrogen deposition over China. Nature，494（7438）：459-462.

Tetra Tech I. 2007. The Environmental Fluid Dynamics Code：Theory and Computation. US EPA，Fairfax，VA.

Wang X，Xu L，Wan R，et al. 2016. Seasonal variations of soil microbial biomass within two typical wetland areas along the vegetation gradient of Poyang Lake，China. Catena，137：483-493.

Wu B, Wang G, Wang Z, et al. 2017. Integrated hydrologic and hydrodynamic modeling to assess water exchange in a data-scarce reservoir. Journal of Hydrology, 555: 15-30.

Xia S, Liu Y, Wang Y, et al. 2016. Wintering waterbirds in a large river floodplain: Hydrological connectivity is the key for reconciling development and conservation. Science of the Total Environment, 573: 645-660.

Zeng Q, Qin L, Li X. 2015. The potential impact of an inter-basin water transfer project on nutrients (nitrogen and phosphorous) and chlorophyll a of the receiving water system. Science of the Total Environment, 536: 675-686.

Zhang X, Zou R, Wang Y, et al. 2016. Is water age a reliable indicator for evaluating water quality effectiveness of water diversion projects in eutrophic lakes? Journal of Hydrology, 542: 281-291.

第4章　鄱阳湖区圩区水文过程模拟

4.1　鄱阳湖区圩区

鄱阳湖区涉及江西省南昌、新建、永修等13个县市和南昌、九江两市郊区，总面积为26 266km^2。湖区河网密集，地形低洼，洪灾频繁，给湖区人民财产带来重大威胁和损失。据史料统计，为抵御水灾湖区人民自公元651年就开始圈圩筑堤，至明清时代，就已存在大量圩区。中华人民共和国成立后，党和政府高度重视水利设施建设，圩堤发展更为迅速。目前，湖区共建有堤线2946.61km，千亩以上大小圩堤有292座，保护耕地面积为627.20万亩，保护人口数量为722.70万人（表4-1）。

4.2　圩区水文模型

4.2.1　圩区水文模拟的背景

目前，已有多种水文模型用于流域尺度水文过程的模拟，如SWAT、HSPF、SSFR、GR4J、新安江模型和MIKE-SHE模型。然而，这些模型大多数是基于有一定坡度的自由排水区开发的，并不适合于地下水位浅、地势平缓的低洼平原，无法反映毛细管水上升、地下水-地表水相互作用等这些圩区所特有的水文过程特点。此外，圩区的水文过程不仅受自然因素的影响（如降水和蒸散），也受人为因素的影响（如出流受泵站、涵洞控制和人工灌溉），这些都增加了圩区水文模拟的困难。上述问题已经引起了水文学家的关注，他们越来越多地意识到模型需要准确地描述地下水位的动态变化和人为管理模式的影响。

为了解决上述问题，Brauer等（2014）提出了一种新的降雨-径流水文模型WALRUS，其模型结构与以往的降雨-径流水文模型有很大的不同，较好地考虑到了圩区以下几个水文过程特点：

1）地下水蓄水库与包气带的耦合。将土壤的地下水蓄水库与包气带（未饱和区）紧密耦合在一起，以反映两者之间的相互反馈过程，即当地下水位下降时，会引起包气带区域的增大，而地下水位上升则造成包气带区域的减小。

2）湿度指数性水源划分。它通过一个动态变化的湿度指数来划分地面漫流（快速径流）与地下径流。

表4-1 鄱阳湖区分县圩堤统计表

市（县）	十万亩以上圩堤				五万亩至十万亩圩堤				一万亩至五万亩圩堤				千亩至万亩圩堤			
	座数	长度（km）	保护耕地（万亩）	保护人口（万人）	座数	长度（km）	保护耕地（万亩）	保护人口（万人）	座数	长度（km）	保护耕地（万亩）	保护人口（万人）	座数	长度（km）	保护耕地（万亩）	保护人口（万人）
波阳县	1	47.42	11.00	7.20	4	104.88	27.25	31.65	6	102.80	12.54	11.66	42	206.98	15.41	20.42
余干县	2	112.22	48.42	32.37	2	84.22	11.79	9.54	2	32.00	3.12	2.57	21	88.71	7.27	5.85
万年县	1	16.46	10.50	7.20	0	0	0	0	1	7.90	1.22	0.83	7	35.56	3.18	3.91
新建县	3	154.74	38.78	16.47	2	53.80	13.65	7.16	3	41.98	4.17	1.95	17	57.76	5.02	3.58
南昌县	6	386.54	117.27	121.38	2	85.13	11.63	13.80	4	86.54	8.05	7.66	4	13.30	1.16	0.45
进贤县	2	58.45	26.92	33.56	0	0	0	0	6	27.57	7.25	5.63	12	29.14	2.44	1.31
南昌市					2	45.75	15.72	113.91	1	25.60	1.72	2.06	1	3.56	0.40	0.40
丰城市	5	118.34	93.17	92.74	1	22.78	5.17	3.46	13	201.36	28.45	22.86	19	79.58	6.85	5.54
湖口县					1	2.39	5.03	4.53	3	4.26	3.72	3.80	5	14.70	0.78	5.62
德安县					0	0	0	0	2	14.13	2.07	4.00	7	21.04	0.92	0.68
星子县					0	0	0	0	1	11.00	1.10	0.30	7	31.69	2.82	5.56
永修县					2	76.64	10.09	5.47	7	111.20	12.59	11.92	16	83.27	6.23	3.88
都昌县					1	2	5.21	3.50	4	23.31	4.83	9.20	17	22.87	3.68	5.41
九江市	1	34.51	10.18	39.35	0	0	0	0	0	0	0	0	9	24.53	2.41	2.04
乐平市					1	41.60	6.23	17.20	2	30.60	4.80	7.30	14	65.80	4.99	5.82
合计	21	928.68	356.24	350.27	18	519.19	111.77	210.22	55	720.25	95.63	91.74	198	778.49	63.56	70.47

资料来源：1999年江西省圩堤图集

3）地下水-地表水的相互反馈。引入坑塘、沟渠等表层水体蓄水库描述地下水与地表水的相互作用，它考虑到了地下水的正向流与逆流。即当地下水位高于坑塘、沟渠的水位时，地下水向坑塘、沟渠排水；而当地下水位低于坑塘、沟渠的水位时，地表水会向地下水渗透。

4）地表水的抽灌和地下水的渗漏/渗入。由于圩区处于平原河网密集区，圩区地下水与圩外河流根据水位差不断地进行交换，发生地下水的渗漏/渗入。圩区地表水同样可能存在人工抽取或灌溉，进而影响到整个圩区的水文系统。

该模型已在荷兰的两个平原低地流域（Cabauw 圩区和 Hupsel Brook 流域）进行了验证，结果表明该模型可以提供较为准确、可靠的低地径流模拟值（Brauer et al.，2014）。然而作为集总式模型，它主要集中于以草地或谷物农田为主的单一旱地类型的模拟，仅考虑到流域的平均情况。当该模型运用于亚洲季风区的低洼地，特别是居民区、水田、旱地和水域等多种土地利用类型并存的南方圩区时，将不能较好地反映田间实际和复杂的农业水务管理特点。这是因为每种土地利用类型有着截然不同的产流模式，并且由于水稻对水的需求量较大，频繁的田间水管理致使水田有着较为复杂的水循环过程。

4.2.2 WALRUS 模型原理

WALRUS 模型主要包含三个蓄水库，即快速径流蓄水库、地表水蓄水库（坑塘、沟渠等水面）、地下水-包气带耦合的土壤蓄水库（图 4-1）。降水（P）分别进入不同的蓄水库中，其中有一部分（P_S）以固定的比例（a_S）降落在地表水蓄水库中。剩余的那一部

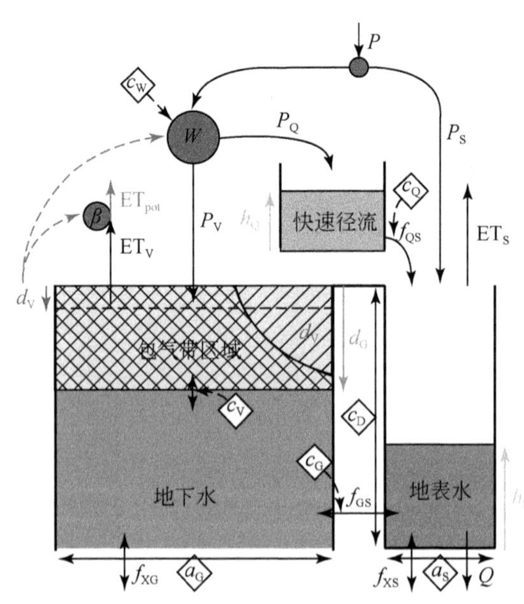

图 4-1 WALRUS 模型的结构图

黑色箭头代表代表水通量，棕色菱形表示模型参数，

不同颜色的箭头代表与之相同颜色蓄水库的状态变量

分降水被土壤湿度指数（W）动态地划分为两部分，一部分下渗进入土壤体（P_V），另一部分直接通过快速径流汇入地表水蓄水库（P_Q）。水分的消耗包括地表水蒸发（ET_S）、包气带的蒸散发（ET_V）以及潜在蒸散发（ET_{pot}）。土壤缺水量（d_V）是模型中较为关键的状态变量，定义为土壤水分剖面达到饱和时所需的水层厚度（mm），主要用于表征土壤干旱程度和水分状况。土壤缺水量（d_V）决定着土壤的蒸散发减少率（β）和土壤湿度指数（W）。地下水位（d_G）对土壤缺水量（d_V）的变化做出动态响应，并和地表水蓄水库水位（h_S）共同决定着地下水径流或者地表水对土壤的渗透能力（f_{GS}）。所有不经过土壤基质的水流都通过快速径流（f_{QS}）的方式进入地表水蓄水库，h_Q 为快速径流蓄水库深。模型中快速径流（f_{QS}）包括地面漫流、局部积水和大孔隙流。流域的径流量（Q）是通过地表水蓄水库水位（h_S）和拦水堰的高度（$h_{S,min}$）关系计算的。模型考虑到了土壤蓄水库因为地下水渗入或渗漏（f_{XG}）而出现水量的增加或减少，f_{GS}为地下水径流或逆流。同样，地表水蓄水库也考虑到了人为抽取或灌溉（f_{XS}）对其水量的影响。f_{XG}和f_{XS}这两个变量需要由用户提供或者通过地下水模型、地表水管理模型的模拟结果作为输入条件。其他参数还包括陆域占圩区面积比例（a_G），水域占圩区面积比例（a_S），沟渠深（c_D），土壤包气带响应系数（c_V），地下水蓄水库系数（c_G），快速径流蓄水库系数（c_Q）。关于模型结构更为详尽的介绍和变量、函数的解释可以参考 Brauer 等（2014）的研究。

4.2.3　WALRUS-paddy 降雨径流模型的构建

在 WALRUS 模型的基础上，本研究采用 R 语言建立了适合南方圩区特点的 WALRUS-paddy 模型（图 4-2），相对于原模型进行了多方面的改进。

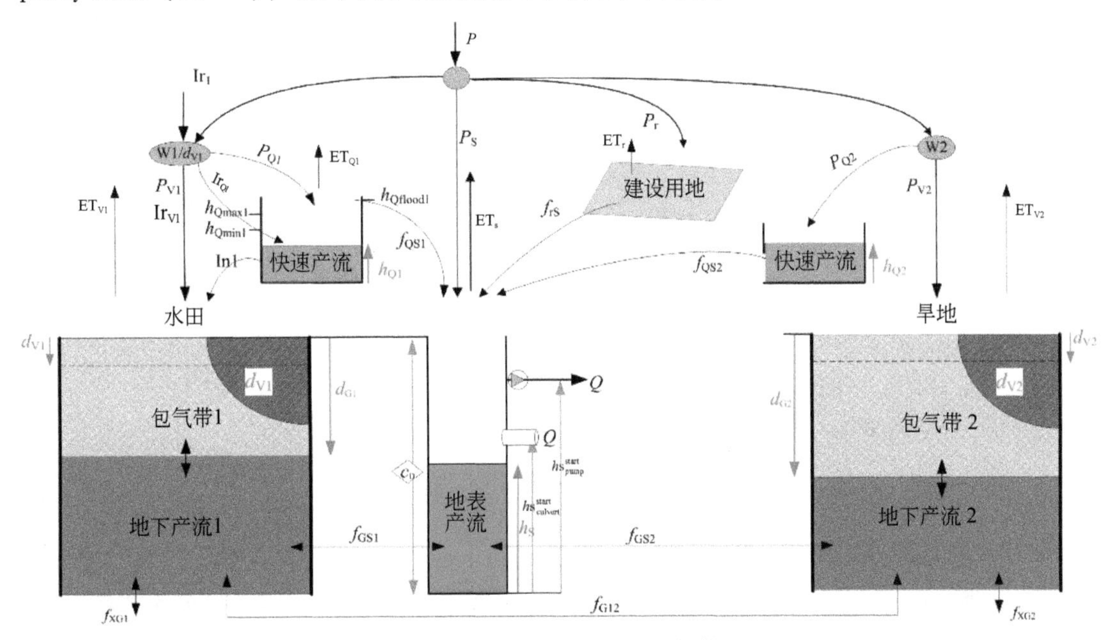

图 4-2　WALRUS-paddy 模型结构图

下标 1 代表该变量属于水田，而下标 2 代表该变量属于旱地。

黑色箭头代表水通量，青绿色箭头代表蓄水库的状态变量

4.2.3.1 模型的结构

中国南方作为世界上人口居住最为密集的地区之一，广泛的人类活动使得在圩区内存在着多种土地利用类型，如居民区、水田、旱地和水域。就面积而言，因为稻米是当地居民喜欢的食物并且产量高，所以水田一般在农业圩区中所占的比例最大。不同的土地利用类型有着不同的产汇流规律，这些都是模型所必须考虑的。然而集总式模型并不能反映这种拥有多种不同土地利用类型的集水区的水文特性（Karvonen et al.，1999）。针对这种情况，本书的研究对 WALRUS 模型进行了修改，采用不同的产流过程函数和参数反映不同土地利用类型的产流特性，形成新的 WALRUS-paddy 模型（图 4-2）。在 WALRUS-paddy 模型中，旱地的水文过程与原模型基本一致，但水田的径流过程考虑到了排灌水管理，下面将进行详尽阐述。居民区被看作不透水区域，假设降水不下渗，而是直接形成地表径流在较短的时间内汇入附近的水域。因此，模型采用径流系数来计算居民区径流，以说明蒸散对降水的损耗。需要注意的是，因为居民区是不透水区域，所以该模型假设地表水体与居民区的地下水没有水量交换。

4.2.3.2 水田灌排水模拟

原模型对快速径流（坡面漫流、局部积水）的描述主要适合于旱地，而不能反映水田的真实情况。为了满足水稻生长期间对水分的需求，水田一般会构筑田埂，进行经常的人工漫灌和排水，以保持一定的田间水深。虽然原模型也考虑到了外界对地表水体的供给，但其主要用于提高农田地下水位而非直接用于农田的漫灌，这明显与水田的情况不吻合。此外，地表水体供给的时间序列数据需要作为原模型的输入条件，但农田灌溉数据的缺少是水文模拟普遍面临的问题（Salmon et al.，2015）。为了解决上述问题，WALRUS-paddy 模型引进间歇式灌排水管理模块。该模块已被广泛用于农业水务管理的实践中，它不仅能够保证水稻生长的水分需求，而且可以节约水量，避免不必要的水资源浪费。这个模块包含适合于水稻生长的田间适宜水深下限（$h_{Q,\min1}$）、适宜水深上限（$h_{Q,\max1}$）、耐淹水深（$h_{Q,\text{flood1}}$）3 个关键性控制水位（图 4-3）（赵永军和杨珏，1998）。随着蒸散和田间下渗对水分的消耗，当田间水深下降到适宜水深下限（$\mathrm{h}_{Q,\min1}$）时，已经开始威胁到水稻的生长，于是需要进行人工灌溉，直至达到适宜水深上限（$h_{Q,\max1}$）。相反，当遇到高强度的降水时，田间水深则应控制在耐淹水深（$h_{Q,\text{flood1}}$）以下，一旦水位超过 $h_{Q,\text{flood1}}$ 就应进行田间排水，使水位降至适宜水深上限（$\mathrm{h}_{Q,\max1}$）。也就是说，只有当水位上升到耐淹水深（$\mathrm{h}_{Q,\max1}$）时，水田的快速径流（f_{QS1}）才能产生。

因此，水稻田田间水面（快速径流蓄水库）的水位（h_{Q1}）变化计算公式如下：

$$\frac{\mathrm{d}h_{Q1}}{\mathrm{d}t}=\frac{P_{Q1}+\mathrm{Ir}_{Q1}-\mathrm{ET}_{Q1}-f_{QS1}-\mathrm{In}_1}{a_{G1}} \tag{4-1}$$

式中，P_{Q1}代表降雨降落在快速径流蓄水库的水量（mm/h）；Ir_{Q1}代表灌溉水进入快速径流蓄水库的量（mm/h）；ET_{Q1}代表快速径流蓄水库的蒸散量（mm/h）；f_{QS1}代表快速径流量，即田间排水量（mm/h）；In_1代表田间下渗量（mm/h）；a_{G1}代表水田占圩区面积比例。

降水或灌溉水首先补充包气带水分直到土壤饱和，剩余的水量才进入快速径流蓄水库

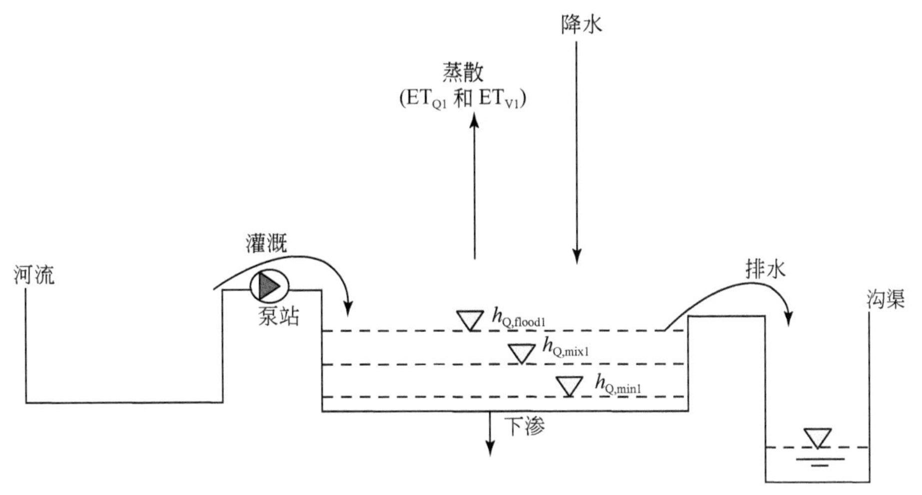

图4-3　水稻田的水管理过程示意图

资料来源：Xie 和 Cui（2011）

形成有一定深度的田间水层（P_{Q1}或 Ir_{Q1}），使水稻处于淹水状态。因此 P_{Q1} 计算如下：

$$P_{V1} = \min(P,\ d_{V1}) \times a_{G1} \tag{4-2}$$

$$P_{Q1} = P \times a_{G1} - P_{V1} \tag{4-3}$$

式中，P_{V1}代表降水或灌溉水补充水田土壤包气带的水量（mm/h）；d_{V1}为水田土壤缺水量，表示土壤水分剖面达到饱和时所需的水层厚度（mm）；a_{G1}为水田所占的面积比例。min（P，d_{V1}）表示当降水量大于土壤缺水量时，$P_{V1}=d_{V1}$；当降水量小于土壤缺水量时，$P_{V1}=P$。与之相似，灌溉水进入快速径流蓄水库的水量 Ir_{Q1} 计算如下：

$$\mathrm{Ir}_{V1} = \min(\mathrm{Ir}_1,\ d_{V1}) \times a_{G1} \tag{4-4}$$

$$\mathrm{Ir}_{Q1} = \mathrm{Ir}_1 \times a_{G1} - \mathrm{Ir}_{V1} \tag{4-5}$$

式中，Ir_{V1}代表灌溉水量补充水田土壤包气带的水量（mm/h）；min（Ir_1，d_{V1}）的意义与 min（P，d_{V1}）一致。灌溉水量 Ir_1（mm/h）的计算如下：

$$\mathrm{Ir}_1 = \begin{cases} h_{Q,\ \max 1} - h_{Q1}, & h_{Q1} < h_{Q,\ \min 1} \\ 0, & h_{Q1} \geqslant h_{Q,\ \min 1} \end{cases} \tag{4-6}$$

式中，$h_{Q,\max 1}$和 $h_{Q,\min 1}$分别代表田间适宜水深上限（$h_{Q,\max 1}$）、适宜水深下限（$h_{Q,\min 1}$）。

水田蒸散包括田间水面蒸发（ET_{Q1}，mm/h）和土壤包气带蒸发（ET_{V1}，mm/h）。该模型视作物蒸腾为土壤包气带蒸发的一部分，因为蒸腾的水源最终来源于土壤。田间水面蒸发量 ET_{Q1} 认为等于皿测蒸发量 E_0。土壤包气带蒸发量（ET_{V1}，mm/h）是水田实际蒸散量（$\mathrm{ET}_{\mathrm{act1}}$，mm/h）与田间水面蒸发量（$\mathrm{ET}_{Q1}$）之差：

$$\mathrm{ET}_{V1} = (\mathrm{ET}_{\mathrm{act1}} - \mathrm{ET}_{Q1}/a_{G1}) \times a_{G1} \tag{4-7}$$

$$\mathrm{ET}_{Q1} \begin{cases} = \min(E_0,\ h_{Q1}) \times a_{G1}, & h_{Q1} > 0 \\ = 0, & h_{Q1} = 0 \end{cases} \tag{4-8}$$

式中，水田实际蒸散量（$\mathrm{ET}_{\mathrm{act1}}$，mm/h）根据皿测蒸发量 E_0 与作物需水系数（K_c）相乘计算求得（程文辉等，2006；高俊峰，2004）。

快速径流量（f_{QS1}）即田间排水量计算如下：

$$f_{QS1}=\begin{cases}\dfrac{h_{Q1}-h_{Q,\ flood1}}{c_{Q1}}\times a_{G1}, & h_{Q1}\geqslant h_{Q,\ flood1}\\ 0, & h_{Q1}<h_{Q,\ flood1}\end{cases} \tag{4-9}$$

式中，$h_{Q,flood1}$代表水稻耐淹水深（mm）；c_{Q1}代表快速径流系数，由率定确定。

田间下渗量（In_1）在模型中指的是当土壤包气带因蒸散和地下水排水而不饱和时，快速径流蓄水库的水流下渗进入土壤包气带的水量。因此，In_1计算公式如下：

$$In_1=\begin{cases}\min(d_{V1},\ h_{Q1})\times a_{G1}, & d_{V1}>0\text{ 且 }h_{Q1}>0\\ 0, & d_{V1}=0\text{ 或 }h_{Q1}=0\end{cases} \tag{4-10}$$

在非稻季（麦季）时，水田的水文过程模拟方法与原模型陆地水文过程一致。

4.2.3.3 水田与旱地地下水之间的交换计算

在南方通常水田进行灌溉，旱地不需要。由于输入水量的不同，水田和旱地的地下水位之间存在一定的差异，导致两者之间存在一定的水量交换。与原模型计算地下径流的方法相似，水田与旱地地下水的交换量f_{G12}根据两者水位差进行计算，公式如下：

$$f_{G12}=\frac{d_{G2}-d_{G1}}{c_{G3}} \tag{4-11}$$

式中，d_{G1}和d_{G2}分别是水田和旱地的地下水位；c_{G3}是交换流的常数系数，反映了两者土壤蓄水库对水流交换的阻力作用，与土壤类型有关。$d_{G2}-d_{G1}$是地下水位差，代表引起交换水流产生的压力差，与地下水模型中广泛使用的水头差概念类似。水田因为有灌溉水，地下水位高于旱地，所以通常是水田的地下水流向旱地，于是在下一步长的计算中，将计算出的f_{G12}从水田地下水蓄水库中去除，添加到旱地地下水蓄水库中。

4.2.3.4 涵洞与泵站控制排水计算

圩区的排水径流过程明显受到人为控制，在原模型中以堰的高度来控制圩区出水口的排水。当地表水体水位低于堰的高度，圩区出水口不排水；当地表水体水位高于堰的高度时，圩区出水口将会排水。然而，为了保证排水的高效率和节能，南方中小尺度圩区的排水一般由涵洞和泵站排水两部分组成。为了更好地描述这些特点，模型引入了包括泵站启动水位hS_{pump}^{start}、泵站关闭水位hS_{pump}^{stop}与涵洞排水开始水位$hS_{culvert}^{start}$ 3 个控制性水位（图 4-4）。一般对于稻麦轮作的圩区来说，在水稻生长季时（6 月初至 10 月中下旬），涵洞一般是关闭的，因为稻季对水量的需求较大，且汛期圩外河道水位高于圩区的水体水位；在小麦生长季时（11 月初至次年 6 月初），圩内河道水位一般高于圩外河道水位，此时涵洞是开启的状态，可以将多余的水量自然排出。

在稻季，特别是洪水时期，圩外河道水位高于圩区地表水位。因此，当发生强降雨事件时，圩区不同土地利用类型的径流首先通过沟渠汇集于泵站前的坑塘。当坑塘水位高于泵站启动水位hS_{pump}^{start}时，为减少圩区的内涝威胁，泵站启动排涝，直至水位下降到泵站关闭水位hS_{pump}^{stop}。泵站排水径流通过水位-排水量关系函数计算，在这个函数中包含泵站排水能力（Q_{pump}）、泵站启动水位hS_{pump}^{start}、泵站关闭水位hS_{pump}^{stop}。因此，圩区出水口处的排水径

图 4-4　涵洞与泵站控制性出流的 3 个关键性水位

流（Q）计算方法如下。

麦季：

$$Q=\begin{cases}0, & h_{\mathrm{s}} \leqslant hS_{\mathrm{culvert}}^{\mathrm{stop}} \\ c_{\mathrm{s}}\left(\dfrac{h_{\mathrm{s}}-hS_{\mathrm{culvert}}^{\mathrm{start}}}{c_{\mathrm{D}}-hS_{\mathrm{culvert}}^{\mathrm{start}}}\right), & h_{\mathrm{s}} > hS_{\mathrm{culvert}}^{\mathrm{start}}\end{cases} \tag{4-12}$$

稻季：

$$Q=\begin{cases}0, & h_{\mathrm{s}} \leqslant hS_{\mathrm{pump}}^{\mathrm{start}} \\ Q_{\mathrm{pump}}, & hS_{\mathrm{pump}}^{\mathrm{start}} < h_{\mathrm{s}} \leqslant hS_{\mathrm{pump}}^{\mathrm{stop}}\end{cases} \tag{4-13}$$

式中，Q_{pump}为泵站排水能力（mm/h），即通过泵站的固定流量（m^3/s）与圩区面积之商。

4.3　气候变化的圩区水文效应

选取中国东部鄱阳湖流域的大型圩区——蒋巷联圩作为研究区，采用 WALRUS-paddy 模型定量分析近 20 年来气候变化和下垫面变化对水文过程的影响。

4.3.1　研究区概况

蒋巷联圩（28°43′~28°54′N，115°56′~116°15′E）地处鄱阳湖流域冲积平原，介于赣江南支和中支之间，东临鄱阳湖，西接南昌，地势低洼，四周以堤坝与河流、湖泊隔离，形成一个闭合的集水区，是我国南方平原农业圩区的典型代表（图 4-5）。蒋巷联圩面积为 149.9km²，圩内沟渠、坑塘等水面密集分布，占圩区总面积的 11%。圩区通过多个排灌泵站与圩外河流建立水力联系，泵站不仅用于排涝，也用于农田灌溉。为了便于模拟，罗运祥等（2013）将多个排灌泵站概化为 6 个大型泵站。

圩内土地利用类型以水田为主，占圩区总面积的 70% 以上，旱地占 6.0% ~7.2% 左右，还有一定面积的居民区（表 4-2）。在过去的 20 年里，尽管各土地利用类型所占的比例变化不大，但水田由原有的稻-麦轮作普遍改种为双季稻，这一改变有可能会明显地影响到圩区的水文过程。土壤类型以粉砂质壤土为主。

图 4-5 蒋巷联圩位置及其土地利用类型（2010 年）

表 4-2 1990～2010 年蒋巷联圩的土地利用变化（单位：%）

土地利用类型	1990 年	2000 年	2010 年
水田	79.7	78.6	74.8
旱地	6.0	6.2	7.2
水域	11.0	11.1	11.3
居民区	3.3	4.1	6.7

4.3.2　数据来源与研究方法

4.3.2.1　数据来源

WALRUS-paddy模型的输入数据主要包括气象、土地利用、土壤等数据，另外需要泵站排水量作为验证数据（表4-3）。土地利用数据采用1990年、2000年和2010年的30m×30m TM影像，进行人工解译与矢量化，并实地验证。土壤类型数据来源于实地土样分析。气象数据来源于南昌国家级气象站点（编号为58606），该站点距圩区中心点28km，收集的数据主要包括1986～2014年的逐日降水、日最高气温和日最低气温数据。参考作物蒸散发量（ET_0）采用Hargreaves公式（Hargreaves and Samani，1985）计算。水田与旱地的潜在蒸散发（ET_{pot1}、ET_{pot2}）通过参考作物蒸散发量与作物系数相乘求得，水面假设为水分足够湿润条件下自然表面蒸发，即等于参考作物蒸散发量。采用来自苏保林等（2013）和罗运祥等（2013）的2006～2008年月泵站实测排水量来检验径流模拟值的准确性。

表4-3　数据来源

数据类型	来源	说明
土地利用类型	30m×30m TM影像	人工解译与矢量化，并实地验证
土壤类型	实地调研	
气象数据	国家气象站南昌站	距圩区中心点28km
水文数据	苏保林等（2013）和罗运祥等（2013）	

4.3.2.2　气候和下垫面变化相对作用的区分方法

田鹏（2012）采用Mann-Kendall趋势性检验法和Mann-Kendall-Sneyers突变分析法对鄱阳湖流域近50年来气温和降水时间序列的数据进行趋势性分析，发现自20世纪90年代以来，该流域的气温和降水增加趋势明显，突变点在1996年附近。此外，受自2004年底中国农业税减免和粮食补贴政策出台的影响，截至2006年，蒋巷联圩的水田基本上由稻麦轮作模式转为以双季稻为主的耕作方式（李文叶等，2014）。本节研究选择1986～2014年作为研究时段，并划分为3个时期，即1986～1995年为基准期，1996～2005年和2006～2014年为两个变化期。

将率定验证后的模型在一定的情境下进行模拟，以区分不同时期气候与下垫面变化对径流的作用。具体模拟情景设置如表4-4所示。根据郭军庭（2012）的研究方法，以情景1为基准期，将情景2、情景3分别与其比较，获得气候变化对径流的影响；将情景4、情景5分别与情景2、情景3对比，获得土地利用变化对径流的影响。

$$\Delta Q_{\text{climate}} = Q_{\text{Scenario2/3}} - Q_{\text{Scenario1}} \tag{4-14}$$

$$\Delta Q_{\text{lucc}} = Q_{\text{Scenario4/5}} - Q_{\text{Scenario2/3}} \tag{4-15}$$

式中，$\Delta Q_{\mathrm{climate}}$ 为气候变化引起的径流变化值（mm）；ΔQ_{lucc} 为土地利用变化引起的径流变化值（mm）；$Q_{\mathrm{Scenario1}}$ 为情景1；$Q_{\mathrm{Scenario2/3}}$ 为情景2或情景3；$Q_{\mathrm{Scenario4/5}}$ 为情景4或情景5。

表4-4　模拟情景设置

情景	下垫面年份	气候数据时段
1	1990	1986～1995年
2	1990	1996～2005年
3	1990	2006～2014年
4	2000	1996～2005年
5	2010	2006～2014年

4.3.3　模型的率定与验证

4.3.3.1　率定与验证方法

根据实地调查，确定研究区泵站启动水位（$hS_{\mathrm{pump}}^{\mathrm{start}}$）和沟渠深度（$C_{\mathrm{D}}$）分别为1000mm和1500mm。在实地调研的基础上，参考相关文献，明确鄱阳湖流域单季稻和双季稻的各生长季节的控制性水位变化。根据土壤类型及Clapp和Hornberger（1978）建立的参数对照表，确定土壤水分特征曲线的相关参数包括孔隙分布参数 b、进气值 φ_{ae} 和土壤饱和含水量 θ_{S}。

为了率定与验证模型，将6个大型泵站的排水量汇总为圩区总排水量。由于南方圩区普遍缺少固定的水文站点进行水文记录，因而缺少长时间尺度的圩区连续实测径流值。本节研究仅采用2006年1月至2008年12月的3年连续月径流实测值率定和验证模型。其中2006年1月至2007年12月为模型的率定期，2008年1～12月为模型的验证期。本节研究首先将模型按照日尺度进行径流量的模拟，然后将日模拟值汇总为月模拟值，再将月模拟值与月实测值进行比较以验证模型的准确性。在模型的率定期和验证期采用 E_{NS} 和 R^2 来评价模型的精度和性能。

4.3.3.2　率定与验证结果

大部分模型参数预先设为太湖流域尖圩的参数值，然后采用人工试错法进一步优化。图4-6和图4-7为蒋巷联圩径流模拟的率定与验证结果。

率定期与验证期的圩区月径流模拟值变化趋势与观测值基本一致，E_{NS} R^2 在率定期均大于0.90（含0.90），在验证期也均大于0.80（图4-6和图4-7）。而且模拟值与实测值的散点基本上沿1∶1线分布，斜率也接近于1。这些都表明该模型在蒋巷联圩有一定的适用性，可以反映圩区的水文过程，能够提供较为准确的径流估计值。蒋巷联圩径流模拟的参数最佳率定值如表4-5所示。

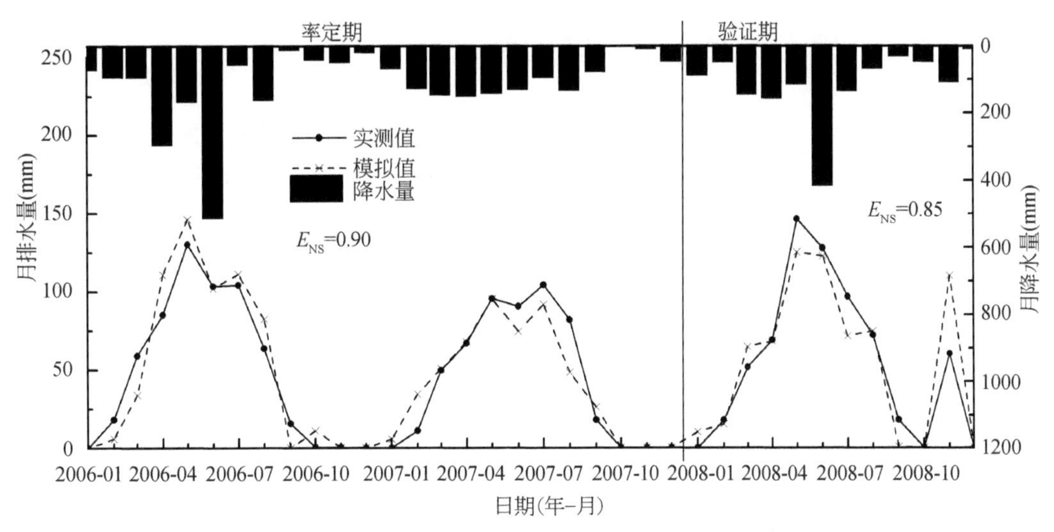

图 4-6　蒋巷联圩出水口月排水量模拟的率定与验证

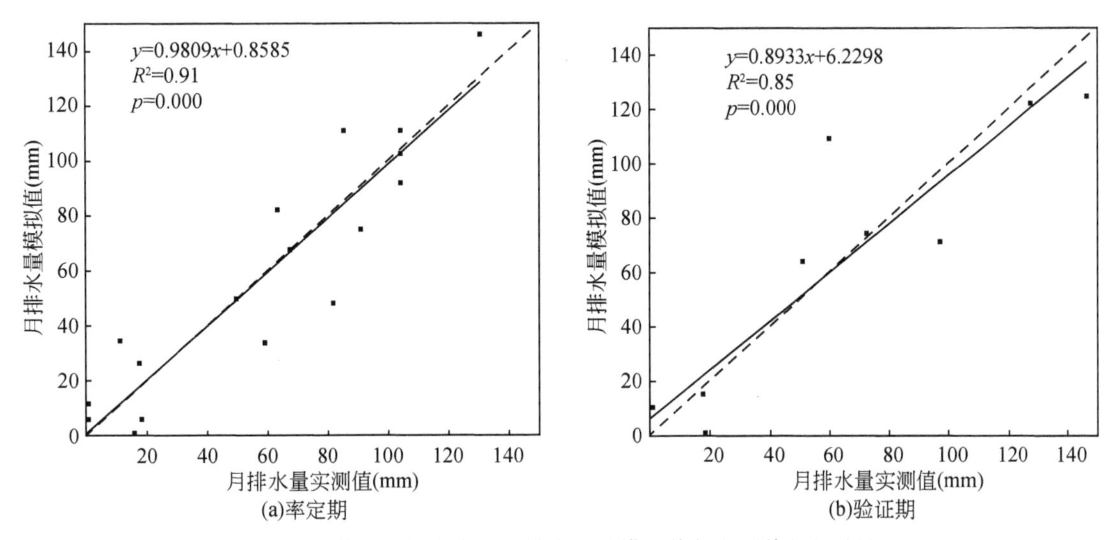

图 4-7　蒋巷联圩出水口月排水量的模拟值与实测值的相关性

表 4-5　蒋巷联圩径流模拟的参数最佳率定值

参数	c_{w1} 水田湿度指数系数（mm）	c_{w2} 旱地湿度指数系数（mm）	c_{v1} 水田–土壤–包气带响应系数（h）	c_{v2} 旱地–土壤–包气带响应系数（h）	c_{G1} 水田–地下水蓄水库系数（10^6mm/h）	c_{G2} 旱地–地下水蓄水库系数（10^6mm/h）	c_{G3} 水田与旱地的地下水交换系数（10^6mm/h）	c_{Q1} 水田–快速径流蓄水库系数（h）	c_{Q2} 旱地–快速径流蓄水库系数（h）
率定值	145	110	19	11	65	30	92	4	2

4.3.4 气候变化对圩区径流的影响

为分析气候变化对径流的影响，将仅受气候变化影响下的 1996～2005 年和 2006～2014 年模拟径流值（情景 2 和情景 3）与基准期 1986～1995 年的径流值（情景 1）进行对比（图 4-8）。

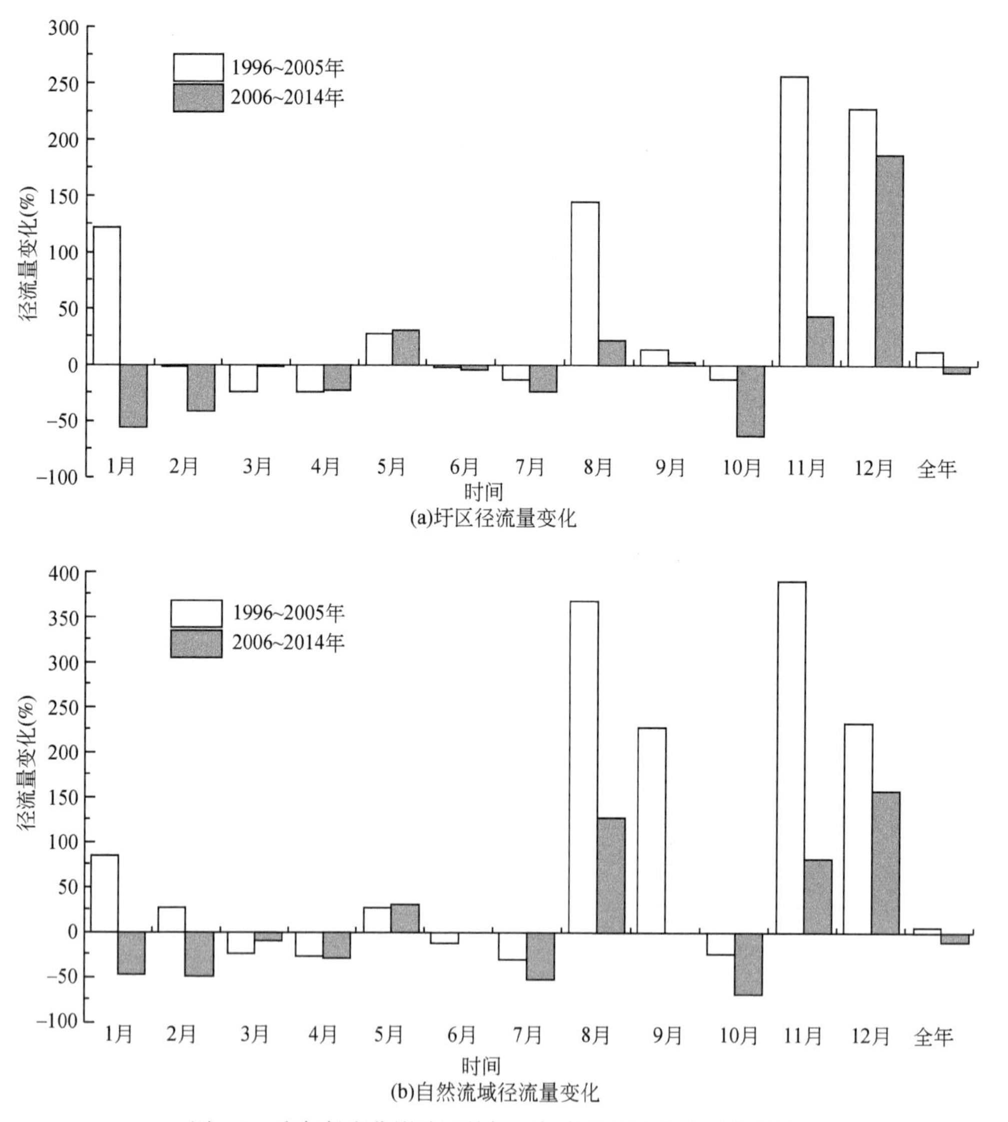

图 4-8　在气候变化影响下的圩区与自然流域径流量的变化

与基准期相比，两变化期的月径流值有较大的变化，表明气候变化对月径流值有明显的影响。在秋冬过渡季节（11 月至次年 1 月）和夏季末期（8 月），圩区径流都明显增长。例如，在 12 月，两时期的径流值增长约 200%。与此相反，在其他季节包括春季早期和秋季都有一定程度的减少趋势，但减少量大多小于 50%。

上述径流季节性的变化是降水和气温综合影响的结果（图 4-9）。在秋冬过渡季节（11 月至次年 1 月）和夏季末期，降水量明显高于基准期，而且较低的温度使得蒸散量明显减少，最终导致净雨量的增加和径流量的增多。相反，在春季早期和秋季，降水量较基准期减少，并且温度升高，导致蒸散量增加，进而使得径流量相比基准期减少。虽然降水和气温都对径流变化产生显著的影响，但从径流与两者的变化趋势来看，径流更易受降水影响。这也可以从两者与径流变化值的相关性中得到验证，降水与径流变化的相关性（$R=0.706$，$p=0.000$）高于气温与径流变化的相关性（$R=-0.466$，$p=0.022$）。不过应该注意到在夏初（6 月和 7 月），虽然降水量增加，但径流量不仅没有增加反而出现减小趋势。这可能是一方面由于气温升高，蒸散增强，削减了径流量，另一方面是由于土壤蓄水库的缓存作用。相比基准期，土壤蓄水库在干旱的春季里被蒸散消耗的水分更多，对于夏初增加的降水量有一定的储存能力［图 4-9（c）］。所以，夏初虽然降水量增加，但因初期土壤含水量低于同时期的基准期，使得增加的雨水被更多地储存在土壤蓄水库里，以补充春季蒸散对土壤水分的过度消耗，而没有出现径流增加的现象。

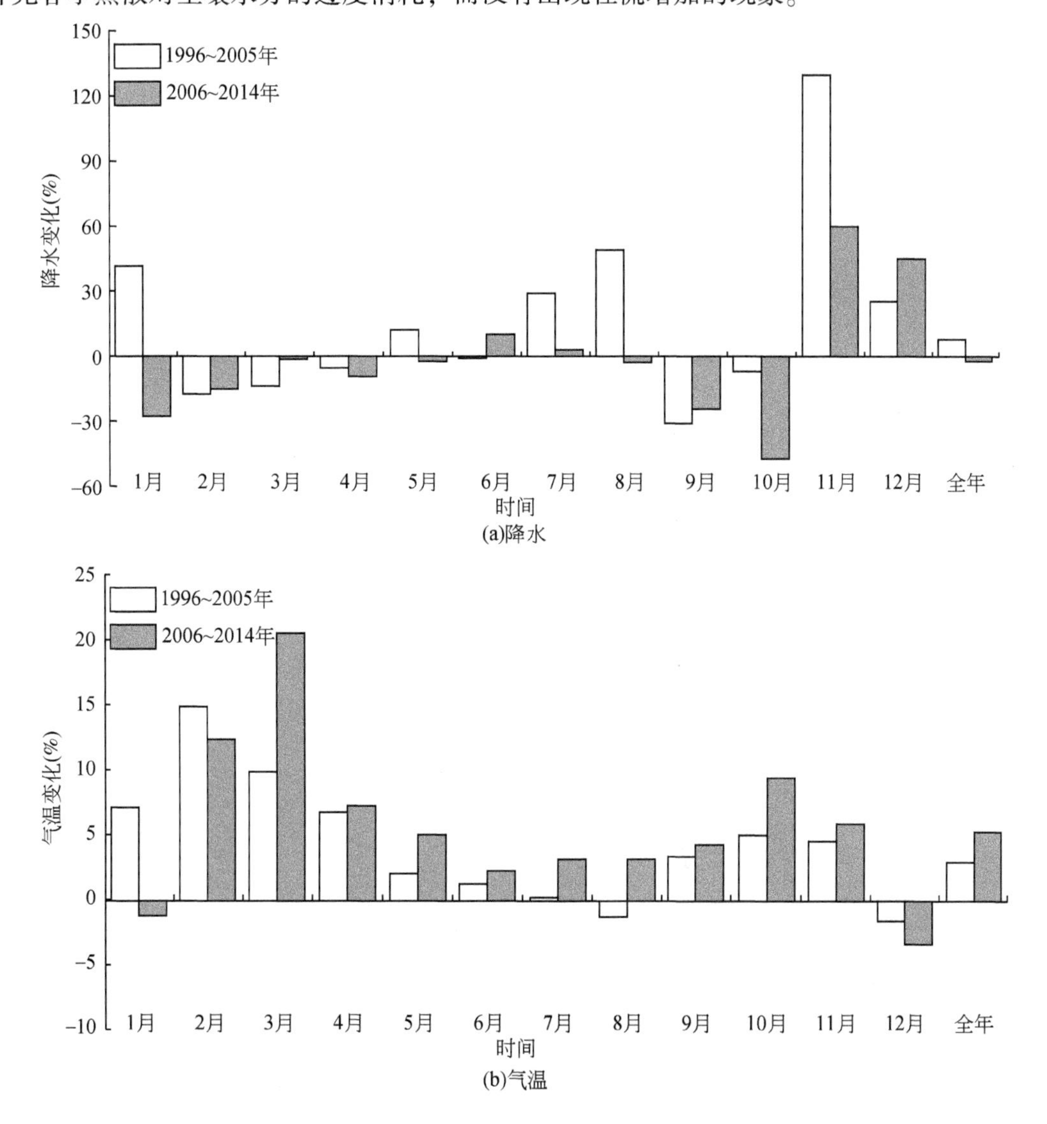

(a)降水

(b)气温

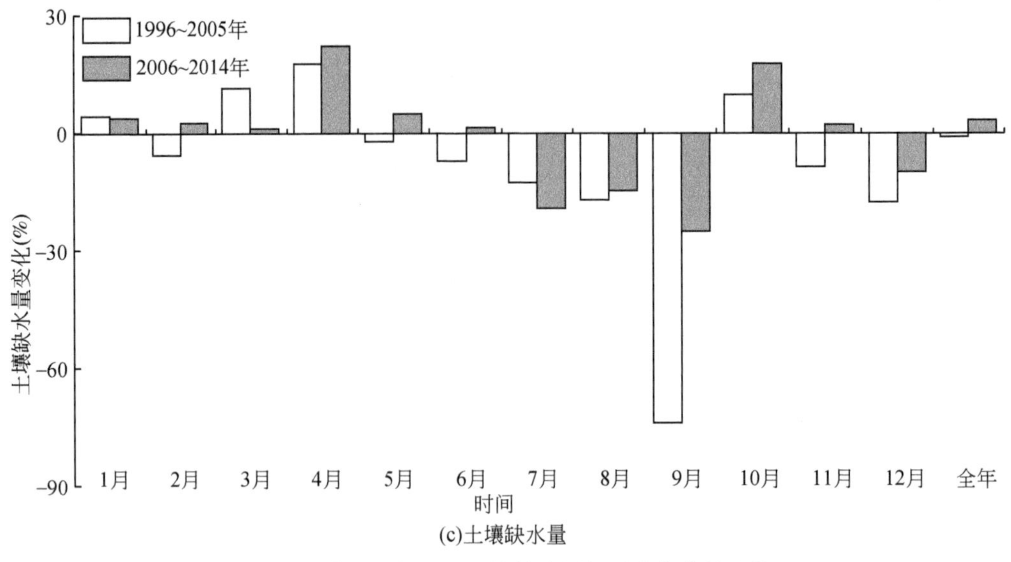

(c)土壤缺水量

图 4-9　降水、气温和土壤缺水量与基准期值的比较

4.4　土地利用变化的圩区水文效应

图 4-10 显示了研究圩区土地利用变化下径流的变化情况。因为 1996 ~ 2005 年的下垫面变化幅度较小，所以该时期的径流受其变化的影响不明显。

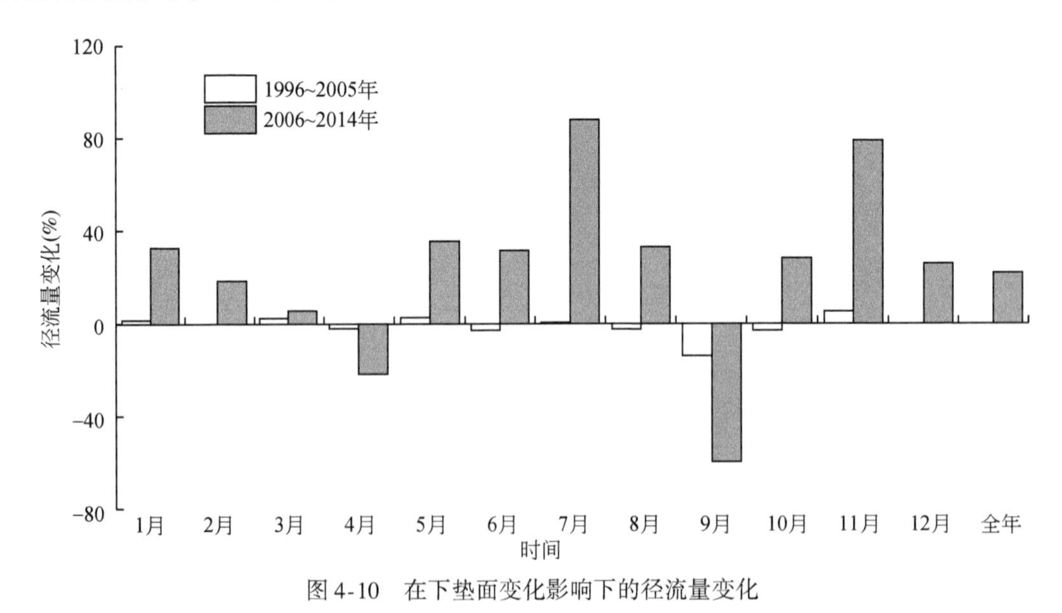

图 4-10　在下垫面变化影响下的径流量变化

但在 2006 ~ 2014 年，下垫面变化显著改变了月径流量的大小。除了 4 月和 9 月，月径流均表现出较明显的增长趋势，特别是在水稻生长季节（5 ~ 10 月）的月径流增加幅度

均超过 30%，最大增长幅度则达到 88%。这主要是因为水田种植模式的转变和居民区面积的增加。随着农业科技的进步，特别是在政府实施的一系列新农业政策（包括农业税的减免和粮食补贴的增加）的刺激下，当地水田开始逐步由稻-麦轮作为主向双季稻种植转变，至 2006 年已基本上实现了以双季稻种植模式为主的特点（李文叶等，2014）。双季稻种植模式相比稻-麦轮作模式需要更多的灌溉水量以改善土壤的水分条件。年灌溉水量模拟数据显示，圩区在双季稻种植模式下要比稻-麦轮作模式增加约 175mm 灌溉水量，且灌溉水源大多从圩外的河流进行抽取（图 4-11）。然而蒸散量仅增加 34mm，于是这种水量收支上的改变，最终引起径流量的增加。此外，居民区占圩区的面积比例由 1990 年的

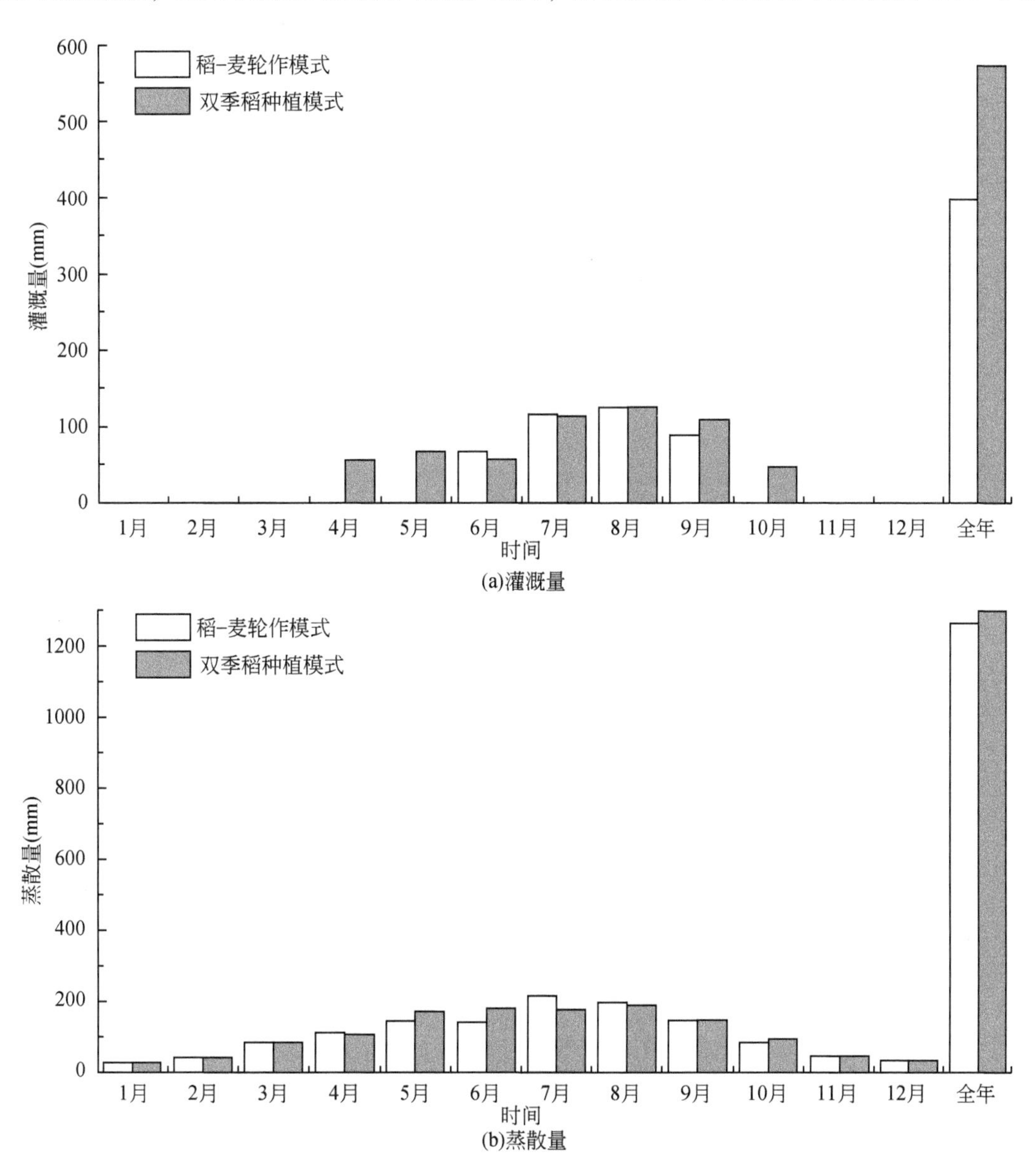

图 4-11　2006～2014 年稻-麦轮作模式和双季稻种植模式下的圩区灌溉量和蒸散量的比较

3.3%增加到2010年的6.7%。居民区面积的增加导致较原自然植被覆盖情况下，蒸散量大量减少，促使更多水量汇入水域，形成径流的增加现象。

由于大部分月份径流量的增加，2006～2014年的年径流量增加22.1%。因此，该时期下垫面的变化不仅影响到径流的季节变化，也改变了年径流量的大小。这与气候变化对径流的作用方向相反，因为气候变化减少了同时期的年径流量。结合气候变化的影响研究部分，可以发现2006～2014年的年径流量对气候变化和下垫面的变化都较为敏感，但1996～2005年的年径流量仅对气候变化比较敏感。

4.5 结　论

本章根据获得的气象、水文、土壤和土地利用数据，采用WALRUS-paddy模型定量分析了1996～2014年蒋巷联圩的气候与下垫面变化对圩区水文过程的影响。经过率定和验证后，圩区径流模拟值的变化趋势和数值大小与实测值较为一致，表明该模型可以提供较为可靠的径流估计值。

1996～2005年和2006～2014年两时期的径流变化明显。两个时期气候变化均引起秋冬季节（11月至次年1月）和夏季末期（8月）月径流量的增加，而在春季早期和秋季却出现月径流量的减少。下垫面状况在1996～2005年变化不明显，因而该时期下垫面变化对径流的影响不显著。但在2006～2014年，受国家新农业政策的激励和农业技术提高的影响，圩区水田普遍由稻-麦轮作模式改为双季稻种植模式，导致来自圩外灌溉水量的增加，再加上居民区面积的增加，最终造成圩区年径流量的明显增长。

参考文献

程文辉，王船海，朱琰. 2006. 太湖流域模型. 南京：河海大学出版社.

高俊峰. 2004. 流域数据组织与分布式水文过程模拟研究. 南京：中国科学院南京地理与湖泊研究所.

郭军庭. 2012. 潮河流域土地利用/气候变化的水文响应研究. 北京：北京林业大学.

江西省水利厅. 1999. 江西省圩堤图集. 南昌：江西省水利厅.

李文叶，姜鲁光，李鹏. 2014. 2001-2010年鄱阳湖圩区水稻多熟种植时空格局变化. 资源科学，36（4）：809-816.

罗运祥，苏保林，杨武志. 2013. 基于SWAT的平原圩区受控水文过程识别和模拟. 资源科学，35（3）：594-600.

齐述华，廖富强. 2013. 鄱阳湖水利枢纽工程水位调控方案的探讨. 地理学报，68（1）：118-126.

苏保林，罗运祥，陈宏文，等. 2013. 赣江下游平原圩区水文过程模拟. 南水北调与水利科技，11（1）：39-43.

田鹏. 2012. 气候与土地利用变化对径流的影响研究. 杨凌：西北农林科技大学.

赵永军，杨珏. 1998. 太湖流域产汇流模拟. 河海大学学报（自然科学版），26（2）：110-113.

Brauer C C，Teuling A J，Torfs P J，et al. 2014. The Wageningen Lowland Runoff Simulator（WALRUS）：a lumped rainfall-runoff model for catchments with shallow groundwater. Geoscientific Model Development，7（5）：2313-2332.

Clapp R B，Hornberger G M. 1978. Empirical equations for some soil hydraulic properties. Water Resources Research，14（4）：601-604.

Hargreaves G H, Samani Z A. 1985. Reference crop evapotranspiration from temperature. Applied Engineering in Agriculture, 1 (2): 96-99.

Karvonen T, Koivusalo H, Jauhiainen M, et al. 1999. A hydrological model for predicting runoff from different land use areas. Journal of Hydrology, 217 (3): 253-265.

Salmon J M, Friedl M A, Frolking S, et al. 2015. Global rain-fed, irrigated, and paddy croplands: a new high resolution map derived from remote sensing, crop inventories and climate data. International Journal of Applied Earth Observation and Geoinformation, 38: 321-334.

Xie X H, Cui Y L. 2011. Development and test of SWAT for modeling hydrological processes in irrigation districts with paddy rice. Journal of Hydrology, 396 (1/2): 61-71.

Yan R H, Gao J F, Li L L. 2016. Modeling the hydrological effects of climate and land use/cover changes in Chinese lowland polder using an improved WALRUS model. Hydrology Research, 47 (S1): 84-101.

第 5 章　鄱阳湖水动力模拟

5.1　水动力模型构建

5.1.1　水动力模型原理及模拟技术路线

5.1.1.1　水动力模型原理

鄱阳湖属于宽、浅型湖泊，垂向混合较好，因此适用于二维水动力模型。鄱阳湖二维水动力模型采用基于正交曲线网格的 IWIND 模型（EFDC 模型的中文界面版）。EFDC 模型最早由美国弗吉尼亚州海洋研究所的 Hamrick（1994）开发，可以用于包括湖泊、水库、海湾、湿地、河口等水域的一维、二维和三维数值模拟。

EFDC 模型是目前国际上应用较广的水动力模型，其干湿判别法可以处理鄱阳湖大面积洲滩出露、淹没过程，同时该模型的水质模块是国际公认的模拟水质最为完善和成熟的模型。综上所述，采用该模型模拟鄱阳湖水动力及水质时空变化。

模型采用 Boussinesq 近似和静水压假设，可得出如下形式的动量方程和连续性方程。

动量方程：

$$\frac{\partial(mHu)}{\partial t}+\frac{\partial(m_yHuu)}{\partial x}+\frac{\partial(m_xHvu)}{\partial y}-\left(mf+v\frac{\partial m_y}{\partial x}-u\frac{\partial m_x}{\partial y}\right)Hv=-m_ygH\frac{\partial\zeta}{\partial x}+Q_u \tag{5-1}$$

$$\frac{\partial(mHv)}{\partial t}+\frac{\partial(m_yHuv)}{\partial x}+\frac{\partial(m_xHvv)}{\partial y}+\left(mf+v\frac{\partial m_y}{\partial x}-u\frac{\partial m_x}{\partial y}\right)Hu=-m_ygH\frac{\partial\zeta}{\partial x}+Q_v \tag{5-2}$$

连续性方程：

$$\frac{\partial(m\zeta)}{\partial t}+\frac{\partial(m_yHu)}{\partial x}+\frac{\partial(m_xHv)}{\partial y}=0 \tag{5-3}$$

式中，H 为全水深，$H=h+\zeta$，ζ 为水位，h 为静水深；u 和 v 为正交曲线坐标系下 x 和 y 方向的流速分量；m_x、m_y 为水平坐标变化因子，$m=m_xm_y$；f 为柯氏力参量；g 为重力加速度；Q_u 和 Q_v 为水平扩散源、汇项。

对于动量方程，在空间上模型采用 C 网格或交错网格，运用二阶精度的有限差分格式。水平扩散方程在时间方面采用显格式，空间方面采用隐格式。水平输运方程采用 Blumberg-Mellor 模型的中心差分格式或者正定迎风差分格式。

5.1.1.2　水动力模拟技术路线

鄱阳湖水动力模型计算范围及水文站点分布如图 5-1 所示，模型构建及应用流程如图 5-2所示。模型基于湖盆地形数据进行网格剖分和插值，生成基于网格的地形数据。流域五河七口的流量数据叠加湖区水文模型输出的流量过程，作为上游来流边界条件；湖口水位过程作为下游来流边界条件；水位、流量边界与降水、蒸发、风速、风向等气象条件，共同驱动模型。模型初始条件根据湖区内水文站点实测资料插值而得。模型输出基于网格的水位、水深、流速、流向数据，可以模拟典型水文年的水位、水深、流速、流向等水动力指标，分析其时空变化特点，预测相同水文年建闸后的水动力时空变化，对比分析水利枢纽工程对水动力的影响。

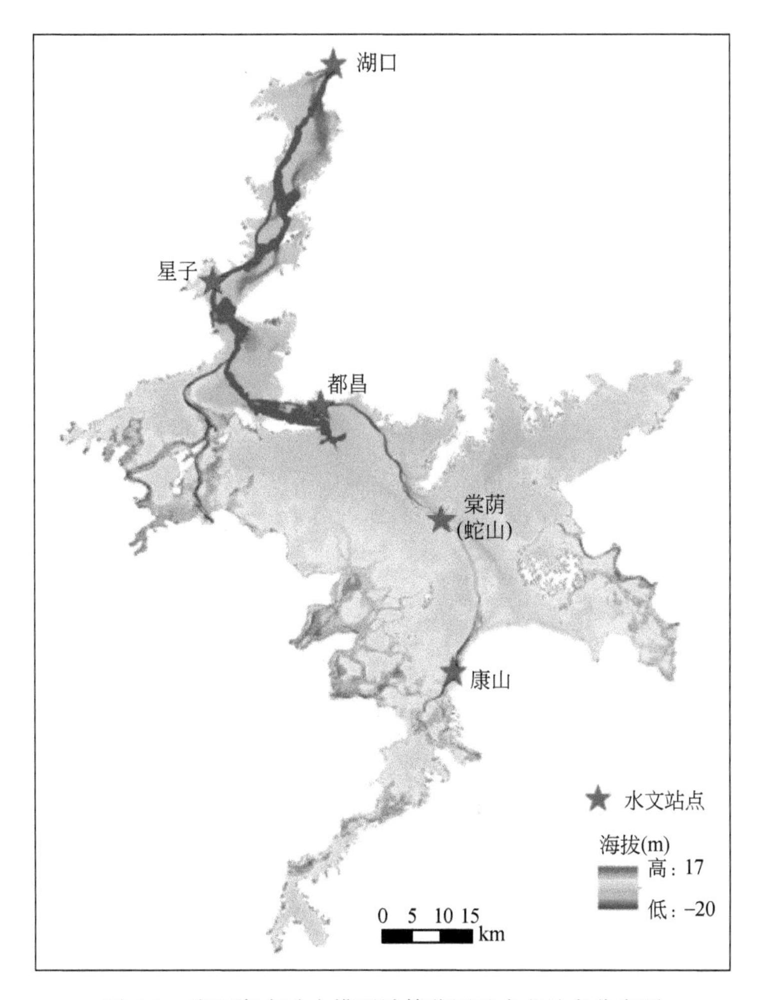

图 5-1　鄱阳湖水动力模型计算范围及水文站点分布图

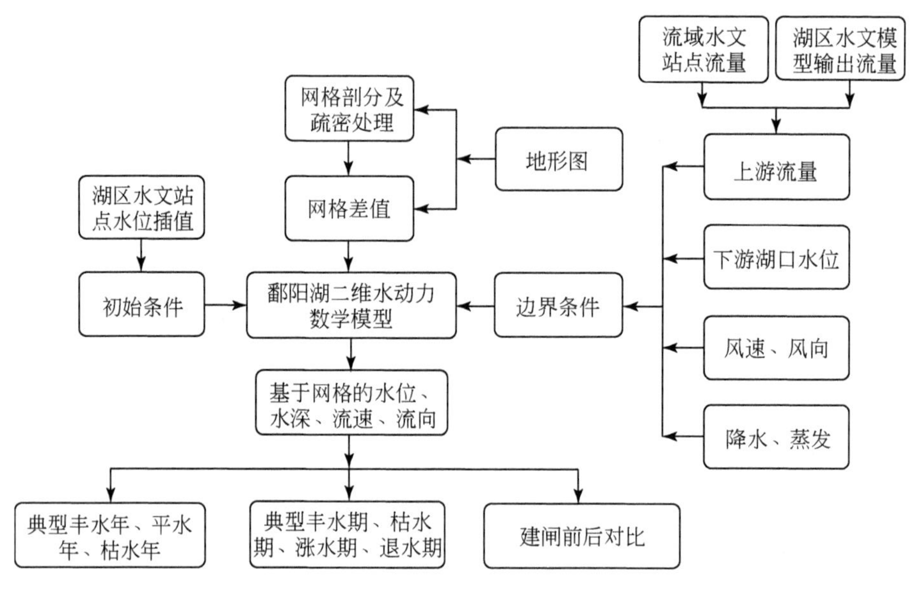

图 5-2　鄱阳湖水动力模型构建及应用流程图

5.1.2　模型的输入条件及参数设置

5.1.2.1　边界条件

上游采用五河站点日流量加上湖区水文模型模拟的日流量，下游湖口采用日水位数据（黄海基面，后文水位计算值也均为黄海基面）。

5.1.2.2　气象条件

模型还考虑了风速、风向和降水、蒸发（小时），以全面考虑影响鄱阳湖水文水动力的各种因素，保证水量平衡。

5.1.2.3　参数设置

由于是二维模型，垂向分层数设为1。模型最小网格尺寸比较小，为满足CFL数小于1的条件，保障模型收敛，设置时间步长为5s。水平涡黏采用常数，底部糙率以糙率高度来反映，根据鄱阳湖地貌及水文特征，设置变化的糙率高度，洲滩区为0.02m，河道区为0.005m。针对鄱阳湖丰水期、枯水期大面积淹没、出露特点，采用干湿判别法处理动边界，即当网格水深小于一个较小值时，设动量为零，只考虑物质通量；当网格水深小于一个极小值时，该网格变干，不参与计算。

5.2 水动力模拟的网格划分

鄱阳湖地形条件十分复杂（图 5-1），河道、洲滩、碟形湖和岛屿并存。全湖南北长 173km，东西平均 16.9km，入江通道最窄处屏峰口宽约 2.8km（谭国良等，2013）。湖盆地形南高北低、西高东低，湖底高程一般由 12m 降至湖口约 1m；最低处位于入江通道，可达-10m 以下；较高的滩地高程多在 12 ~ 18m（谭国良等，2013）。

模型采用正交曲线网格，网格划分质量直接关系到模拟的精度，Delft3D 水动力模型的网格生成技术具有正交性、连续性及疏密可控性等优点，故采用 Delft3D 作为网格生成工具。模型网格剖分充分考虑了鄱阳湖独特的“洪水一片，枯水一线”的水文、地貌特点。一方面，枯季水流归槽，河道形态的准确刻画对枯水模拟至关重要，针对河道相对深、窄的特点，对河道区进行局部网格加密处理，以反映真实河道形态；另一方面，鄱阳湖存在大量的碟形湖，碟形湖在枯季时存蓄一部分水量，对湿地生态意义重大，因此在入湖三角洲碟形湖密集区域，同样对网格进行加密处理。基于以上考虑，鄱阳湖水动力模型共剖分网格数 37 296 个，网格分辨率为 25 ~ 500m（图 5-3）。此外，网格插值过程中，也会造成一定的误差，为此进一步检查关键湖区的地形，对照原始 DEM 进行修正。从最终生成的地形来看（图 5-3），基本能反映鄱阳湖真实的地貌形态。其中主河道网格分辨率为 25 ~ 100m，主湖开阔区分辨率为 500m，洲滩分辨率为 100m，碟形湖分辨率为 25 ~ 100m，枢纽工程所在位置网格分辨率为 50 ~ 80m（图 5-4）。

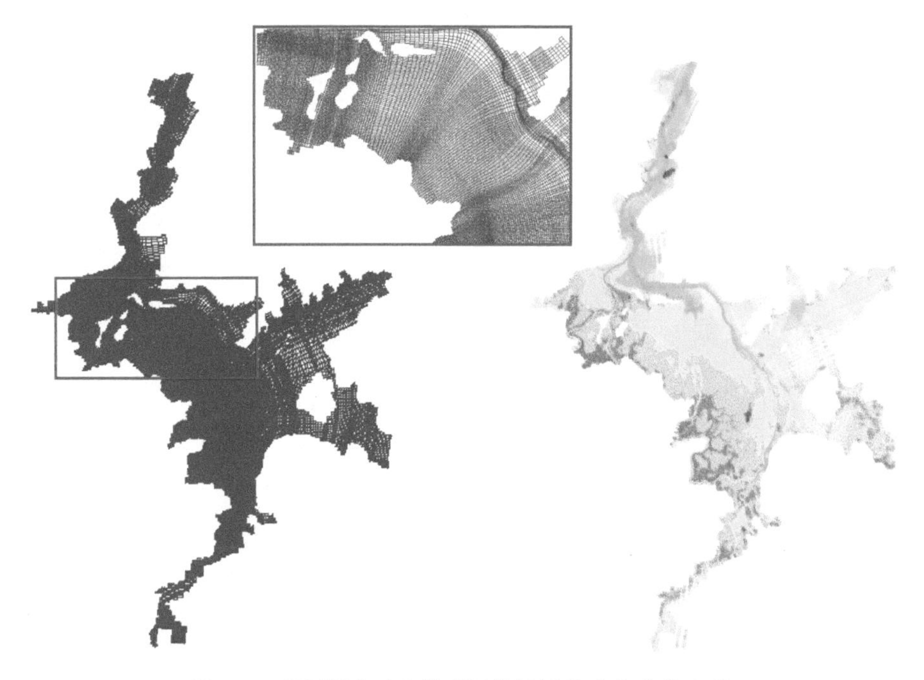

图 5-3　鄱阳湖水动力模型网格及插值后生成的地形

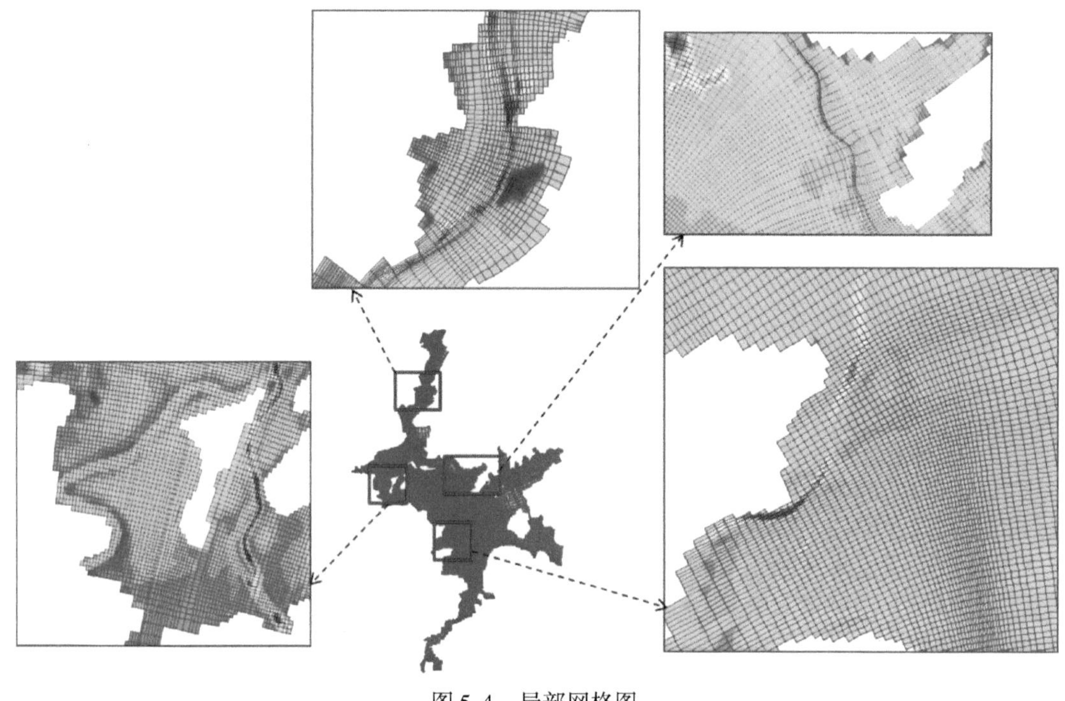

图 5-4　局部网格图

5.3　水动力模型率定和验证

5.3.1　模型率定及验证方法

采用相对误差 Re、确定性系数 R^2 和 Nash-Sutcliffe 效率系数 E_{NS} 来评估模型精度。具体计算公式如下所示：

$$Re = \left(\sum_{i=1}^{N} |O_i - S_i| / \sum_{i=1}^{N} O_i\right) \times 100 \tag{5-4}$$

$$R^2 = \left[\sum_{i=1}^{N} (O_i - \bar{O})(S_i - \bar{S})\right]^2 / \left[\sum_{i=1}^{N} (O_i - \bar{O})^2 \sum_{i=1}^{N} (S_i - \bar{S})^2\right] \tag{5-5}$$

$$E_{NS} = 1 - \sum_{i=1}^{N} (O_i - S_i)^2 / \sum_{i=1}^{N} (O_i - \bar{O})^2 \tag{5-6}$$

式中，O_i为实测值；S_i为模拟值；$\bar{O}$ 为实测值的平均值；$\bar{S}$ 为模拟值的平均值。

5.3.2　水位及水面积率定和验证

5.3.2.1　水位率定

采用星子、都昌、蛇山、康山四站及赣江入湖口 2015 年 1 ~ 12 月的水位实测过程进行模型率定（图5-5）。其中，赣江入湖口采用其临近的昌邑站的水位过程进行率定。由图可知，水位模拟值基本能反映水位变化过程。星子和都昌水位率定效果较佳，康山相对误差稍大，主要是因为康山南部的湖区相对主湖区的河道区和碟形湖区而言，并非主要关心区域，网格剖分较为粗放，可能会导致这种误差。

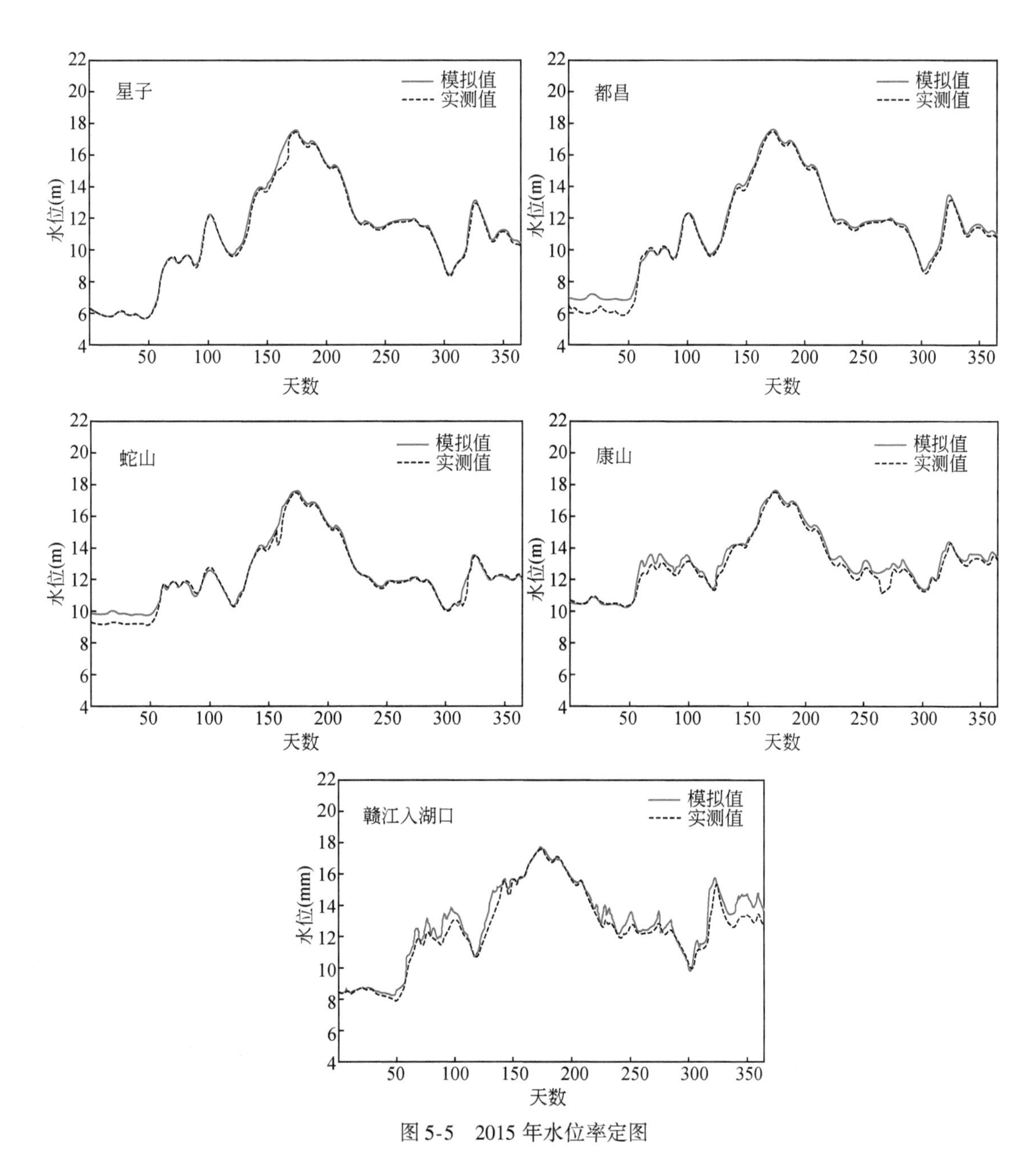

图5-5　2015年水位率定图

从误差分析来看（表5-1），星子、都昌、蛇山、康山四站相对误差在2.4%以内，确定性系数和Nash-Sutcliffe效率系数都在0.96以上，总体模拟效果较好。而赣江入湖口因为是与其临近的水文站点进行对比，相对误差比其余四站稍大，但其确定性系数也可达到0.97。

表5-1　水位率定误差

水文站点	相对误差（%）	确定性系数	Nash-Sutcliffe效率系数
星子	1.3	0.99	0.99
都昌	2.1	0.99	0.98
蛇山	2.4	0.99	0.97
康山	2.2	0.98	0.96
赣江入湖口	3.4	0.97	0.94

5.3.2.2　水位验证

采用2013～2014年连续两年的实测水位过程对模型进行验证。与实测值对比可以发现，星子站模拟的效果最好，其余站点整体较好，都昌、棠荫等湖区中部站点仅在枯水期时误差略大（图5-6）。

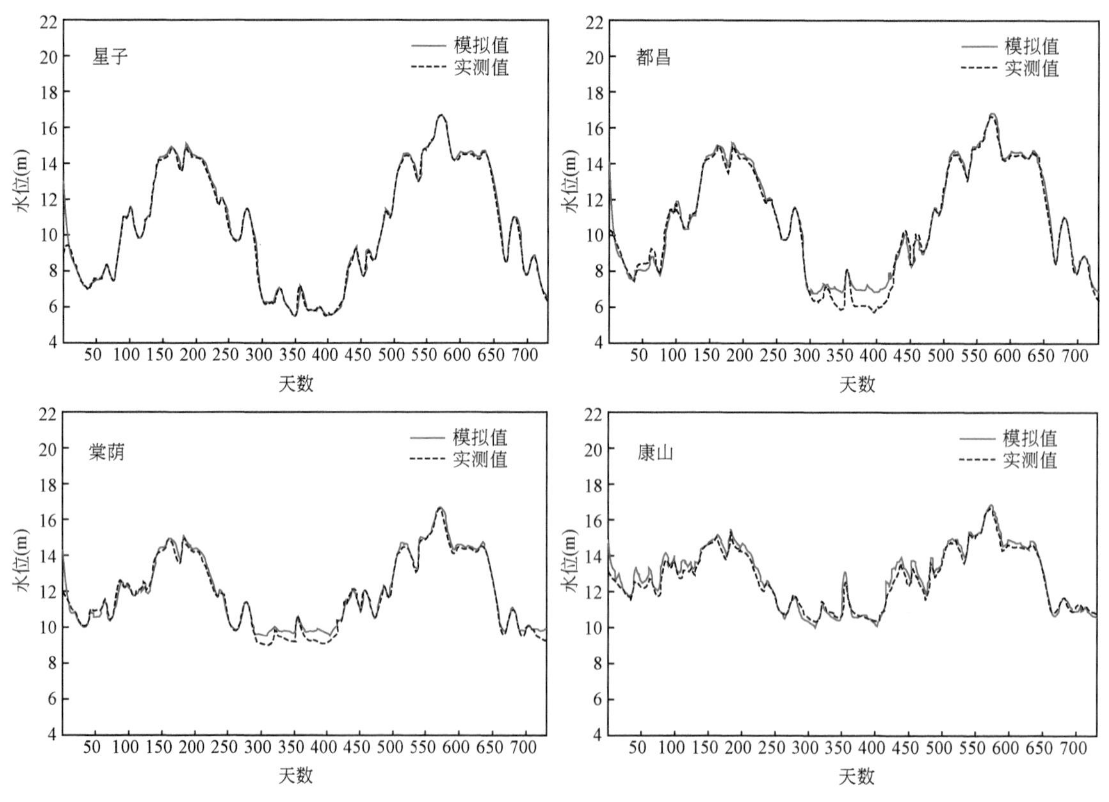

图5-6　2013～2014年水位验证

从误差分析来看（表5-2），星子、都昌、棠荫、康山四站相对误差在1.4%以内，确定性系数和Nash-Sutcliffe效率系数都在0.97以上，总体验证效果较好。表明模型对连续变化的水位过程刻画得较为准确。

表5-2　模型验证误差

水文站点	相对误差（%）	确定性系数	Nash-Sutcliffe效率系数
星子	0.7	0.99	0.99
都昌	1.4	0.99	0.98
棠荫	1.1	0.99	0.98
康山	1.4	0.98	0.97

5.3.2.3　水面积验证

除水位、流速验证外，针对鄱阳湖水体时空异质性分布特点，分别选取2015年枯水期、涨水期、丰水期和退水期不同阶段的水面分布遥感图片，与模型模拟的同时刻水面分布进行对比（图5-7），并将两者的水面积进行对比（图5-8）。结果表明，除枯水期误差稍大外，其余各阶段模拟的水面分布与遥感图片的水体分布范围基本吻合，尤其是对涨退水出露淹没范围的刻画（2000～2500km^2），较为精准。总体而言，模型模拟的水面积略大于遥感值，但相对误差大多在15%以内，表明该模型能较好地模拟鄱阳湖水面动态淹没、出露变化过程。

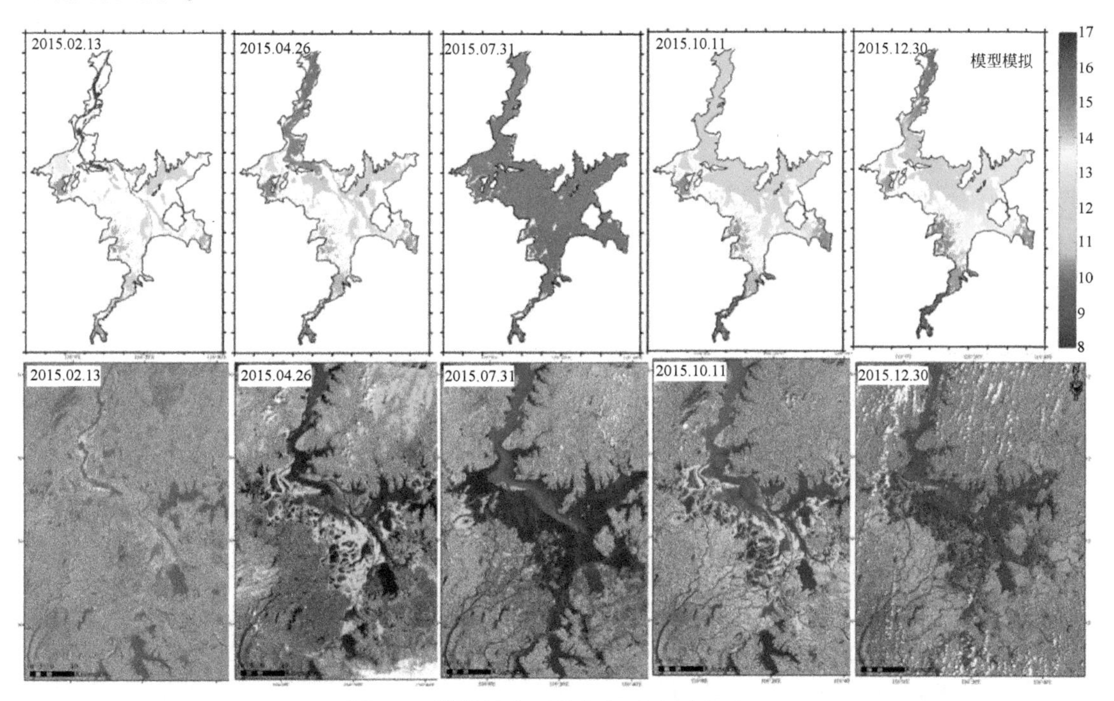

图5-7　模拟的水面分布与遥感图片对比

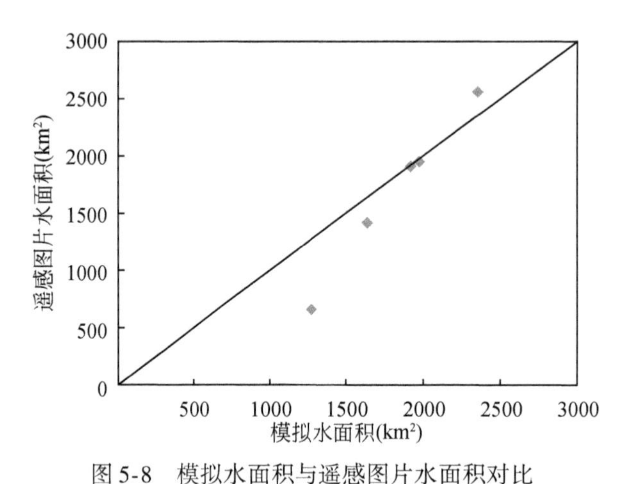

图 5-8　模拟水面积与遥感图片水面积对比

5.3.3　流速和流向的率定和验证

5.3.3.1　流速和流向率定

采用江西省水文局 2010 年的三次湖流监测流速（图 5-9）进行模型率定，分别为 2010 年 10 月 9～12 日、2010 年 12 月 19～20 日、2010 年 12 月 28～29 日。由图 5-10 可知，三次流速监测所得的平均流速为 0.20m/s、0.81m/s、0.66m/s，流速变化范围为 0～1.33m/s。其中，2010 年 10 月 9～12 日流向平均误差为 6°，流速平均误差为 0.04m/s，平均相对误差为 12%；2010 年 12 月 19～20 日流向平均误差为 8°，流速平均误差为 0.2m/s，平均相对误差为 20%；2010 年 12 月 28～29 流向平均误差为 8°，流速平均误差为 0.15m/s，平均相对误差为 16%。总体来看，模型模拟的流速范围为 0～1.24m/s，且 12 月 19～20 日模拟流速最大，其次为 12 月 28～29 日，10 月 9～12 日模拟流速最小，与实测流速的变化趋势相同。从流向模拟来看，主河道区的流向模拟得比较准确，而在非主河道区，如松门山以南的中部湖区，从实测流向来看，此处存在明显的环流，该流态主要由局部地形和风场共同作用引起。而本模拟缺乏此处对应时刻的风场数据，因此对其流向的模拟不够准确。总体而言，枯水时局部湖区流速较实测值偏小，但流向模拟得较为一致，基本能反映鄱阳湖整体流态。

5.3.3.2　流速和流向验证

2010 年之后，在三次流速监测布点位置，江西省水文局又进行了多次不同时段的流速监测。利用获取的 2013 年 3 月 11～12 日和 2014 年 8 月 30～31 日流速监测数据，进行流速验证（图 5-11）。从验证效果来看，2013 年 3 月 11～12 日流向平均误差为 5°，流速平均误差为 0.18m/s，平均相对误差为 20%；2014 年 8 月 30～31 日流向平均误差为 10°，流速平均误差为 0.05m/s，平均相对误差为 15%。

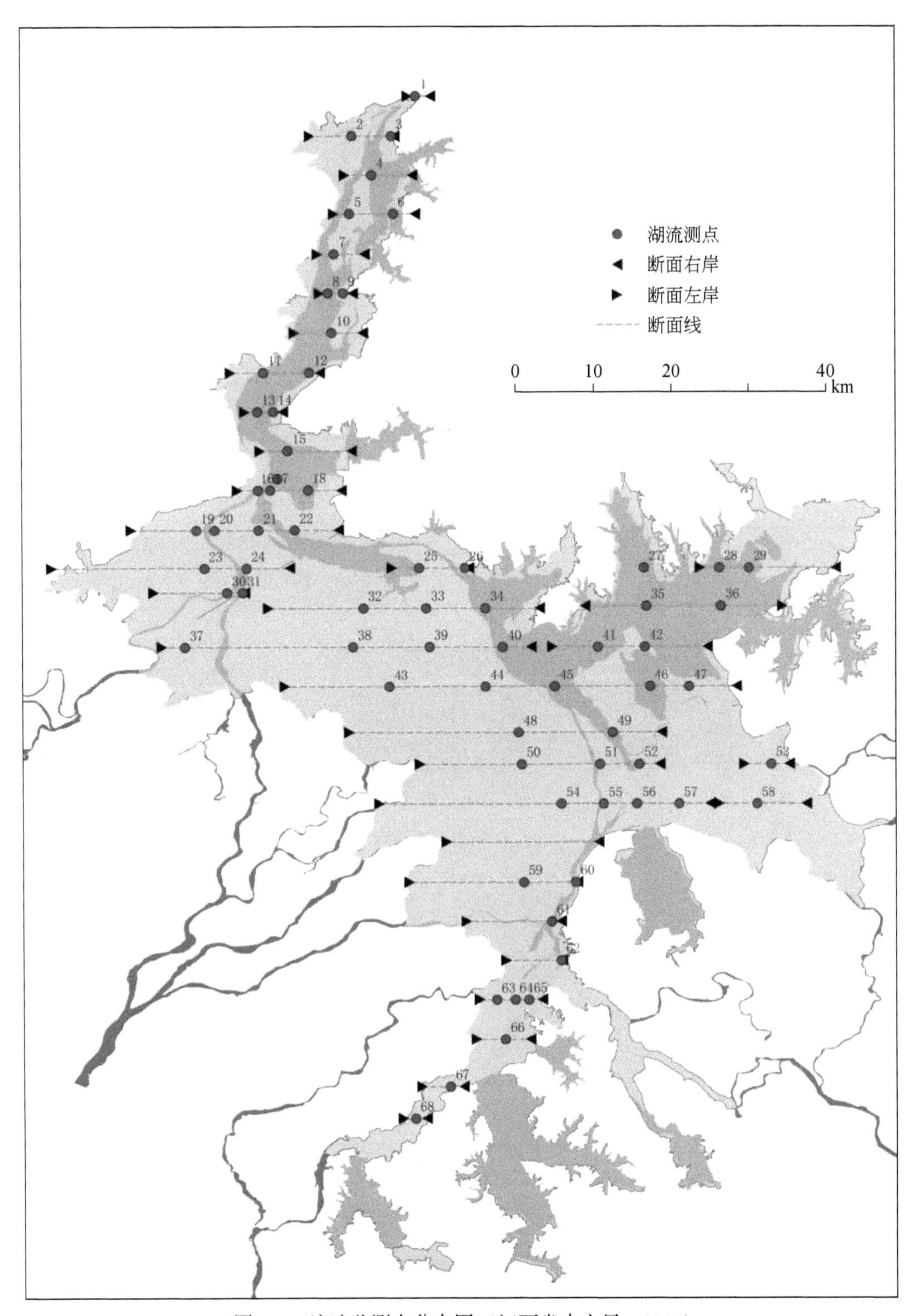

图 5-9　流速监测点分布图（江西省水文局，2011）

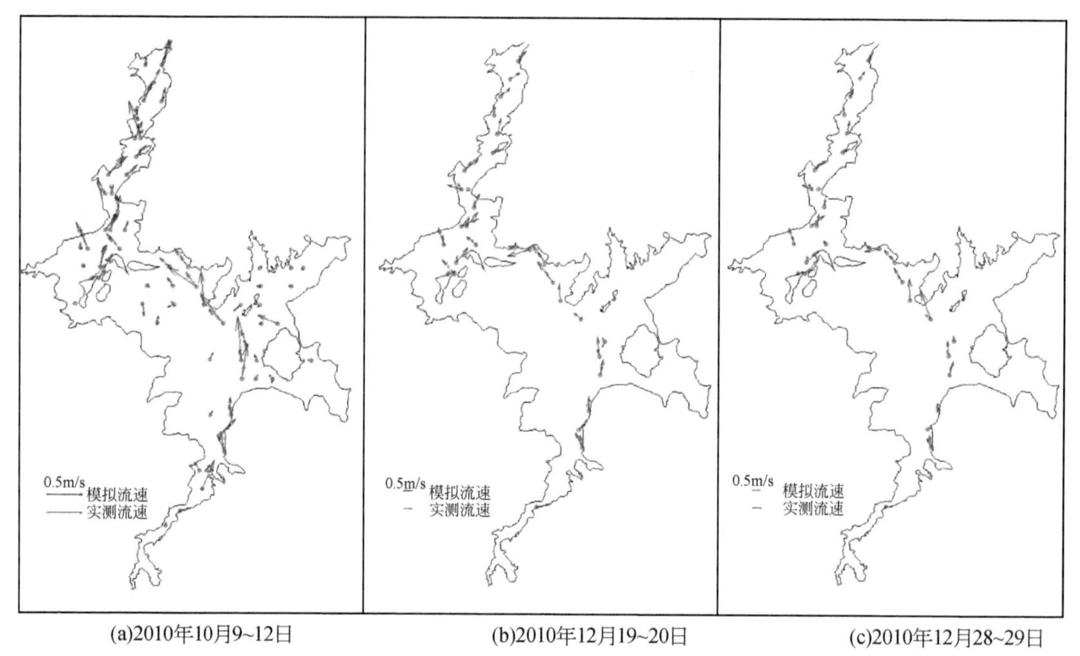

(a)2010年10月9~12日　(b)2010年12月19~20日　(c)2010年12月28~29日

图 5-10　2010 年三次监测湖流率定

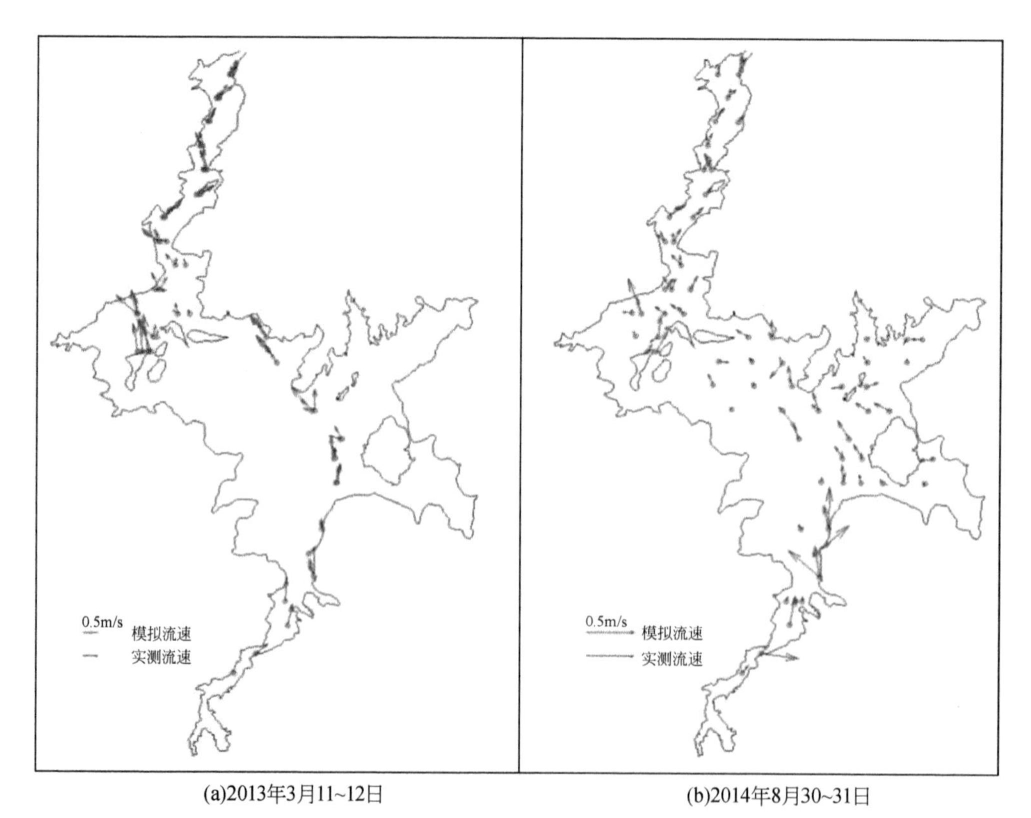

(a)2013年3月11~12日　(b)2014年8月30~31日

图 5-11　2013 年、2014 年流速验证

5.3.4　结论

本模型与以往模型最大的差异在于充分考虑了鄱阳湖地形走势及洪枯季的干湿变化情况，对主河道和碟形湖区进行局部加密，最小网格尺度达到25m，对微地形的捕捉能力较强；而在地势变化不大的区域，网格相对粗放。这种网格布设方式既满足了模型精度，又保证了计算效率。此外，流速验证方面，本模型首次采用了多时段多点位的流场验证，相比于以往缺乏流速验证或仅为断面流速验证而言，也有所进步。

从水位和流速的率定、验证结果来看，模型精度较高。对不同湖区、不同时期的水位变化过程模拟较为准确，对河道区流速模拟效果较好，流向平均误差为5～10°，流速平均相对误差不超过20%。模型能完全反映鄱阳湖“枯水一线，洪水一片”的水位变化特点，准确刻画河相期流速大、湖相期流速小、河道区流速大、洲滩区流速小的流场时空分布特点，可用于进一步的水利枢纽建成后水动力过程的模拟预测。

5.4　典型年鄱阳湖水动力特征

5.4.1　丰水年（2016年）鄱阳湖水位及流场特征

根据水动力模拟结果，提取丰水年2016年每月15日的水位、流速和流场分布，代表逐月的水位和水动力场，以此分析水动力的时空变化特点。从水位时空分布来看（图5-12），枯季水体淹没范围最小，主要集中在河道区、碟型湖及与主湖区不连通的湖汊，且上下游水位梯度较大，可达6m；随着水位上涨，水体淹没范围增大，由河道区逐

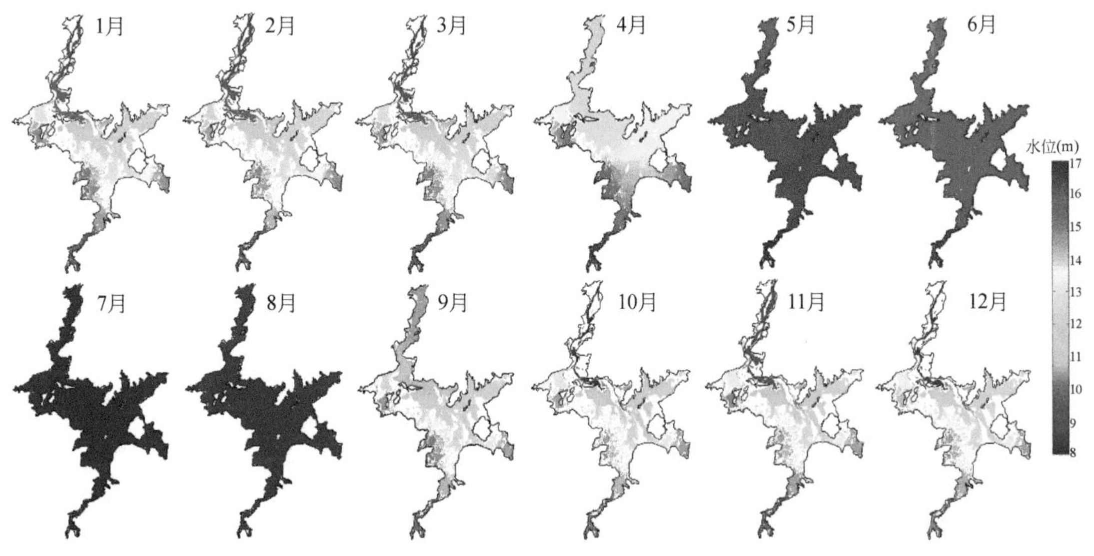

图5-12　2016年水位时空分布

渐向洲滩蔓延；丰水期，全湖大部分地区淹没，上下游水位梯度几乎为零，由于是丰水年，丰水期持续时间较长（5~8月）；退水开始后，首先是三角洲洲滩区域大面积露滩，水体逐渐归槽，上下游水位梯度再次显现。但是退水过程并非线性变化，如9~10月，北部通江河道水体归槽，呈枯水一线，而11月又略有涨水，12月再次退水。

不同季节的流速和流场分布也存在较大的时空异质性（图5-13和图5-14）。枯季由于没有长江顶托，鄱阳湖呈现典型的河相状态，河道区水体流速较大，而其他大部分湖区由于与主湖区水体脱离，流速较小，河道区与其他湖区的流速量级差异较大；3~4月水位上涨，流速明显增大，北部入江河道流速可达0.5m/s以上；丰水期受长江顶托，与其他时期相比，此时河道区流速最小，全湖流速差异也较小，且6~8月随着水位进一步上涨，流速逐渐减小，至8月，河道基本与洲滩流速一致，大部分小于0.2m/s；9月退水，河道流速又开始增大，随着进一步退水，流速减小；由于11~12月水位比1~2月水位更低，因而整体流速更小。

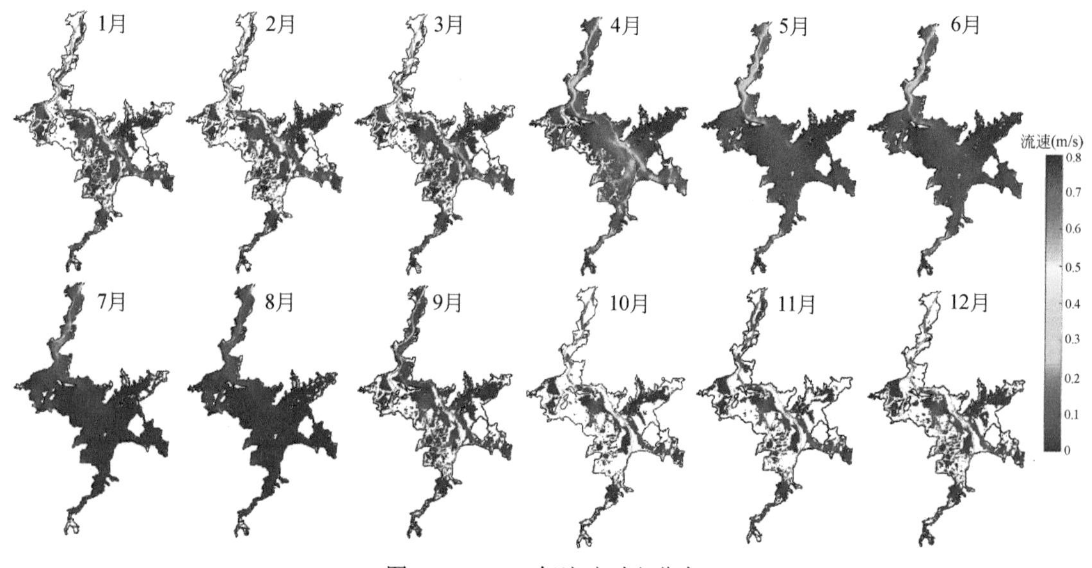

图5-13　2016年流速时空分布

5.4.2　平水年（2015年）鄱阳湖水位及流场特征

图5-15给出了典型平水年2015年每月15日的水位分布，图5-16和图5-17分别为相应的流速和流场分布。1~6月水位逐月上涨，流速逐月增大，6月北部入江通道流速最大，流速普遍在0.3m/s以上，局部可达0.7m/s以上；与丰水年2016年相比，2015年高水位持续时间明显缩短（6~7月），其中7月湖相期流速最小，全湖流速差异也较小；8月开始退水，中南部河道流速增大，9~10月随着水位下降，流速降低；但11~12月水位不降反升，比丰水年2016年水位还高，流速也整体增大，流速量级与涨水期流速相当。

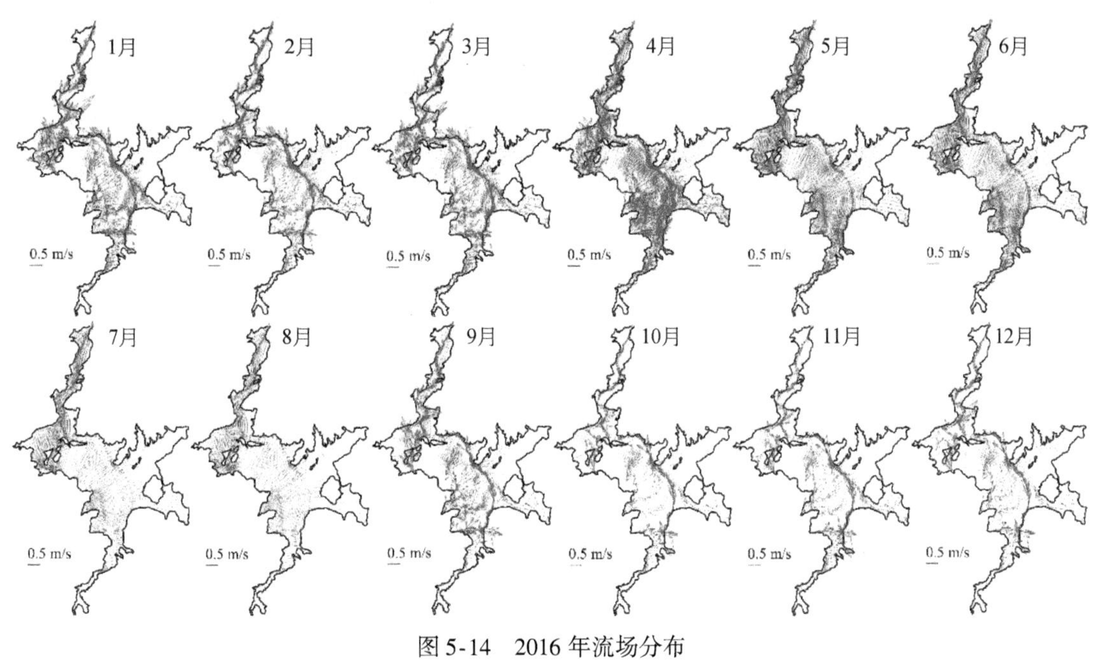

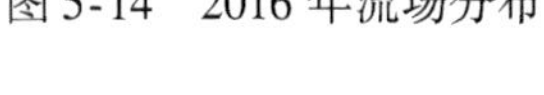
图 5-14　2016 年流场分布

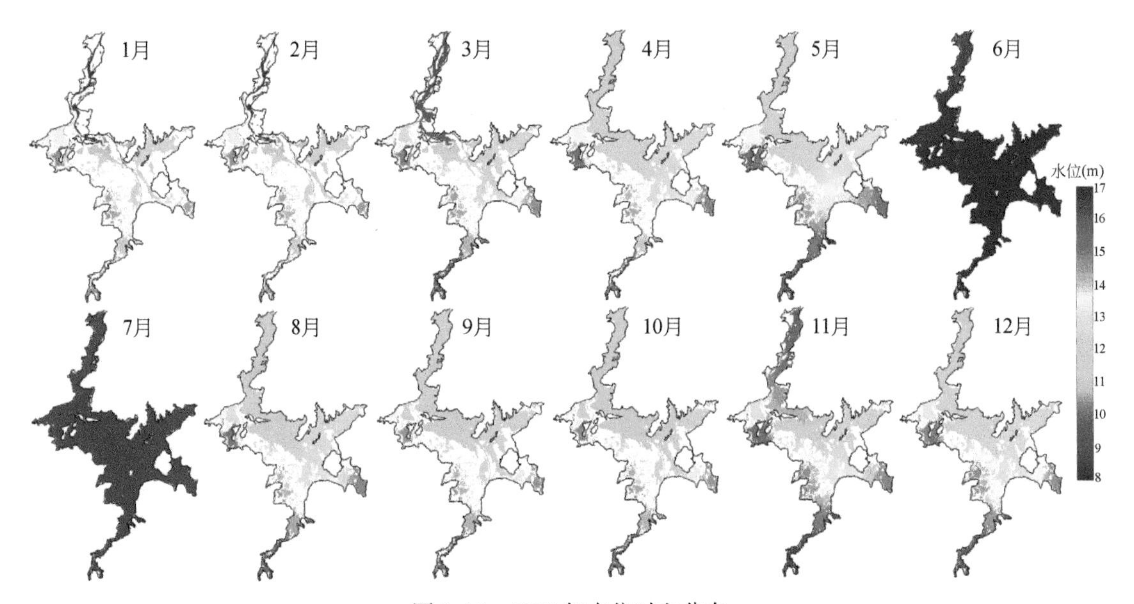

图 5-15　2015 年水位时空分布

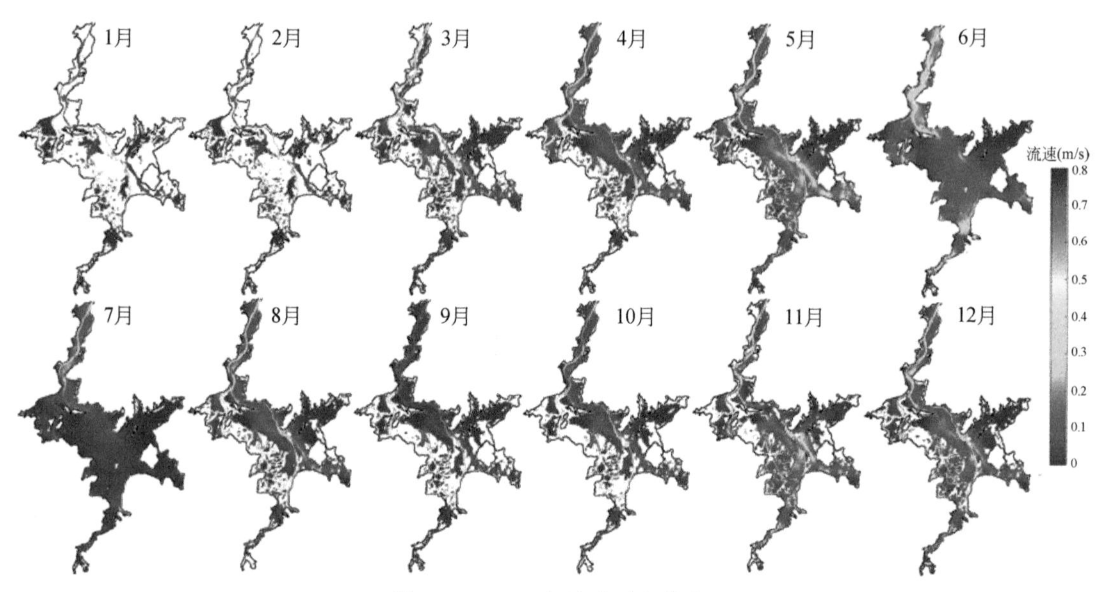

图 5-16　2015 年流速时空分布

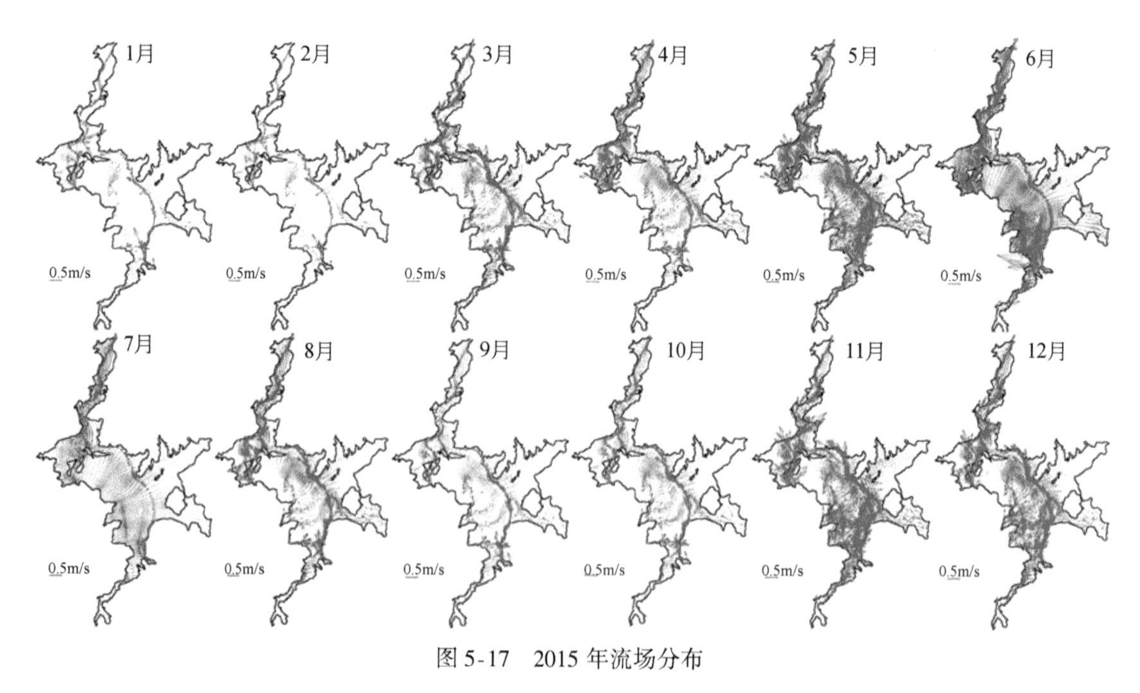

图 5-17　2015 年流场分布

5.4.3　枯水年（2006 年）鄱阳湖水位及流场特征

从枯水年 2006 年水位时空分布来看（图 5-18），由于是枯水年，仅在 6 月呈现无梯度的大水面，且水位较平水年、丰水年低 1 ~ 2m。但是 4 ~ 5 月涨水期水位相比 2015 平水年还略高，表明春季并不枯；秋季 9 ~ 10 月水位相比平水年更低，尤其 10 月，基本接近枯水期水位。2006 年流速和流场分布与水位分布相对应（图 5-19 和图 5-20），与平水年相比，整体流速偏小。

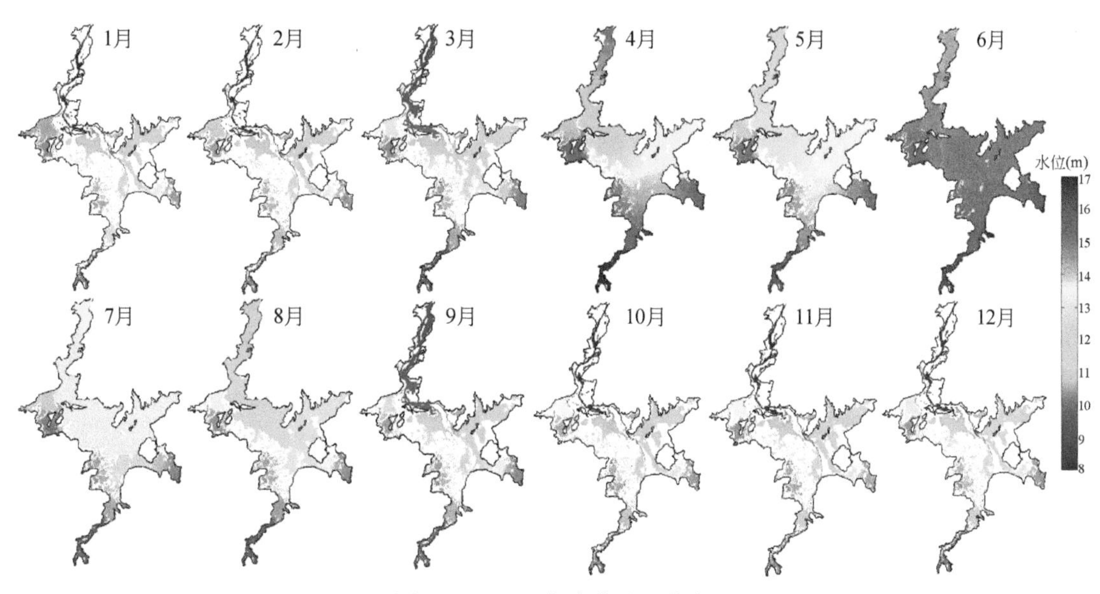

图 5-18　2006 年水位时空分布

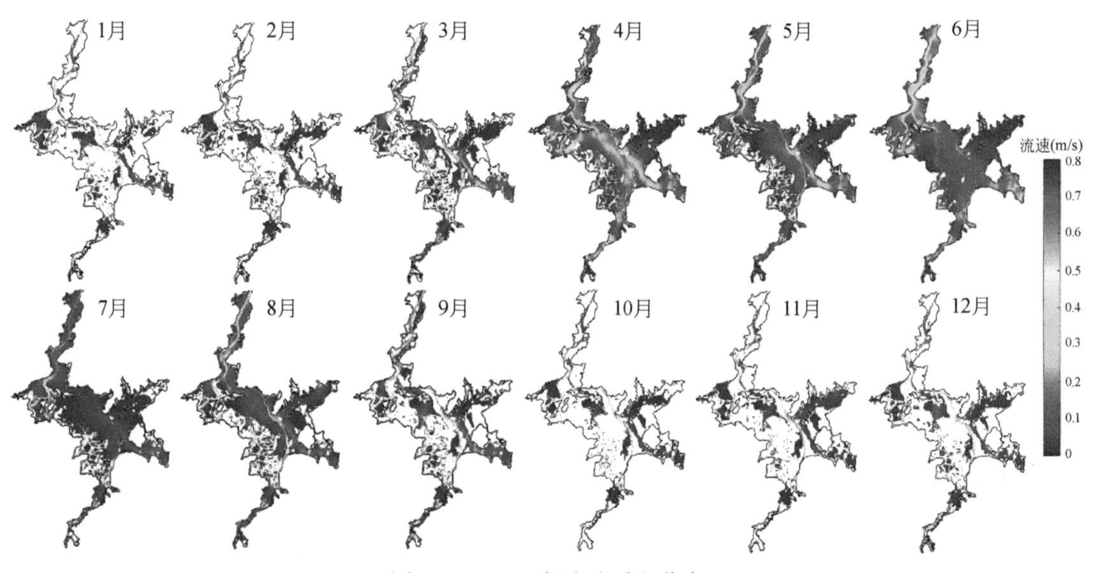

图 5-19　2006 年流速时空分布

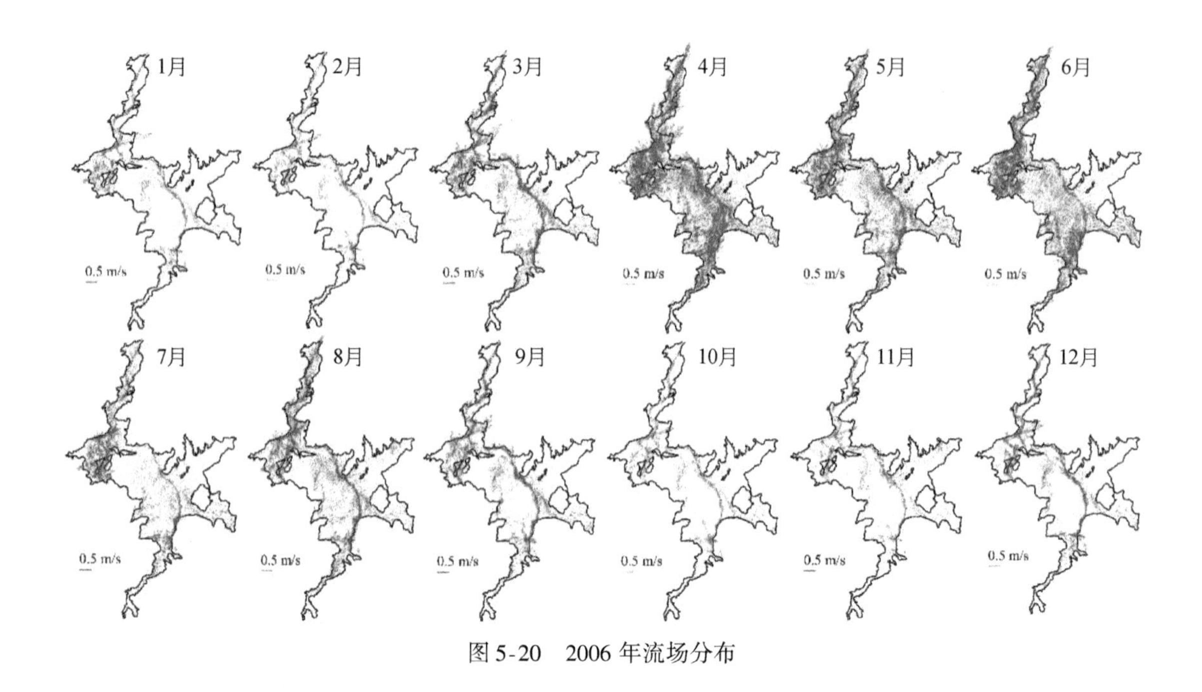

图 5-20　2006 年流场分布

5.4.4　结论

由于受流域来水和长江水情的双重影响，鄱阳湖水位和水动力呈现较强的时空异质性特点。从时间尺度来看，鄱阳湖水位变化存在较大的年际差异，同时，年内变化也极为不均，存在季节性的丰、枯变化。从空间尺度看，高水位时，呈现湖泊状态，水面平坦，水位空间梯度较小；中、低水位时，呈河相，水位存在较强的空间梯度（南高北低、西高东低)，且水位越低，水位空间梯度越大。

受鄱阳湖河湖相交替变化的独特水情影响，河相时，流速与水位成正比，即水位越高，流速越大；湖相时，流速与水位成反比，即水位越高，流速越小。流速的空间分布也存在鲜明的区域特点：河道区流速大，洲滩区流速小；北部入江通道流速大，中南部流速小；在某些湖湾和碟形湖，当与主湖区脱离后，水体流速几乎为零。

5.5　水利枢纽建设对鄱阳湖水动力的影响

分析水利枢纽的影响，除了水位、流速的空间对比外，选取星子、都昌、棠荫、康山四站，分析水利枢纽对不同区域水位的影响；另选择四个典型区域典型位置：闸前、杨柳津河口、撮箕湖、三江口，分析水利枢纽对流速、流向的影响。水位及流速关键区域点位分布见图 5-21。

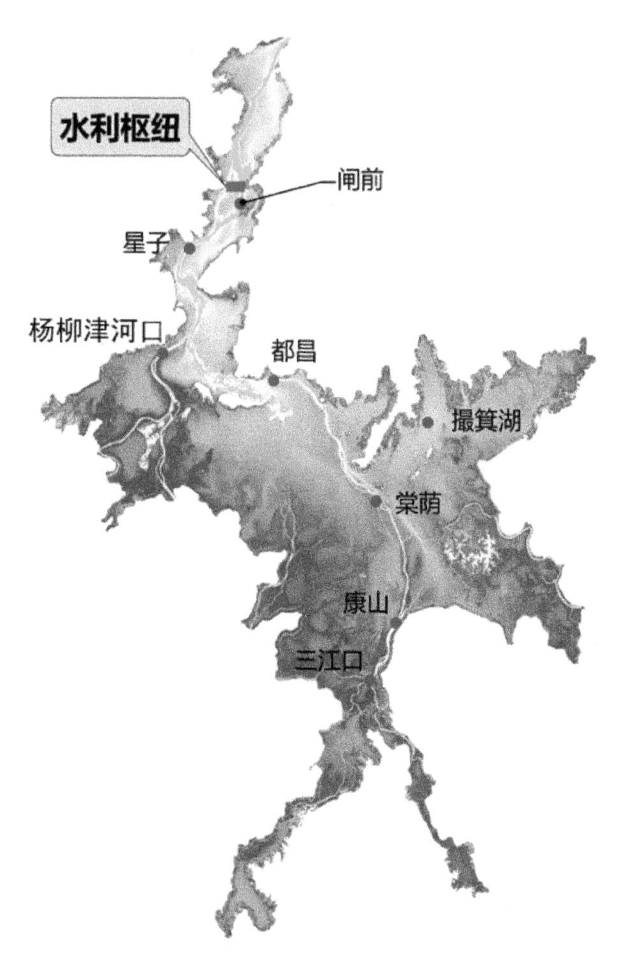

图 5-21　水位及流速关键区域点位分布图

5.5.1　枢纽建设对典型年水位的影响

5.5.1.1　对丰水年（2016 年）水位的影响

2016 年水利枢纽调控水位过程见图 5-22。由于丰水期水位较高，蓄水期初始即可达到目标水位，其后沿用调度方案的水位过程，蓄水期平滑过渡至退水期。

有闸、无闸条件下，各站水位过程见图 5-23，各阶段平均水位的变化见表 5-3。结合图表可知，前期水位较高，蓄水期初始即可达到目标水位，而该年份虽为丰水年，但秋季退水较快，因此有闸条件下的水位过程比实际无闸条件高许多。蓄水期星子水位平均涨幅 2.0m，越往上游涨幅越小，至康山，涨幅 1.1m；9 月 16 日至 10 月 31 日，各站水位涨幅均超过其他阶段，其中星子、都昌水位分别平均上涨 4.8m、4.2m，涨幅最小的康山，也达到 1.4m；11 月至次年 2 月底，涨幅均在 1.3m 以下（含 1.3m）；3 月生态调节期，涨幅均在 0.5m 以下（含 0.5m）。

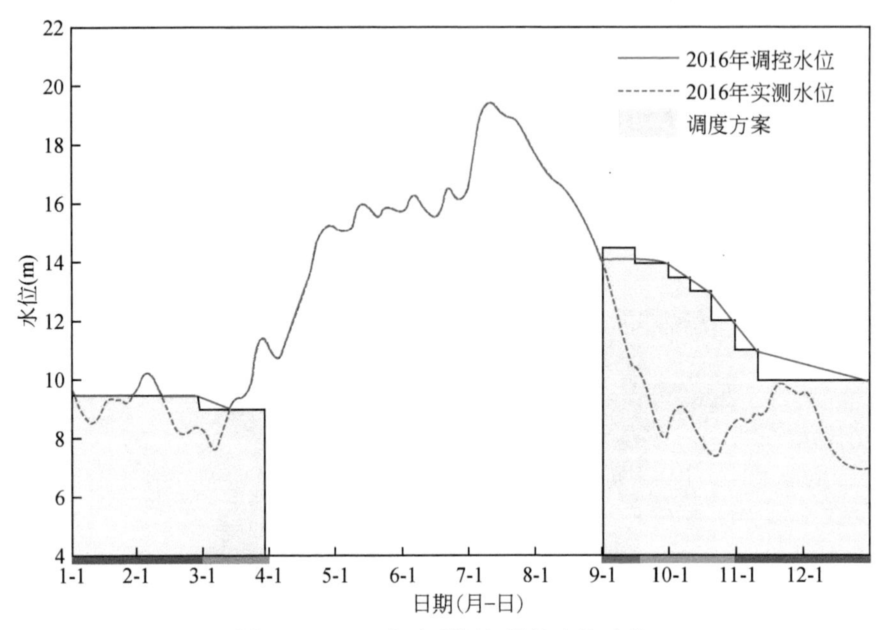

图 5-22　2016 年水利枢纽调控水位过程

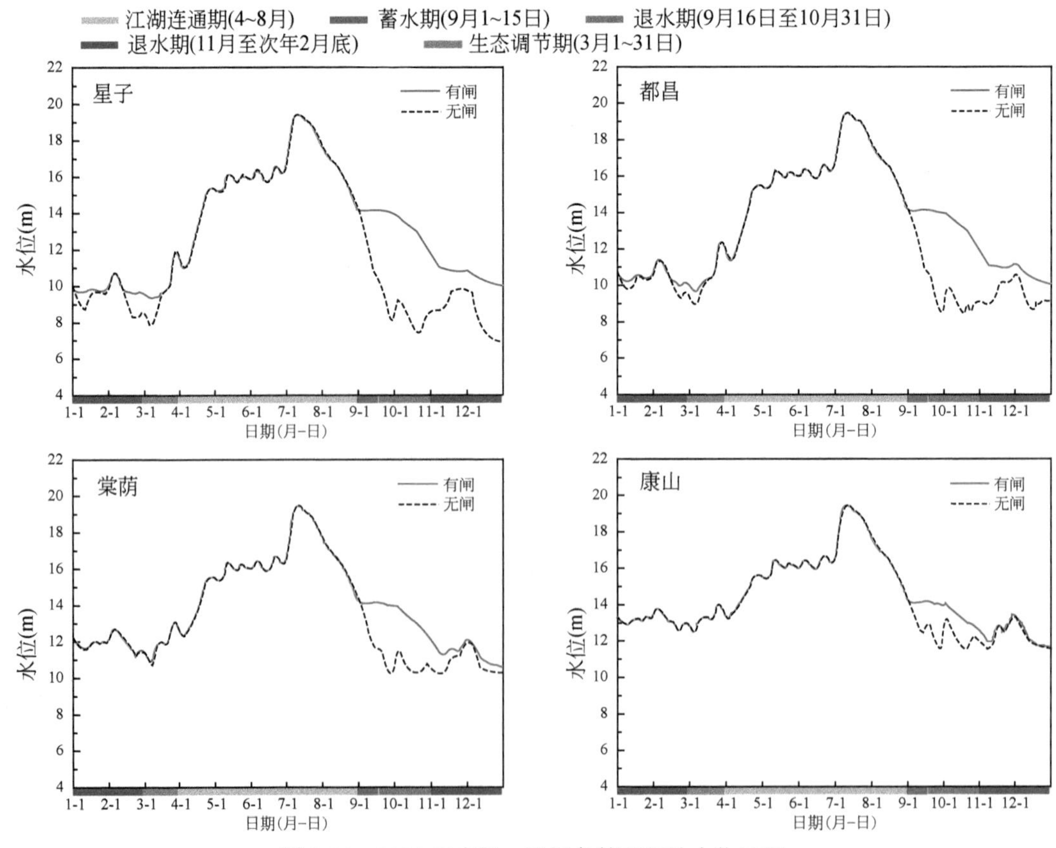

图 5-23　2016 年有闸、无闸条件下四站水位过程

表 5-3　有闸、无闸条件下 2016 年各阶段平均水位的变化　　（单位：m）

水文站点	蓄水期（9 月 1 ~ 15 日）			退水期（9 月 16 日至 10 月 31 日）			退水期（11 月至次年 2 月底）			生态调节期（3 月 1 ~ 31 日）		
	无闸	有闸	变化	无闸	有闸	变化	无闸	有闸	变化	无闸	有闸	变化
星子	12.2	14.2	2.0	8.6	13.4	4.8	9.0	10.3	1.3	9.5	10.0	0.5
都昌	12.3	14.2	1.9	9.2	13.4	4.2	9.9	10.7	0.8	10.4	10.6	0.2
棠荫	12.7	14.2	1.5	10.8	13.5	2.7	11.4	11.7	0.3	11.9	12.0	0.1
康山	13.1	14.2	1.1	12.2	13.6	1.4	12.7	12.8	0.1	13.2	13.3	0.1

图 5-24 ~ 图 5-28 为有闸、无闸同期水位分布及两者水位差（水位差中黑色代表水体淹没范围增大区）。蓄水期空间水位差异较大，无闸时全湖水位大多在 13m 左右，有闸时涨为 14m 左右，全湖大部分区域水位上涨 1m 以上，北部湖区水位上涨 1.5m 以上，淹没范围增大 259km²；9 ~ 10 月退水期，建闸对水位空间分布的影响最大，入江通道水位最大涨幅可达 5m，湖区中部涨幅为 2.5m，东部涨幅为 1.5m，只有湖区西部水位涨幅在 0.5m 以下，水位上涨使得淹没范围大约增加 702km²；11 ~ 12 月，入江通道水位上涨 1.5 ~ 2m，湖区中部河道及东部湖湾涨幅小于 0.5m，淹没范围大约增加 281km²；1 ~ 3 月受影响范围主要分布在入江通道和东部湖区，涨幅大多小于 0.5m，淹没范围大约增加 132km²。

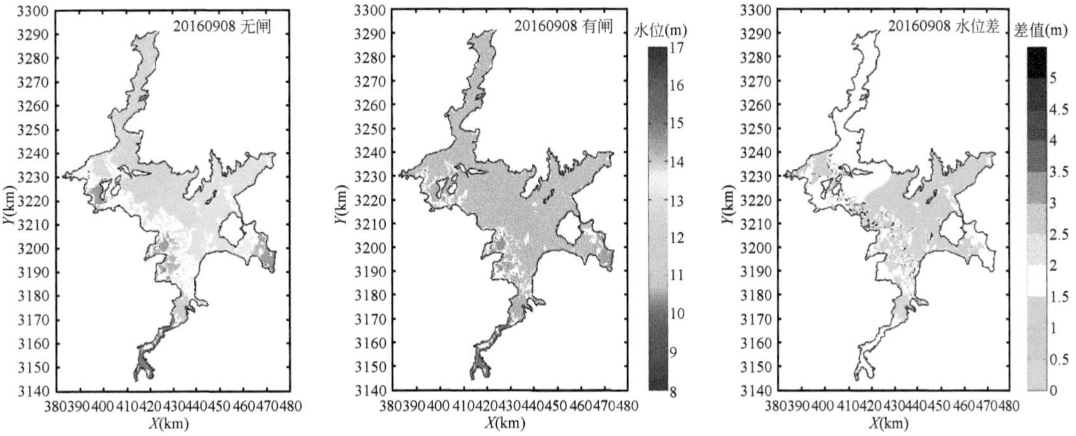

图 5-24　2016 年有闸、无闸条件下蓄水期水位空间分布及差异

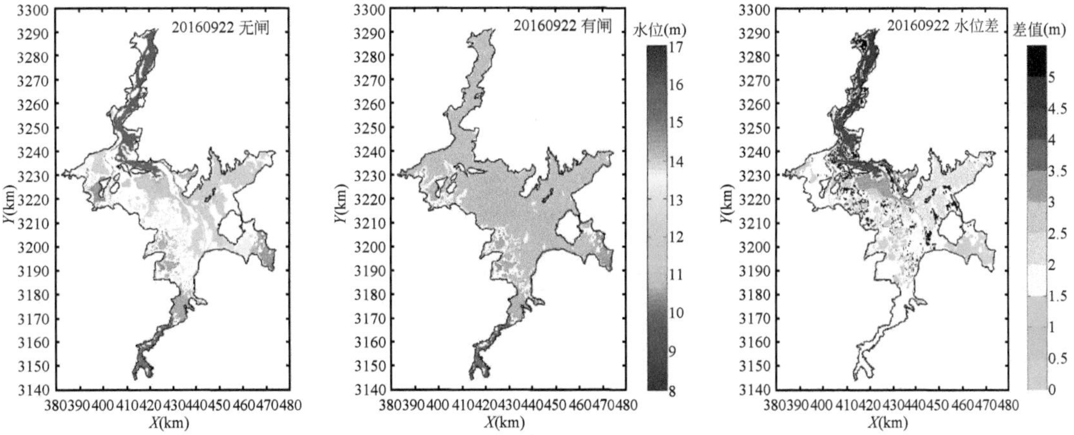

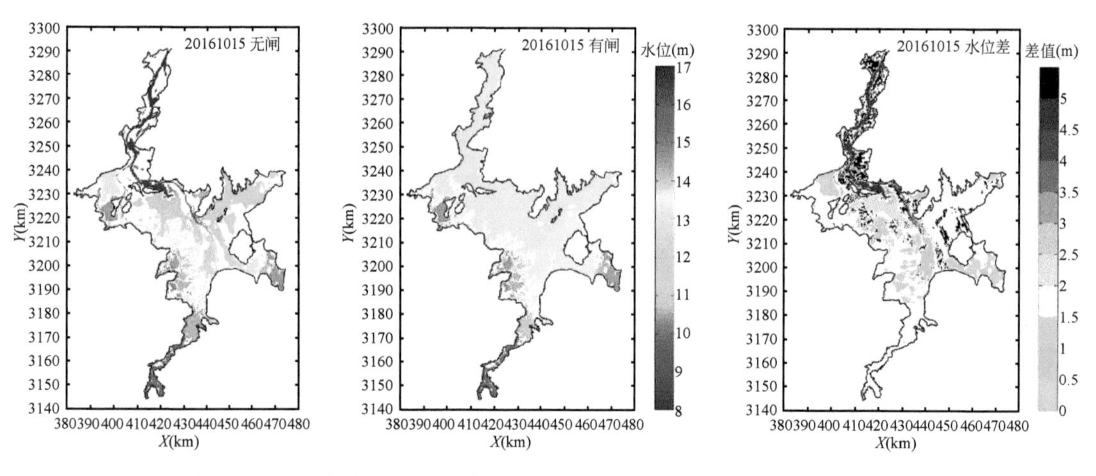

图 5-25　2016 年有闸、无闸条件下 9 ~ 10 月退水期水位空间分布及差异

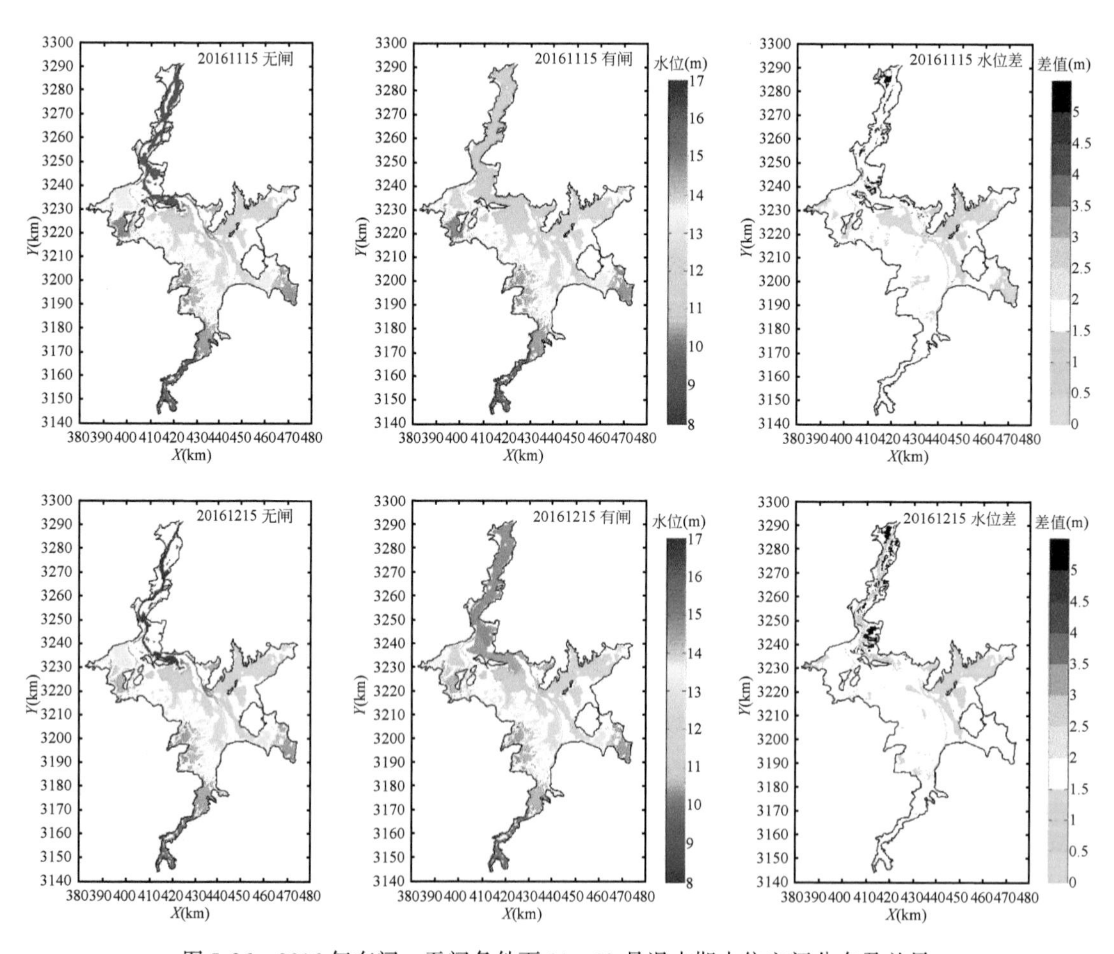

图 5-26　2016 年有闸、无闸条件下 11 ~ 12 月退水期水位空间分布及差异

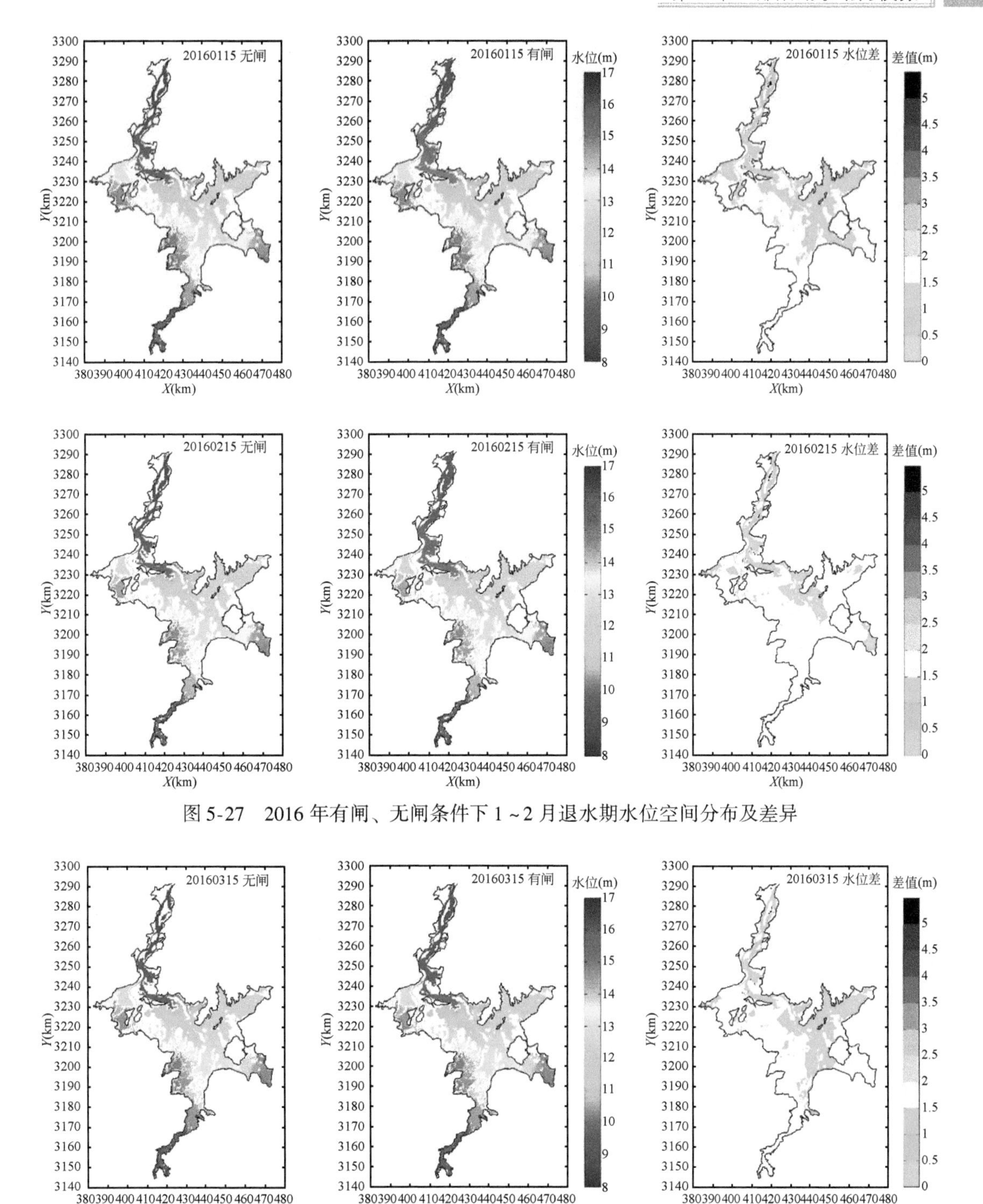

图 5-27　2016 年有闸、无闸条件下 1 ~ 2 月退水期水位空间分布及差异

图 5-28　2016 年有闸、无闸条件下 3 月生态调节期水位空间分布及差异

5.5.1.2　对平水年（2015 年）水位的影响

2015 年水利枢纽调控水位过程见图 5-29。其中，9 月 1 日至 11 月中旬，按照调度方

案逐渐调控水位；12 月实测水位超过调控水位，闸门全开，即采用实测水位过程；1～2 月退水期，延续前一年调控过程，按照调度方案调控水位。

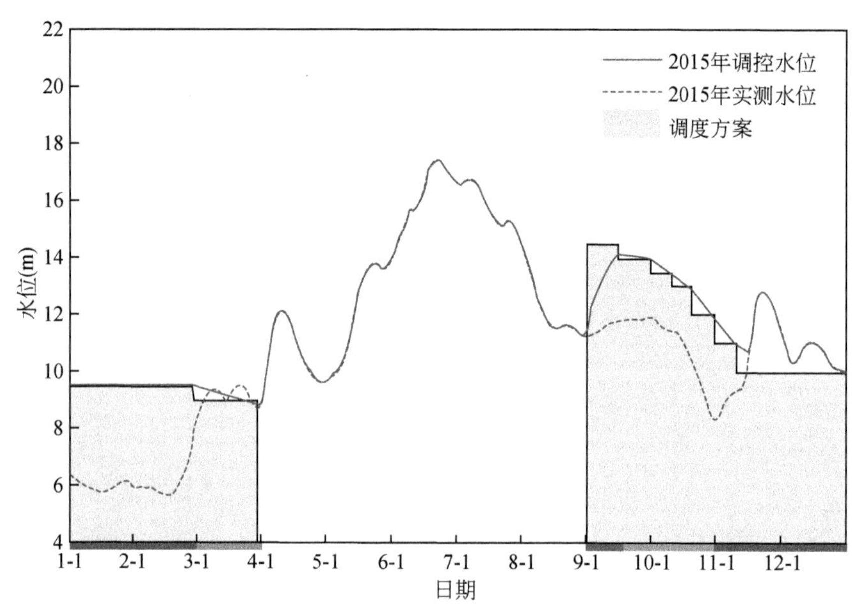

图 5-29　2015 年水利枢纽调控水位过程

有闸、无闸条件下，星子、都昌、棠荫、康山四站的水位过程见图 5-30，各阶段平均水位的变化见表 5-4。结合图表可知，蓄水期调控水位高于实测水位，各站水位普遍上涨，星子、都昌水位均上涨 1.3m，棠荫水位上涨 1.0m，康山水位上涨 0.4m；退水期（9 月 16 日至 10 月 31 日），整体水位涨幅最大，星子、都昌水位分别平均上涨 2.3m、2.3m，棠荫水位上涨 1.8m，康山水位上涨 1.0m；11 月下旬至 12 月底，实测水位高于调控水位，采用实测水位；1～2 月，延续上一年调控退水过程，可以达到调控水位，星子最大涨幅可达 3.5m，都昌最大涨幅可达 1.5m，而棠荫、康山实测水位均超过调控水位，几乎不受闸控影响；3 月生态调节期，对各站影响微弱。

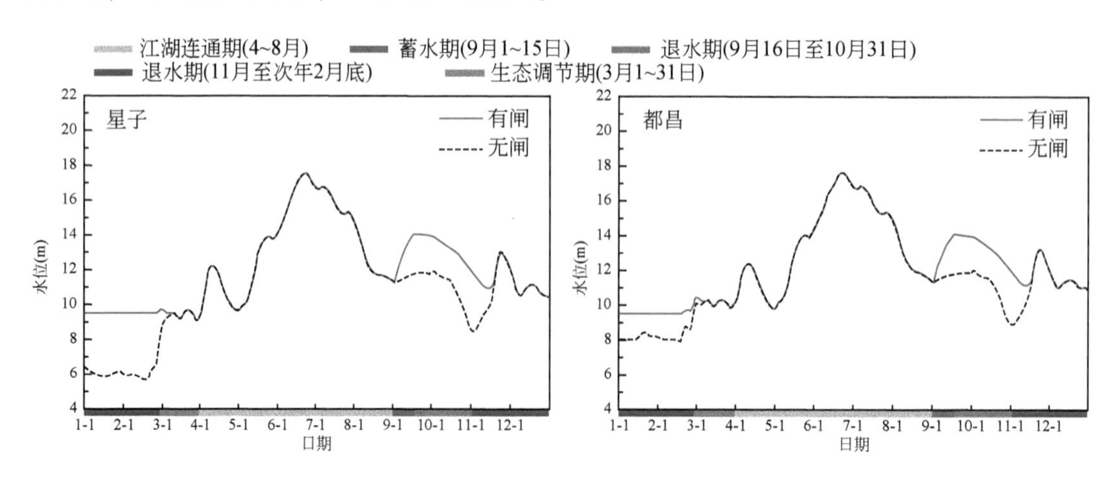

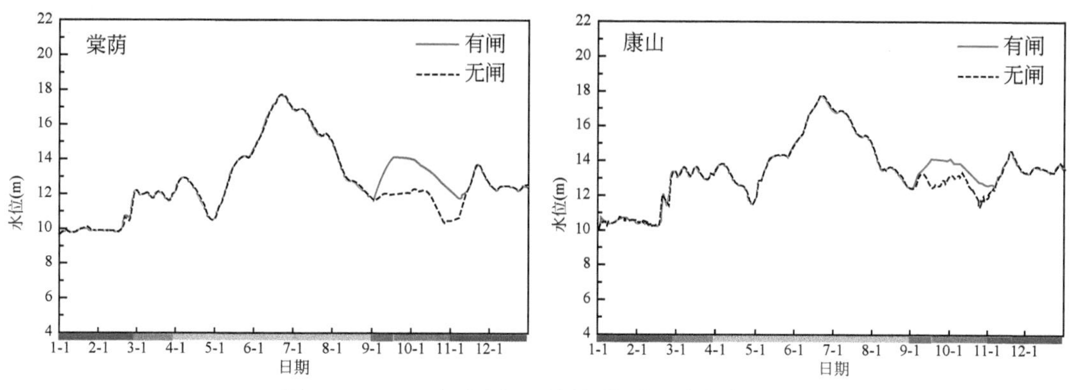

图5-30　2015年有闸、无闸条件下四站水位过程

表5-4　有闸、无闸条件下2015年各阶段平均水位的变化　　（单位：m）

水文站点	蓄水期（9月1～15日）			退水期（9月16日至10月31日）			退水期（11月至次年2月底）			生态调节期（3月1～31日）		
	无闸	有闸	变化	无闸	有闸	变化	无闸	有闸	变化	无闸	有闸	变化
星子	11.6	12.9	1.3	11.2	13.5	2.3	8.5	10.5	2.0	9.3	9.5	0.2
都昌	11.6	12.9	1.3	11.2	13.5	2.3	9.8	10.6	0.8	10.1	10.2	0.1
棠荫	11.9	12.9	1.0	11.7	13.5	1.8	11.2	11.3	0.1	11.9	11.9	0.0
康山	12.8	13.2	0.4	12.6	13.6	1.0	12.1	12.1	0.0	13.3	13.3	0.0

受水利枢纽影响，水位空间分布也产生相应变化。图5-31～图5-35为有闸、无闸同期水位分布及两者水位差（水位差黑色代表水体淹没范围增大区）。蓄水期水位上涨范围主要分布在北部入江通道及东部湖湾，涨幅大多为1m，淹没范围增大283km^2；9月退水期，水位涨幅为2m，影响范围进一步扩大，达到最大，相比无闸情况，淹没范围增大513km^2；10月，水位涨幅为1～2m，淹没范围增大347km^2；11月北部入江通道水位差可达0.5m以上，12月影响微弱；1～2月水位涨幅最大，达3.5m，但影响范围仅限于北部入江通道。3月生态调节期，入江通道水位涨幅均小于0.5m。

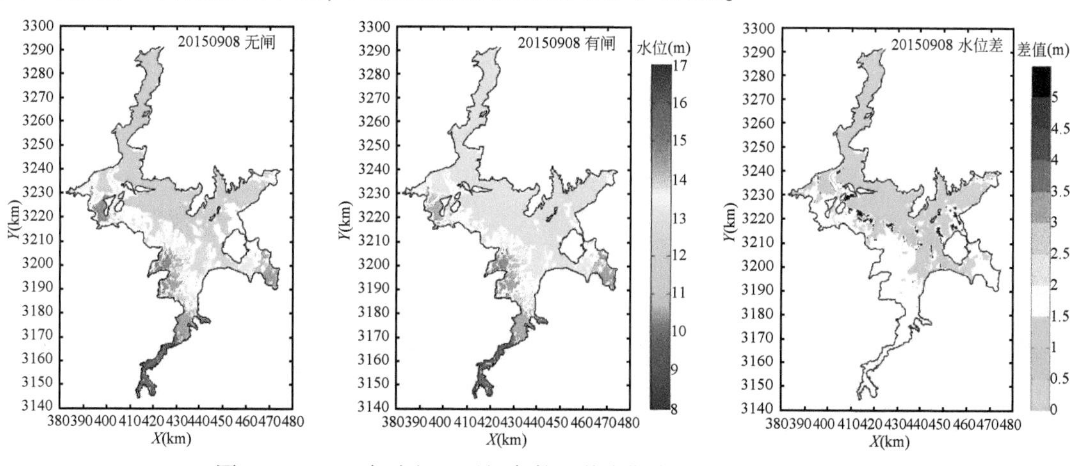

图5-31　2015年有闸、无闸条件下蓄水期水位空间分布及差异

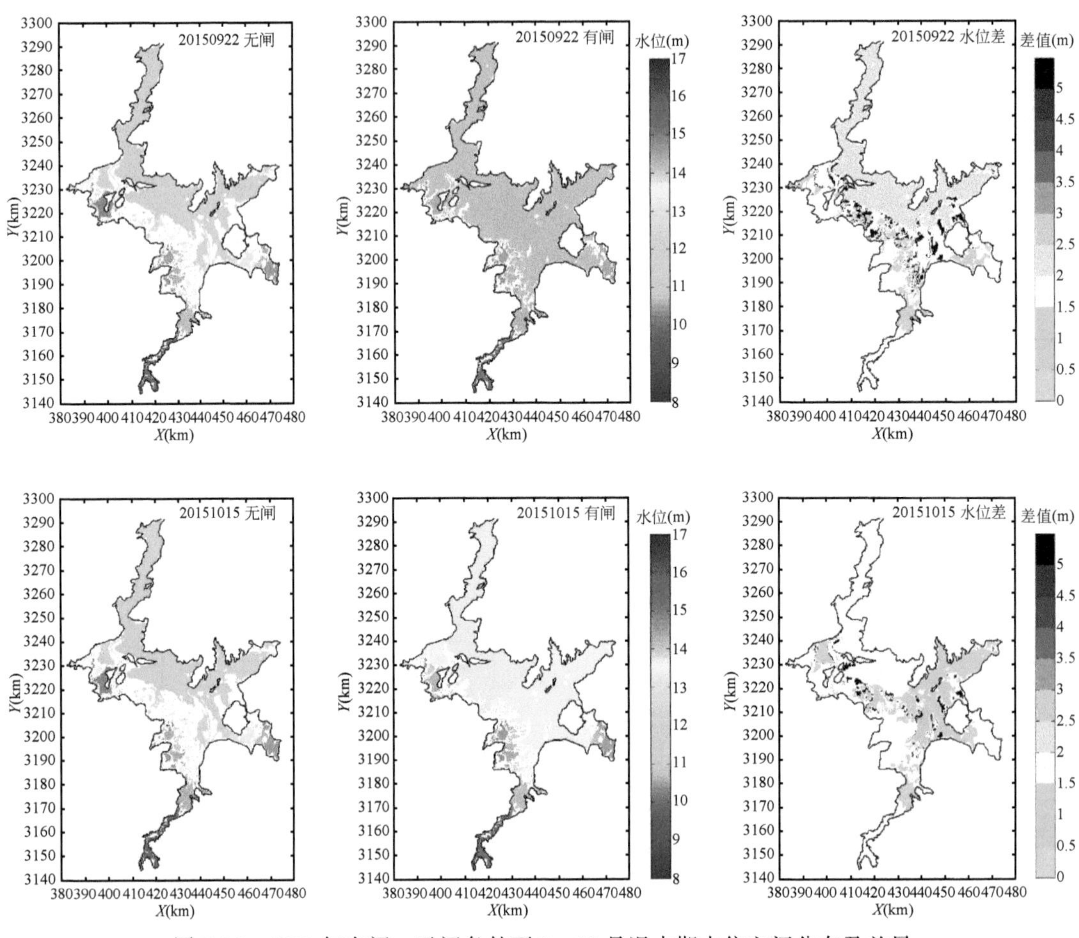

图 5-32　2015 年有闸、无闸条件下 9～10 月退水期水位空间分布及差异

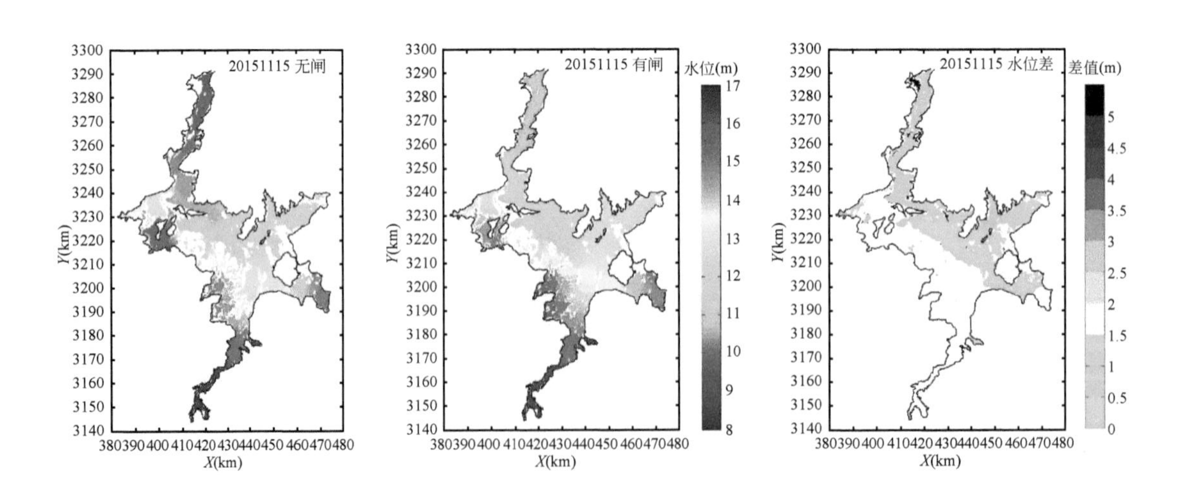

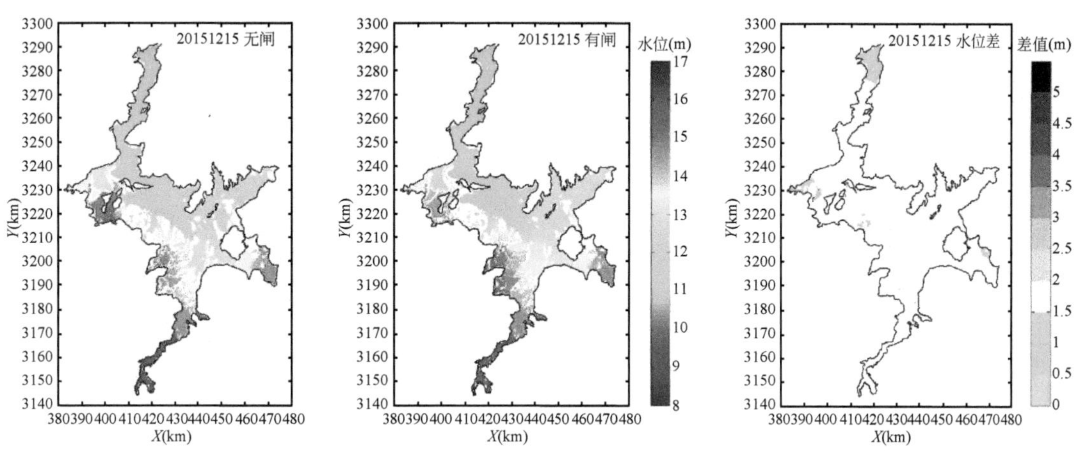

图 5-33　2015 年有闸、无闸条件下 11 ~ 12 月退水期水位空间分布及差异

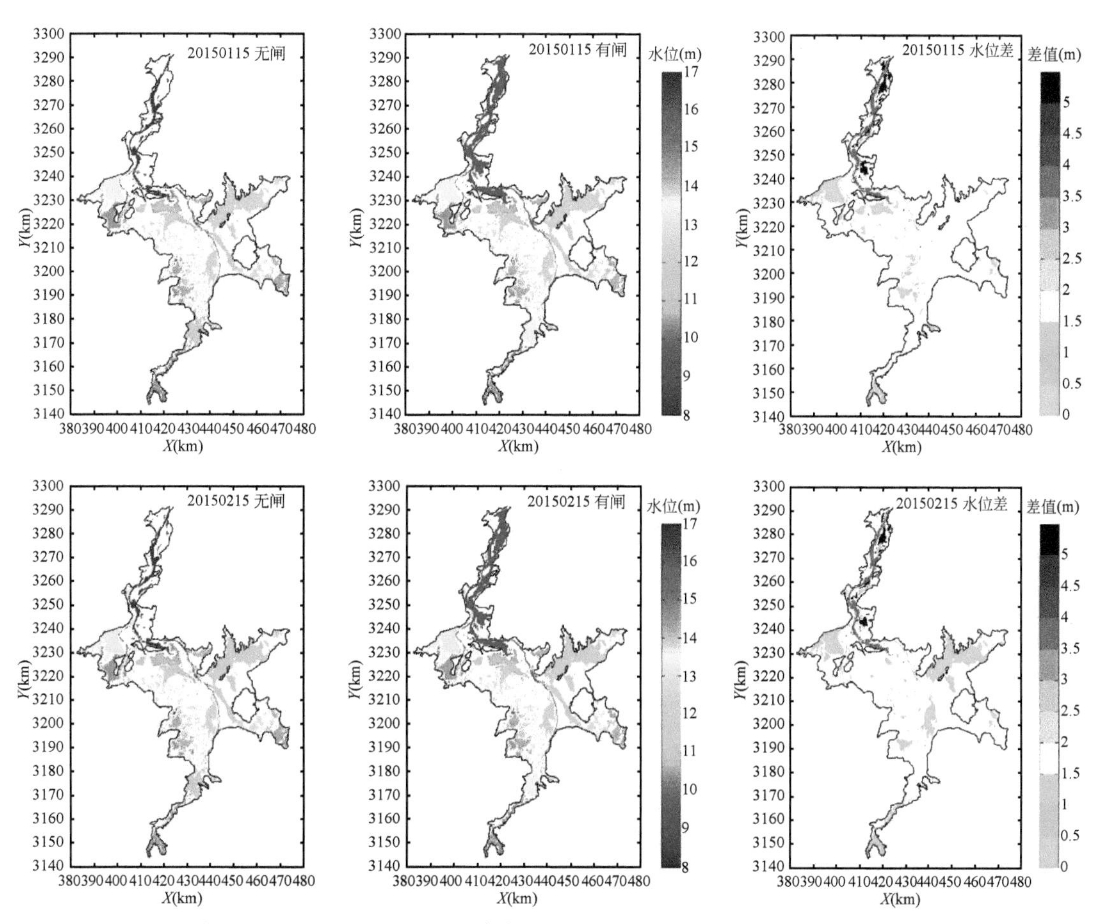

图 5-34　2015 年有闸、无闸条件下 1 ~ 2 月退水期水位空间分布及差异

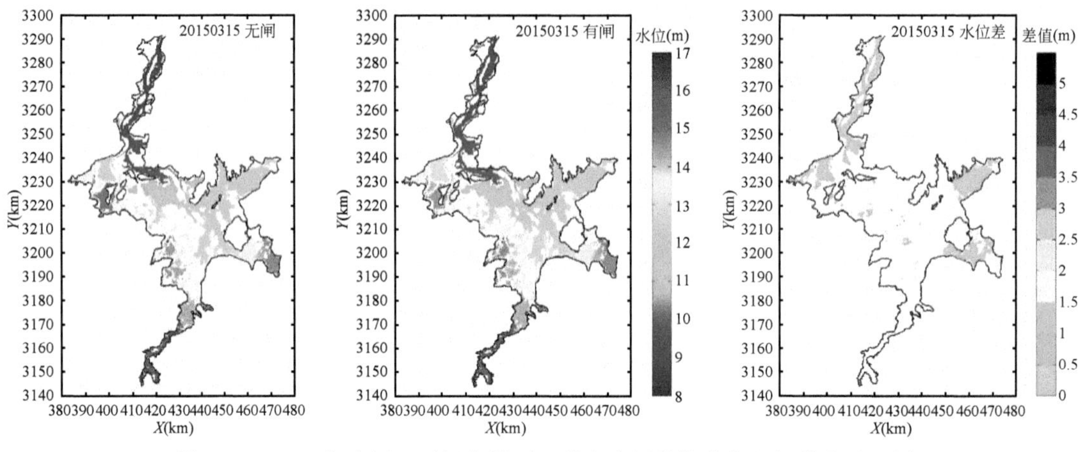

图 5-35　2015 年有闸、无闸条件下 3 月生态调节期水位空间分布及差异

5.5.1.3　对枯水年（2006 年）水位的影响

2006 年水利枢纽调控水位过程见图 5-36。由于该年份水位较低，各调度阶段的实测水位远低于调度方案的目标水位，因此依据调度方案逐步调控。

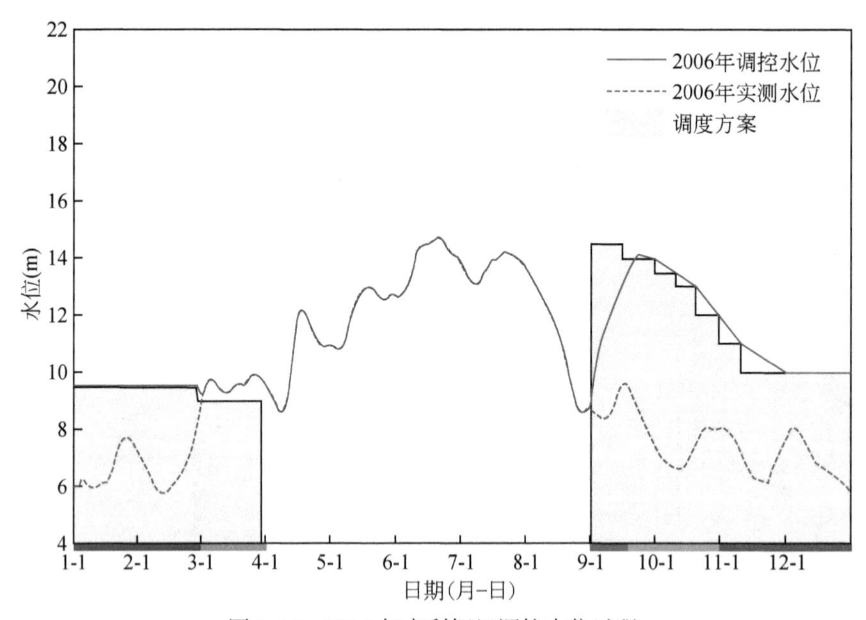

图 5-36　2006 年水利枢纽调控水位过程

有闸、无闸条件下，四站的水位过程见图 5-37，各阶段平均水位的变化见表 5-5。结合图表可知，蓄水期星子、都昌水位分别平均上涨 2.6m、2.4m，棠荫水位平均上涨 1.1m，康山水位平均上涨 0.3m；9～10 月退水期星子至康山水位平均涨幅 2.3～5.6m；11 月至次年 2 月退水期，星子、都昌水位平均涨幅 3.2m、1.4m；3 月生态调节期影响较小。总体而言，星子、都昌受建闸影响较大，主要影响蓄水期、退水期，最大涨幅分别为

5.6m、4.6m，平均也在2m以上；棠荫、康山在9～10月受影响明显，11月至次年3月底实际水位与调控水位相当，几乎不受闸控影响。

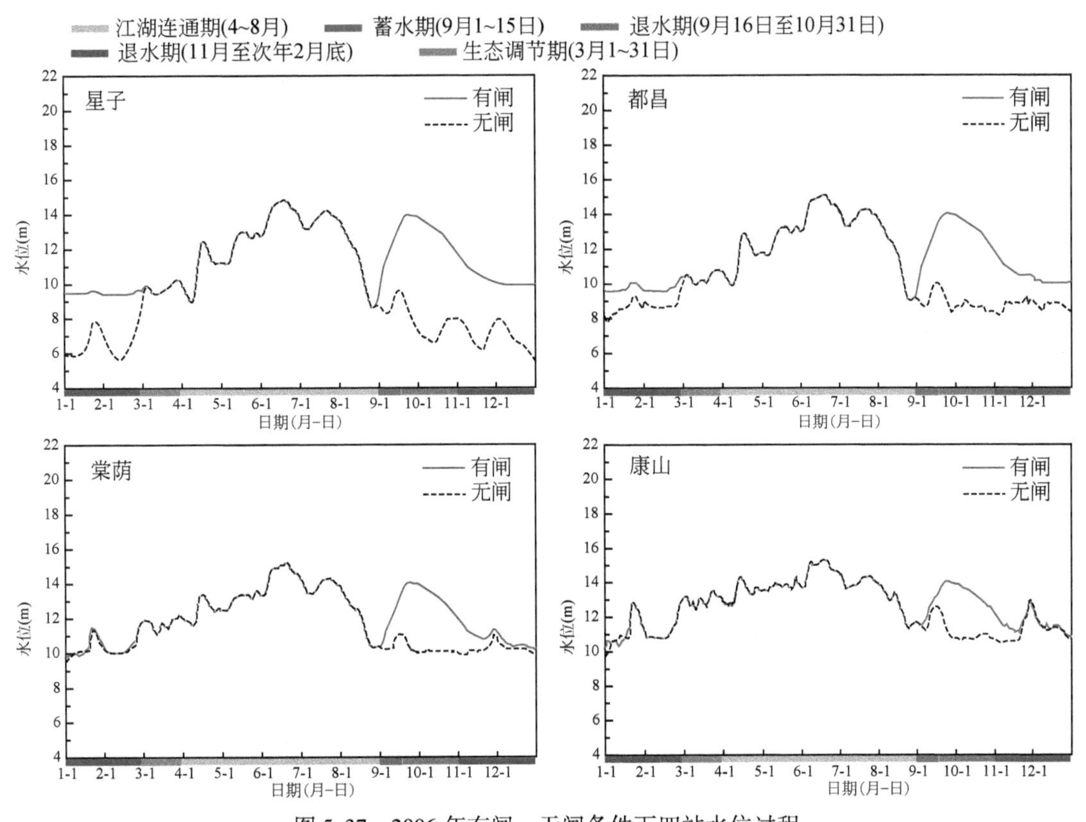

图 5-37　2006 年有闸、无闸条件下四站水位过程

表 5-5　有闸、无闸条件下 2006 年各阶段平均水位的变化　（单位：m）

水文站点	蓄水期（9 月 1～15 日）			退水期（9 月 16 日至 10 月 31 日）			退水期（11 月至次年 2 月底）			生态调节期（3 月 1～31 日）		
	无闸	有闸	变化	无闸	有闸	变化	无闸	有闸	变化	无闸	有闸	变化
星子	8.7	11.3	2.6	7.8	13.4	5.6	6.8	10.0	3.2	9.7	9.8	0.1
都昌	9.0	11.4	2.4	8.8	13.4	4.6	8.7	10.1	1.4	10.3	10.4	0.1
棠荫	10.5	11.6	1.1	10.2	13.4	3.2	10.2	10.6	0.4	11.7	11.7	0.0
康山	11.8	12.1	0.3	11.1	13.4	2.3	11.2	11.4	0.2	13.0	13.0	0.0

图 5-38～图 5-42 为有闸、无闸同期水位分布及两者水位差（水位差为黑色代表水体淹没范围增大区）。蓄水期入江通道水位上涨 3m，中、东部湖区水位上涨小于 0.5m，淹没范围增加了 417km^2；9～10 月退水期，入江通道水位上涨 4～5m，中、东部湖区水位上涨 1～2m，淹没范围增加了 802km^2；11 月至次年 2 月退水期，主要影响入江通道，水位涨幅为 3～4m，其余区域影响不大（水位涨幅小于 0.5m），淹没范围增加了 284km^2；3 月生态调节期，入江通道和中、东部湖区水位涨幅均小于 0.5m。

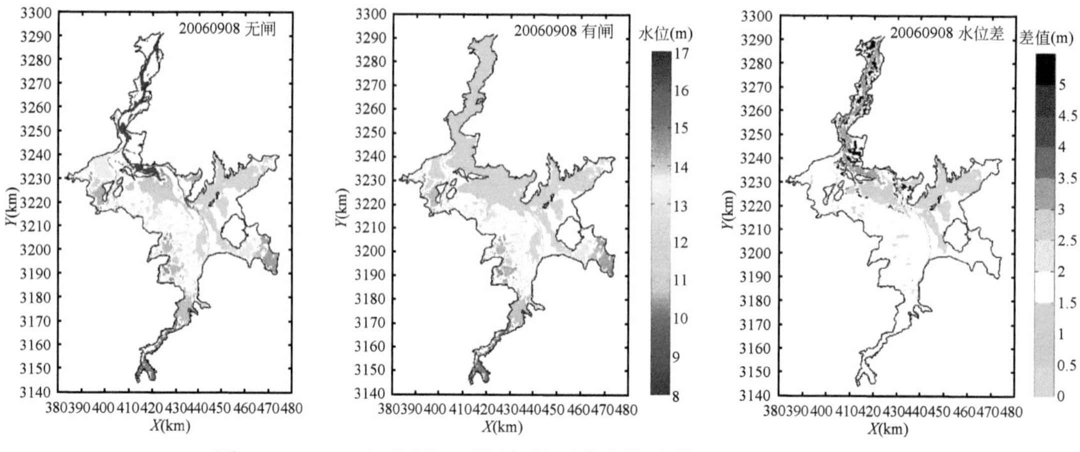

图 5-38　2006 年有闸、无闸条件下蓄水期水位空间分布及差异

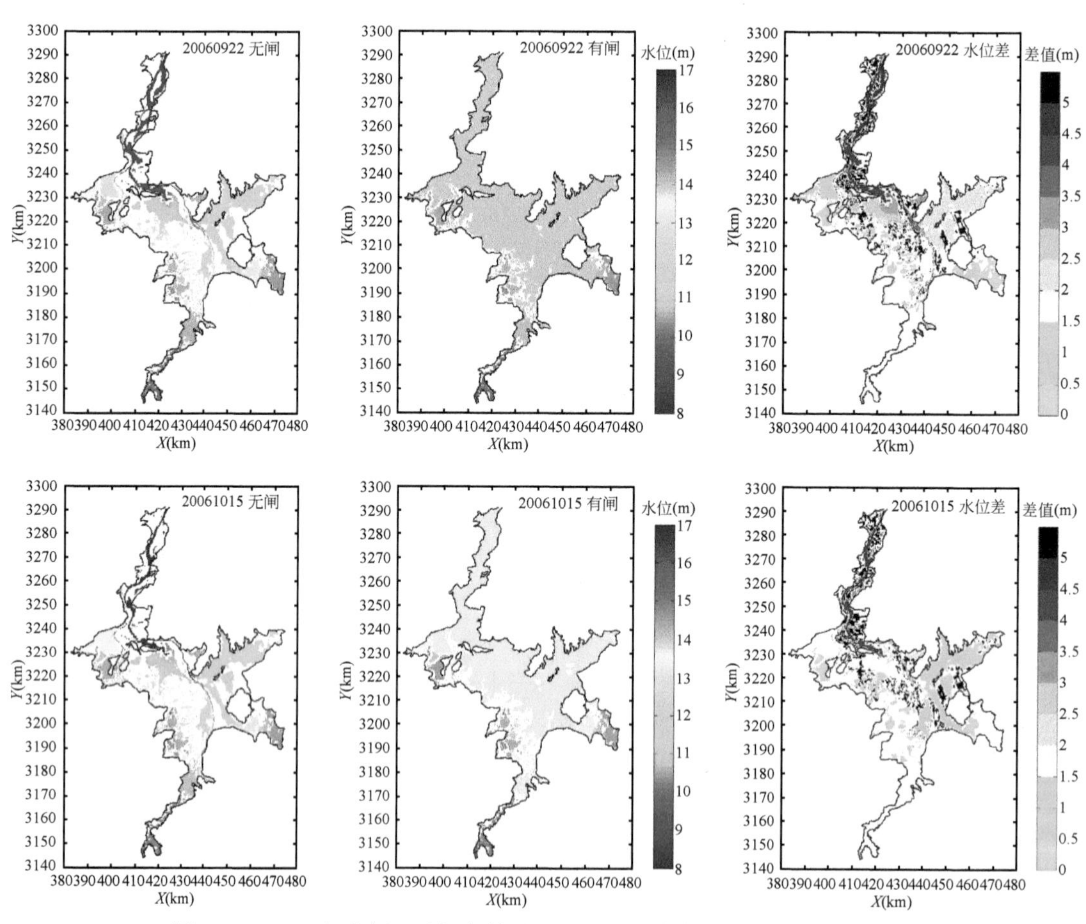

图 5-39　2006 年有闸、无闸条件下 9～10 月退水期水位空间分布及差异

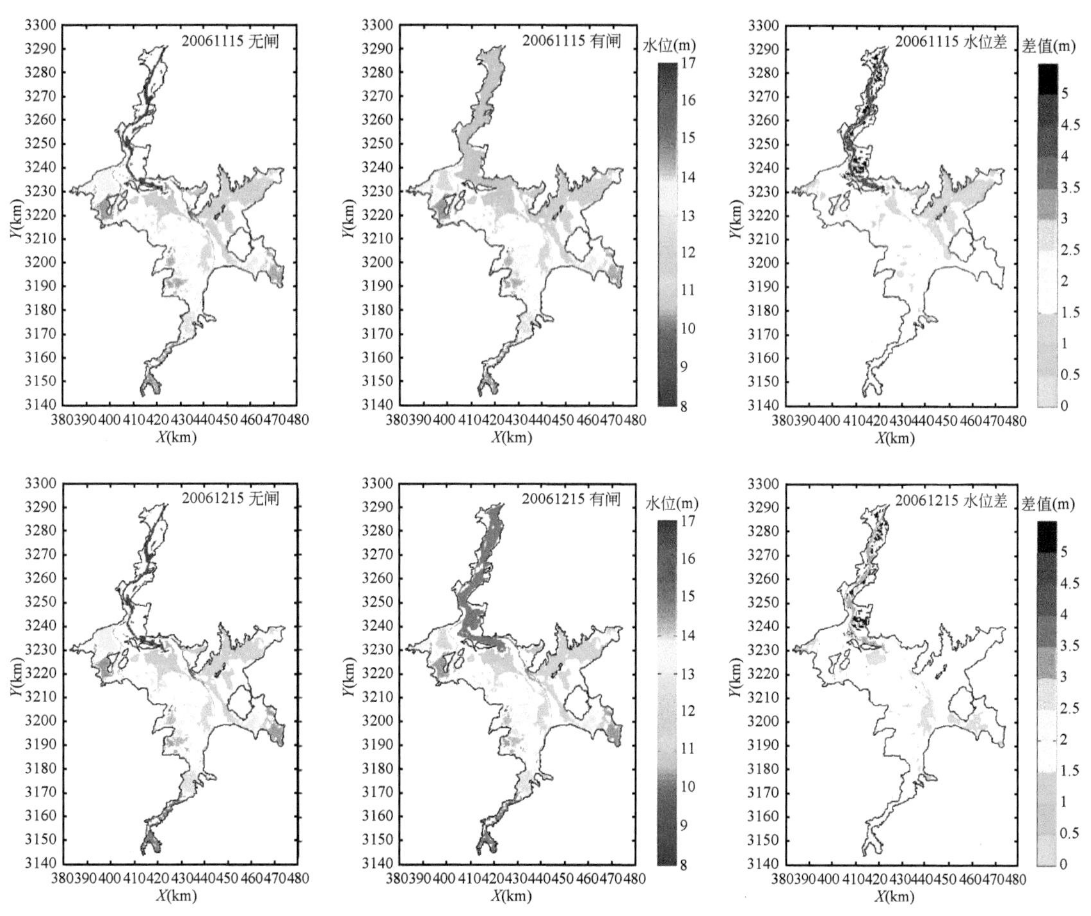

图 5-40　2006 年有闸、无闸条件下 11 ~ 12 月退水期水位空间分布及差异

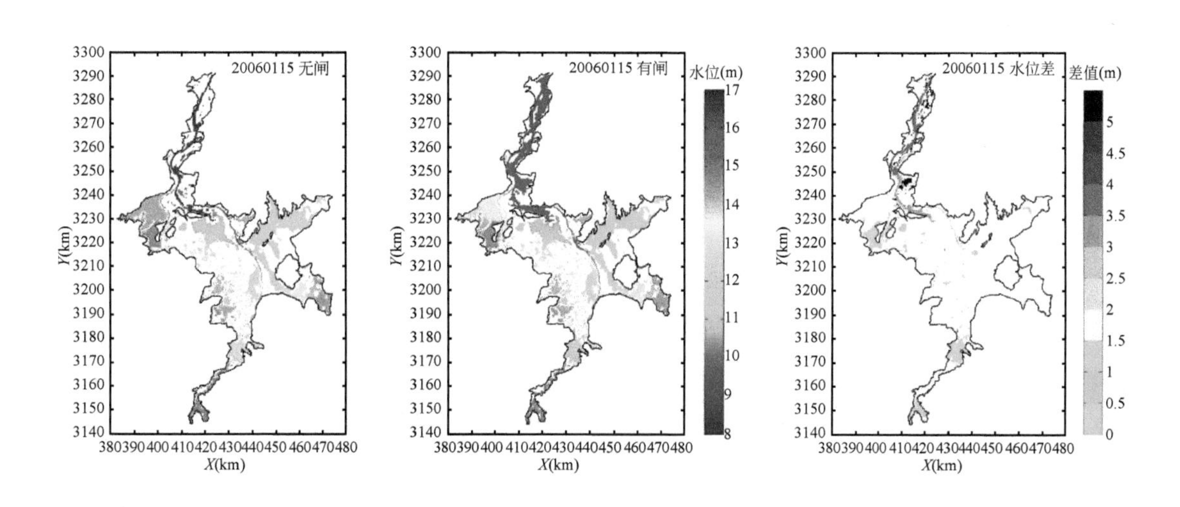

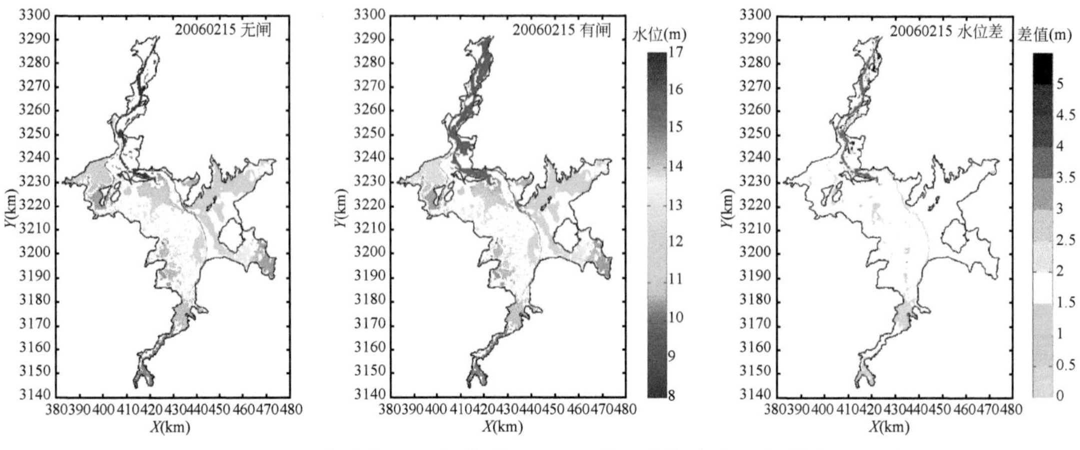

图 5-41　2006 年有闸、无闸条件下 1～2 月退水期水位空间分布及差异

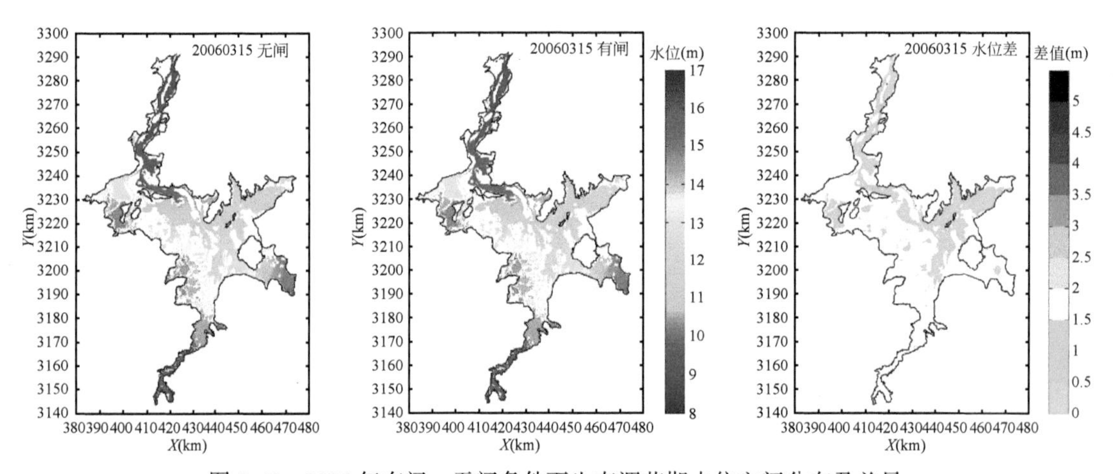

图 5-42　2006 年有闸、无闸条件下生态调节期水位空间分布及差异

5.5.2　枢纽建设对典型年湖流的影响

5.5.2.1　对丰水年（2016 年）湖流的影响

图 5-43 为 2016 年有闸、无闸条件下流速空间分布。9 月蓄水期、10 月退水期的流速相差较大，河道区流速普遍减小。与水位变化相对应，原本河道流速大、洲滩流速小的空间梯度，由于淹没范围增大，水体顶托，流速空间梯度变小，全湖流速均小于 0.2m/s。

图 5-44 为 2016 年有闸、无闸条件下关键区域流速、流向变化。与无闸情况相比，闸前、杨柳津河口位置春季退水期流速略有降低，秋冬季蓄水期流速降幅较大，最大可达 0.35m/s，流向几乎不受影响；撮箕湖在蓄水期流速减小，10～11 月退水期流速增大，但总体流速量级仍较小；三江口流速在秋冬季蓄水期、退水期流速减小，最大降幅为 0.15m/s。

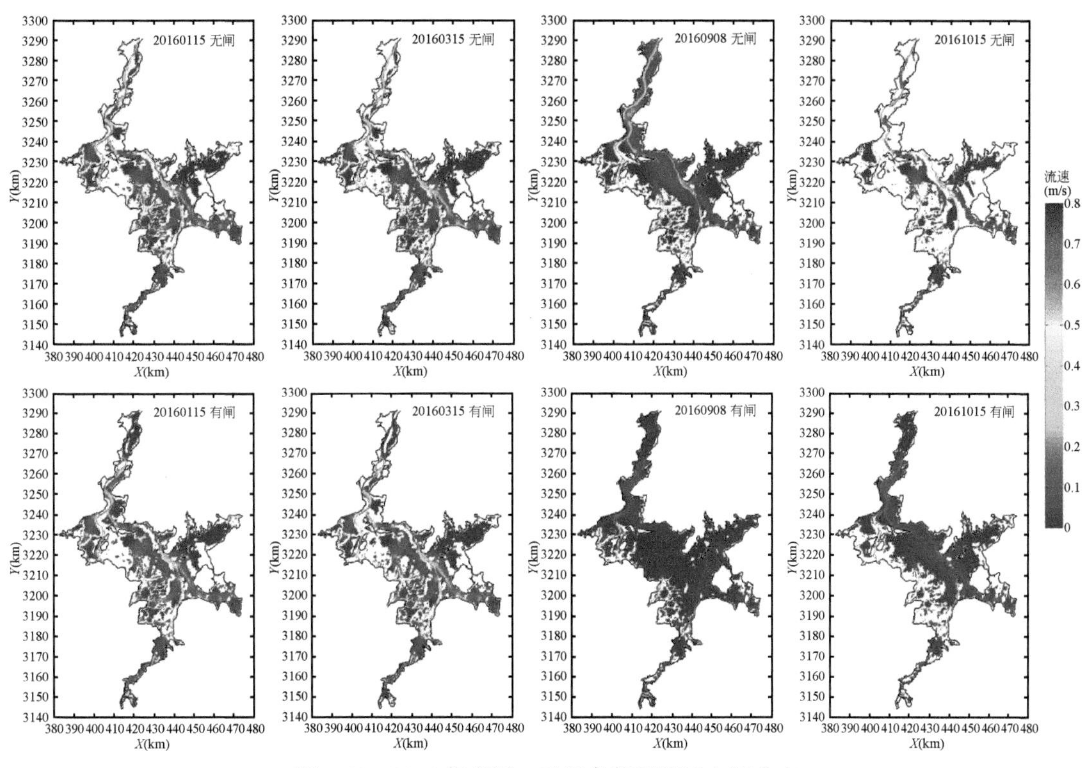

图5-43　2016年有闸、无闸条件下流速空间分布

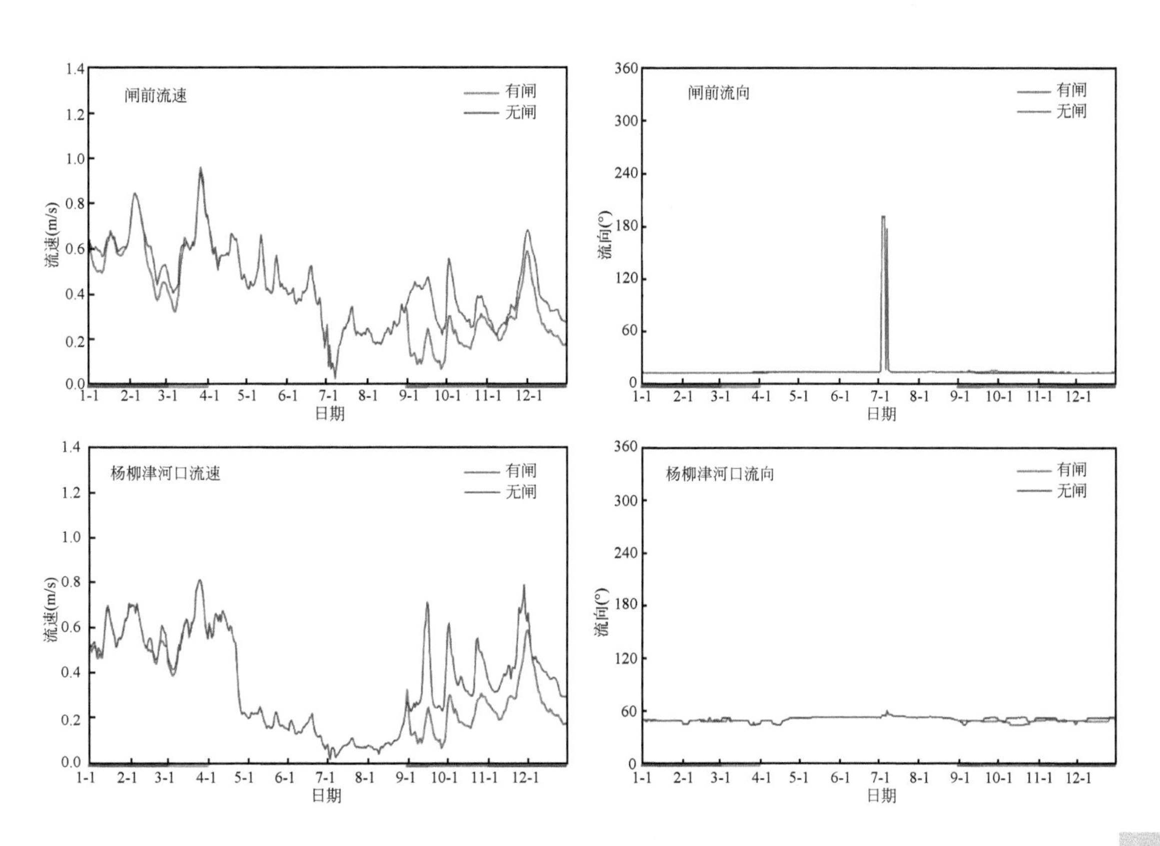

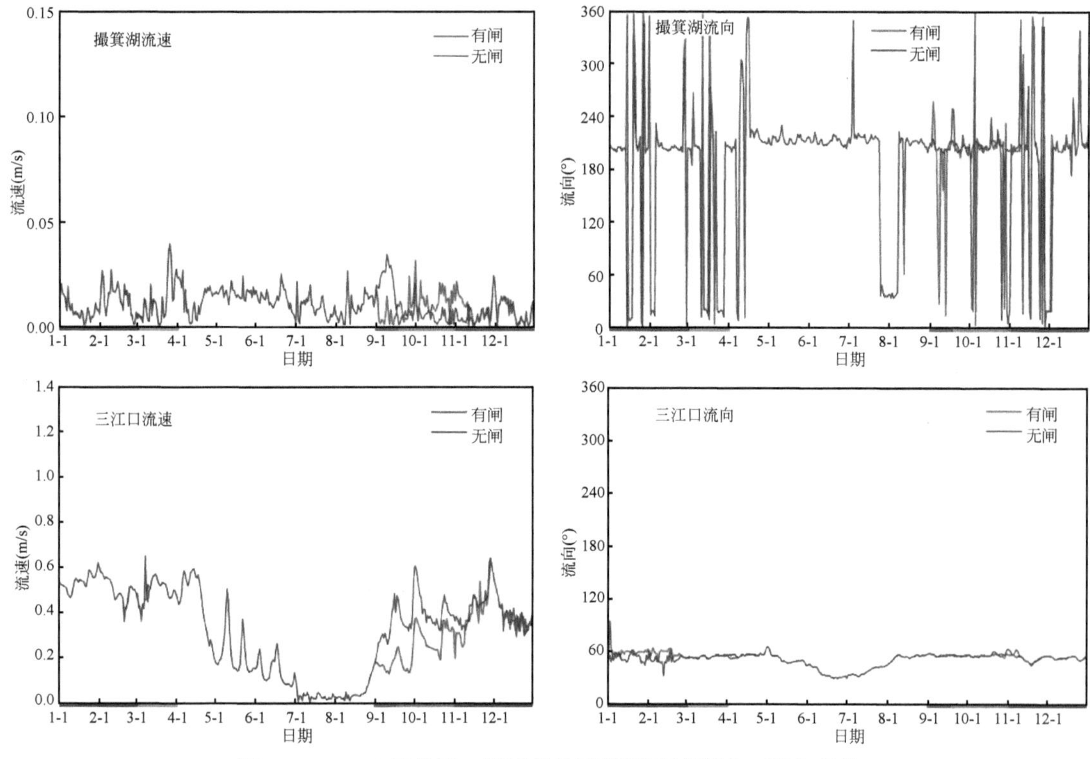

图 5-44　2016 年有闸、无闸条件下关键区域流速、流向变化

5.5.2.2　对平水年（2015 年）湖流的影响

图 5-45 为 2015 年有闸、无闸条件下流速空间分布。由图可知，有闸、无闸各阶段流速分布均遵循河道流速大、洲滩流速小的特点。洲滩流速大多小于 0.2m/s，河道流速可达 0.3m/s 以上，北部入江通道可达 0.5m/s 以上。9～10 月，河道区流速建闸前大于 0.3m/s，建闸后普遍小于 0.2m/s，流速变幅超过 0.1m/s，河道和洲滩区的流速梯度变小。

图 5-46 为 2015 年有闸、无闸条件下关键区域流速、流向变化。与无闸情况相比，闸前、杨柳津河口位置流速均有降低，降幅约 0.1m/s；这两处都在河道区，流向均指向下游，除蓄水期闸前流向受影响外，大多时候流向几乎不受影响。撮箕湖不在主河道，本身受风影响更大，流速较小，建闸后流速增大 0.02m/s；三江口流速主要在 9～10 月受影响，流速降幅最大可达 0.2m/s。

5.5.2.3　对枯水年（2006 年）湖流的影响

图 5-47 为 2006 年有闸、无闸条件下流速空间分布。整体而言，9～10 月河道区流速普遍减小 0.2m/s 以上，全湖流速大小分布较为均匀，呈湖相状态。

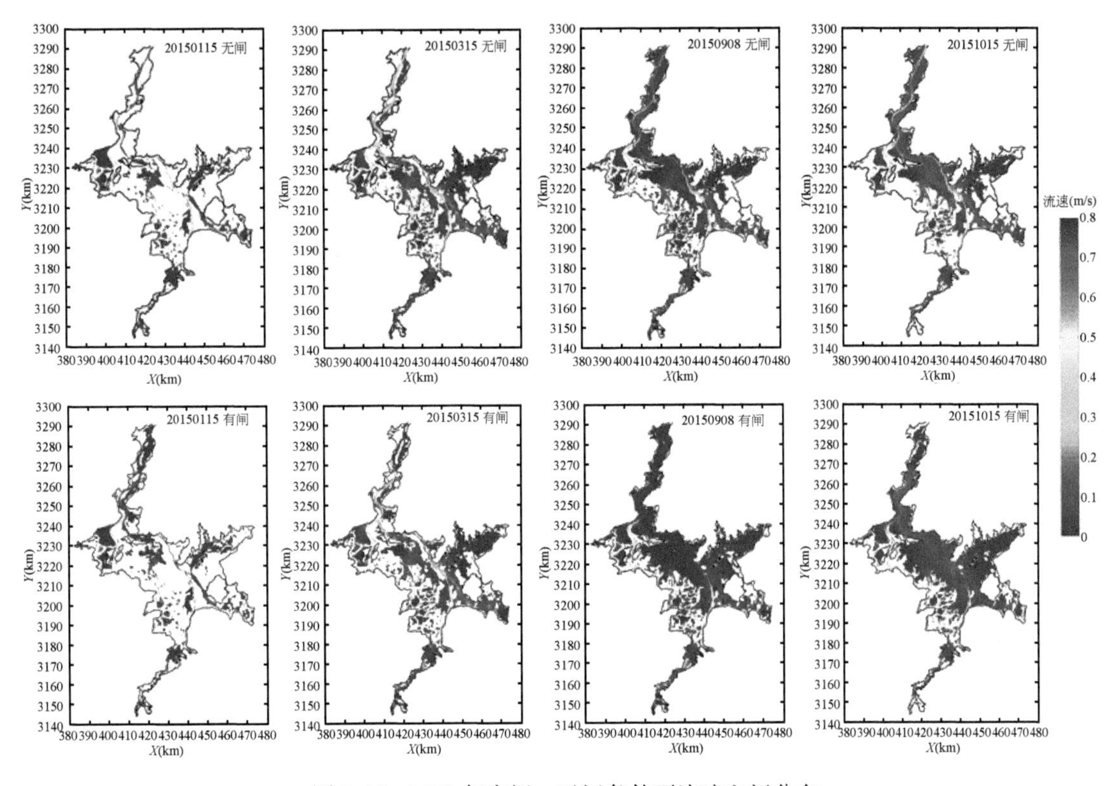

图5-45 2015年有闸、无闸条件下流速空间分布

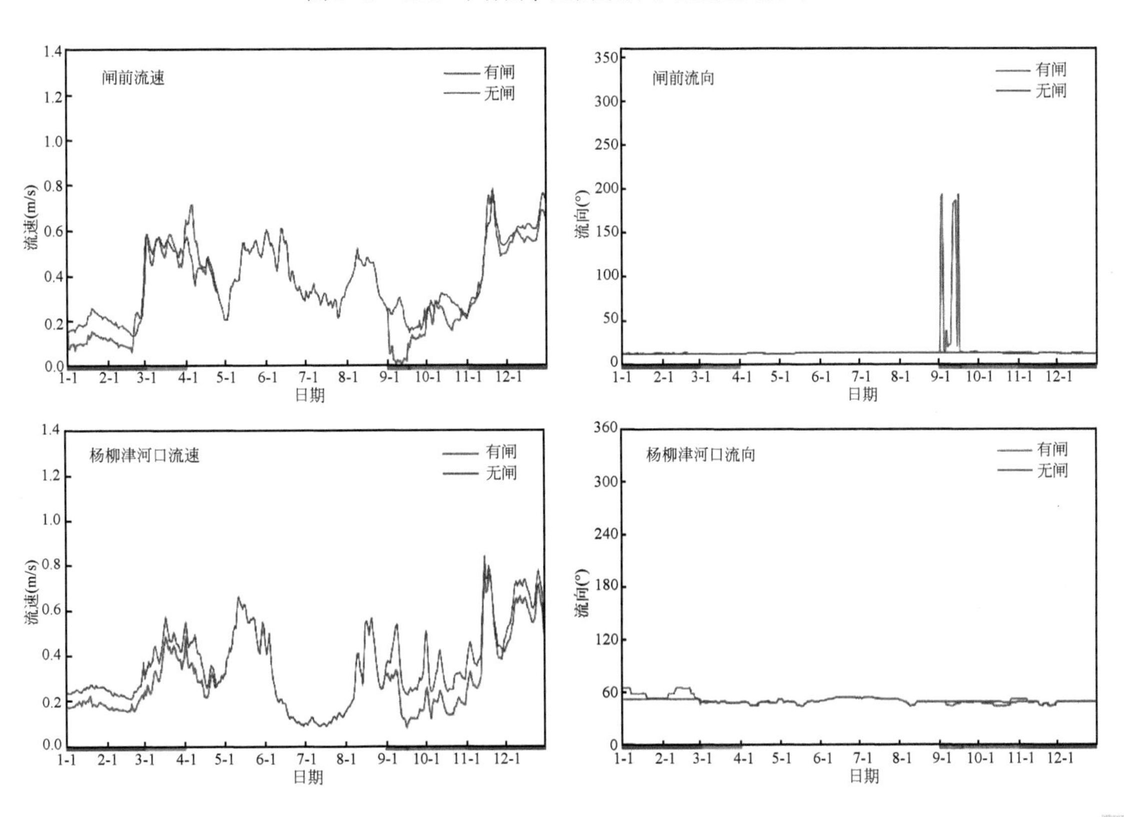

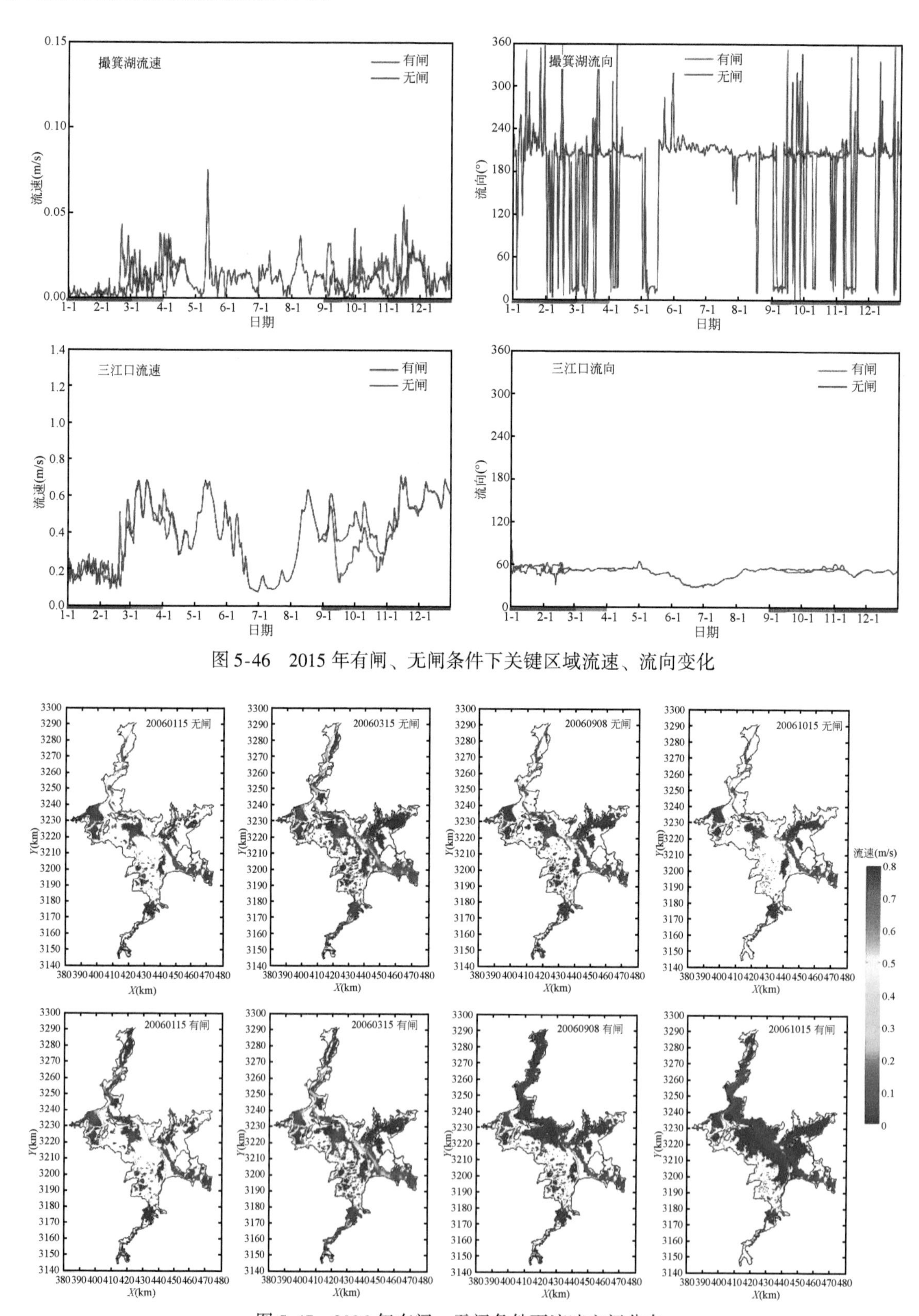

图 5-46 2015 年有闸、无闸条件下关键区域流速、流向变化

图 5-47 2006 年有闸、无闸条件下流速空间分布

图 5-48 为 2006 年有闸、无闸条件下关键区域流速、流向变化。与无闸情况相比，闸

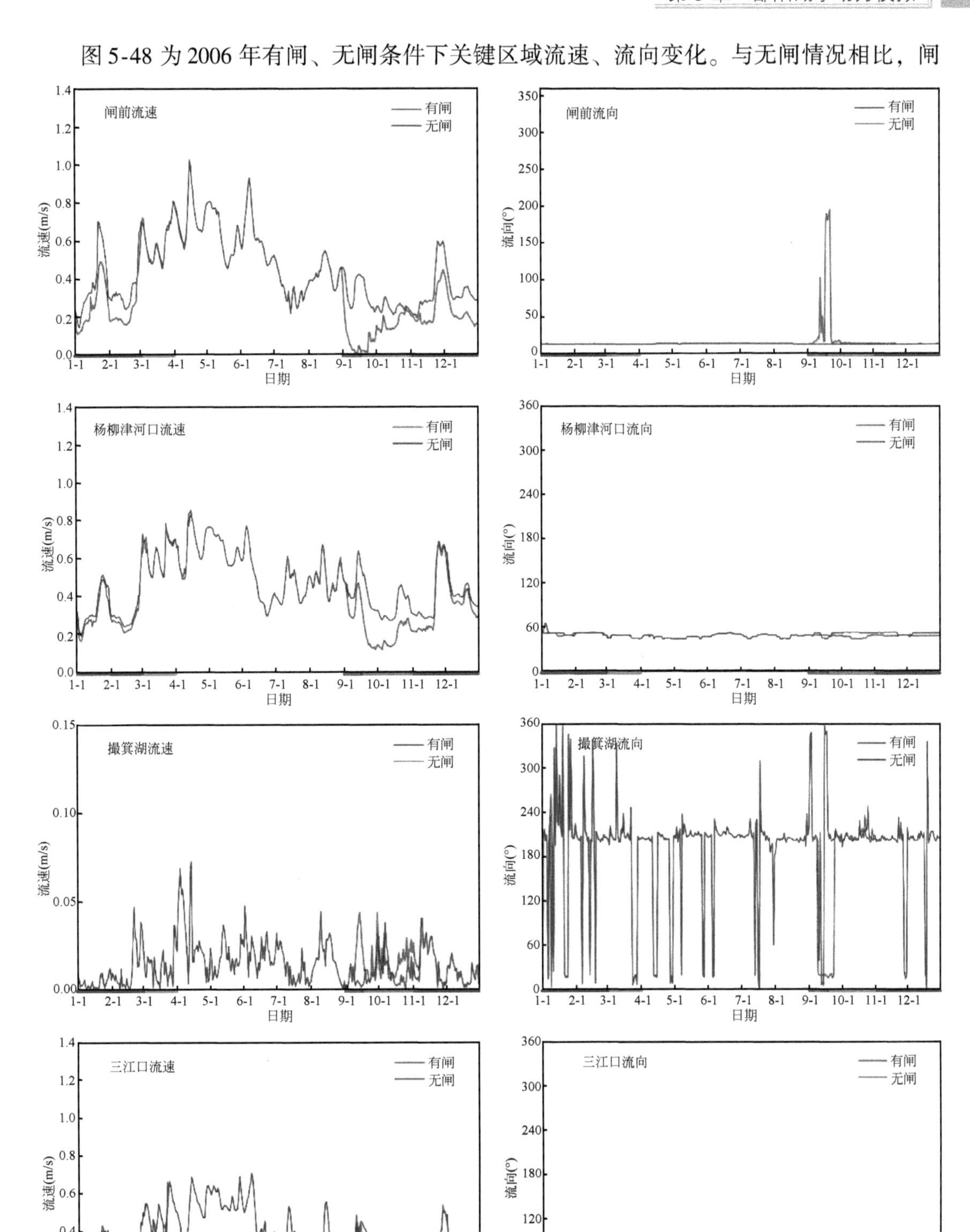

图 5-48　2006 年有闸、无闸条件下关键区域流速、流向变化

前、杨柳津河口流速普遍降低 0.1～0.2m/s，最大降幅可达 0.4m/s；9～10 月撮箕湖流速增加了 0.03m/s，三江口流速减少了 0.1m/s，其余时段几乎不受影响。流向仅蓄水期闸前受影响，其余区域各时段影响不大。

5.5.3 结论

5.5.3.1 水利枢纽对水位的影响小结

综合对比水利枢纽对三个典型年的水位影响，2006 年受影响最大，其次为 2016 年，2015 年受影响最小。2015 年为平水年，所受影响反而小于 2016 年丰水年，主要因为丰水年、平水年、枯水年典型年是从全年平均的角度定义的，而水利枢纽调度运行主要在秋冬季退水期和枯水期，因此与调度时期的具体水情相关。2015 年虽为平水年，但是秋冬季水位反而高于平均值，2016 年虽为丰水年，但从秋季开始急剧退水，秋冬季水位低于平均值。简而言之，水利枢纽的影响与调度期水情相关，秋冬季调度期水情相对同期多年平均越枯，所受影响越大。

从影响时段来看，9～10 月退水期所受影响最大，其次为 9 月蓄水期、11 月至次年 2 月退水期，生态调节期所受影响微弱。从影响范围来看，越靠近闸，影响越大，由北至南逐渐递减，北部入江通道水位涨幅最大，其次为湖区中部和东部，湖区西部影响较小；对各水文站点的影响程度为星子最大，其次都昌、棠荫，康山仅退水期受一定影响，其余时段影响微弱；康山以南几乎不受影响。从具体影响量级来看，9～10 月退水期星子平均水位最大抬升 2.3～5.6m，都昌平均水位最大抬升 2.2～4.6m，棠荫平均水位最大抬升 1.9～3.2m，康山平均水位最大抬升 1.1～2.4m，北部入江通道水位最大涨幅可达 4～5m；水位上涨使得淹没范围增大，淹没范围增大区主要集中在入江通道河道深槽两侧的滩地，其次为湖区中部和东部；普遍可增加淹水面积 100～300km^2，最大可增加 700～800km^2。

5.5.3.2 水利枢纽对流速的影响小结

总体而言，从水利枢纽的影响时段来看，9～10 月蓄水期、退水期所受影响最大，其次为 11 月至次年 2 月退水期，生态调节期所受影响微弱。从影响范围来看，主要影响河道区流速，使得河道区流速减小，越靠近闸，流速降幅越大；对洲滩区域，本身流速较小、流向不定，对水利枢纽的响应不如河道区敏感，总体变化不大。

对各关键区代表点而言，闸前、杨柳津河口属于近闸区主河道，各水文年、各阶段流速均有不同程度的减小，降幅普遍为 0.1～0.3m/s；流向本身较为恒定，与河道平行，指向下游方向，除闸下蓄水期受影响外，其余时段几乎不受水利枢纽影响。三江口属于南部河道，在水利枢纽影响最大时段（9～10 月），流速明显降低，该阶段水位增幅较大，使得南部河道也受顶托，其余时期流速、流向变化并不明显。撮箕湖属于湖汊区域，与河道区的流速变化趋势相反，大部分时段流速略有增加，增幅不超过 0.03m/s；由于受重力流影响较小，受风影响较大，流向复杂多变。

参考文献

江西省水文局．2011．鄱阳湖基础地理测量湖流与水质实验技术报告．

谭国良，郭生练，王俊，等．2013．鄱阳湖生态经济区水文水资源演变规律研究．北京：中国水利水电出版社．

Hamrick J M. 1994. Application of the EFDC，environmental fluid dynamics computer code to SFWMD water conservation area 2A. Williamsburg，VA：J. M. Hamrick and Associates，Report JMH-SFWMD-94-01：126.

第6章　鄱阳湖水质模拟

6.1　模型构建原理与技术路线

鄱阳湖营养盐空间分布、富营养化与蓝藻水华是湖泊管理者和研究学者关注的重点问题。鄱阳湖现状水质（氮磷营养盐）、藻类的空间分布和季节性变化需要精细化关注，尤其是重要湖区的水质和藻类季节性演变。另外，鄱阳湖水利枢纽工程建设后对鄱阳湖主要湖区的水质营养盐、藻类和水生植物的影响是急需探索的焦点。本节研究得到的鄱阳湖水利枢纽工程建设前后水质和藻类模拟结果，可以为湿地景观生态模型提供输入边界数据，也为鄱阳湖区水质水生态管控提供科学量化的决策支撑。

6.1.1　水质概念模型

水质模型中有机碳、氮和磷可以根据其活性分为3类：惰性颗粒态、不稳定颗粒态和不稳定溶解态（表6-1、图6-1）。水质模型的动力学过程包括沉积物–水界面的物质交换过程及沉积物需氧量的变化等。

表6-1　水质模型的状态变量

序号	状态变量
1	蓝藻
2	硅藻
3	绿藻
4	固定藻类
5	惰性颗粒有机碳
6	不稳定颗粒有机碳
7	溶解有机碳
8	惰性颗粒有机磷
9	不稳定颗粒有机磷
10	溶解有机磷
11	总磷
12	惰性颗粒有机氮

续表

序号	状态变量
13	不稳定颗粒有机氮
14	溶解有机氮
15	氨氮
16	硝态氮
17	生物硅微粒
18	溶解硅
19	化学需氧量
20	溶解氧
21	总活性金属

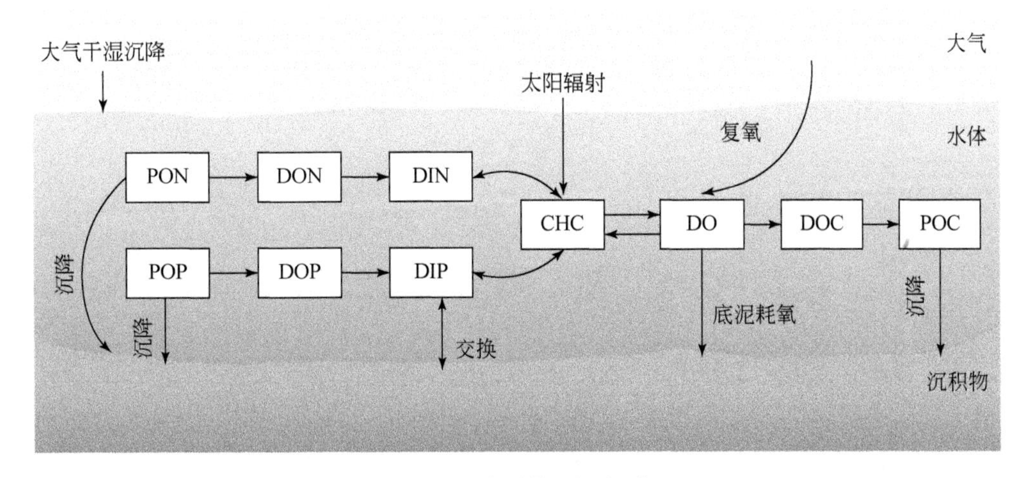

图 6-1　水质模型概念图

PON，颗粒态有机氮；DON，可溶性有机氮；DIN，可溶性无机氮；POP，颗粒态有机磷；DOP，可溶性有机磷；DIP，可溶性无机磷；CHC，藻类；DO，溶解氧；DOC，可溶性有机碳；POC，颗粒态有机碳。箭头方向代表迁移和转化方向。

6.1.2　水质模型方程

每个水质状态变量的物料守恒方程可以表示为

$$\frac{\partial(m_x m_y HC)}{\partial t}+\frac{\partial}{\partial x}(m_y HuC)+\frac{\partial}{\partial y}(m_x HvC)+\frac{\partial}{\partial z}(m_x m_y wC)$$
$$=\frac{\partial}{\partial x}\left(\frac{m_y HA_x}{m_x}\frac{\partial C}{\partial x}\right)+\frac{\partial}{\partial y}\left(\frac{m_x HA_y}{m_y}\frac{\partial C}{\partial y}\right)+\frac{\partial}{\partial z}\left(m_x m_y\frac{A_z}{H}\frac{\partial C}{\partial z}\right)+m_x m_y HS_c \tag{6-1}$$

式中，C 为水质状态变量浓度；u、v、w 为曲线正交坐标系下 x 轴、y 轴和 z 轴方向的速度分量；A_x、A_y、A_z为湍流在相同坐标系下 x 轴、y 轴和 z 轴方向的扩散系数；S_c为单位体积内外的源和汇；H 为水深；m_x、m_y为平面曲线坐标标度因子。

式（6-1）左边最后 3 项表示对流输送，右边前 3 项表示扩散输送；这 6 项物理输送与水动力模型中盐的物料平衡方程相似，因此计算方法也是相同的。最后一项代表每个状态变量的动力学过程及外源负荷，模型通过分解物质流项的动力学部分的分步程序来求解。

$$\frac{\partial}{\partial t_p}(m_x m_y HC)+\frac{\partial}{\partial x}(m_y HuC)+\frac{\partial}{\partial y}(m_x HvC)+\frac{\partial}{\partial z}(m_x m_y wC)$$
$$=\frac{\partial}{\partial x}\left(\frac{m_y HA_x}{m_x}\frac{\partial C}{\partial x}\right)+\frac{\partial}{\partial y}\left(\frac{m_x HA_y}{m_y}\frac{\partial C}{\partial y}\right)+\frac{\partial}{\partial z}\left(m_x m_y\frac{A_z}{H}\frac{\partial C}{\partial z}\right)+m_x m_y HS_c \tag{6-2}$$

$$\frac{\partial C}{\partial t_K}=S_{cK} \tag{6-3}$$

其中：

$$\frac{\partial}{\partial t}(m_x m_y HC)=\frac{\partial}{\partial t_P}(m_x m_y HC)+(m_x m_y H)\frac{\partial C}{\partial t_K} \tag{6-4}$$

在式（6-2）中，源、汇项被分解为与流入流出体积相关的物质的源和汇，以及生物化学动力引起的源和汇。

6.1.3 主要水质参数方程

6.1.3.1 有机碳

三种有机碳状态变量主要是：溶解态、不稳定性颗粒态和惰性颗粒态。不稳定性颗粒态和惰性颗粒态的区别是分解所需的时间不同。不稳定有机碳分解需要几天至几周的时间，而惰性有机碳则需要更多的时间。不稳定有机碳在水体及沉积物中可以快速分解。惰性有机碳，主要以沉积物形式存在，分解缓慢，沉积后多年仍对沉积物耗氧量有贡献。

模型含有三个有机碳状态变量：惰性颗粒有机碳、不稳定颗粒有机碳和溶解性有机碳。

（1）颗粒有机碳

不稳定颗粒有机碳和惰性颗粒有机碳的区别在于降解所需的时间尺度；不稳定颗粒有机碳在水体和沉积物中的降解时间尺度为几天到几周不等；惰性颗粒有机碳降解缓慢，时间在几周以上。对于不稳定颗粒有机碳和惰性颗粒有机碳，模型中的源和汇为藻类捕食、颗粒态有机碳的溶解、沉淀、外源负荷。

惰性颗粒有机碳以及不稳定性颗粒有机碳的控制方程为

$$\frac{\partial \mathrm{RPOC}}{\partial t}=\sum_{x=c,\ d,\ g,\ m}\mathrm{FCRP}_x\cdot \mathrm{PR}_x\cdot B_x-K_{\mathrm{RPOC}}\cdot \mathrm{RPOC}+\frac{\partial}{\partial Z}(\mathrm{WS}_{\mathrm{RP}}\cdot \mathrm{RPOC})+\frac{W_{\mathrm{RPOC}}}{V} \tag{6-5}$$

$$\frac{\partial \mathrm{LPOC}}{\partial t}=\sum_{x=c,\ d,\ g,\ m}\mathrm{FCLP}_x\cdot \mathrm{PR}_x\cdot B_x-K_{\mathrm{LPOC}}\cdot \mathrm{LPOC}+\frac{\partial}{\partial Z}(\mathrm{WS}_{\mathrm{LP}}\cdot \mathrm{LPOC})+\frac{W_{\mathrm{LPOC}}}{V} \tag{6-6}$$

式中，RPOC 为惰性颗粒有机碳浓度（g C/m^3）；LPOC 为不稳定性颗粒有机碳浓度（g C/m^3）；FCRP 为捕食惰性有机碳产生分数；FCLP 为捕食不稳定性碳产生分数；K_{RPOC}为惰性颗粒有机碳的溶解速度（d^{-1}）；K_{LPOC}为不稳定性颗粒有机碳的溶解速度（d^{-1}）；$\mathrm{WS}_{\mathrm{RP}}$为惰性颗粒有机碳的沉降速度（m/d）；$\mathrm{WS}_{\mathrm{LP}}$为不稳定性颗粒有机碳的沉降速度（m/d）；$W_{\mathrm{RPOC}}$为惰性有机碳颗粒外源负荷（g C/d）；$W_{\mathrm{LPOC}}$为不稳定性有机碳颗粒外源负荷（g C/d）；$c$，$d$，$g$，$m$ 分别为蓝藻、硅藻、绿藻和大型藻类。

（2）溶解性有机碳

模型中包括的溶解性有机碳的源和汇为藻类排泄（分泌）和捕食、惰性和不稳定性有机碳的溶解、溶解性有机碳的异氧呼吸作用（降解）、反硝化作用、外源负荷。动力学方程描述的过程为

$$\begin{aligned}\frac{\partial \mathrm{DOC}}{\partial t}=&\sum_{x=c,\ d,\ g,\ m}\left\{\left[\mathrm{FCD}_x+(1-\mathrm{FCD}_x)\left(\frac{\mathrm{KHR}_x}{\mathrm{KHR}_x+\mathrm{DO}}\right)\right]\cdot \mathrm{BM}_x+\mathrm{FCDP}_x\cdot \mathrm{PR}_x\right\}\\&\cdot B_x+K_{\mathrm{RPOC}}\cdot \mathrm{RPOC}+K_{\mathrm{LPOC}}\cdot \mathrm{LPOC}-K_{\mathrm{HR}}\cdot \mathrm{DOC}-\mathrm{Denit}\cdot \mathrm{DOC}\\&+\frac{W_{\mathrm{DOC}}}{V}\end{aligned} \tag{6-7}$$

式中，DOC 为溶解性有机碳浓度（g C/m^3）；FCD_x为藻类在溶解氧浓度无限时代谢分泌的溶解性有机碳分数；KHR_x为对应于藻类排泄溶解性有机碳的溶解氧半饱和浓度；DO 为溶解氧浓度（g O_2/m^3）；FCDP 为藻类捕食的溶解性有机碳产生分数；K_{HR}为溶解性有机碳异养呼吸速率（d^{-1}）；Denit 为反硝化作用速率（d^{-1}）；W_{DOC}为溶解性有机碳外源负荷（g C/d）；BM_x 为代谢速率（d^{-1}）；PR_x 为捕食速率（d^{-1}）；x 下标对应不同藻类；B_x 为藻类的生物量（g C/m^3）；t 为时间（d）；V 为计算网格体积（m^3）。

6.1.3.2　氮

氮首先分为有机氮和无机氮。有机氮状态变量有溶解有机氮、不稳定性颗粒有机氮和惰性颗粒有机氮。两种无机氮形式是：氨态氮和硝态氮/亚硝态氮。两者的主要区别是氨态氮可以被硝化细菌氧化为硝态氮。而这一氧化作用明显导致了水中及沉积物中氧含量的下降。在氨氮的完全氧化过程中，还存在亚硝酸盐中间产物。亚硝酸盐的浓度要远小于硝酸盐，为简化模型，将两者合并为一项。所以在这里硝酸盐状态变量实际上是硝酸盐和亚硝酸盐的总和。

模型中有 5 种氮的状态变量：3 种有机形式（惰性颗粒、不稳定性颗粒和溶解态）和 2 种无机形式（硝态氮和氨氮）。模型中的硝酸盐状态变量代表硝酸盐和亚硝酸盐的总和。

（1）颗粒态有机氮

对颗粒性有机氮和不稳定性有机氮，模型中的源和汇是：藻类基础代谢和捕食行为、颗粒态有机氮的分解、沉淀和外源负荷。惰性和不稳定性有机氮的动力学方程是

$$\frac{\partial \mathrm{RPON}}{\partial t}=\sum_{x=c,d,g,m}(\mathrm{FNR}_x\cdot \mathrm{BM}_x+\mathrm{FNRP}\cdot \mathrm{PR}_x)\cdot \mathrm{ANC}_x\cdot B_x-K_{\mathrm{RPON}}\cdot \mathrm{RPON}+\frac{\partial}{\partial Z}(\mathrm{WS}_{\mathrm{RP}}\cdot \mathrm{RPON})+\frac{W_{\mathrm{RPON}}}{V} \tag{6-8}$$

$$\frac{\partial \mathrm{LPON}}{\partial t}=\sum_{x=c,d,g,m}(\mathrm{FNL}_x\cdot \mathrm{BM}_x+\mathrm{FNLP}\cdot \mathrm{PR}_x)\cdot \mathrm{ANC}_x\cdot B_x-K_{\mathrm{LPON}}\cdot \mathrm{LPON}+\frac{\partial}{\partial Z}(\mathrm{WS}_{\mathrm{LP}}\cdot \mathrm{LPON})+\frac{W_{\mathrm{LPON}}}{V} \tag{6-9}$$

式中，RPON 为惰性颗粒态有机氮浓度（$g\ N/m^3$）；LPON 为不稳定性颗粒有机氮浓度（$g\ N/m^3$）；FNR_x为某种藻类（x）新陈代谢产生的惰性颗粒有机氮分数；FNL_x为某种经藻类（x）新陈代谢产生的不稳定性颗粒有机氮分数；FNRP 为藻类捕食惰性颗粒有机氮产生分数；FNLP 为藻类捕食不稳定性颗粒有机氮产生分数；ANC_x为某种藻类（x）的 N/C 比（g N/g C）；K_{RPON}为惰性颗粒有机氮水解率（d^{-1}）；K_{LPON}为不稳定性颗粒有机氮水解率（d^{-1}）；W_{RPON}为惰性颗粒有机氮外源负荷（g N/d）；W_{LPON}为不稳定性颗粒有机氮外源负荷（g N/d）；Z 为垂直方向分量；c，d，g，m 分别为蓝藻、硅藻、绿藻和大型藻类。

（2）溶解性有机氮

模型中溶解性有机氮的源和汇是：藻类代谢和捕食行为、惰性和不稳定性颗粒有机氮的溶解、矿化形成铵、外源负荷。描述这一过程的动力学方程为

$$\frac{\partial \mathrm{DON}}{\partial t}=\sum_{x=c,d,g,m}(\mathrm{FND}_x\cdot \mathrm{BM}_x+\mathrm{FNDP}\cdot \mathrm{PR}_x)\cdot \mathrm{ANC}_x\cdot B_x+K_{\mathrm{RPON}}\cdot \mathrm{RPON}+K_{\mathrm{LPON}}\cdot \mathrm{LPON}-K_{\mathrm{DON}}\cdot \mathrm{DON}+\frac{\mathrm{BF}_{\mathrm{DON}}}{\Delta Z}+\frac{W_{\mathrm{DON}}}{V} \tag{6-10}$$

式中，DON 为溶解性有机磷浓度（$g\ N/m^3$）；FND_x为经某种藻类（x）新陈代谢产生的溶解性有机氮分数；FNDP 为捕食溶解性有机氮产生分数；K_{DON}为溶解性有机氮矿化率（d^{-1}）；$\mathrm{BF}_{\mathrm{DON}}$为只在深水底层发生的溶解性有机氮的交换［$g\ C/(m^2\cdot d)$］；$W_{\mathrm{DON}}$为溶解性有机氮外源负荷（g N/d）。

（3）氨氮

模型中氨氮的源和汇是：藻类代谢、捕食行为和摄取；溶解性有机氮的矿化作用；硝化作用；底层沉积物与水中的交换；外源负荷。这些过程中的动力学方程是

$$\frac{\partial \mathrm{NH_4^+}}{\partial t}=\sum_{x=c,d,g,m}(\mathrm{FNI}_x\cdot \mathrm{BM}_x+\mathrm{FNIP}\cdot \mathrm{PR}_x-\mathrm{PN}_x\cdot P_x)\cdot \mathrm{ANC}_x\cdot B_x+K_{\mathrm{DON}}\cdot \mathrm{DON}-\mathrm{KNit}\cdot \mathrm{NH_4^+}+\frac{\mathrm{BF}_{\mathrm{NH_4^+}}}{\Delta Z}+\frac{W_{\mathrm{NH_4^+}}}{V} \tag{6-11}$$

式中，FNI_x为藻类新陈代谢产生的无机氮分数；FNIP 为藻类捕食无机氮产生分数；PN_x为某种藻类（x）摄取氨氮的偏好系数（$0<\mathrm{PN}_x<1$）；KNit 为硝化率（d^{-1}）；$\mathrm{BF}_{\mathrm{NH_4^+}}$为只在深水底层发生的沉积物-水中氨氮交换［$g\ N/(m^2\cdot d)$］；$W_{\mathrm{NH_4^+}}$为氨氮外源负荷（g N/d）；$c$，$d$，$g$，$m$ 分别为蓝藻、硅藻、绿藻和大型藻类。

（4）硝态氮

模型中硝态氮的源和汇是：藻类摄入、氨氮硝化作用、反硝化作用、沉积物-水交换、外源负荷。这些过程中的动力学方程是

$$\frac{\partial NO_3^-}{\partial t}=\sum_{x=c,d,g,m}(PN_x-1)\cdot P_x\cdot ANC_x\cdot B_x+KNit\cdot NH_4^+$$
$$-ANDC\cdot Denit\cdot DOC+\frac{BF_{NO_3^-}}{\Delta Z}+\frac{W_{NO_3^-}}{V} \quad (6\text{-}12)$$

式中，ANDC 为氧化单位质量溶解性有机碳消耗的硝态氮质量（0.933g N/g C）；$BF_{NO_3^-}$为只在深水底层发生的沉积物-水中硝酸盐交换［g N/(m^2·d)］；$W_{NO_3^-}$为硝酸盐外源负荷（g N/d）；c，d，g，m 分别为蓝藻、硅藻、绿藻和大型藻类。。

（5）溶解氧

模型中包括的水体中溶解氧的源和汇是：藻类光合作用和呼吸作用、硝化作用、溶解有机碳异养呼吸、化学需氧量的氧化作用、只在表层发生的氧溶解过程、水底层沉积物需氧量、外源负荷等。描述这些过程的动力学方程为

$$\frac{\partial DO}{\partial t}=\sum_{x=c,d,g,m}\left\{[1+0.3(1-PN_x)]P_x-(1-FCD_x)\left(\frac{DO}{KHR_x+DO}\right)\cdot BM_x\right\}$$
$$\cdot AOCR\cdot B_x-AONT\cdot Nit\cdot NH_4^+-AOCR\cdot K_{HR}\cdot DOC-\left(\frac{DO}{KH_{COD}+DO}\right)$$
$$\cdot K_{COD}\cdot COD+K_r(DO_s-DO)+\frac{SOD}{\Delta Z}+\frac{W_{DO}}{V} \quad (6\text{-}13)$$

式中，AONT 为单位数量的氨氮硝化作用所消耗的溶解氧的数量（4.33g O_2/g N）；AOCR 为呼吸作用中溶解氧-碳比（2.67g O_2/g C）；Nit 为硝化作用硝化率；K_r为复氧系数（d），复氧项只适用于表层；DO_s为溶解氧饱和浓度（g O_2/m^3）；SOD 为沉积物需氧量［g O_2/(m^2·d)］，只适用于底层；W_{DO}为溶解氧外源负荷（g O_2/d）；PN_x为某种藻类（x）摄取氨氮的偏好系数（$0<PN_x<1$）；c，d，g，m 分别为蓝藻、硅藻、绿藻和大型藻类。。

6.1.3.3 磷

与碳、氮相似，有机磷也分为三类：溶解态、不稳定性颗粒态和惰性颗粒态。本研究只考虑一种无机磷——总正磷酸盐（PO_4^{2-}）。磷在模拟生态系统中以几种状态存在：溶解磷、表面吸附的固态磷酸盐以及藻类细胞中所含的磷酸盐。使用平衡分配系数来计算 3 种状态的磷的总量。

IWIND 模型中可以模拟 4 种形态磷变量：3 种有机形式（惰性有机磷、不稳定性有机磷和溶解性有机磷）和 1 种无机形式代表水相中溶解性和颗粒态磷的总和，但是不包括藻类细胞中的磷。

（1）颗粒态有机磷

对惰性和不稳定性颗粒有机磷，模型中的源和汇是：藻类代谢和排泄、颗粒态有机磷分解、沉淀和外源负荷。惰性和不稳定性颗粒有机磷的动力学方程为

$$\frac{\partial RPOP}{\partial t}=\sum_{x=c,d,g,m}(FPR_x\cdot BM_x+FPRP_x\cdot PR_x)\cdot APC_x\cdot B_x$$
$$-K_{RPOP}\cdot RPOP+\frac{\partial}{\partial Z}(WS_{RP}\cdot RPOP)+\frac{W_{RPOP}}{V} \quad (6\text{-}14)$$

$$\frac{\partial LPOP}{\partial t}=\sum_{x=c,d,g,m}(FPL_x\cdot BM_x+FPLP_x\cdot PR_x)\cdot APC_x\cdot B_x$$
$$-K_{LPOP}\cdot LPOP+\frac{\partial}{\partial Z}(WS_{LP}\cdot LPOP)+\frac{W_{LPOP}}{V} \quad (6\text{-}15)$$

式中，RPOP 为惰性颗粒有机磷浓度（g P/m^3）；LPOP 为不稳定性颗粒有机磷浓度（g P/m^3）；FPR_x为藻类的新陈代谢产生的惰性颗粒有机磷分数；FPL_x为藻类的新陈代谢产生的不稳定性颗粒有机磷分数；FPRP 为某种藻类（x）捕食惰性颗粒有机磷产生分数；FPLP 为捕食不稳定性颗粒有机磷产生分数；APC_x 为某种藻类（x）的 P/c 比（g P/g C）；K_{RPOP}为惰性颗粒有机磷水解率（d^{-1}）；K_{LPOP}为不稳定性颗粒有机磷水解率（d^{-1}）；W_{RPOP}为惰性颗粒有机磷外源负荷（g P/d）；W_{LPOP}为不稳定性颗粒有机磷外源负荷（g P/d）；c，d，g，m 分别为蓝藻、硅藻、绿藻和大型藻类。

（2）溶解性有机磷

模型中包含的溶解性有机磷源和汇包括：藻类代谢和排泄、惰性和不稳定性有机磷分解、矿化为磷酸盐、外源负荷。描述这一过程的动力学方程为

$$\frac{\partial DOP}{\partial t} = \sum_{x=c,\ d,\ g,\ m} (FPD_x \cdot BM_x + FPDP_x \cdot PR_x) \cdot APC_x \cdot B_x + K_{RPOP} \cdot RPOP + K_{LPOP} \cdot LPOP - K_{DOP} \cdot DOP + \frac{W_{DOP}}{V} \tag{6-16}$$

式中，DOP 为溶解性有机磷浓度（g P/m^3）；FPD_x为经某种藻类（x）新陈代谢产生的溶解性有机磷分数；$FPDP_x$为某种藻类（x）捕食溶解性有机磷产生分数；K_{DOP}为溶解性有机磷矿化速率（d^{-1}）；W_{DOP}为溶解性有机磷外源负荷（g P/m^3）；c，d，g，m 分别为蓝藻、硅藻、绿藻和大型藻类。

（3）总磷酸盐

总磷酸盐包括水相中溶解和吸附的磷，模型中包括的源和汇为：藻类基础代谢、捕食和摄入；溶解性有机磷的矿化；吸附磷的沉积；底层沉积物与溶解性磷酸盐的交换；外源负荷。用动力学方程描述这些过程：

$$\frac{\partial}{\partial t}(PO_{4p} + PO_{4d}) = \sum_{x=c,\ d,\ g,\ m} (FPI_x \cdot BM_x + FPIP_x \cdot PR_x - P_x) \cdot APC_x \cdot B_x + K_{DOP} \cdot DOP + \frac{\partial}{\partial Z}(WS_{TSS} \cdot PO_{4p}) + \frac{BF_{PO_{4d}}}{\Delta Z} + \frac{W_{PO_{4p}}}{V} + \frac{W_{PO_{4d}}}{V} \tag{6-17}$$

式中，$PO_{4p}+PO_{4d}$为总磷酸盐浓度（g P/m^3）；PO_{4d}为溶解性磷酸盐浓度（g P/m^3）；PO_{4p}为颗粒性（吸附）磷酸盐浓度（g P/m^3）；FPI_x为经某种藻类（x）新陈代谢产生的无机磷分数；FPIP 为捕食无机磷产生分数；WS_{TSS}为悬浮固体沉降速度（m/d），由水力模型提供；$BF_{PO_{4d}}$为磷酸盐沉积物-水交换系数 [g P/(m^2 · d)]，仅存在于底层；$W_{PO_{4p}}+W_{PO_{4d}}$为总磷酸盐外源负荷（g P/d）；c，d，g，m 分别为蓝藻、硅藻、绿藻和大型藻类。

6.2 模型输入条件与参数设置

6.2.1 枯水年（2006 年）

初始条件是模型模拟的起点。在本研究中，枯水年鄱阳湖水动力水质模型的模拟期从

2006 年 1 月 1 日到 2006 年 12 月 31 日，全面收集了表征流入营养负荷和湖泊水质变化的数据，因此在 2006 年初收集的数据基础上确定初始条件。首先确定 2006 年 1 月 1 日监测到的水位为初始水位；选择 2006 年 1 月 1 日获得的水温及水质数据空间插值结果作为鄱阳湖水质的初始条件数据；3 个速度向量按水动力学常规初始化为 0.0m/s。

模型的边界条件是施加到模型系统上的外部驱动力。水平边界条件包括入湖支流的流量及相关的温度和水质成分。水平边界条件的空间表示由模型网格中支流入湖口测定的地理坐标点所决定。鄱阳湖有南部五条主要入湖河流，包括赣江、信江、饶河、抚河、修水，及支流西河、博阳河从三面汇入（图 6-2）。鄱阳湖北部流入长江，设定鄱阳湖与长江的连接处湖口为开边界，给定长江水位及水质的时间序列，以量化表达鄱阳湖和长江水流的交换。表面边界条件为与时间相关的气象条件，包括太阳辐射、风速和风向、降水、蒸发、气温、气压、相对湿度、云量等，将从气象站获得的每小时的天气数据处理成与 IWIND 格式兼容的大气边界条件。

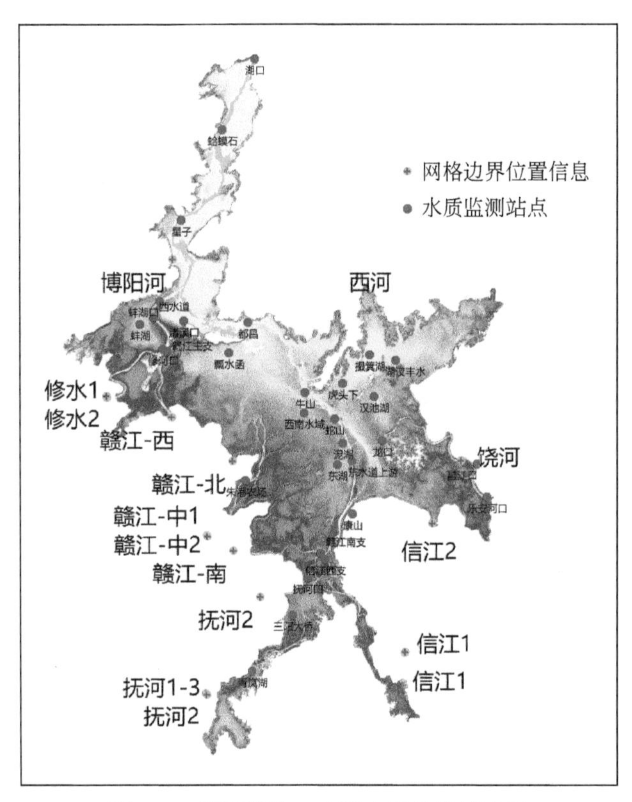

图 6-2　鄱阳湖出、入湖支流位置示意图

6.2.2　平水年（2015 年）

平水年鄱阳湖模型的模拟期从 2015 年 1 月 1 日到 2015 年 12 月 31 日，全面收集了表征流入营养负荷和湖泊水质变化的数据，因此在 2015 年初收集的数据基础上确定初始条件。首先确定 2015 年 1 月 1 日监测到的水位为初始水位；选择 2015 年 1 月 1 日获

得的水温及水质数据空间插值结果作为鄱阳湖水质的初始条件数据；3个速度向量按水动力学常规初始化为0.0m/s。

平水年模型的边界条件设置与枯水年相同。水平边界条件包括入湖支流的流量及相关的温度和水质成分。水平边界条件的空间表示由模型网格中支流入湖口测定的地理坐标点所决定。鄱阳湖有南部五条主要入湖河流，2015年赣江流量最大，信江次之，且呈现较强的季节性变化，高流量主要集中在5~8月。鄱阳湖北部流入长江，设定鄱阳湖与长江的连接处湖口为开边界，给定长江水位及水质的时间序列，以量化表达鄱阳湖和长江水流的交换。表面边界条件为与时间相关的气象条件，包括太阳辐射、风速和风向、降水、蒸发、气温、气压、相对湿度、云量等，将从气象站获得的每小时的天气数据处理成与IWIND格式兼容的大气边界条件。

6.2.3 丰水年（2016年）

丰水年的模拟期从2016年1月1日到2016年12月31日，全面收集了表征流入营养负荷和湖泊水质变化的数据，因此在2016年初收集的数据基础上确定初始条件。首先确定2016年1月1日监测到的水位为初始水位；选择2016年1月1日获得的水温及水质数据空间插值结果作为鄱阳湖水质的初始条件数据；3个速度向量按水动力学常规初始化为0.0m/s。

丰水年模型的边界条件设置与枯水年、平水年相同。水平边界条件包括入湖支流的流量及相关的温度和水质成分。水平边界条件的空间表示由模型网格中支流入湖口测定的地理坐标点所决定。鄱阳湖有南部五条主要入湖河流，包括赣江、信江、饶河、抚河、修水，及支流西河、博阳河从三面汇入。鄱阳湖北部流入长江，设定鄱阳湖与长江的连接处湖口为开边界，给定长江水位及水质的时间序列，以量化表达鄱阳湖和长江水流的交换。表面边界条件为与时间相关的气象条件，包括太阳辐射、风速和风向、降水、蒸发、气温、气压、相对湿度、云量等，将从气象站获得的每小时的天气数据处理成与IWIND格式兼容的大气边界条件。

6.3 模型的校准与验证

本节研究基于鄱阳湖流域地形、气象、水系水文水质数据，利用鄱阳湖水动力水质模拟系统，对三个典型年份水动力水质进行校准和验证，其中2015年平水年进行模拟校准，并对2016年丰水年和2006年枯水年进行验证。

6.3.1 平水年（2015年）模型校准

鄱阳湖的水质模型，考虑了水体与大气热交换、与底泥热传导，营养盐模拟过程，同时考虑了氮磷污染物进入鄱阳湖后的迁移转化，水体与底泥间的交换及碳、氮、磷循环及营养盐与溶解氧交互作用动力学等过程。模拟的水质指标包括水温、溶解氧、总氮、总磷、氨氮、硝态氮、正磷酸盐等。鄱阳湖水质模拟校准的主要指标为水温、DO、TN、TP、NH_3-N

和 PO_4^{2-}，包括16个监测点位（图6-3），即东湖、撮箕湖、蛤蟆石、都昌、杨柳津河口、星子、虎头下、康山、东水道上游、牛山、湖汊丰水、渚溪口、蛇山、西水道、龙口、泥湖。在本研究中，水质模拟和校准的目的在于通过模型参数的估值实现水质模型的本地化来捕捉鄱阳湖关键的水质动力学过程。水质模型的校准过程是一个反复迭代的过程，需要对其中的关键模型参数进行调整，并且要将模型模拟值与水质实测数据进行对比。

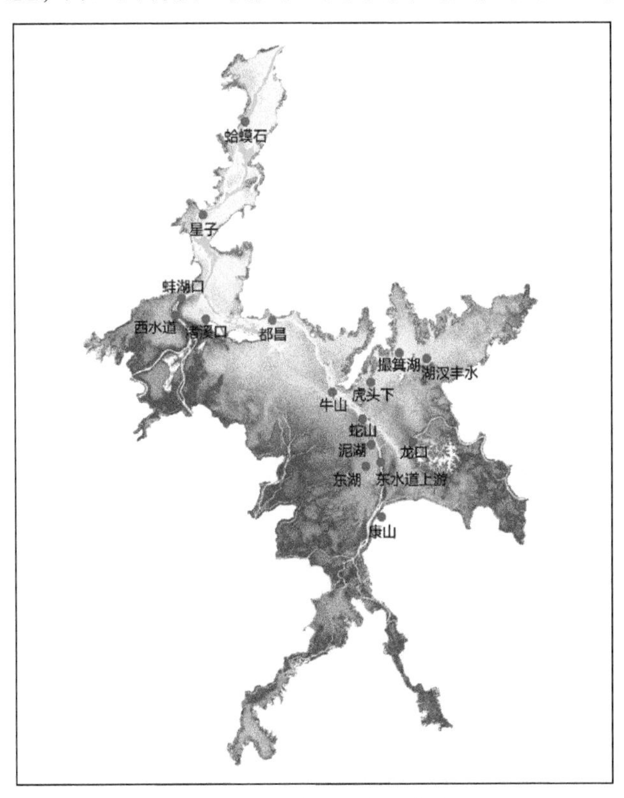

图6-3　水质监测点位分布

对于淡水湖泊的水动力模型，水温常常是模型中最重要的一个校准参数，这是因为一个模型如果可以再现观测到的温度，一般可视为已很好地体现了流体动力学的物理过程和热量平衡。此外，良好的温度校准是合理校准一个水质模型所必需的条件，因为几乎所有主要的水质动力学过程都与温度相关。2015年鄱阳湖水温校准结果如图6-4所示。显然，该模型准确模拟了水温的季节趋势在时间和空间上的差异性，真实地再现了耦合的水动力和热力学过程而形成的湖水自然物理状况，表明开发的鄱阳湖水动力模型是对全湖的可靠的数字化表达，为进一步模拟水质营养盐动力学过程奠定了良好的基础。

2015年鄱阳湖水质营养盐校准结果如图6-5所示。湖区内多个站点总氮模拟，可以合理地再现总氮在不同湖区观测的动态变化趋势，尤其是一些重点区域的动态捕捉。总氮和总磷的个别湖区精细化模拟，需要高分辨率监测数据支撑。2015年水质多指标不同组分的校准；湖区内多个监测站点水温、溶解氧、氮磷营养盐的模拟值可以合理地再现不同湖区的季节性的动态变化趋势；可以模拟出水温、总氮、总磷、氨氮、硝态氮、正磷酸盐等指标在枯水期、丰水期的空间分布，可以为其他模块提供水质的空间分布信息。

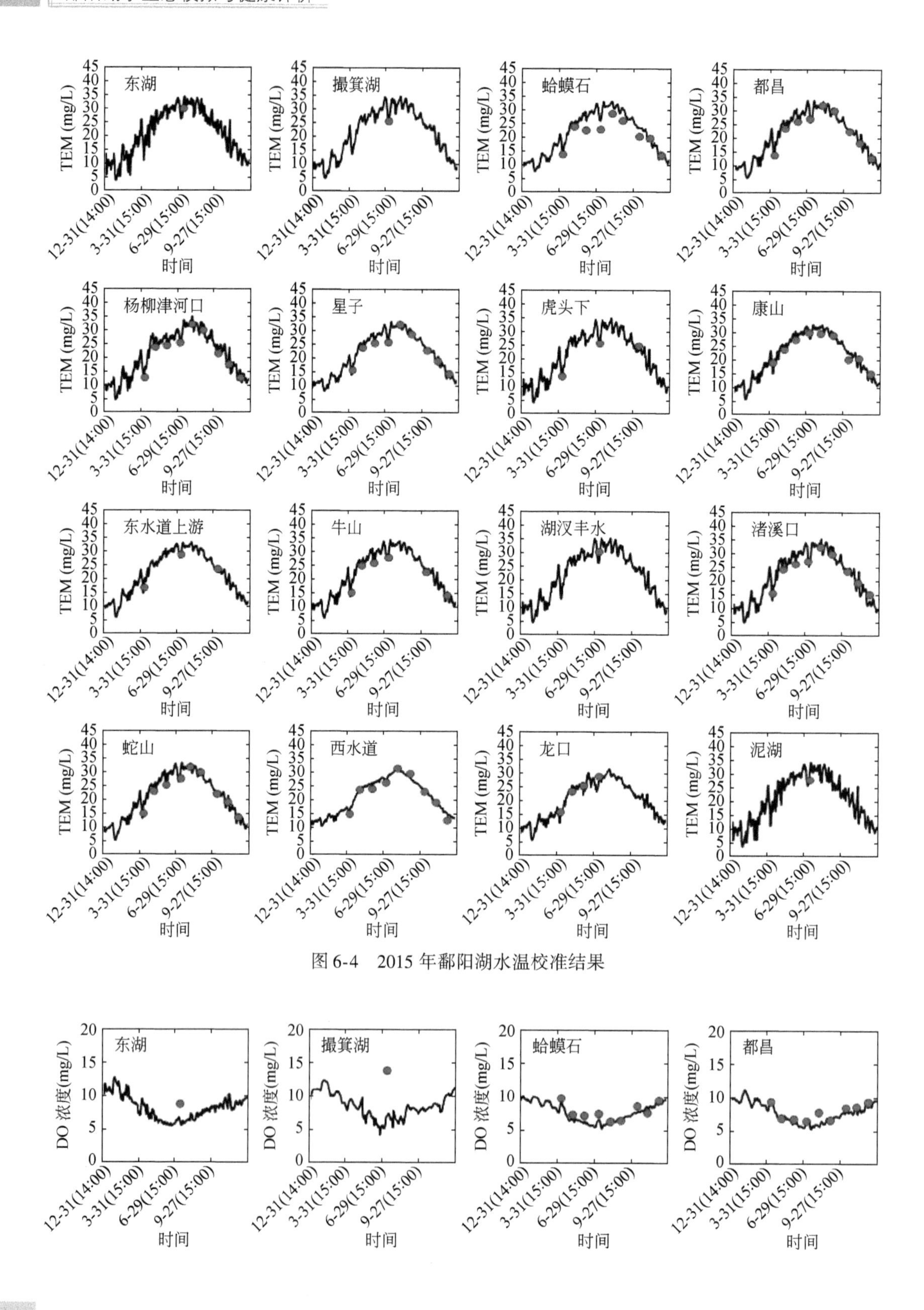

图 6-4　2015 年鄱阳湖水温校准结果

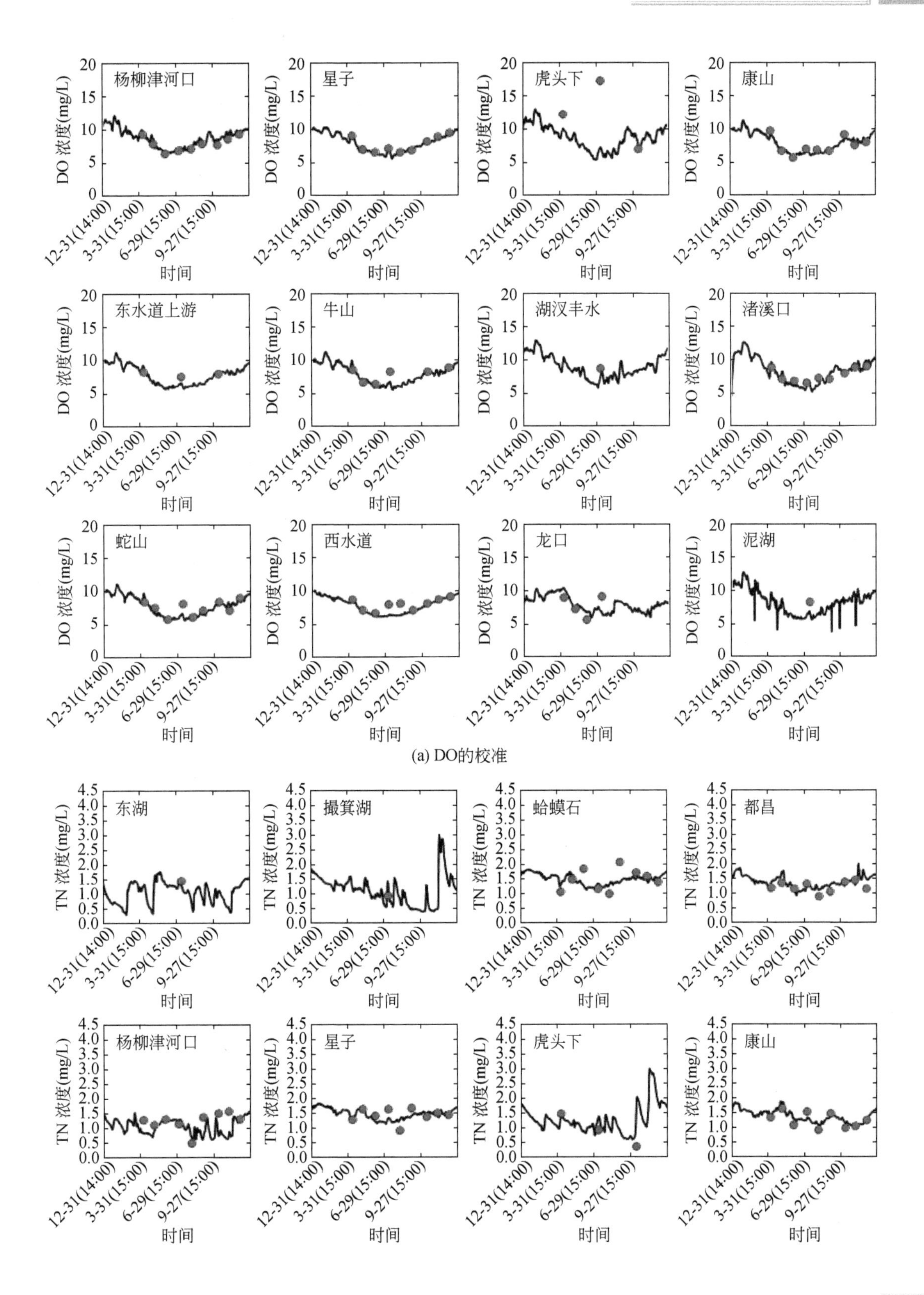
杨柳津河口
星子
虎头下
康山
东水道上游
牛山
湖汊丰水
渚溪口
蛇山
西水道
龙口
泥湖
DO 浓度(mg/L)
时间
12-31(14:00)
3-31(15:00)
6-29(15:00)
9-27(15:00)
(a) DO的校准
东湖
撮箕湖
蛤蟆石
都昌
杨柳津河口
星子
虎头下
康山
TN 浓度(mg/L)
时间

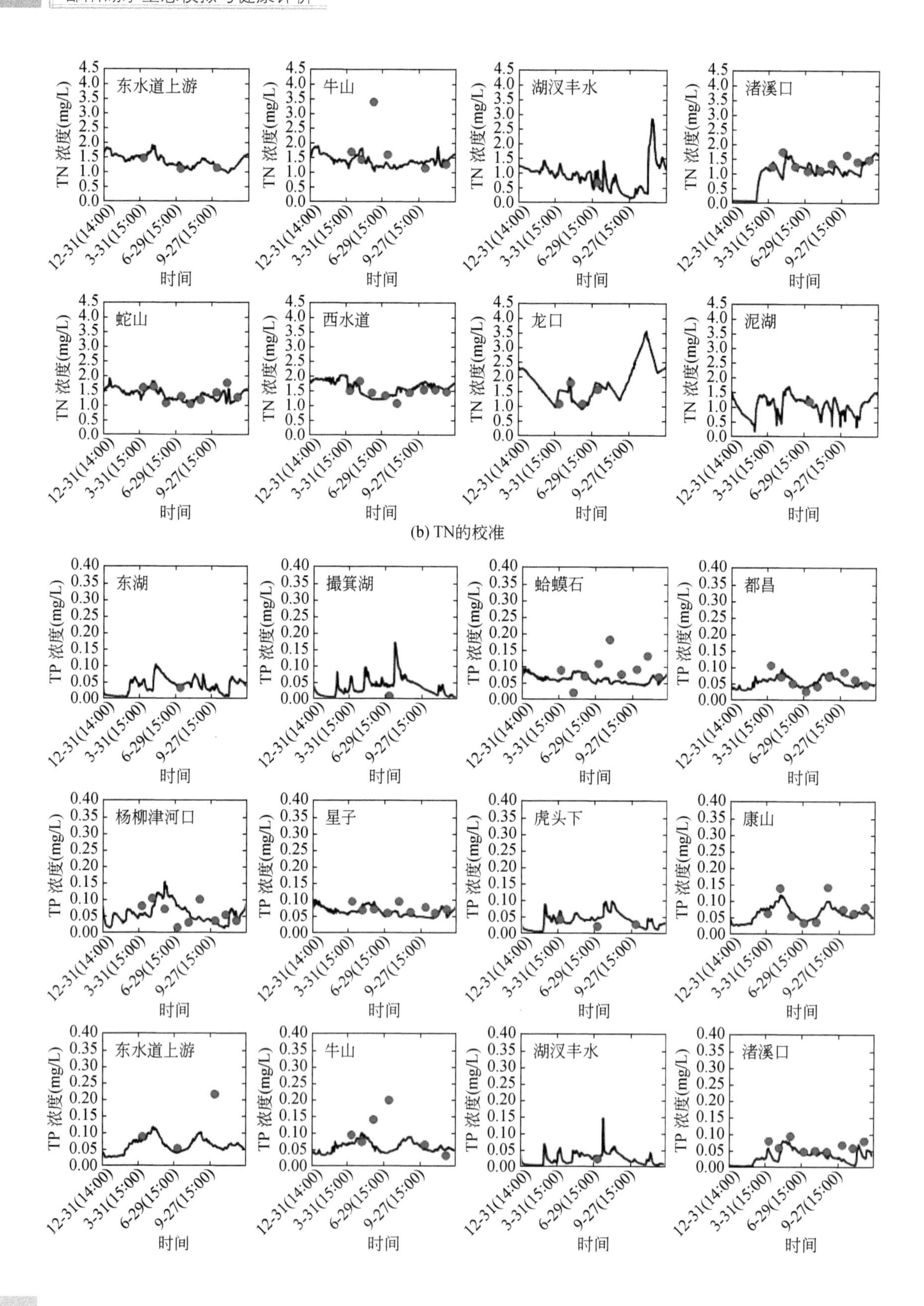
东水道上游
牛山
湖汉丰水
渚溪口
蛇山
西水道
龙口
泥湖
TN 浓度(mg/L)
时间
12-31(14:00)
3-31(15:00)
6-29(15:00)
9-27(15:00)
东湖
撮箕湖
蛤蟆石
都昌
杨柳津河口
星子
虎头下
康山
东水道上游
牛山
湖汉丰水
渚溪口
TP 浓度(mg/L)

(b) TN的校准

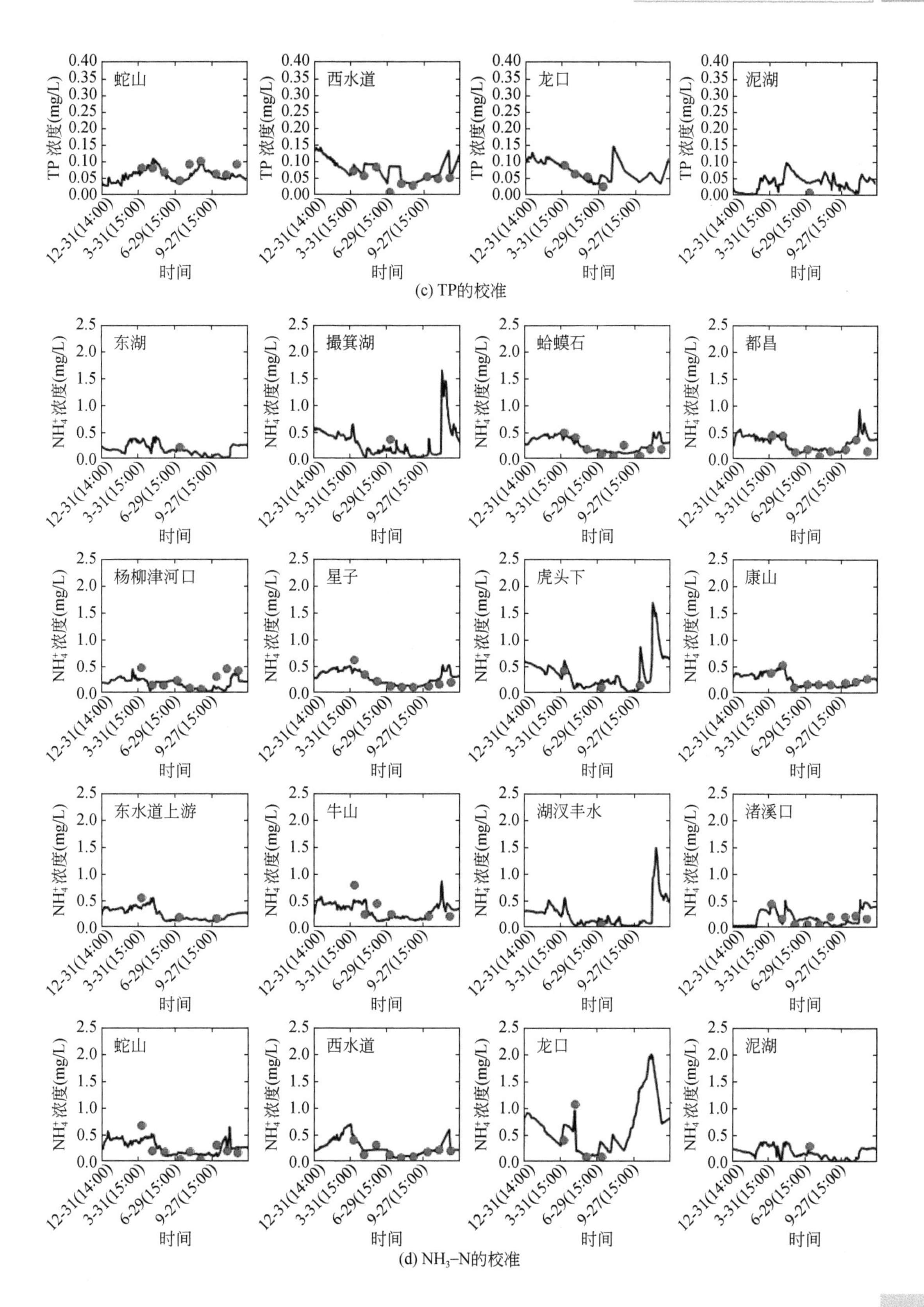

(c) TP的校准

(d) NH_3-N的校准

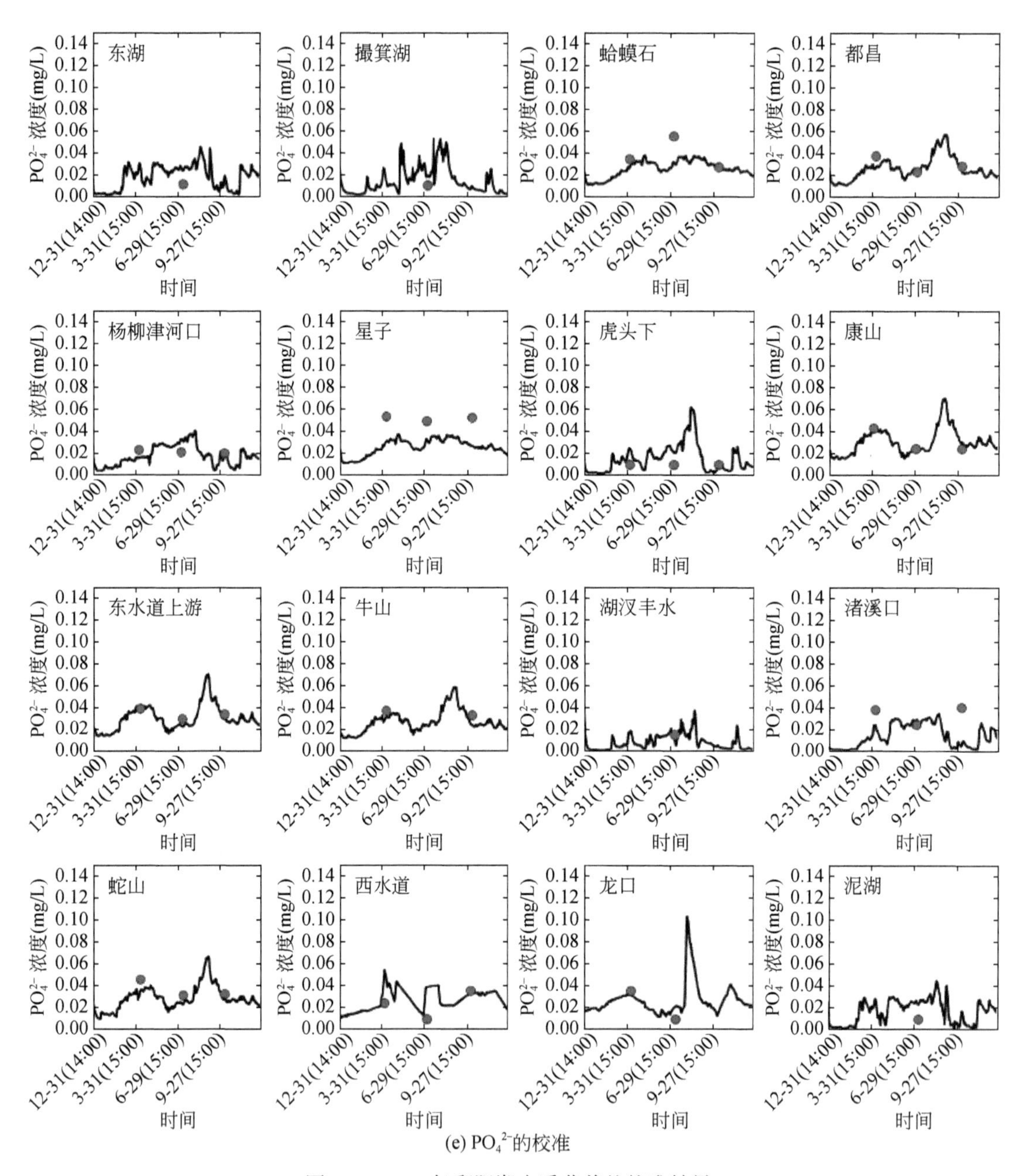

(e) PO_4^{2-}的校准

图 6-5　2015 年鄱阳湖水质营养盐校准结果

6.3.2　枯水年（2006 年）模型验证

图 6-6 为 2006 年鄱阳湖水温验证结果，可见，模型准确模拟了有限的水温数据在时间和空间上的差异性，水温的模拟结果匹配，为进一步模拟水质营养盐动力学过程奠定了良好的基础。

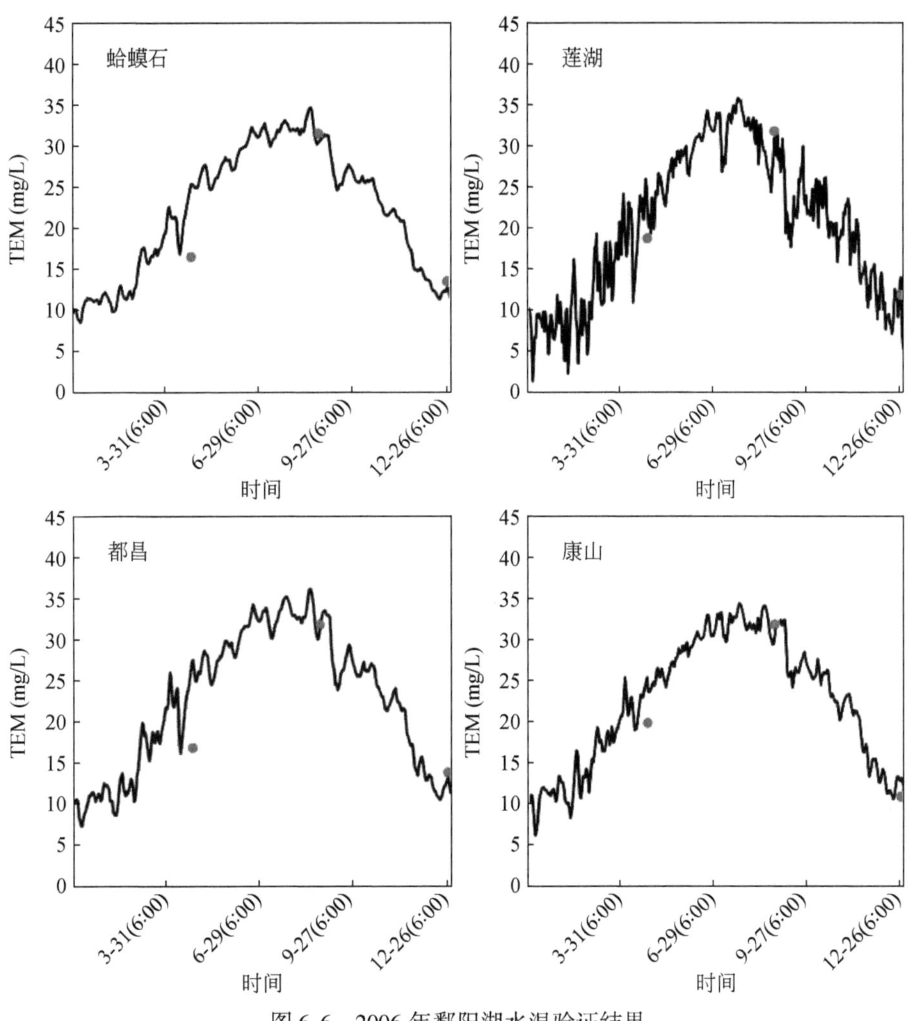

图 6-6 2006 年鄱阳湖水温验证结果

将经过参数校准率定的 2015 年平水年的鄱阳湖水质与水生态模型参数应用在 2006 年枯水年，进行进一步的水质模型验证。2006 年鄱阳湖水质验证结果如图 6-7 所示，根据实测数据选择验证指标为水温、DO、TN、TP、NH_3-N，可见，模拟结果较好地吻合了水质观测数据的变化趋势，个别时间、个别站点差异较大可能是由于局部的污染源动态变化特征很难在模型中表达。

6.3.3 丰水年（2016 年）模型验证

图 6-8 为 5 个监测点位的水温验证结果，可见模型准确模拟了水温的季节趋势和空间上的差异性，水温的模拟结果匹配，为进一步模拟水质营养盐动力学过程奠定了良好的基础。

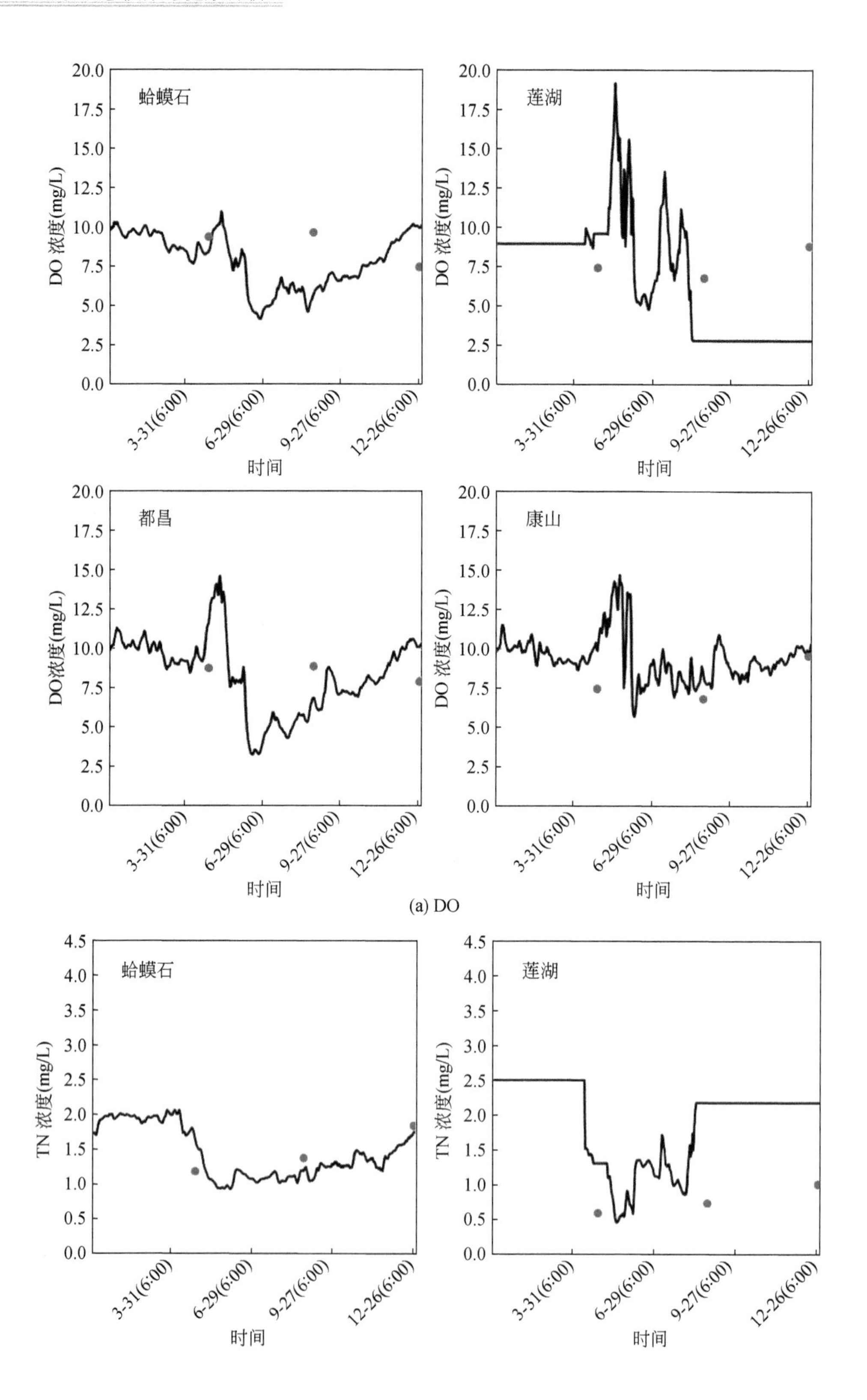
蛤蟆石
莲湖
都昌
康山
DO 浓度(mg/L)
TN 浓度(mg/L)
时间
3-31(6:00)
6-29(6:00)
9-27(6:00)
12-26(6:00)
(a) DO

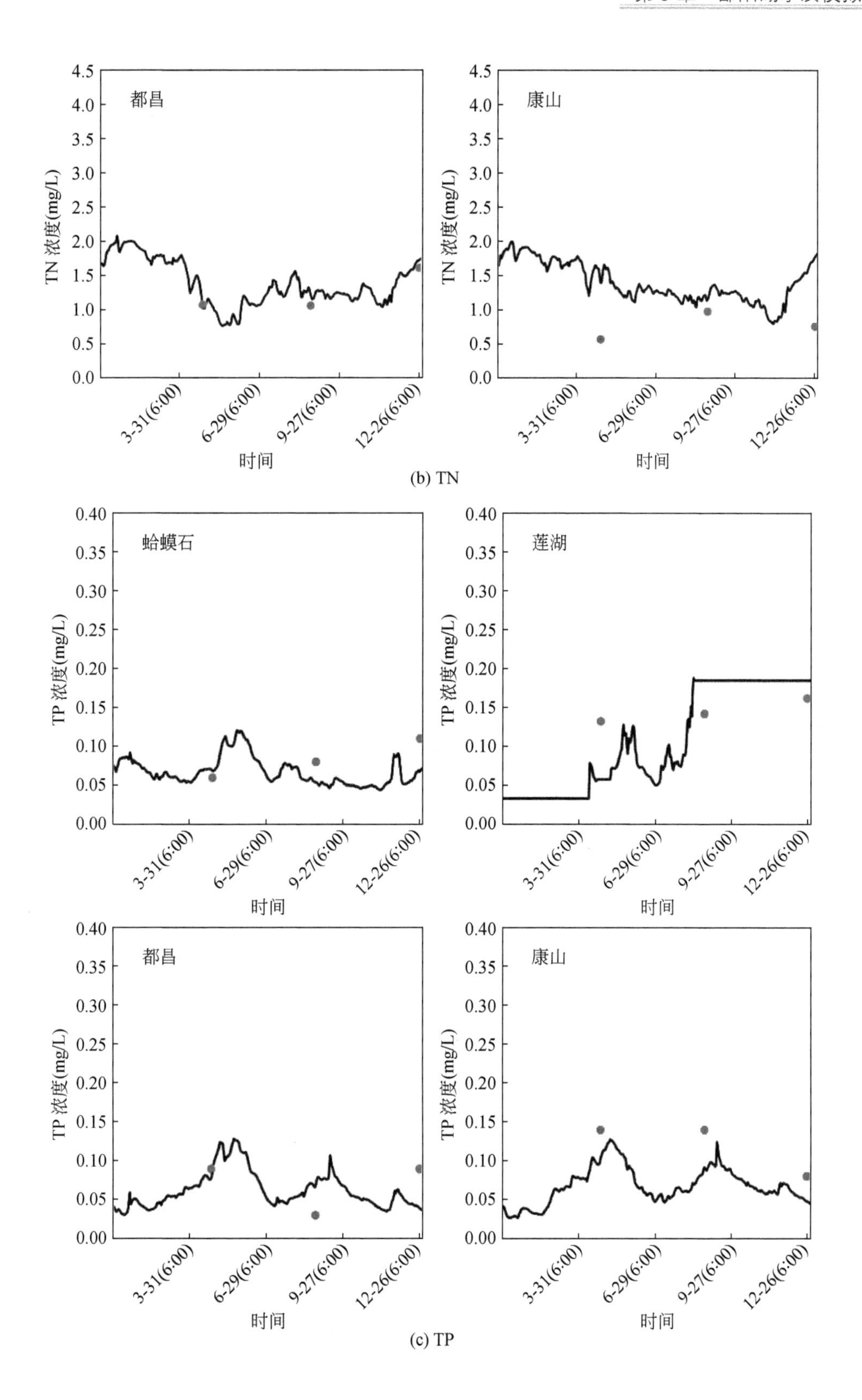

都昌
康山
TN 浓度(mg/L)
4.5
4.0
3.5
3.0
2.5
2.0
1.5
1.0
0.5
0.0
3-31(6:00)
6-29(6:00)
9-27(6:00)
12-26(6:00)
时间
蛤蟆石
莲湖
都昌
康山
TP 浓度(mg/L)
0.40
0.35
0.30
0.25
0.20
0.15
0.10
0.05
0.00

(b) TN

(c) TP

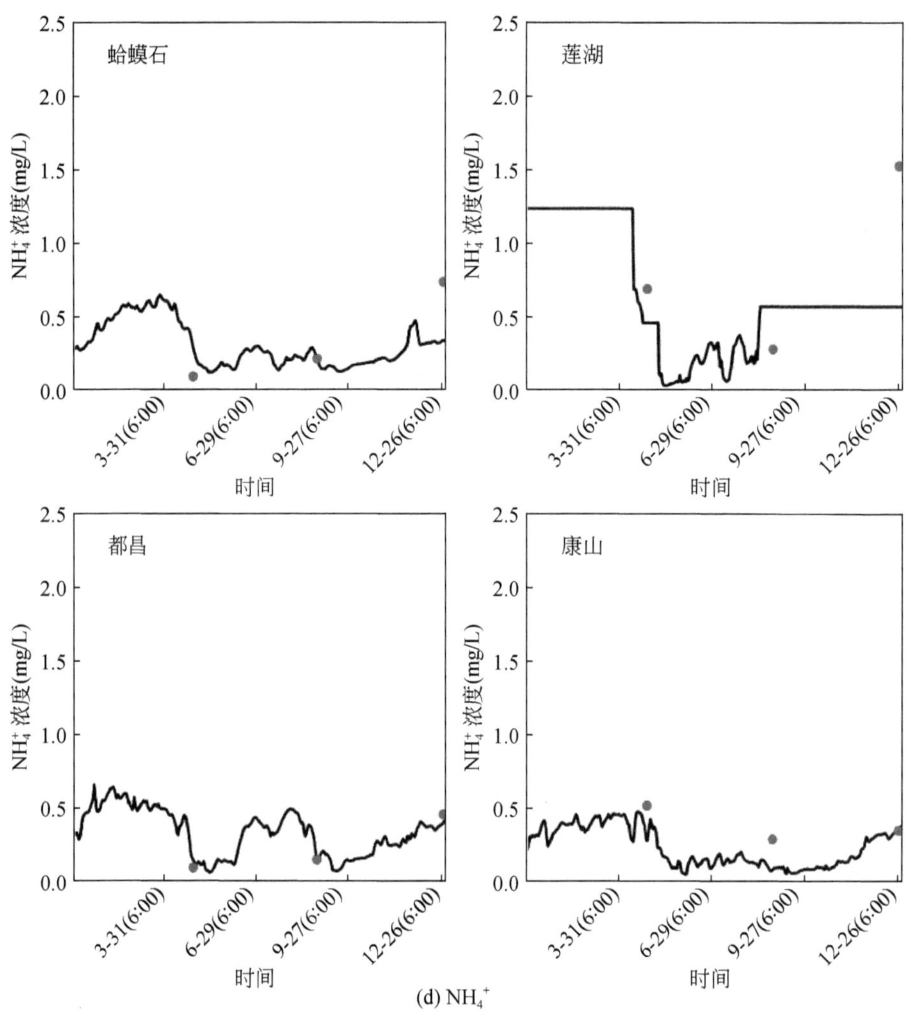

(d) NH_4^+

图 6-7　2006 年鄱阳湖水质验证结果

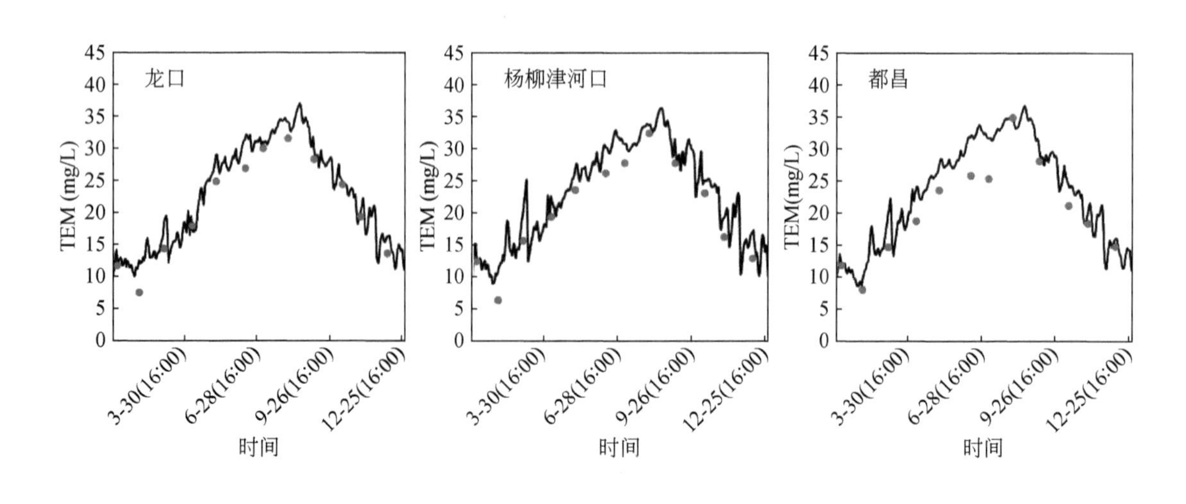

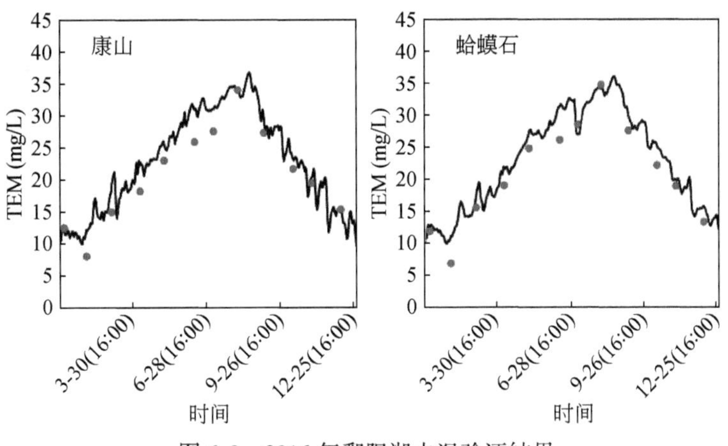

图6-8 2016年鄱阳湖水温验证结果

将经过参数校准率定的2015年平水年的鄱阳湖水质与水生态模型参数应用在2016年丰水年，进行进一步的水质模拟验证。2016年鄱阳湖水质验证结果如图6-9所示，根据实测数据选择验证指标为水温、DO、TP与NH_4^+，可见，模拟结果较好地吻合了水质的时间变化趋势与空间差异。

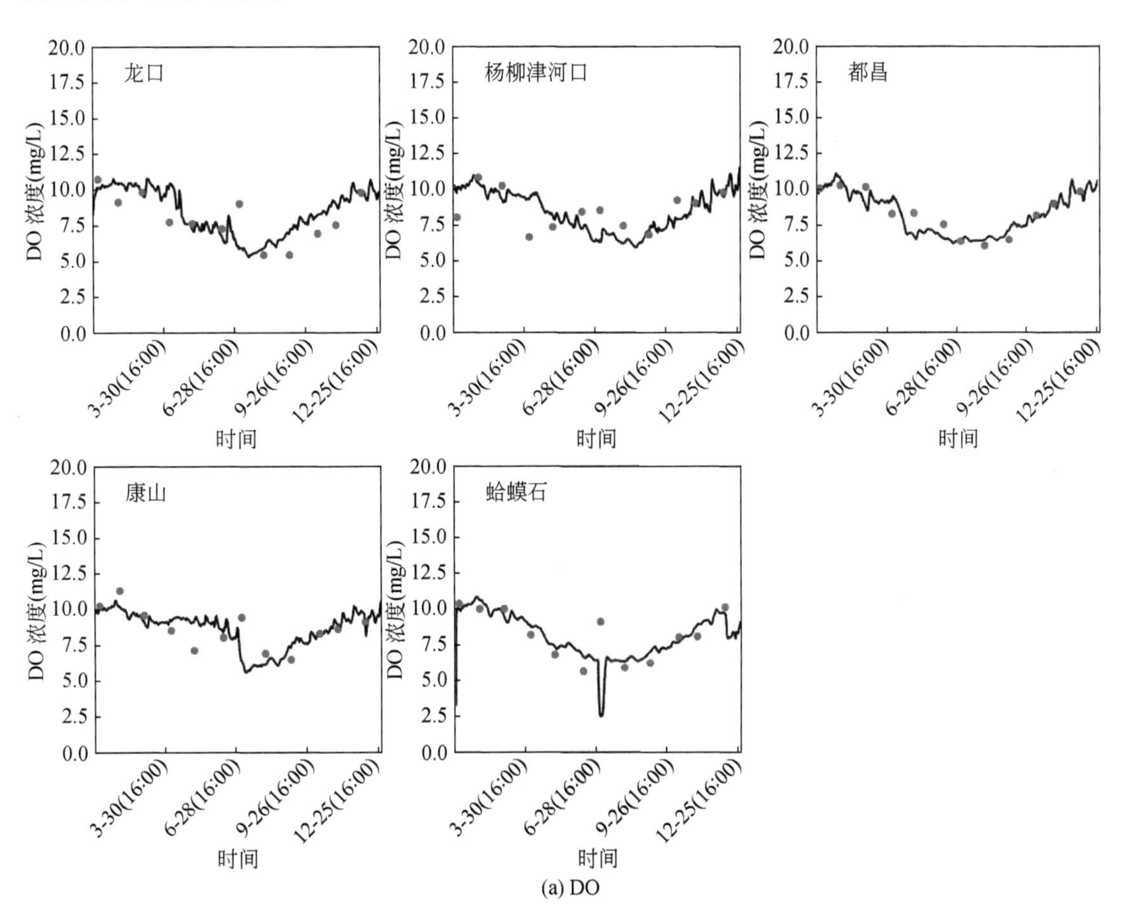

(a) DO

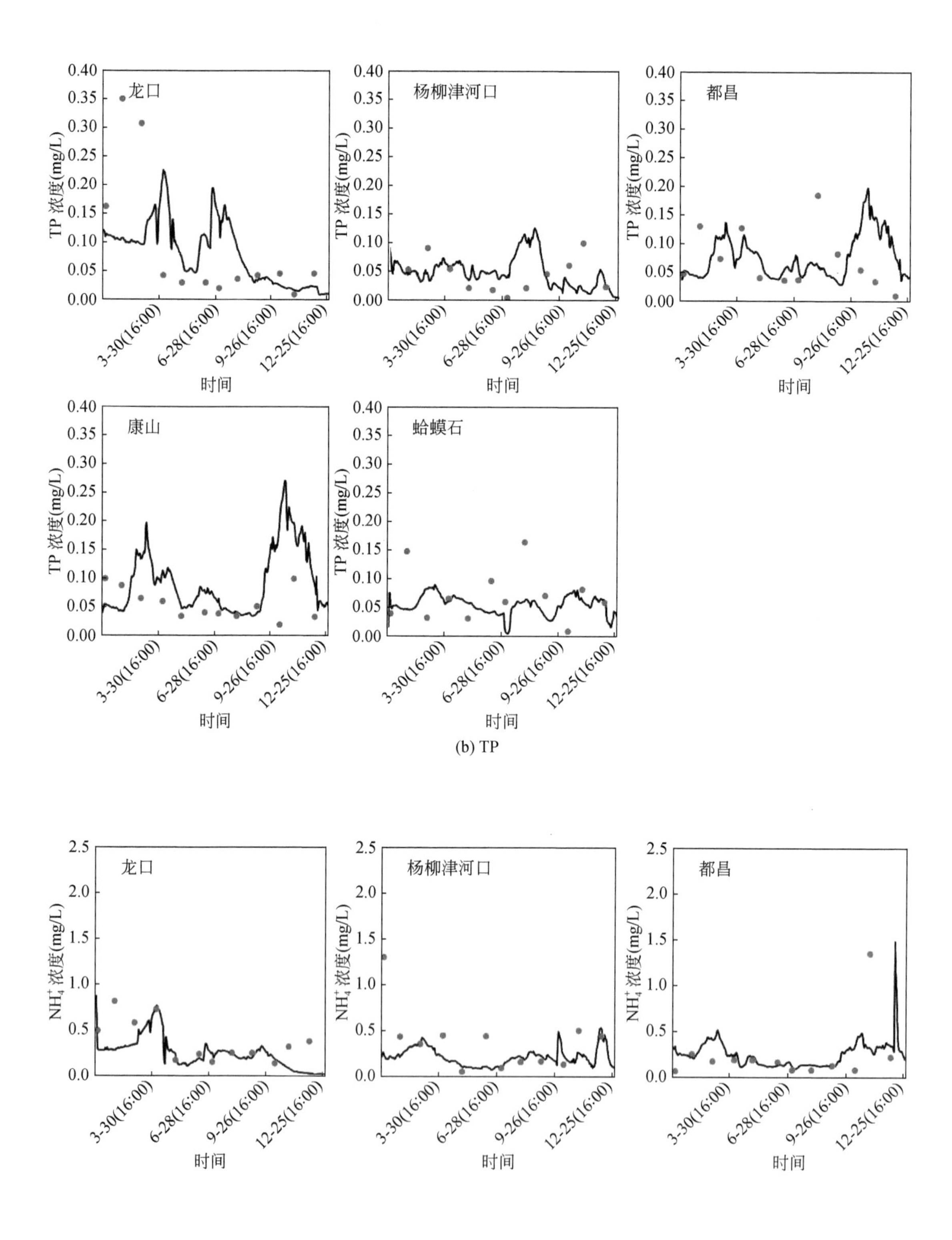
龙口
杨柳津河口
都昌
康山
蛤蟆石
TP 浓度(mg/L)
0.40
0.35
0.30
0.25
0.20
0.15
0.10
0.05
0.00
3-30(16:00)
6-28(16:00)
9-26(16:00)
12-25(16:00)
时间
(b) TP
NH$_4^+$浓度(mg/L)
2.5
2.0
1.5
1.0
0.5
0.0

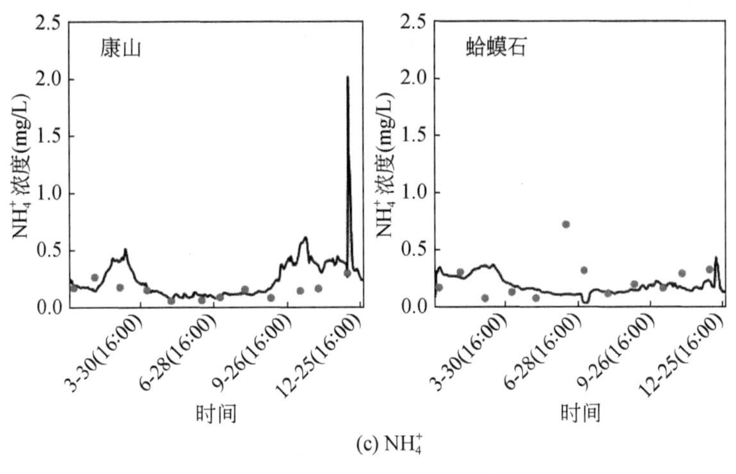

(c) NH_4^+

图6-9 2016年水质验证结果

6.4 水利枢纽工程建设对典型年水质的影响

6.4.1 水利枢纽工程建设对平水年（2015年）水质的影响

由表6-2可知，与水利枢纽工程建成前相比，水利枢纽工程建成后全年 PO_4^{2-}、TP、NH_4^+、NO_3^- 与TN的全湖均值浓度的变化比例均不足3.0%。但需要注意的是，此处计算的为所有湿网格的均值，闸坝建成后水体淹没面积增加 102.97km^2，而网格数量的差异会导致计算的均值在水利枢纽工程建设前后不具有绝对的可比性。

表6-2 水利枢纽工程建设前后全年水质变化情况

项目		PO_4^{2-}浓度（mg/L）	NH_4^+浓度（mg/L）	NO_3^-浓度（mg/L）	TP浓度（mg/L）	TN浓度（mg/L）
均值	工程前	0.020	0.33	0.61	0.05	1.24
	工程后	0.020	0.32	0.63	0.05	1.25
最小值	工程前	0.003	0.04	0.00	0.01	0.32
	工程后	0.003	0.04	0.01	0.01	0.41
最大值	工程前	0.041	0.92	1.12	0.10	2.23
	工程后	0.040	0.86	1.13	0.10	2.17
均值变化比（%）		-1.01	-1.93	2.33	-0.72	0.88

注：比例正值表示水利枢纽工程建设后水质指标值增加，负值表示水利枢纽工程建设后水质指标值减少

1. 水利枢纽工程建设前后重点区域全年的水质变化

将鄱阳湖水位按照水利枢纽工程要求进行调控后，需进一步评估水利枢纽工程带来的水质、水生态响应。由图6-10看出，PO_4^{2-} 浓度对水利枢纽工程的时间响应主要体现在9～10月，工程蓄水可以有效降低某些点位此时间段内的 PO_4^{2-} 浓度，如蛤蟆石、都昌、星子、

牛山，但也会导致某些点位 PO_4^{2-} 浓度升高，如撮箕湖、虎头下、杨柳津河口、湖汉丰水，其他点位 PO_4^{2-} 浓度对水利枢纽工程无响应（图 6-10）。除龙口站建闸前后 NH_4^+ 的浓度（图 6-11）差异主要集中在 9 ~ 10 月外，其他点位建闸前后差异主要体现在 1 ~ 3 月，有些点位建闸后 NH_4^+ 浓度升高，如撮箕湖、虎头下、湖汉丰水、泥湖，其他点位则导致1 ~ 3 月的 NH_4^+ 浓度下降。NO_3^- 浓度（图 6-12）对水利枢纽工程的时间响应同样体现在9 ~ 10 月，除撮箕湖、杨柳津河口、湖汉丰水、渚溪口、泥湖处建闸后 NO_3^- 浓度有所升高外，其他点位处浓度有所下降或变化不明显。有些点位建闸前后 TN 浓度（图 6-13）差异主要体现在 1 ~ 3 月，如撮箕湖、虎头下，有些主要体现在 9 ~ 10 月，如东水道、蛇山龙口、泥湖、三江口，其他点位同时体现在 1 ~ 3 月与 9 ~ 10 月。除湖汉丰水和龙口站建闸后 9 月 TP 浓度略有升高外，其他位置处浓度有所下降或保持不变（图 6-14）。

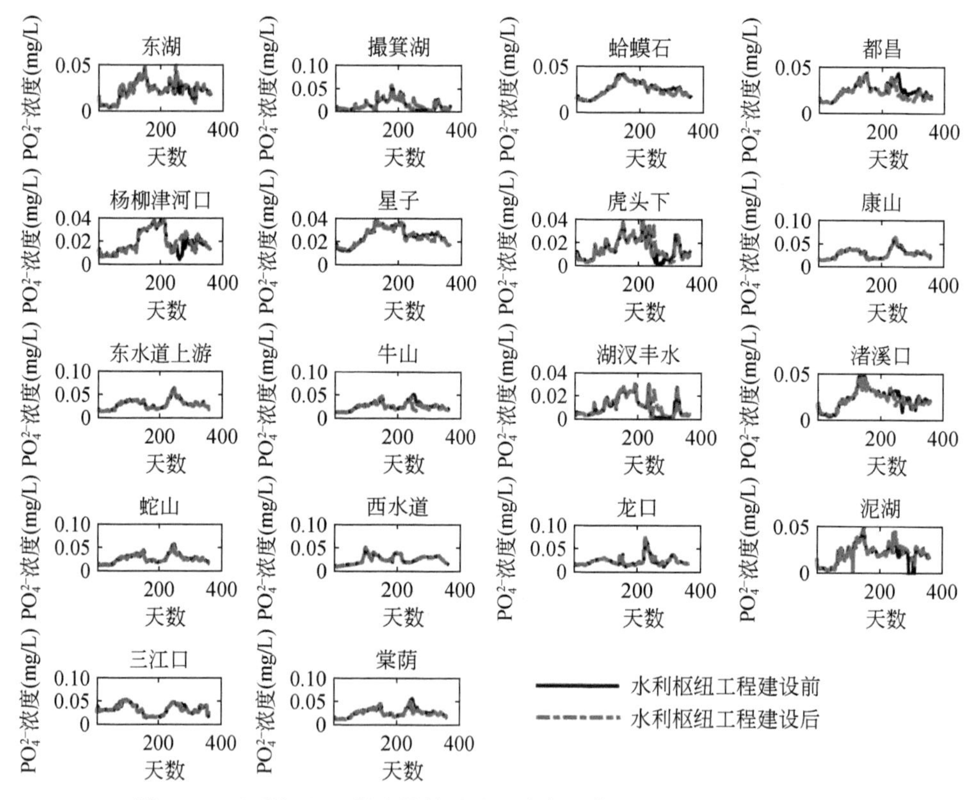

图 6-10　水利枢纽工程建设前后重要站点 PO_4^{2-} 时间响应（2015 年）

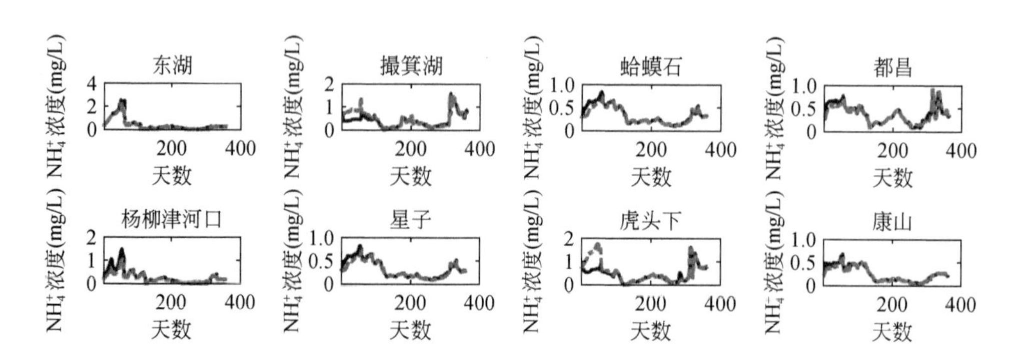

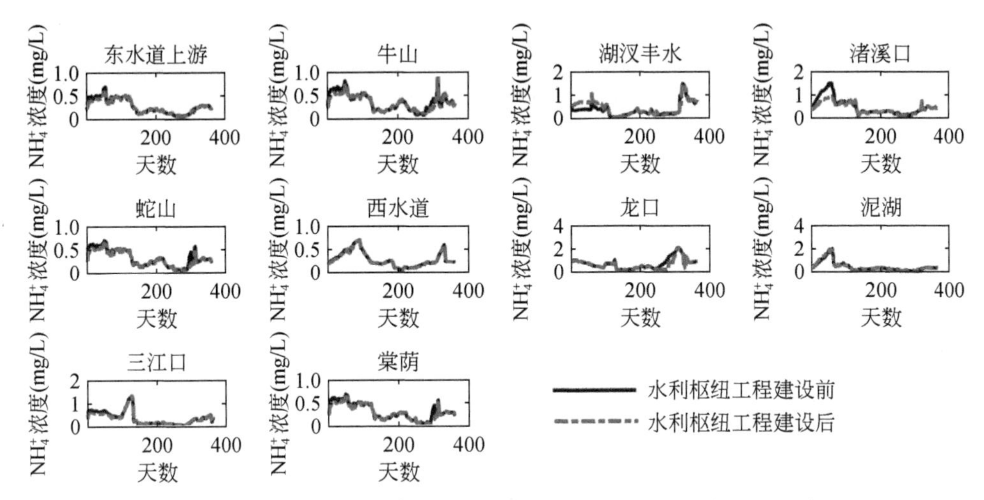

图 6-11 水利枢纽工程建设前后重要站点 NH_4^+ 时间响应（2015 年）

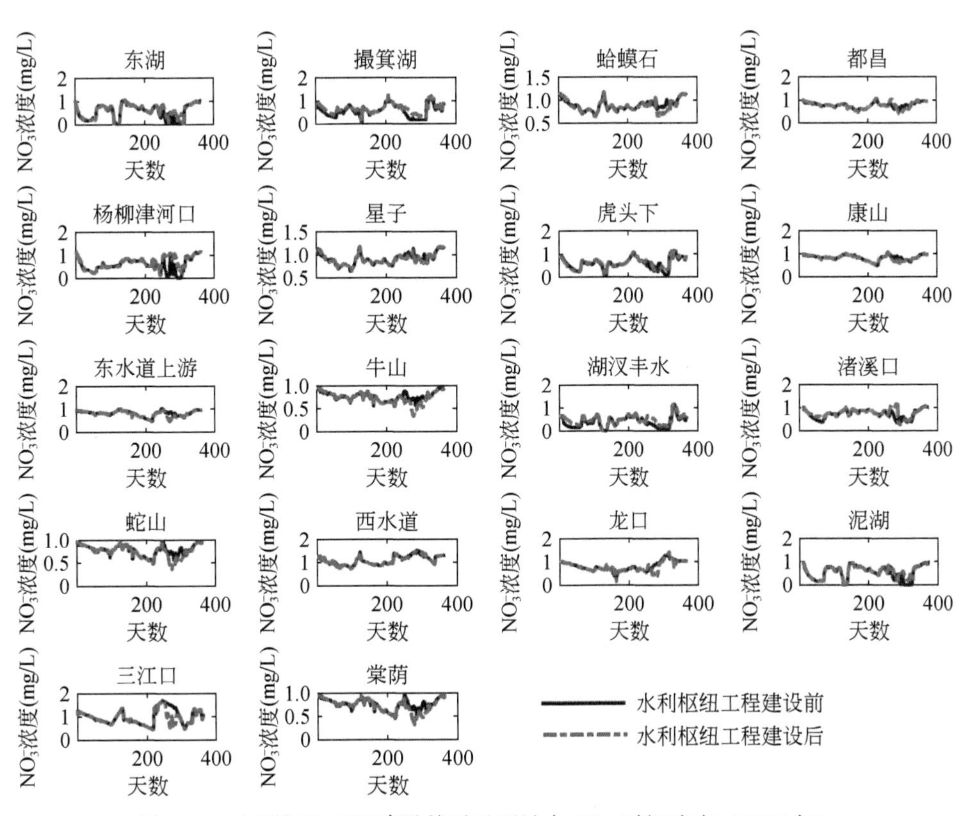

图 6-12 水利枢纽工程建设前后重要站点 NO_3^- 时间响应（2015 年）

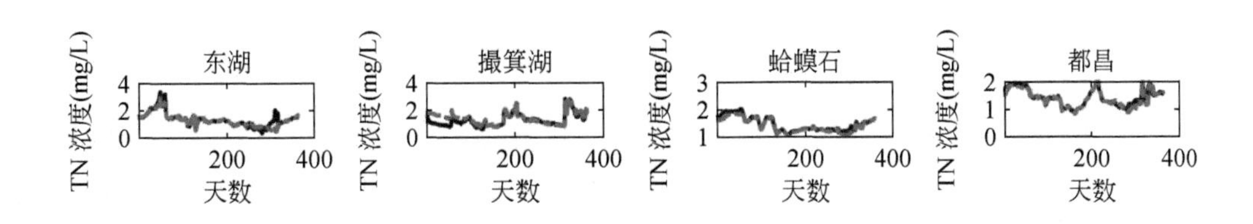

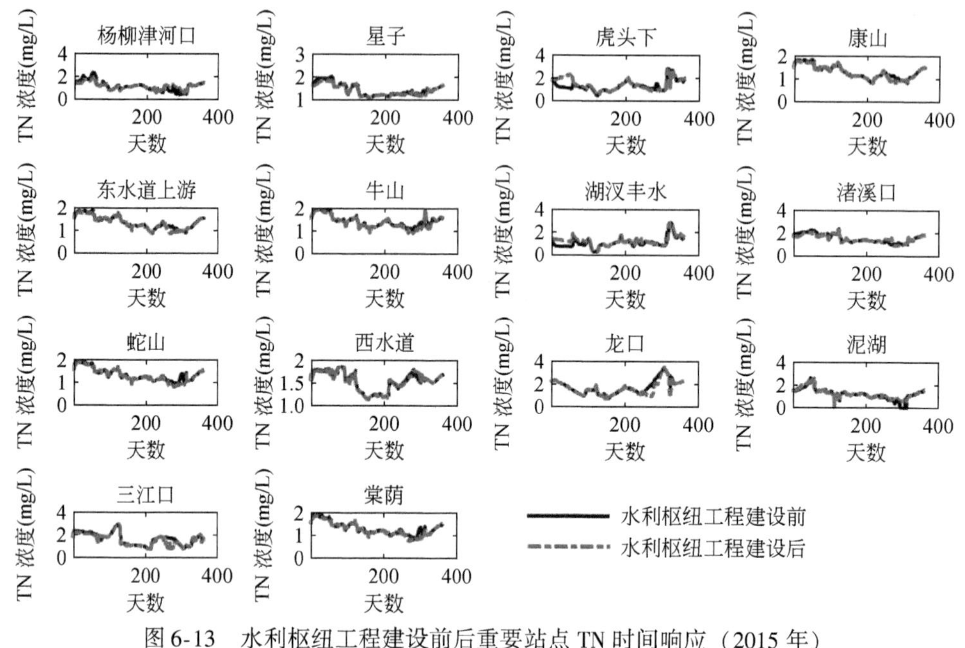

图 6-13　水利枢纽工程建设前后重要站点 TN 时间响应（2015 年）

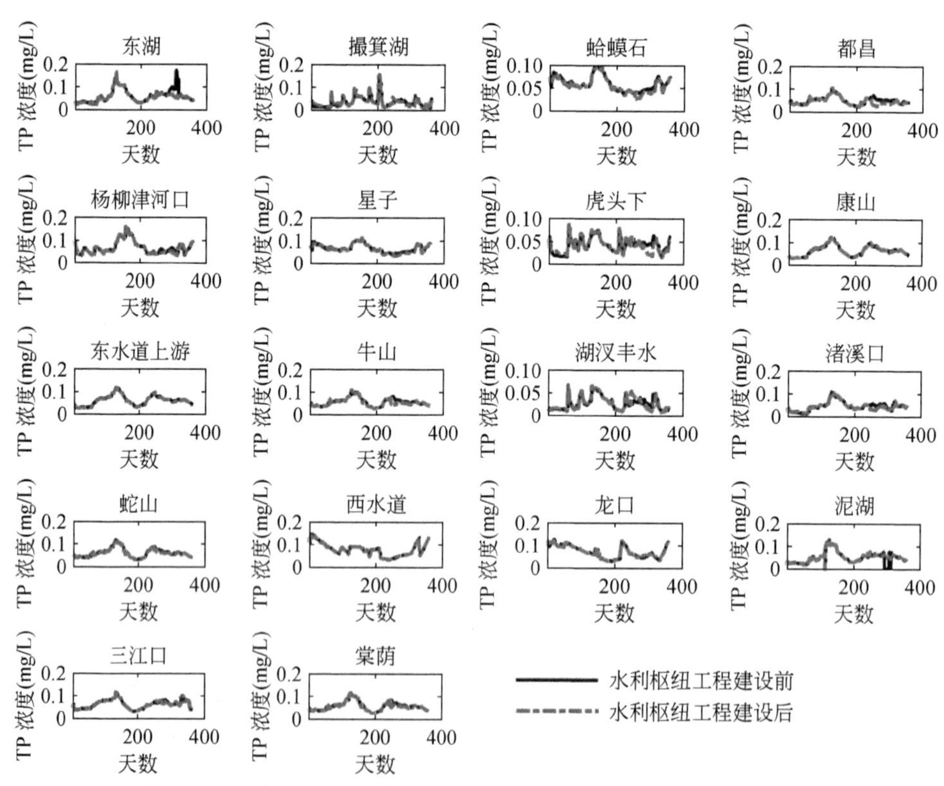

图 6-14　水利枢纽工程建设前后重要站点 TP 时间响应（2015 年）

选取星子、都昌、棠荫、康山、杨柳津河口、撮箕湖、三江口 7 个重要站点位置来探讨鄱阳湖的水质、生态指标对水利枢纽工程的时间响应情况。位于鄱阳湖北部的星子站与都昌站距离水利枢纽工程较近，因此工程前后二者处的水深随时间变化情况与闸前水位的变化趋势最为接近，棠荫、康山、杨柳津河口、撮箕湖、三江口 5 个站点处工程前后的水深差异主要体现在 9 月 1 日至 11 月 10 日，第四阶段鄱阳湖水利枢纽的蓄水导致水深明显高于基准情况，但第一阶段对其水深的影响随着站点向南部的推进已被消除。7 个站点处的水温除了起始值设置不同外，工程前后差异微乎其微，这也证实了水利枢纽工程模型具有较好的迭代运算稳健性与阶段衔接性。都昌站的 PO_4^{2-} 与 TP 均值浓度在 9～10 月对水利枢纽工程的响应较为强烈，能有效降低 30.1% 的 PO_4^{2-} 均值浓度与 34.3% 的 TP 均值浓度，而星子站与棠荫站的响应相对较弱，分别能降低 6.5% 的 PO_4^{2-} 均值浓度与 13.0% 的 TP 均值浓度、12.4% 的 PO_4^{2-} 均值浓度与 11.7% 的 TP 浓度，杨柳津河口、撮箕湖的 PO_4^{2-} 与 TP 均值浓度的变化方式不同，9～10 月 PO_4^{2-} 均值浓度升高，分别为工程前的 1.45 倍与 3.5 倍，但 TP 均值浓度降低，分别为工程前的 92% 与 94%，而康山站、三江口的 PO_4^{2-} 与 TP 均值浓度对水利枢纽工程几乎无响应。

星子、都昌、棠荫站、撮箕湖的 NH_4^+ 均值浓度对水利枢纽工程的响应主要体现在 1～2 月与 9～10 月；而康山站、杨柳津河口、三江口的 NH_4^+ 浓度对水利枢纽工程的响应主要体现在1～2 月，9～10 月几乎无响应，工程后除撮箕湖在 1～2 月 NH_4^+ 均值浓度升高为工程前的 1.8 倍外，其他站点 NH_4^+ 均值浓度均有所下降。枢纽工程后星子、棠荫、康山、三江口 4 个站点在 9～10 月的 NO_3^- 均值浓度低于工程前，撮箕湖与杨柳津河口在 9～10 月的 NO_3^- 均值浓度高于工程前，但都昌站的 NO_3^- 均值浓度对水利枢纽工程的响应方式与其他站点不完全相同，在 9～10 月的 NO_3^- 均值浓度先高于后低于工程前浓度。不同站点处的 TN 均值浓度对水利枢纽工程的响应方式亦不完全相同，与工程前的基准情景相比，杨柳津河口在 9～10 月升高比例高达 45.9%，在 1～2 月却下降 13.5%；撮箕湖在 1～2 月升高比例高达 58.9%，在 1～2月却下降 3.5%；棠荫站、三江口在 9～10 月下降比例分别高达 12.7% 与 19.7%，而在 1～2 月却仅分别下降 2.2% 与 4.9%；星子、都昌、康山站的响应相对较弱，其中星子站在 1～2 月下降 6.5%，在 9～10 月下降 3.9%；都昌站在 1～2 月与 9～10 月的 TN 均值浓度均下降约 3.7%，康山站在 1～2 月与 9～10 月的下降比例分别为 2.6% 与 6.6%。

2. 水利枢纽工程建设前后不同时段的水质空间响应

全湖、全年均值隐藏了水质、水生态指标的时间、空间分布信息，而由上述分析可知，不同空间位置处水质、水生态对水利枢纽工程的响应方式差异较大，因此本节进一步探讨每个阶段水利枢纽工程建设前后的水质、水生态空间响应。

第一阶段（1 月 1 日至 2 月 28 日）的水利枢纽工程措施在上游水位稳定在 10m 的初始条件下，通过溢流的方式向下游放水，2 月底逐步消落达到 9.50m，工程后湖口到蛤蟆石段、蚌湖、瓢水函南部、东湖、青冈湖东部等区域的水深（DEP）降低、水体淹没面积减少，而蛤蟆石到都昌站水深升高、水体淹没面积增加。鄱阳湖不同空间位置、不同水质指标（PO_4^{2-}、TP、NH_4^+、NO_3^-、TN）由于水动力、理化特征及环境因子等不同对水利枢纽工程的响应不同，工程前后差异较明显的为 PO_4^{2-}、NH_4^+与 TN 等指标。

为了进行水利枢纽工程前后的数值比较，进一步计算此阶段内水质指标的均值，但需要指出的是，由于工程前后鄱阳湖裸露与淹没面积不同，此处计算的为所有湿网格的均值，而网格数量的差异会导致计算的均值在水利枢纽工程前后不具有绝对的可比性。由表6-3可知，水利枢纽工程建设后此阶段 NO_3^- 全湖均值浓度会增加12.88%，PO_4^{2-}、TP、TN浓度增加均不足6.0%，而 NH_4^+ 浓度在鄱阳湖水利枢纽工程建设前后几乎保持不变。

表6-3　第一阶段水利枢纽工程建设前后水质变化情况（2015年）

项目		PO_4^{2-} 浓度（mg/L）	NH_4^+ 浓度（mg/L）	NO_3^- 浓度（mg/L）	TP浓度（mg/L）	TN浓度（mg/L）
均值	工程前	0.009	0.65	0.50	0.04	1.49
	工程后	0.009	0.65	0.57	0.04	1.56
最小值	工程前	0.003	0.12	0.02	0.01	0.31
	工程后	0.003	0.11	0.04	0.01	0.34
最大值	工程前	0.020	1.77	1.06	0.09	2.84
	工程后	0.020	1.64	1.09	0.09	2.49
均值变化比（%）		3.45	-0.12	12.88	3.65	5.32

注：比例正值表示水利枢纽工程建设后水质指标值增加，负值表示水利枢纽工程建设后水质指标值降低

第二阶段（3月1~31日）通过控制上下游连通方式及溢流情况将鄱阳湖闸前水位逐步消落在9.0~9.5m。鄱阳湖DEP、PO_4^{2-}、TP、NO_3^-浓度对水利枢纽工程的空间响应比较微弱，对比水利枢纽工程建设前后的浓度空间分布无显著差异，但 NH_4^+、TN浓度对水利枢纽工程的空间响应相对较强，水利枢纽工程建设后鄱阳湖东部区域的 NH_4^+、TN浓度有所升高，而西部区域的 NH_4^+、TN浓度工程后有所下降。

为了进行水利枢纽工程建设前后的浓度比较，进一步计算此阶段内水质、水生态指标的浓度均值。由于此阶段水利枢纽工程建成后鄱阳湖水面面积仅缩减2.9%左右，暂且忽略工程前后湿网格数量的差异，用水利枢纽工程建设前后湿网格的空间浓度均值近似代表实际浓度均值进行对比分析。由表6-4可知，此阶段内所有水质指标、生态指标在水利枢纽工程建设前后的全湖均值变化比例均不足10.0%，其中差异最大的为 NH_4^+浓度，工程后鄱阳湖全湖 NH_4^+均值浓度增加了8.21%。

表6-4　第二阶段水利枢纽工程建设前后水质变化情况（2015年）

项目		PO_4^{2-} 浓度（mg/L）	NH_4^+ 浓度（mg/L）	NO_3^- 浓度（mg/L）	TP浓度（mg/L）	TN浓度（mg/L）
均值	工程前	0.015	0.51	0.51	0.04	1.28
	工程后	0.015	0.55	0.54	0.04	1.37
最小值	工程前	0.003	0.15	0.03	0.01	0.31
	工程后	0.003	0.17	0.04	0.01	0.38
最大值	工程前	0.034	1.07	0.84	0.09	2.36
	工程后	0.034	1.08	0.84	0.09	2.25
均值变化比（%）		2.70	8.21	5.99	2.75	6.63

注：比例正值表示水利枢纽工程建设后水质指标值增加，负值表示水利枢纽工程建设后水质指标值降低

第三阶段（4月1日至8月31日）将闸坝完全打开，即上下游完全连通，此阶段水利枢纽工程建设前后的水动力、水质响应几乎完全相同，空间分布也极为类似，这里就不

再一一展示空间分布图。由表6-5可知，此阶段内所有水质指标的全湖均值浓度在工程前后变化比例均不足2.0%。

表6-5 第三阶段水利枢纽工程建设前后水质变化情况（2015年）

项目		PO_4^{2-} 浓度（mg/L）	NH_4^+ 浓度（mg/L）	NO_3^- 浓度（mg/L）	TP 浓度（mg/L）	TN 浓度（mg/L）
均值	工程前	0.025	0.25	0.65	0.06	1.17
	工程后	0.025	0.25	0.66	0.06	1.18
最小值	工程前	0.007	0.04	0.00	0.02	0.28
	工程后	0.008	0.04	0.00	0.02	0.36
最大值	工程前	0.043	0.60	1.09	0.11	1.77
	工程后	0.042	0.60	1.09	0.11	1.77
均值变化比（%）		0.00	0.52	0.83	0.35	0.88

注：比例正值表示水利枢纽工程建设后水质指标值增加，负值表示水利枢纽工程建设后水质指标值降低。

第四阶段（9月1～15日）将鄱阳湖闸门关闭，蓄水到14.0m。此阶段通过水利枢纽工程的调控，鄱阳湖淹没面积增大。不同空间位置、不同水质与水生态指标对水利枢纽工程的响应方式不同，距离水利枢纽工程较近的北部区域水深相对较高，PO_4^{2-}、TP、NH_4^+浓度在水利枢纽工程建设后相对较低，但距离水利枢纽工程较远的南部区域水深相对较浅，PO_4^{2-}、TP、NH_4^+浓度在水利枢纽工程建设后相对较高。NO_3^-、TN浓度对水利枢纽工程的响应方式与其他水质指标不同，全湖大部分区域的NO_3^-浓度在水利枢纽工程建设后都有所升高，TN浓度主要在北部河流区域稍有降低，东部区域工程后仍有所升高。

进一步计算此阶段水利枢纽工程建设前后所有湿网格内水质指标的均值，由表6-6可知，此阶段内水利枢纽工程建设前后全湖平均PO_4^{2-}、TN改变比例不足3.0%，TP、NO_3^-、NH_4^+浓度在水利枢纽工程建成后全湖均值分别下降5.51%、上升10.78%与下降10.73%。但需要指出的是，此阶段工程前后鄱阳湖裸露与淹没面积差异较大，工程后水体淹没面积增加了16.2%，因此此处计算的所有湿网格的均值并不真正具有可比性，工程后水质浓度的升高可能是新增湿网格中的浓度所致，而降低可能是湿网格数量增加所致。

表6-6 第四阶段水利枢纽工程建设前后水质变化情况（2015年）

项目		PO_4^{2-} 浓度（mg/L）	NH_4^+ 浓度（mg/L）	NO_3^- 浓度（mg/L）	TP 浓度（mg/L）	TN 浓度（mg/L）
均值	工程前	0.022	0.15	0.58	0.05	1.14
	工程后	0.021	0.14	0.64	0.05	1.16
最小值	工程前	0.002	0.02	0.00	0.02	0.39
	工程后	0.002	0.02	0.00	0.02	0.46
最大值	工程前	0.049	0.38	1.15	0.10	1.84
	工程后	0.049	0.31	1.18	0.09	1.74
均值变化比（%）		-2.30	-10.73	10.78	-5.51	1.14

注：比例正值表示水利枢纽工程建设后水质指标值增加，负值表示水利枢纽工程建设后水质指标值降低

第五阶段（9 月 16 ~ 30 日）将鄱阳湖闸前水位稳定在 14.0m 的水位目标。此阶段通过水利枢纽工程的调控，鄱阳湖中部大部分区域水深升高，淹没面积增大。水利枢纽工程建设后鄱阳湖北部河流区域的 PO_4^{2-} 和 TP 浓度有所下降，东南部区域浓度有所上升。而 NH_4^+、NO_3^-、TN 浓度对水利枢纽工程的空间响应与其他指标又不相同。

进一步计算此阶段水利枢纽工程建设前后所有湿网格内水质、水生态指标的均值，由表 6-7 可知，此阶段内水利枢纽工程建设前后全湖平均 PO_4^{2-}、TN 浓度改变比例不足 2.0%，TP、NH_4^+ 浓度在水利枢纽工程建成后全湖均值分别下降 7.45% 与 25.45%，而全湖平均 NO_3^- 浓度增加 15.95%。但需要指出的是，此阶段水利枢纽工程建设前后鄱阳湖裸露与淹没面积差异较大，水利枢纽工程建设后水体淹没面积增加了 29.9%，因此此处计算的所有湿网格的均值并不具有可比性，水利枢纽工程建设后水质浓度的升高可能是新增湿网格中的浓度所致，而降低可能是湿网格数量增加所致。

表 6-7　第五阶段水利枢纽工程建设前后水质变化情况（2015 年）

项目		PO_4^{2-} 浓度（mg/L）	NH_4^+ 浓度（mg/L）	NO_3^- 浓度（mg/L）	TP 浓度（mg/L）	TN 浓度（mg/L）
均值	工程前	0.017	0.14	0.49	0.05	1.12
	工程后	0.018	0.10	0.57	0.05	1.10
最小值	工程前	0.001	0.02	0.00	0.02	0.38
	工程后	0.002	0.02	0.00	0.02	0.56
最大值	工程前	0.040	0.41	1.12	0.10	1.83
	工程后	0.040	0.20	1.20	0.09	1.63
均值变化比（%）		1.15	-25.45	15.95	-7.45	-1.83

注：比例正值表示水利枢纽工程建设后水质指标值增加，负值表示水利枢纽工程建设后水质指标值降低。

第六阶段（10 月 1 ~ 10 日）、第七阶段（10 月 11 ~ 20 日）、第八阶段（10 月 21 ~ 31 日）、第九阶段（11 月 1 ~ 10 日）将闸前水位分别逐步消落到 13.5m、13.0m、12.0m、11.0m。通过水利枢纽工程的调控，鄱阳湖中部水深（DEP）及水体淹没面积增大。不同水质指标对水利枢纽工程响应方式的空间异质性大，不能仅根据均值评估水利枢纽工程带来的水质响应效果，需综合考虑不同空间位置处的响应情况。

进一步计算第六 ~ 第九阶段水利枢纽工程建设前后所有湿网格内水质指标的均值，由表 6-8 ~ 表 6-11 可知，第六阶段内除 NH_4^+ 在水利枢纽工程建设后的下降比例超过 15.0% 外，其他水质指标全湖均值的变化比例均不足 6.0%；第七阶段内 NH_4^+ 的全湖均值浓度在水利枢纽工程建设后下降 12.96%，其他水质指标全湖均值的变化比例均不足 6.0%；第八阶段内 NO_3^- 的全湖均值浓度在水利枢纽工程建设后上升 10.33%，而 TP 浓度下降 11.61%，其他水质指标全湖均值的变化比例均不足 10.0%；第九阶段内 PO_4^{2-}、TP 的全湖均值浓度在水利枢纽工程建设后分别下降 14.55% 与 13.27%，其他水质指标全湖均值的变化比例均不足 7.0%。同样需要指出的是，第六 ~ 第九阶段水利枢纽工程建设后水体淹没面积增加比例均超过了 25.0%，分别为 25.7%、26.0%、38.1%、24.7%，因此此处计算的所有湿网格的均值并不具有可比性，水利枢纽工程建设后水质浓度的升高可能是新淹没湿网格中增加的浓度与生物量所致，而降低可能是湿网格数量增加所致。

表 6-8　第六阶段水利枢纽工程建设前后水质变化情况（2015 年）

项目		PO_4^{2-} 浓度（mg/L）	NH_4^+ 浓度（mg/L）	NO_3^- 浓度（mg/L）	TP 浓度（mg/L）	TN 浓度（mg/L）
均值	工程前	0. 017	0. 15	0. 49	0. 05	1. 08
	工程后	0. 017	0. 12	0. 47	0. 05	1. 02
最小值	工程前	0. 001	0. 02	0. 00	0. 02	0. 36
	工程后	0. 002	0. 02	0. 00	0. 02	0. 54
最大值	工程前	0. 037	0. 48	1. 16	0. 09	1. 91
	工程后	0. 036	0. 23	1. 26	0. 08	1. 70
均值变化比（%）		0. 58	-15. 23	-3. 40	-2. 32	-5. 22

注：比例正值表示水利枢纽工程建设后水质指标值增加，比例负值表示水利枢纽工程建设后水质指标值降低

表 6-9　第七阶段水利枢纽工程建设前后水质变化情况（2015 年）

项目		PO_4^{2-} 浓度（mg/L）	NH_4^+ 浓度（mg/L）	NO_3^- 浓度（mg/L）	TP 浓度（mg/L）	TN 浓度（mg/L）
均值	工程前	0. 018	0. 19	0. 49	0. 05	1. 10
	工程后	0. 018	0. 17	0. 47	0. 05	1. 05
最小值	工程前	0. 002	0. 02	0. 00	0. 02	0. 33
	工程后	0. 002	0. 02	0. 00	0. 02	0. 49
最大值	工程前	0. 037	0. 75	1. 09	0. 10	2. 13
	工程后	0. 036	0. 70	1. 18	0. 09	2. 06
均值变化比（%）		-1. 69	-12. 96	-4. 46	-3. 78	-4. 40

注：比例正值表示水利枢纽工程建设后水质指标值增加，比例负值表示水利枢纽工程建设后水质指标值降低

表 6-10　第八阶段水利枢纽工程建设前后水质变化情况（2015 年）

项目		PO_4^{2-} 浓度（mg/L）	NH_4^+ 浓度（mg/L）	NO_3^- 浓度（mg/L）	TP 浓度（mg/L）	TN 浓度（mg/L）
均值	工程前	0. 017	0. 20	0. 37	0. 06	1. 06
	工程后	0. 015	0. 18	0. 41	0. 05	1. 04
最小值	工程前	0. 002	0. 03	0. 00	0. 01	0. 31
	工程后	0. 002	0. 03	0. 00	0. 02	0. 44
最大值	工程前	0. 037	0. 45	1. 03	0. 12	2. 22
	工程后	0. 033	0. 45	1. 08	0. 09	1. 97
均值变化比（%）		-8. 33	-8. 11	10. 33	-11. 61	-1. 70

注：比例正值表示水利枢纽工程建设后水质指标值增加，比例负值表示水利枢纽工程建设后水质指标值降低

表 6-11 第九阶段水利枢纽工程建设前后水质变化情况（2015 年）

项目		PO_4^{2-} 浓度（mg/L）	NH_4^+ 浓度（mg/L）	NO_3^- 浓度（mg/L）	TP 浓度（mg/L）	TN 浓度（mg/L）
均值	工程前	0.017	0.29	0.40	0.05	1.10
	工程后	0.014	0.30	0.43	0.05	1.11
最小值	工程前	0.002	0.05	0.00	0.01	0.29
	工程后	0.002	0.07	0.00	0.01	0.41
最大值	工程前	0.035	1.10	1.17	0.10	2.91
	工程后	0.032	1.09	1.15	0.08	2.70
均值变化比（%）		-14.55	4.10	6.26	-13.27	0.72

注：比例正值表示水利枢纽工程建设后水质指标值增加，比例负值表示水利枢纽工程建设后水质指标值降低

第十阶段水利枢纽工程后水体淹没面积增加，但增加比例不足 4.8%，因此，与第六~第九阶段相比，进一步计算得到的水利枢纽工程建设前后所有湿网格内水质、水生态指标的均值相对具有可比性。由表 6-12 可知，此阶段内所有水质指标的全湖均值在水利枢纽工程建设前后的变化比例均不足 0.5%。

表 6-12 第十阶段水利枢纽工程建设前后水质变化情况（2015 年）

项目		PO_4^{2-} 浓度（mg/L）	NH_4^+ 浓度（mg/L）	NO_3^- 浓度（mg/L）	TP 浓度（mg/L）	TN 浓度（mg/L）
均值	工程前	0.017	0.46	0.78	0.05	1.44
	工程后	0.017	0.46	0.78	0.05	1.44
最小值	工程前	0.002	0.14	0.04	0.01	0.46
	工程后	0.002	0.16	0.04	0.01	0.57
最大值	工程前	0.035	1.28	1.26	0.10	2.50
	工程后	0.034	1.23	1.26	0.10	2.40
均值变化比（%）		0.00	0.33	0.49	0.00	0.38

注：比例正值表示水利枢纽工程建设后水质指标值增加，比例负值表示水利枢纽工程建设后水质指标值降低

3. 水利枢纽工程建设对鄱阳湖水质类别与富营养化指数的影响

选择 2015 年第 31 天（1 月 31 日）、第 130 天（5 月 10 日）和第 262 天（9 月 20 日）进一步分析 2015 年建闸前后鄱阳湖水质类别及富营养化程度的空间变化情况。此处水质类别由 TP 单一指标和 TN 单一指标分别表示；富营养化程度因为 SD 与 COD_{Mn} 数据的缺失，由 Chla、TP 与 TN 三个指标计算得到的综合富营养化指数表示。由图 6-15 ~ 图 6-17 可知，对于全湖连通前的 1 月 31 日来说，除了建闸后水体淹没面积增加导致的差异外，建闸前后相同淹没水体区域处优于Ⅲ类水与劣于Ⅲ类水及富营养化程度的空间分布几乎相同；对于全湖连通期的 5 月 10 日来说，淹没水体的面积、TP 单一指标和 TN 单一指标分别表示的水质类别及综合富营养化指数的空间分布在建闸前后几乎完全相同。对于全湖连通期之后的 9 月 20 日来说，建闸后鄱阳湖中部淹没水体面积增加，从以 TP 单一指标表示的水质类别来看，鄱阳湖中北部劣于Ⅲ类的水体被Ⅲ类或优于Ⅲ类的水体替代，而中南部劣于Ⅲ类的水体面积随淹没面积增加而增大；从以 TN 单一指标表示的水质类别来看，优于Ⅲ类与劣于Ⅲ类的水体的空间分布方式没有显著差异，但是不同水质类别面积随淹没水体

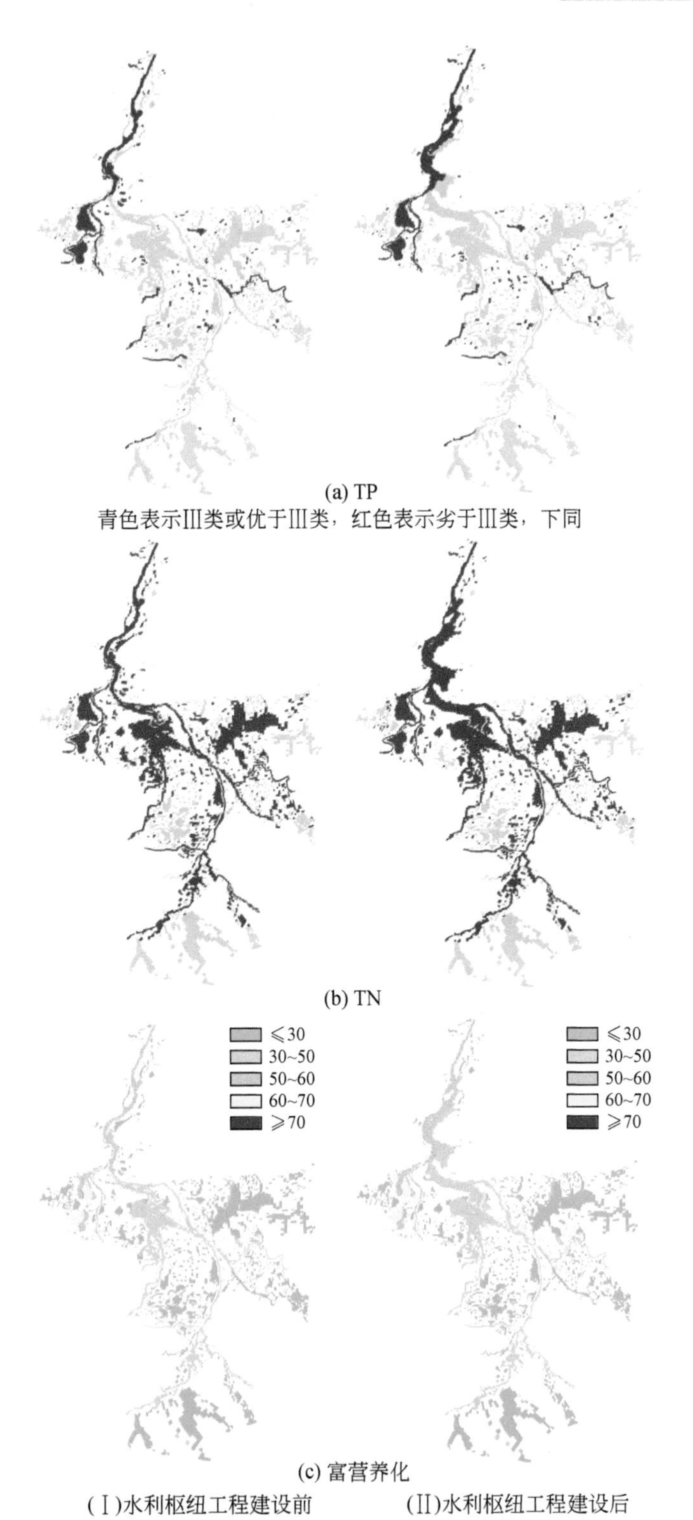

图 6-15　水利枢纽工程建设前后 1 月 31 日水质类别与富营养化程度的差异（2015 年）

≤30 表示贫营养，30～50 表示中营养，50～60 表示轻度富营养，

60～70 表示中度富营养，≥70 表示重度富营养。下同

的面积增加而发生扩增；从富营养化程度来看，北部河相的轻度富营养化水体被中营养水体替代，但中南部中营养水体面积因为闸坝后淹没水体的面积增加而增加。

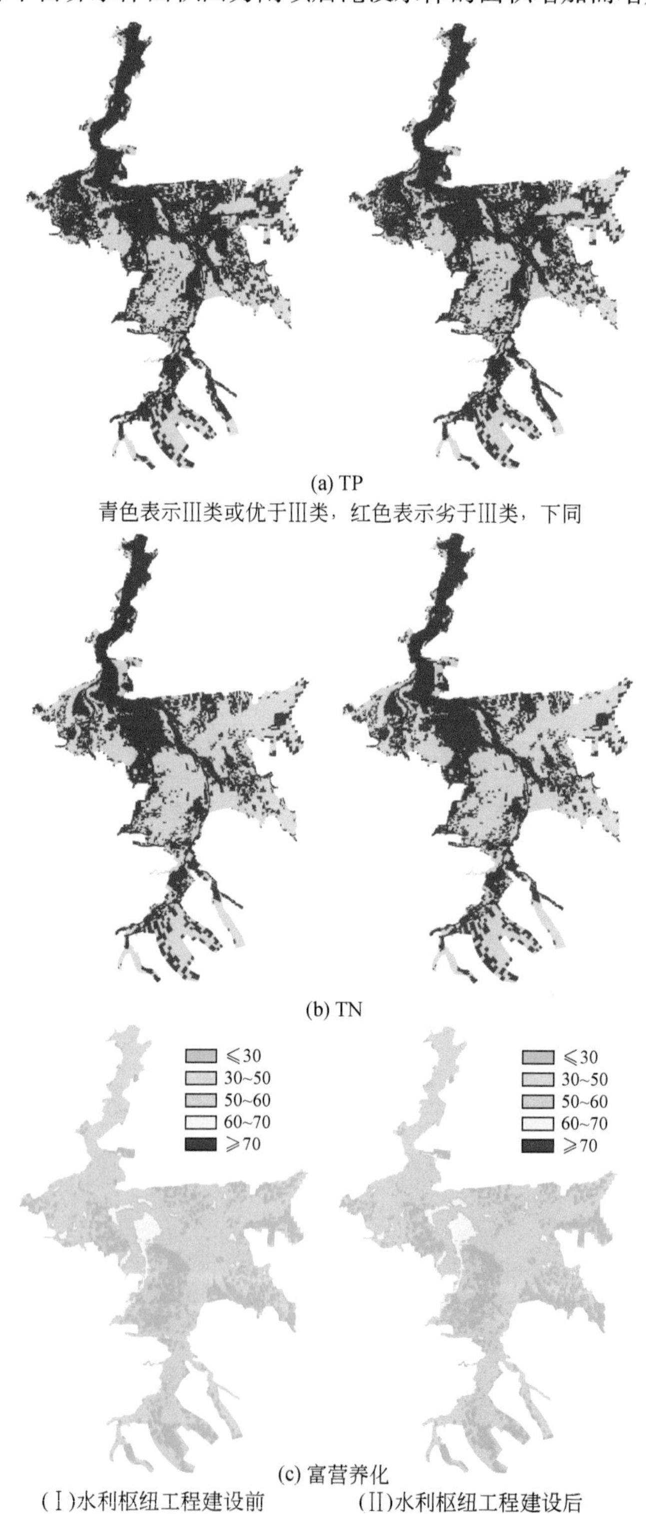

(a) TP

青色表示Ⅲ类或优于Ⅲ类，红色表示劣于Ⅲ类，下同

(b) TN

(c) 富营养化

(Ⅰ)水利枢纽工程建设前　　(Ⅱ)水利枢纽工程建设后

图 6-16　水利枢纽工程建设前后 5 月 10 日水质类别与富营养化程度的差异（2015 年）

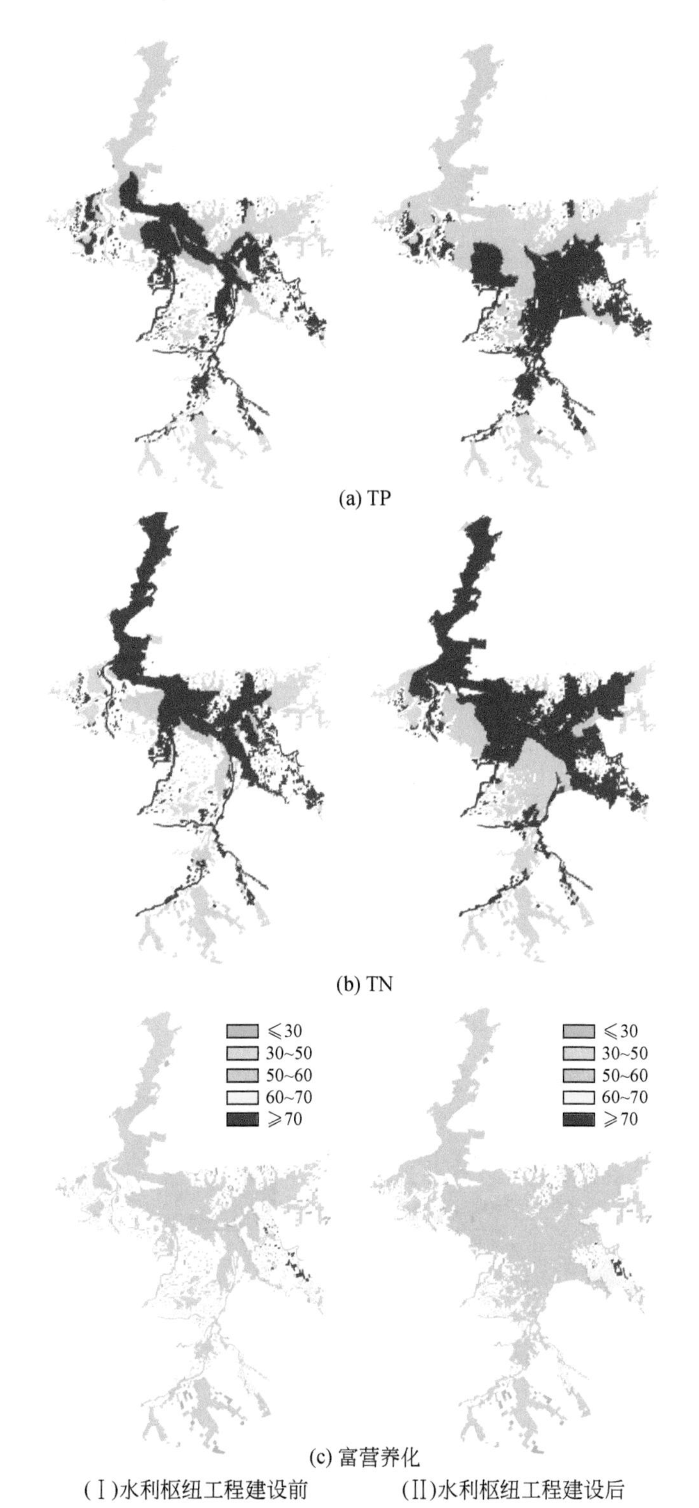

图6-17　水利枢纽工程建设前后9月20日水质类别与富营养化程度的差异（2015年）

6.4.2 水利枢纽工程建设对枯水年（2006年）水质的影响

将鄱阳湖水位按照水利枢纽工程要求进行调控后，需进一步评估水利枢纽工程带来的水质、水生态响应。

由图6-18可知，不同时间不同空间位置处NH_4^+浓度对鄱阳湖水利枢纽工程的响应方式不同：在1～2月，东湖、渚溪口、泥湖水利枢纽工程后的NH_4^+浓度有所升高，其他站点处几乎不变；9～12月，撮箕湖、虎头下、杨柳津河口、湖汉丰水、龙口站的NH_4^+浓度有所下降，而其他站点处无明显响应。由图6-19可知，1～2月，水利枢纽工程后湖汉丰水、泥湖与虎头下NO_3^-浓度有所下降，但渚溪口却有所升高；9～10月，除杨柳津河口与渚溪口NO_3^-浓度有所升高外，其他站点NO_3^-浓度有所下降或无明显响应，尤其是牛山、蛇山、龙口、棠荫NO_3^-浓度下降响应十分强烈。由图6-20可知，PO_4^{2-}对水利枢纽工程的响应同样主要体现在9～10月，水利枢纽工程后此时间段绝大多数站点的PO_4^{2-}浓度升高，如东湖、撮箕湖、杨柳津河口、虎头下、湖汉丰水、渚溪口、蛇山、龙口、泥湖、棠荫，但蛤蟆石、都昌、星子站点处的PO_4^{2-}浓度会有所下降，其他位置处浓度却几乎无响应。由图6-21可知，鄱阳湖水利枢纽工程后渚溪口与泥湖在1～2月TN浓度有明显升高，东湖、杨柳津河口、龙口、泥湖在9～11月TN浓度有明显下降，撮箕湖、虎头下、湖汉丰水处TN浓度的下降响应一直持续至12月末。不同空间位置TP对水利枢纽工程的响应亦不相

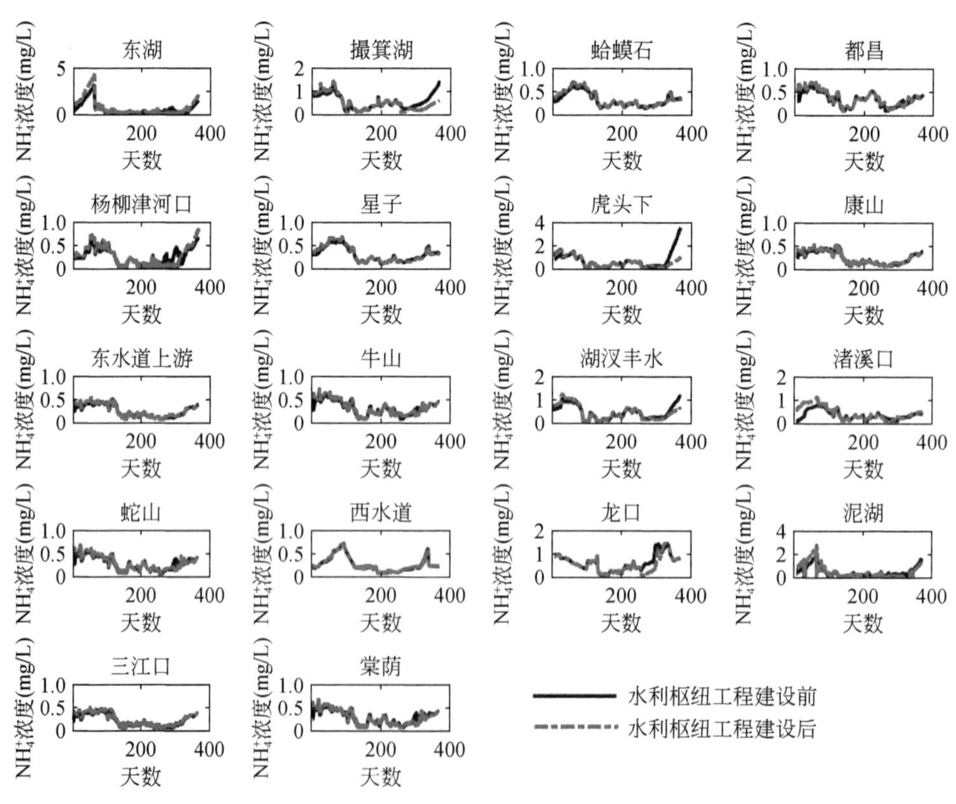

图6-18 水利枢纽工程建设前后重要站点NH_4^+的时间响应（2006年）

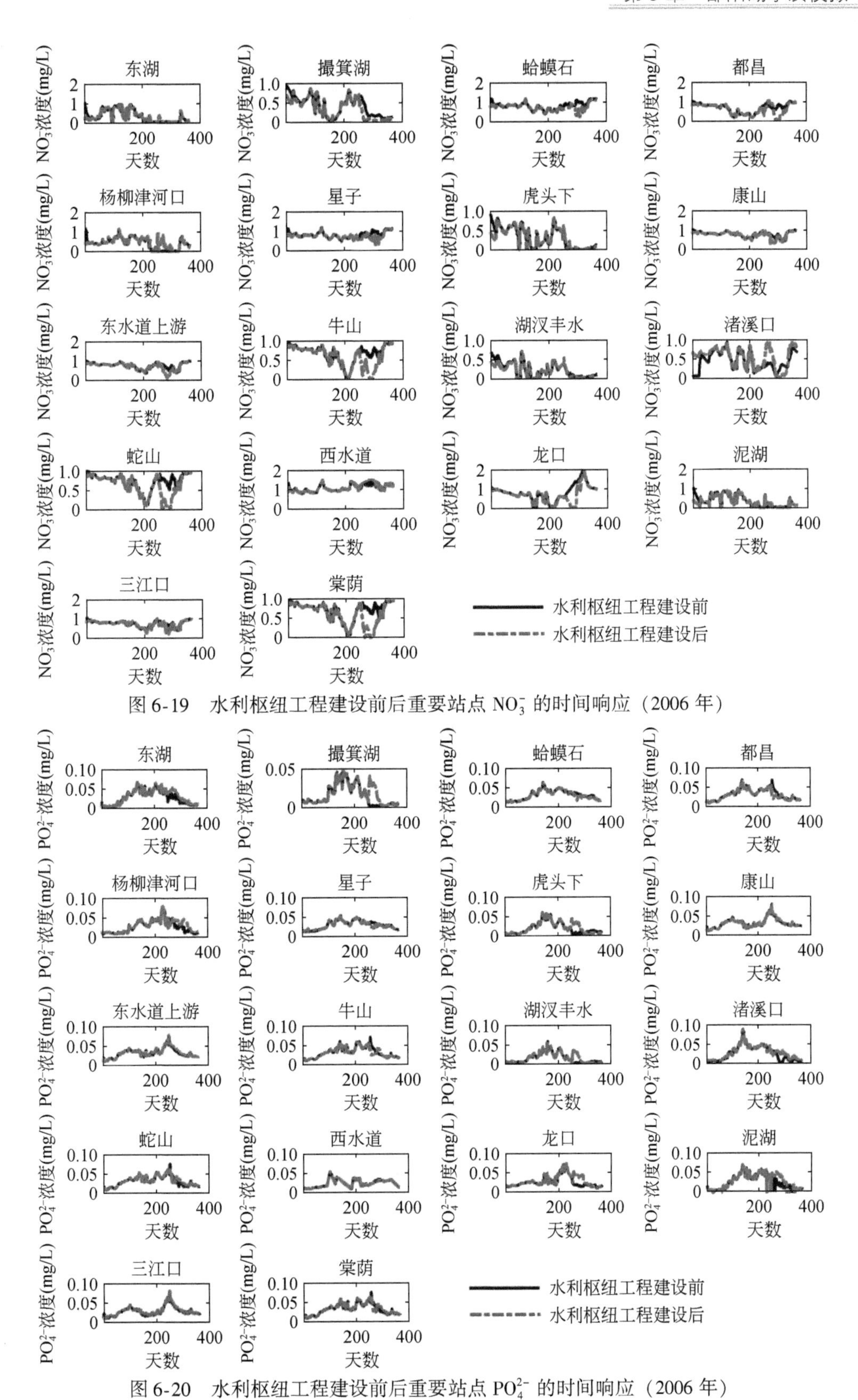

图 6-19　水利枢纽工程建设前后重要站点 NO_3^- 的时间响应（2006 年）

图 6-20　水利枢纽工程建设前后重要站点 PO_4^{2-} 的时间响应（2006 年）

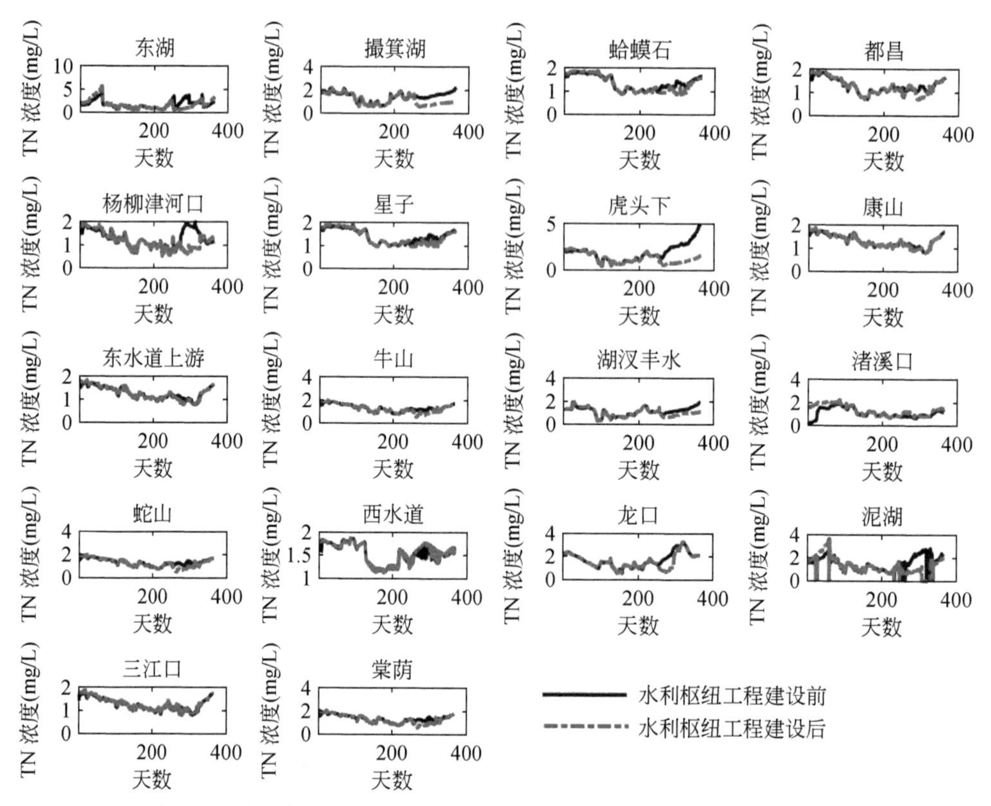

图 6-21　水利枢纽工程建设前后重要站点 TN 的时间响应（2006 年）

同，撮箕湖、湖汊丰水、龙口在 9～10 月有所升高，东湖、蛤蟆石、杨柳津河口、星子有所下降，蛇山、棠荫、牛山、都昌、棠荫在此时间段内 TP 浓度先下降后升高，而虎头下对水利枢纽工程的响应一直持续到 12 月末（图 6-22）。

1. 水利枢纽工程建设前后不同时段的水质空间响应

全湖、全年均值隐藏了水质指标的时间、空间分布信息，而由上述分析可知，不同空间位置处水质对水利枢纽工程的响应方式差异较大，因此本节进一步探讨每个阶段水利枢纽工程建设前后的水质空间响应。

第一阶段（1 月 1 日至 2 月 28 日）的水利枢纽工程措施在上游水位稳定在 10m 的初始条件下，通过溢流的方式向下游放水，2 月底逐步消落达到 9.50m，水利枢纽工程建设前后的水深、水质分布如图 6-23 所示，工程后湖口到蛤蟆石、星子、杨柳津河口，直到都昌段的水深增加，杨柳津河口东侧水体淹没面积增加。鄱阳湖水利枢纽工程建设后，除鄱阳湖中部的 NH_4^+ 与 TN 浓度有所升高外，其他水质指标，如 PO_4^{2-}、TP、NO_3^- 的差异主要体现在北部河相区域，因为此处水动力的差异性最大，继而对水龄及水质的迁移与输运产生影响。

为了进行水利枢纽工程建设前后的数值比较，进一步计算此阶段内水质指标的均值，但需要指出的是，由于工程后鄱阳湖水体淹没面积增加了 69.90km^2，面积的差异表明研究对象水体发生了变化，且计算的为所有湿网格的均值，网格数量的差异会导致计算的均值在水利枢纽工程建设前后不具有绝对的可比性。由表 6-13 可知，此阶段除 NH_4^+ 与 TN 外，其他指标在鄱阳湖水利枢纽工程建设前后全湖均值浓度变化比例均不足 10%。

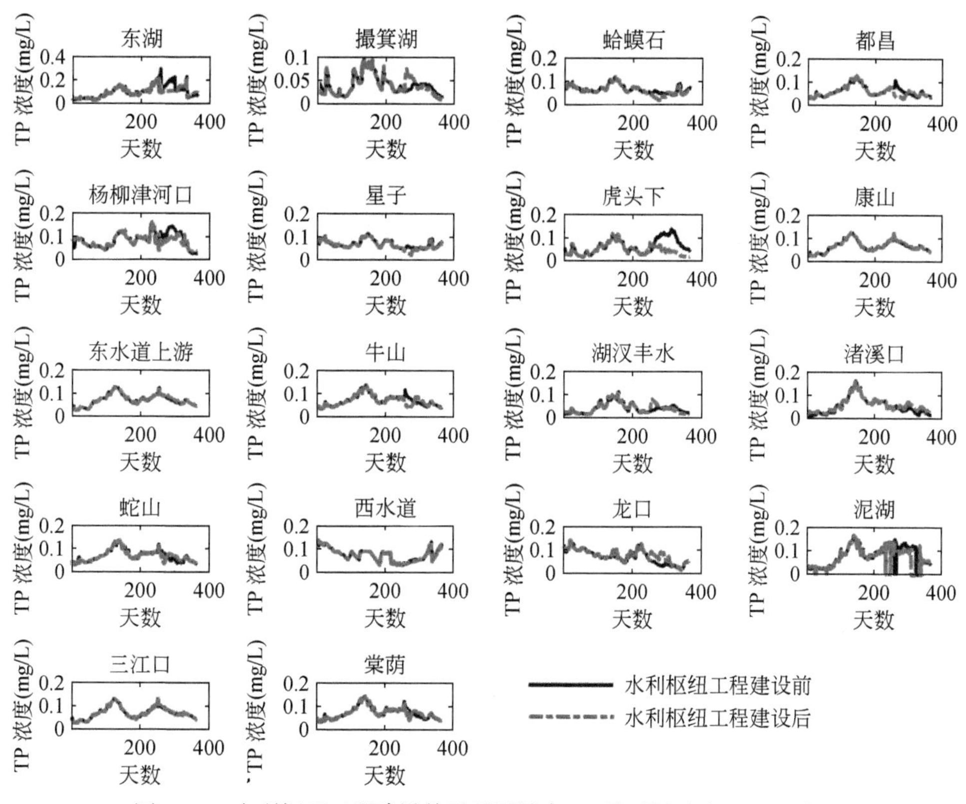

图 6-22　水利枢纽工程建设前后重要站点 TP 的时间响应（2006 年）

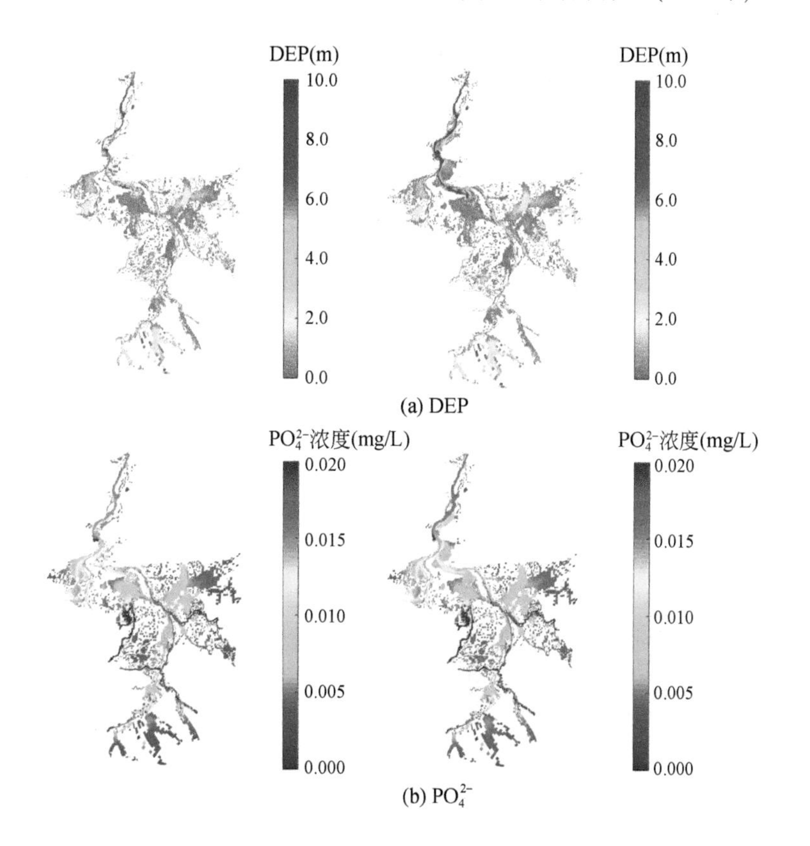

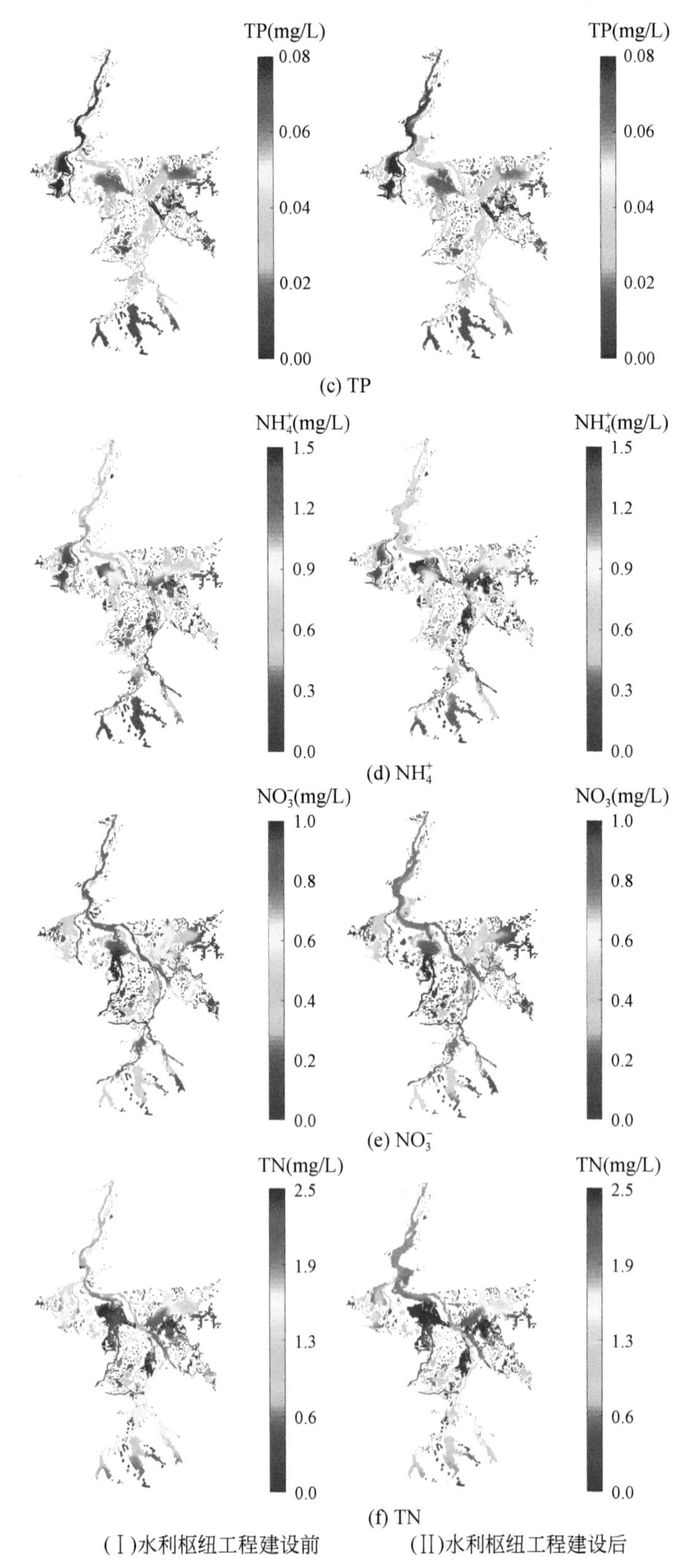

图 6-23　第一阶段水利枢纽工程建设前后水质浓度的空间分布差异（2006 年）

表 6-13　第一阶段水利枢纽工程建设前后水质变化情况（2006 年）

项目		PO_4^{2-} 浓度（mg/L）	NH_4^+ 浓度（mg/L）	NO_3^- 浓度（mg/L）	TP 浓度（mg/L）	TN 浓度（mg/L）
均值	工程前	0. 010	0. 63	0. 54	0. 04	1. 56
	工程后	0. 010	0. 78	0. 51	0. 04	1. 74
最小值	工程前	0. 003	0. 102	0. 043	0. 01	0. 35
	工程后	0. 003	0. 128	0. 046	0. 01	0. 49
最大值	工程前	0. 021	1. 622	1. 047	0. 10	2. 57
	工程后	0. 020	2. 024	0. 967	0. 10	2. 92
均值变化比（%）		2. 91	23. 52	-4. 92	5. 27	11. 26

注：比例正值表示水利枢纽工程建设后水质指标值增加，比例负值表示水利枢纽工程建设后水质指标值降低

第二阶段（3 月 1 ~ 31 日）通过控制上下游连通方式及溢流情况将鄱阳湖闸前水位逐步消落在 9. 0 ~ 9. 5m。由图 6-24 可知，由于此阶段水深差异较小，鄱阳湖 PO_4^{2-}、TP、NO_3^- 浓度对水利枢纽工程的空间响应比较微弱，水利枢纽工程建设前后的浓度空间分布无显著差异，但 NH_4^+、TN 浓度对水利枢纽工程的空间响应相对较强，水利枢纽工程建设后杨柳津河口东侧的 NH_4^+、TN 浓度有所升高。

为了进行水利枢纽工程建设前后的浓度比较，进一步计算此阶段内水质、水生态的浓度均值，由于此阶段水利枢纽工程建成后鄱阳湖水面面积仅增加 0. 47%（19. 08km²），暂且忽略水利枢纽工程建设前后湿网格数量的差异，用水利枢纽工程建设前后湿网格的空间浓度均值近似代表实际浓度均值进行对比分析。由表 6-14 可知，此阶段内除 NH_4^+ 浓度增加了 11. 68% 外，其他所有水质指标在水利枢纽工程建设前后的全湖均值变化比例均不足 10. 0%。

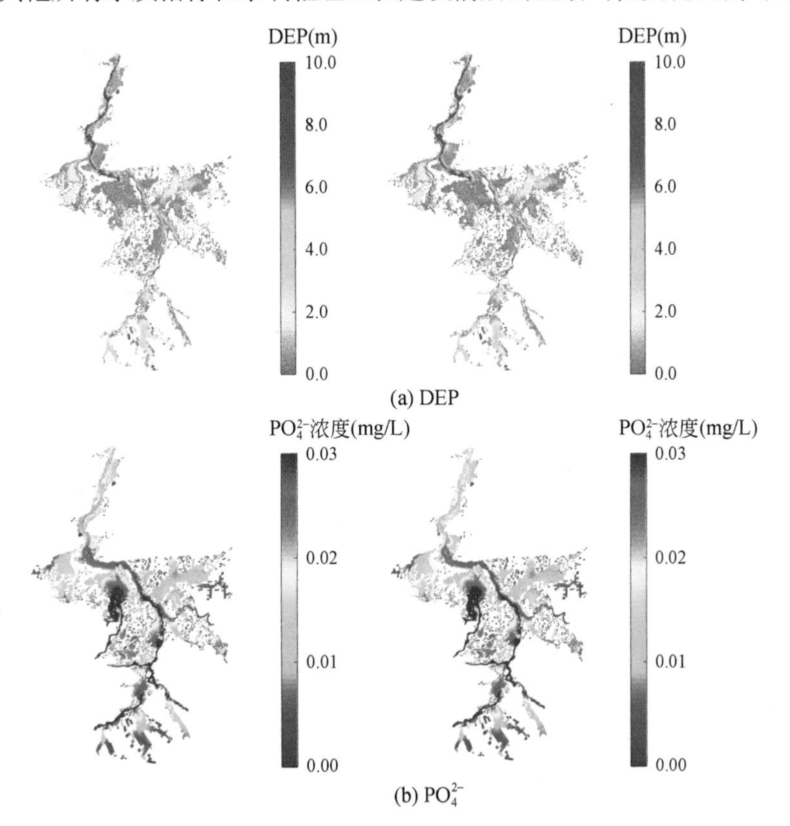

(b) PO_4^{2-}

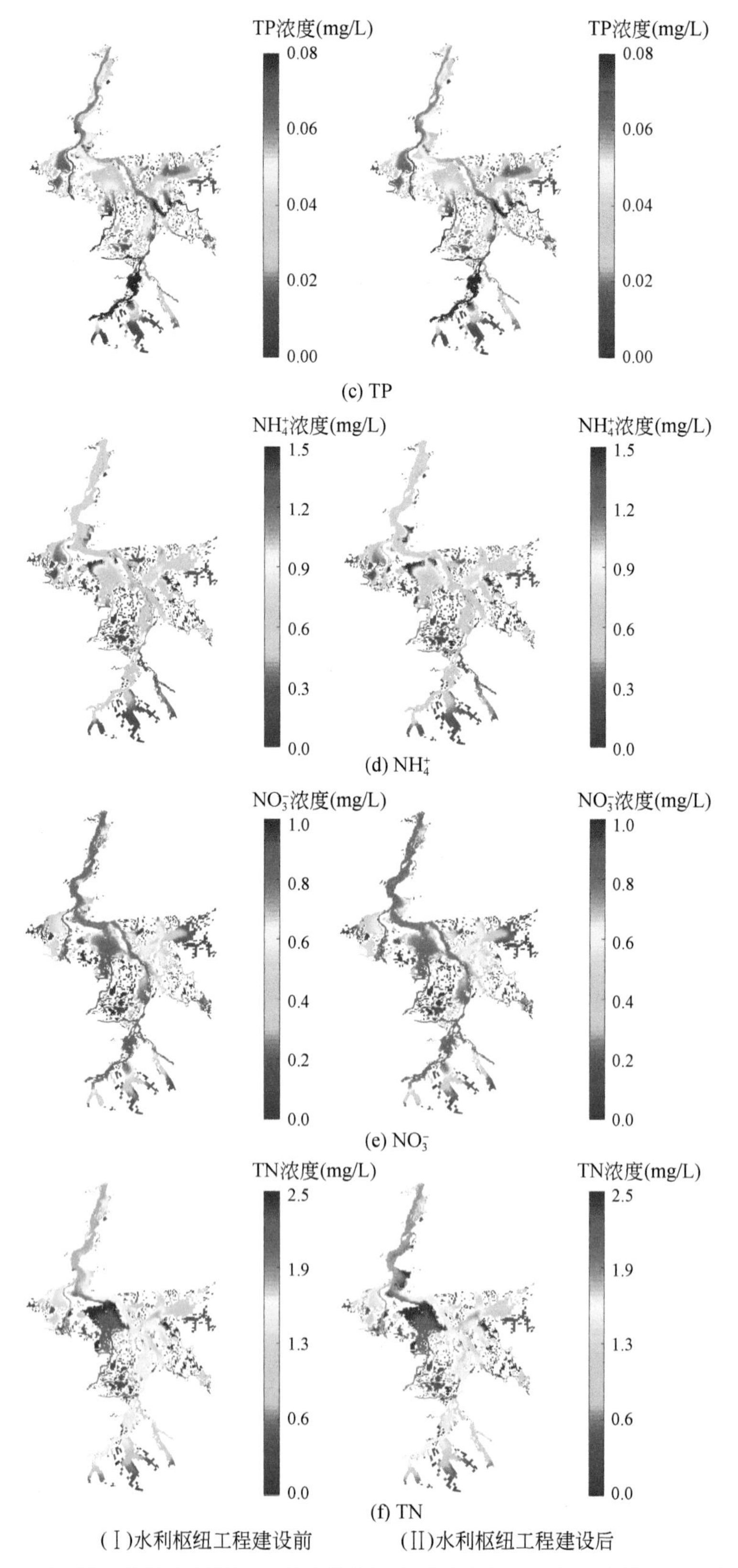

图 6-24　第二阶段水利枢纽工程建设前后水质浓度的空间分布差异（2006 年）

表 6-14　第二阶段水利枢纽工程建设前后水质变化情况（2006 年）

项目		PO_4^{2-} 浓度（mg/L）	NH_4^+ 浓度（mg/L）	NO_3^- 浓度（mg/L）	TP 浓度（mg/L）	TN 浓度（mg/L）
均值	工程前	0.017	0.57	0.56	0.05	1.50
	工程后	0.017	0.64	0.58	0.05	1.58
最小值	工程前	0.004	0.054	0.011	0.01	0.31
	工程后	0.004	0.062	0.021	0.01	0.33
最大值	工程前	0.037	1.287	0.857	0.09	2.54
	工程后	0.037	1.506	0.859	0.09	2.75
均值变化比（%）		-1.13	11.68	2.71	-1.47	5.53

注：比例正值表示水利枢纽工程建设后水质指标值增加，比例负值表示水利枢纽工程建设后水质指标值降低

第三阶段（4 月 1 日至 8 月 31 日）将闸坝完全打开，即上下游完全连通，此阶段水利枢纽工程建设前后的水动力、水质、水生态响应几乎完全相同，水体淹没面积仅减少了 0.50km²，空间分布也极为类似（图 6-25）。由表 6-15 可知，此阶段内所有水质指标的全

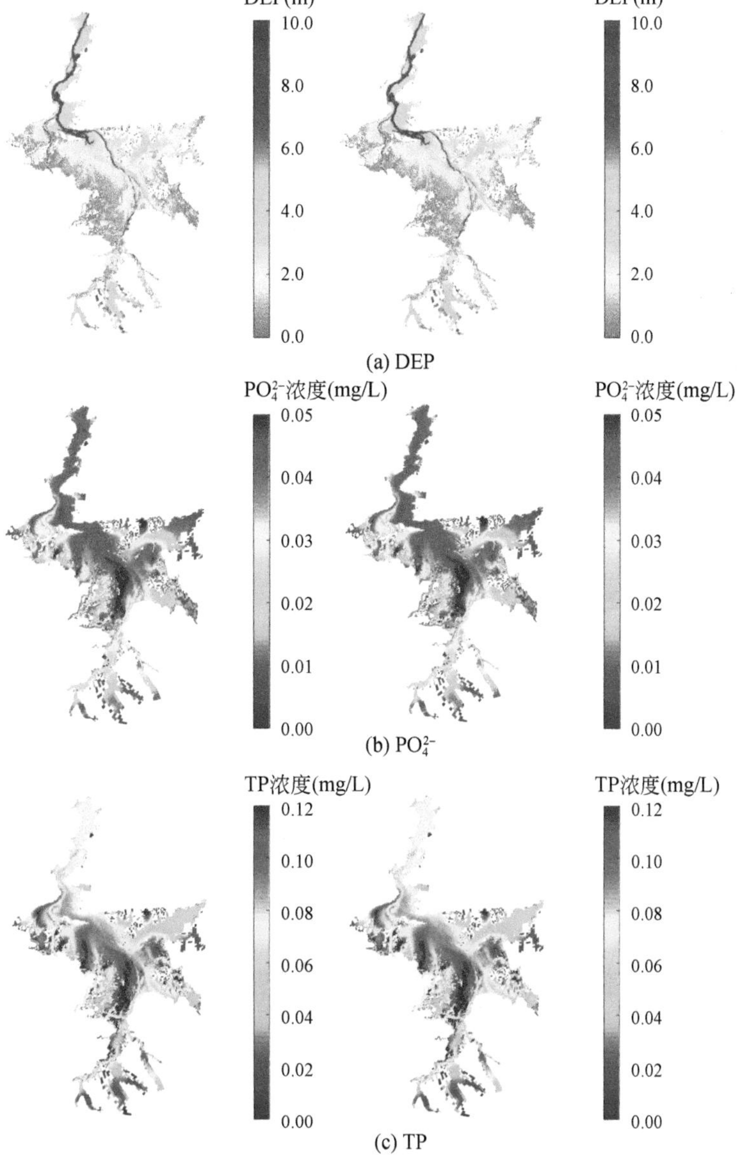

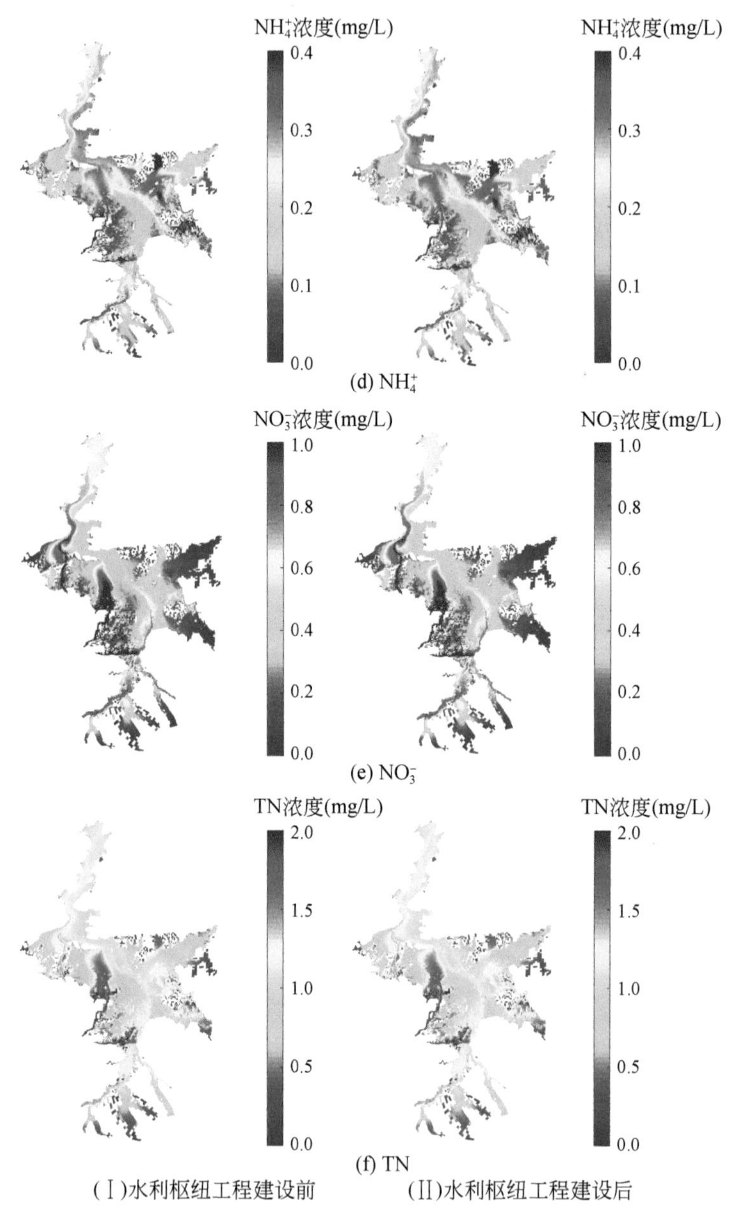

图 6-25　第三阶段水利枢纽工程建设前后水质浓度的空间分布差异（2006 年）

湖均值浓度在水利枢纽工程建设前后变化比例均不足 3.0%。

表 6-15　第三阶段水利枢纽工程建设前后水质变化情况（2006 年）

项目		PO_4^{2-} 浓度（mg/L）	NH_4^+ 浓度（mg/L）	NO_3^- 浓度（mg/L）	TP 浓度（mg/L）	TN 浓度（mg/L）
均值	工程前	0.034	0.22	0.46	0.08	1.07
	工程后	0.034	0.23	0.46	0.08	1.08
最小值	工程前	0.008	0.02	0.00	0.02	0.38
	工程后	0.008	0.02	0.00	0.02	0.39

续表

项目		PO_4^{2-} 浓度（mg/L）	NH_4^+ 浓度（mg/L）	NO_3^- 浓度（mg/L）	TP 浓度（mg/L）	TN 浓度（mg/L）
最大值	工程前	0.062	0.57	1.03	0.14	1.78
	工程后	0.062	0.59	1.04	0.14	1.79
均值变化比（%）		-0.15	2.01	0.60	-0.18	0.60

注：比例正值表示水利枢纽工程建设后水质指标值增加，负值表示水利枢纽工程建设后水质指标值降低

第四～第十阶段（9 月 1 日至 12 月 31 日）通过水利枢纽工程的调控，鄱阳湖水体淹没面积增大，分别增加了 10.87%（440.41km^2）、27.52%（1114.72km^2）、33.25%（1347.05km^2）、29.91%（1211.70km^2）、22.87%（926.35km^2）、14.18%（574.40km^2）、8.23%（333.28km^2），水利枢纽工程建设前后水体面积的较大变化导致计算的所有湿网格的均值并不再具有可比性，水利枢纽工程建设后水质浓度的升高可能是新增湿网格中的浓度所致，而降低可能是湿网格数量增加所致。鄱阳湖此时间内的水质响应情况不仅取决于水利枢纽工程建设前原有淹没面积处水体的水质变化，还取决于新增加的淹没水体中水质浓度的情况。由图 6-26～图 6-29 可知，不同空间位置、不同水质指标对水利枢纽工程的响应方式不同，有些区域水利枢纽工程建设后浓度显著增加，有些区域水利枢纽工程建设后浓度显著降低，有些区域水利枢纽工程建设前后浓度几乎无变化，具体位置、具体水质指标的响应情况应根据空间分布图具体分析（表 6-16）。

表 6-16　第四阶段水利枢纽工程建设前后水质变化情况（2006 年）

项目		PO_4^{2-} 浓度（mg/L）	NH_4^+ 浓度（mg/L）	NO_3^- 浓度（mg/L）	TP 浓度（mg/L）	TN 浓度（mg/L）
均值	工程前	0.031	0.18	0.35	0.08	1.23
	工程后	0.030	0.17	0.38	0.08	1.14
最小值	工程前	0.004	0.01	0.00	0.01	0.34
	工程后	0.005	0.01	0.00	0.02	0.41
最大值	工程前	0.064	0.58	0.96	0.23	2.87
	工程后	0.061	0.49	1.02	0.18	2.33
均值变化比（%）		-0.76	-6.26	9.50	-10.56	-7.23

注：比例正值表示水利枢纽工程建设后水质指标值增加，比例负值表示水利枢纽工程建设后水质指标值降低

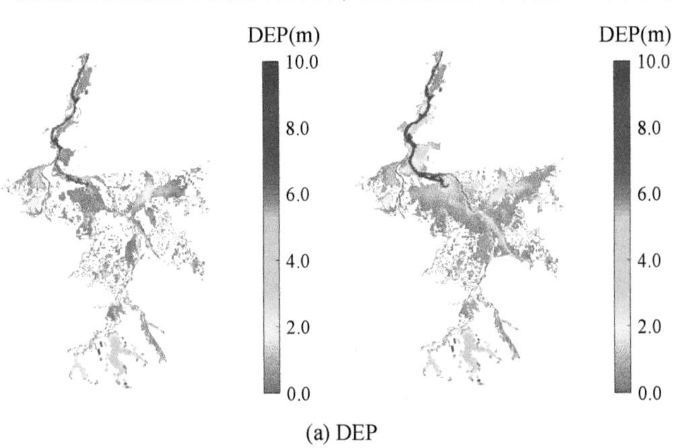

(a) DEP

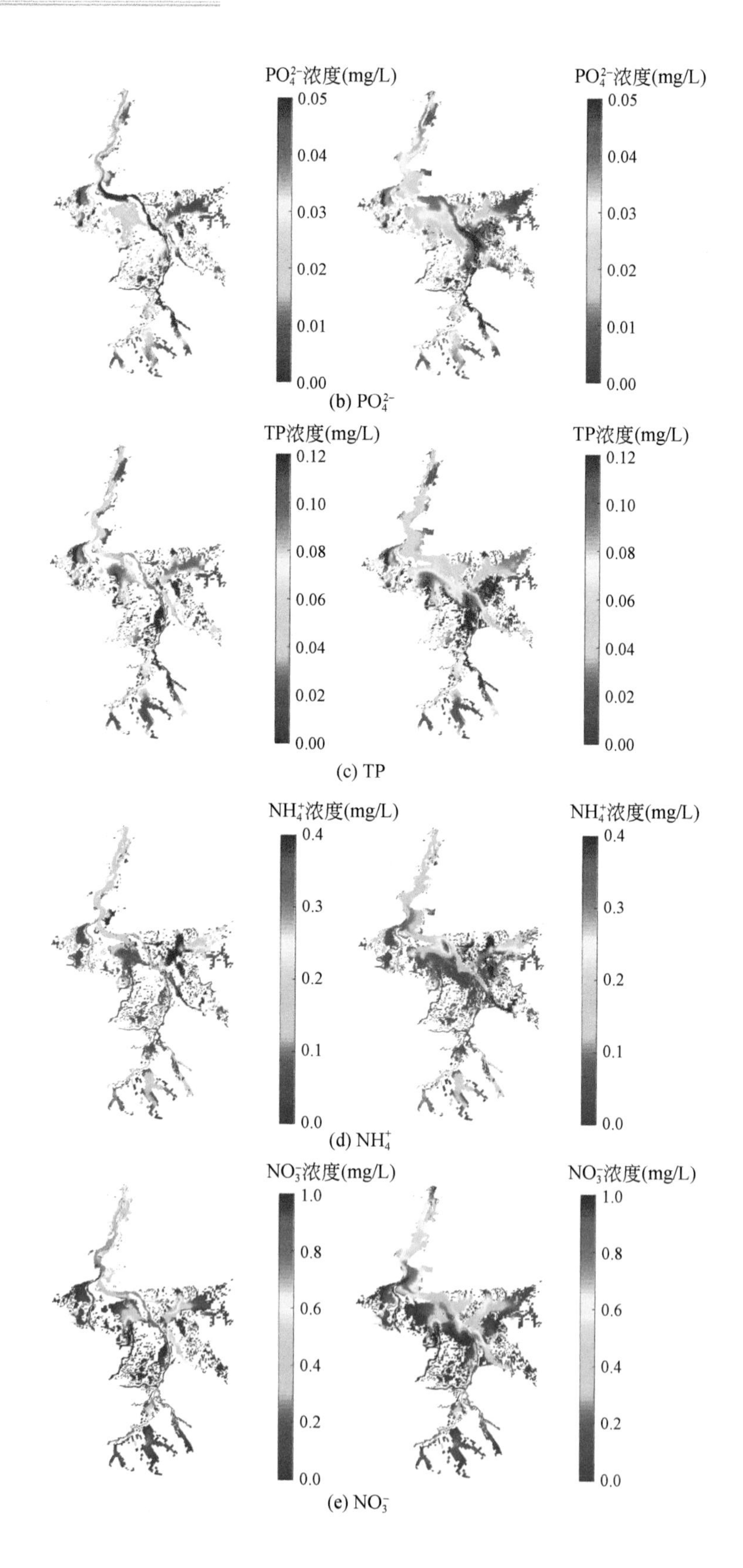

(b) PO_4^{2-}

(c) TP

(d) NH_4^+

(e) NO_3^-

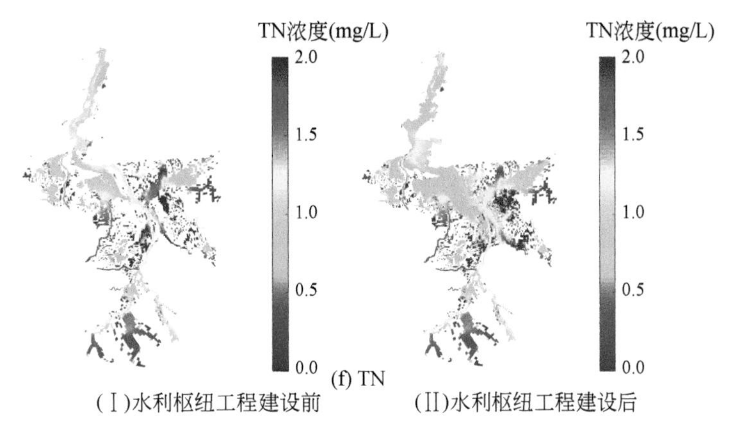

(f) TN

(Ⅰ)水利枢纽工程建设前　(Ⅱ)水利枢纽工程建设后

图 6-26　第四阶段水利枢纽工程建设前后水质浓度的空间分布差异（2006 年）

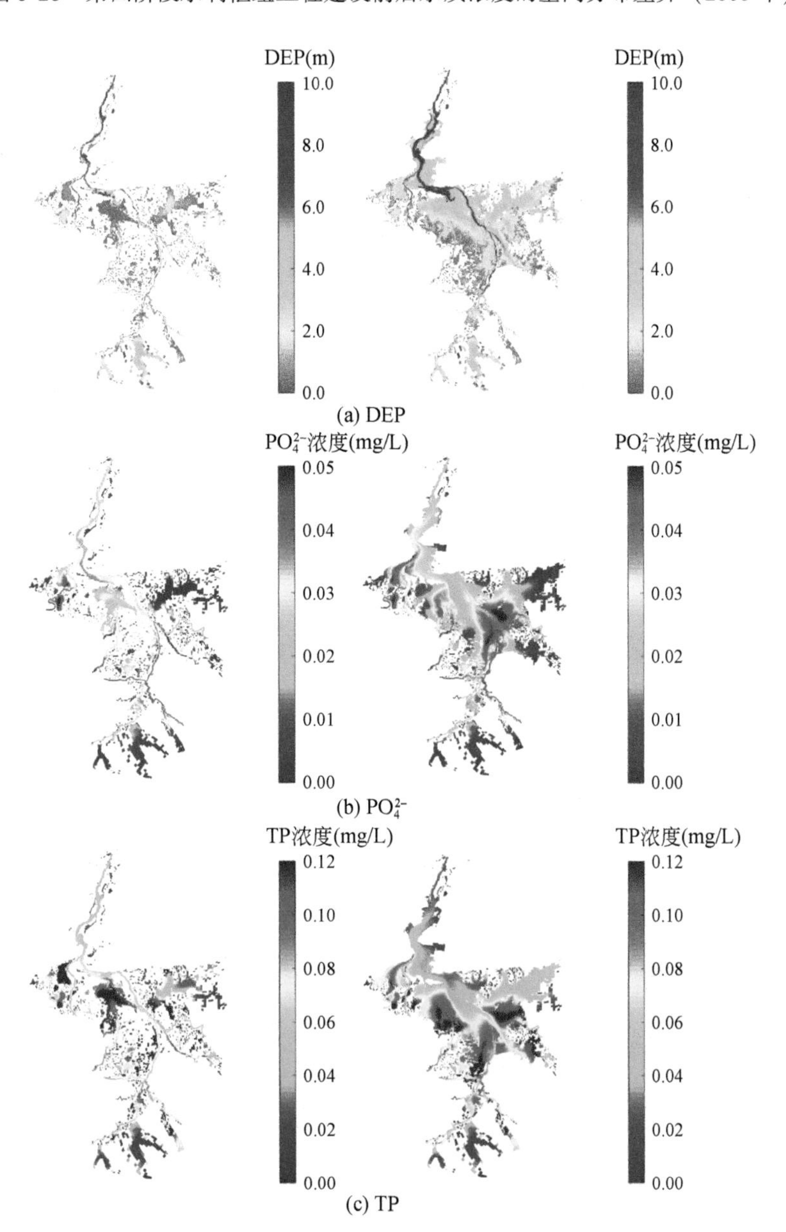

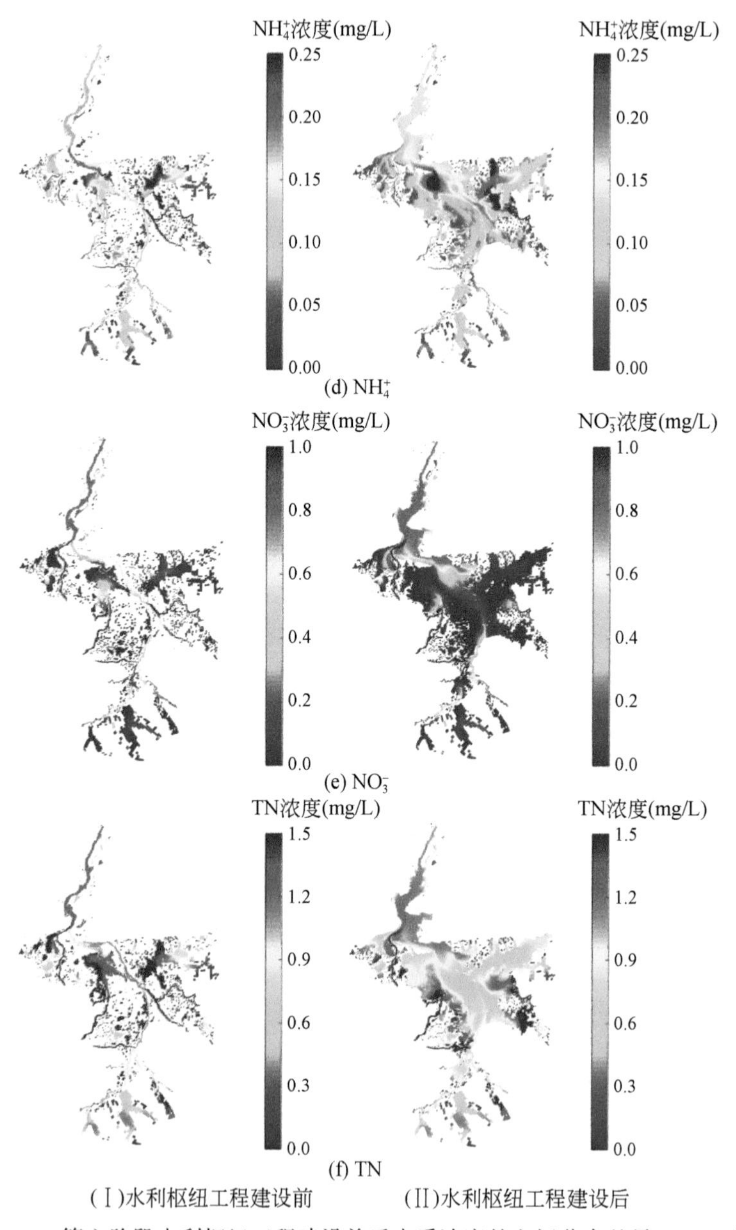

图 6-27　第六阶段水利枢纽工程建设前后水质浓度的空间分布差异（2006 年）

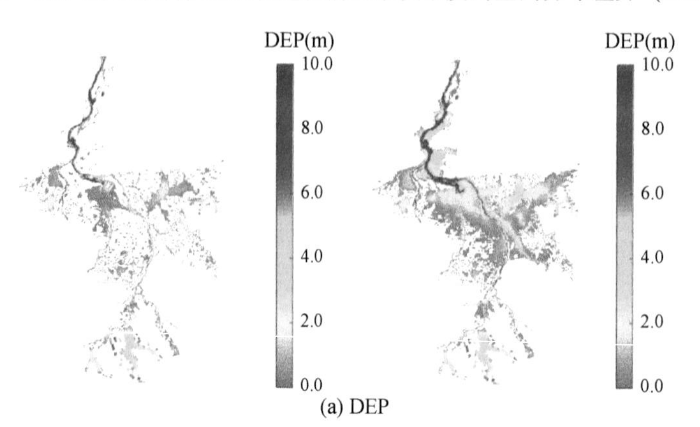

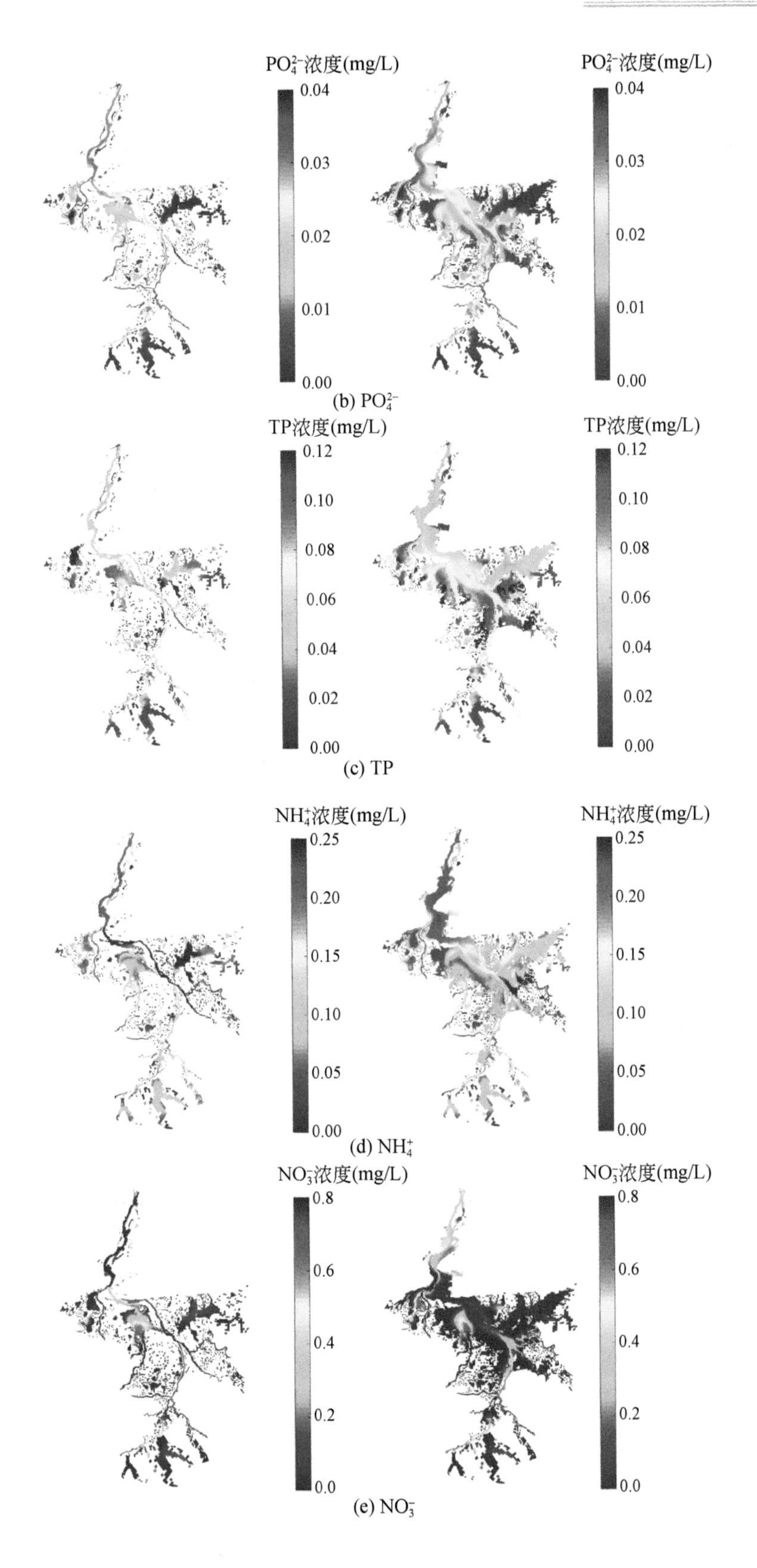

(b) PO_4^{2-}

(c) TP

(d) NH_4^+

(e) NO_3^-

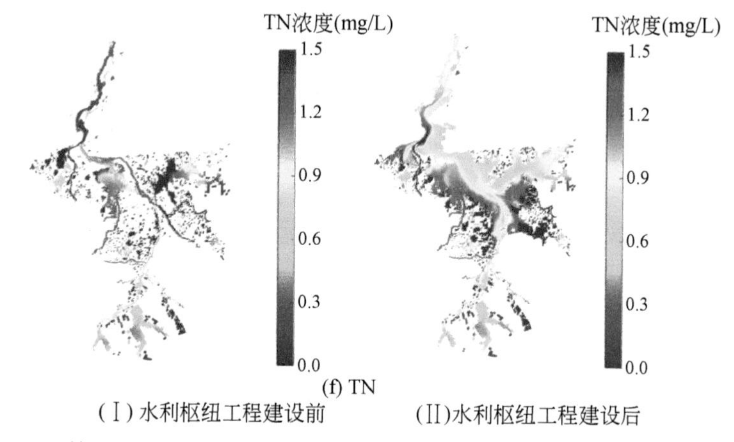

(f) TN

(Ⅰ)水利枢纽工程建设前　　(Ⅱ)水利枢纽工程建设后

图 6-28　第八阶段水利枢纽工程建设前后水质浓度的空间分布差异（2006 年）

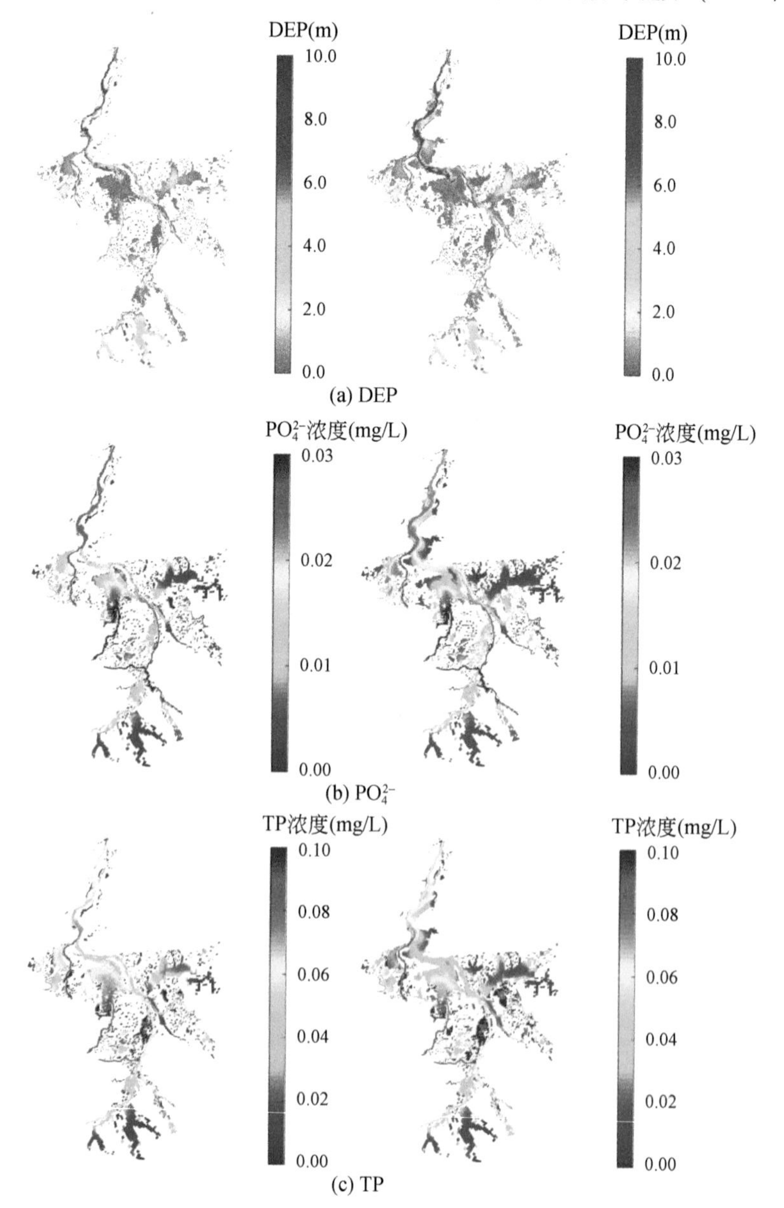

(c) TP

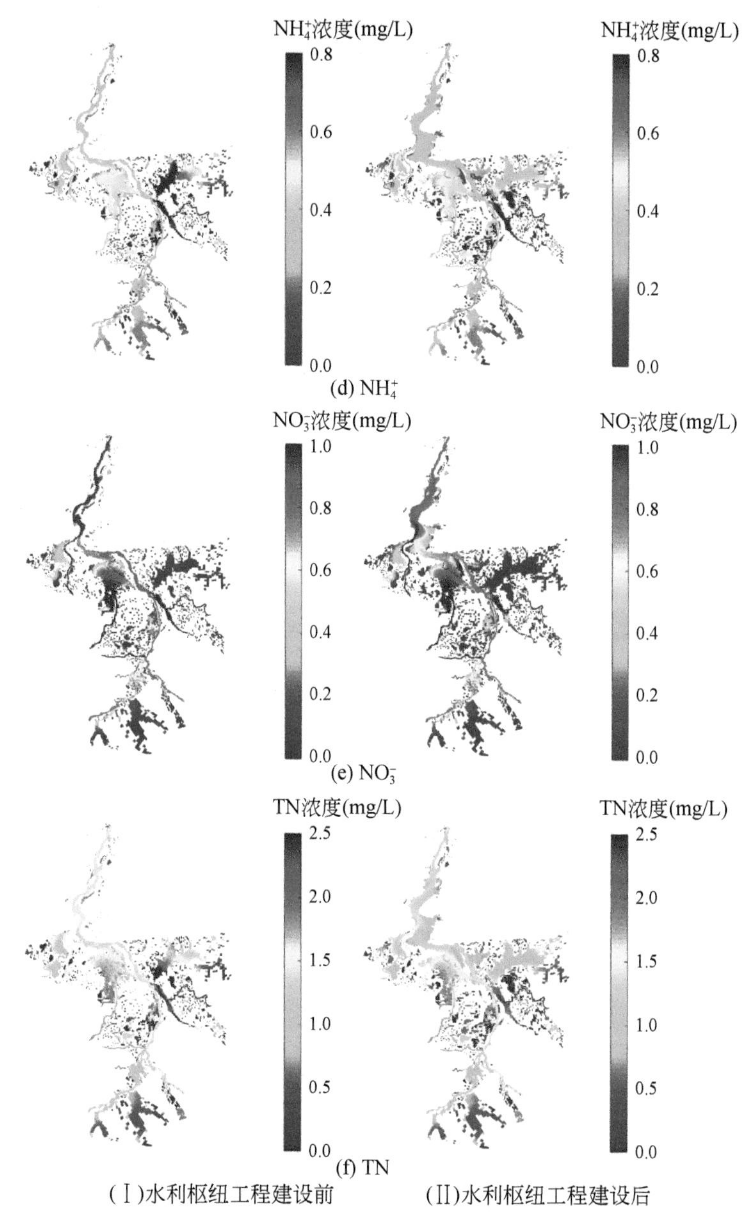

图 6-29 第十阶段水利枢纽工程建设前后水质浓度的空间分布差异（2006 年）

2. 水利枢纽工程建设对鄱阳湖水质类别与富营养化指数的影响

选择 2006 年第 31 天（1 月 31 日）、第 130 天（5 月 10 日）和第 262 天（9 月 20 日）进一步分析 2006 年建闸前后鄱阳湖水质类别及富营养化程度的空间变化情况。此处水质类别由 TP 单一指标和 TN 单一指标分别表示；富营养化程度因为 SD 与 COD_{Mn} 数据的缺失，由 Chla、TP 与 TN 三个指标计算得到的综合富营养化指数表示。由图 6-30 ~ 图 6-32 可知，对于全湖连通前的 1 月 31 日来说，与 2015 年情况相同，除了水利枢纽工程建设后水体淹没面积增加导致的差异外，水利枢纽工程建设前后相同淹没水体区域处优于Ⅲ类水与劣于Ⅲ类水及富营养化程度的空间分布几乎相同；对于全湖连通期的 5 月 10 日来说，同样与 2015 年情况

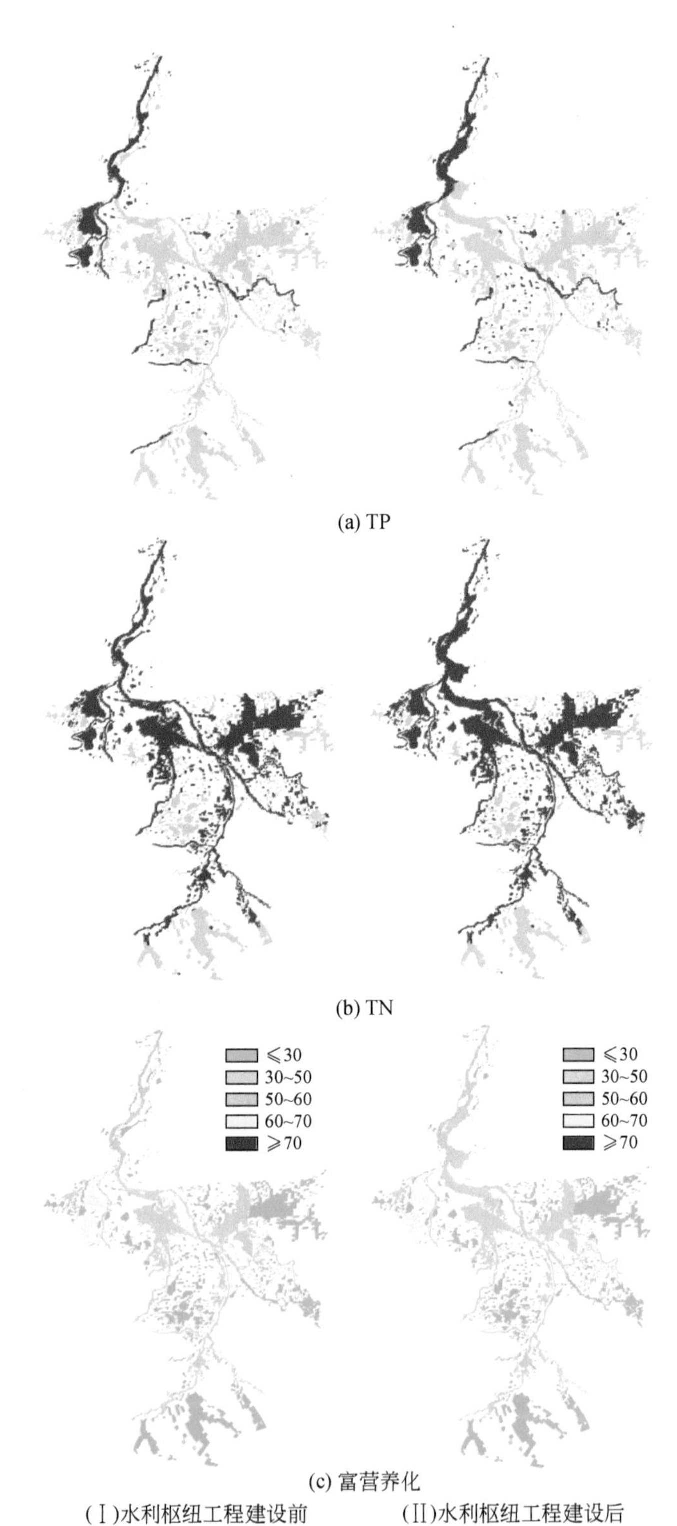

(c) 富营养化

(Ⅰ)水利枢纽工程建设前　　(Ⅱ)水利枢纽工程建设后

图 6-30　水利枢纽工程建设前后 1 月 31 日水质类别与富营养化程度的差异（2006 年）

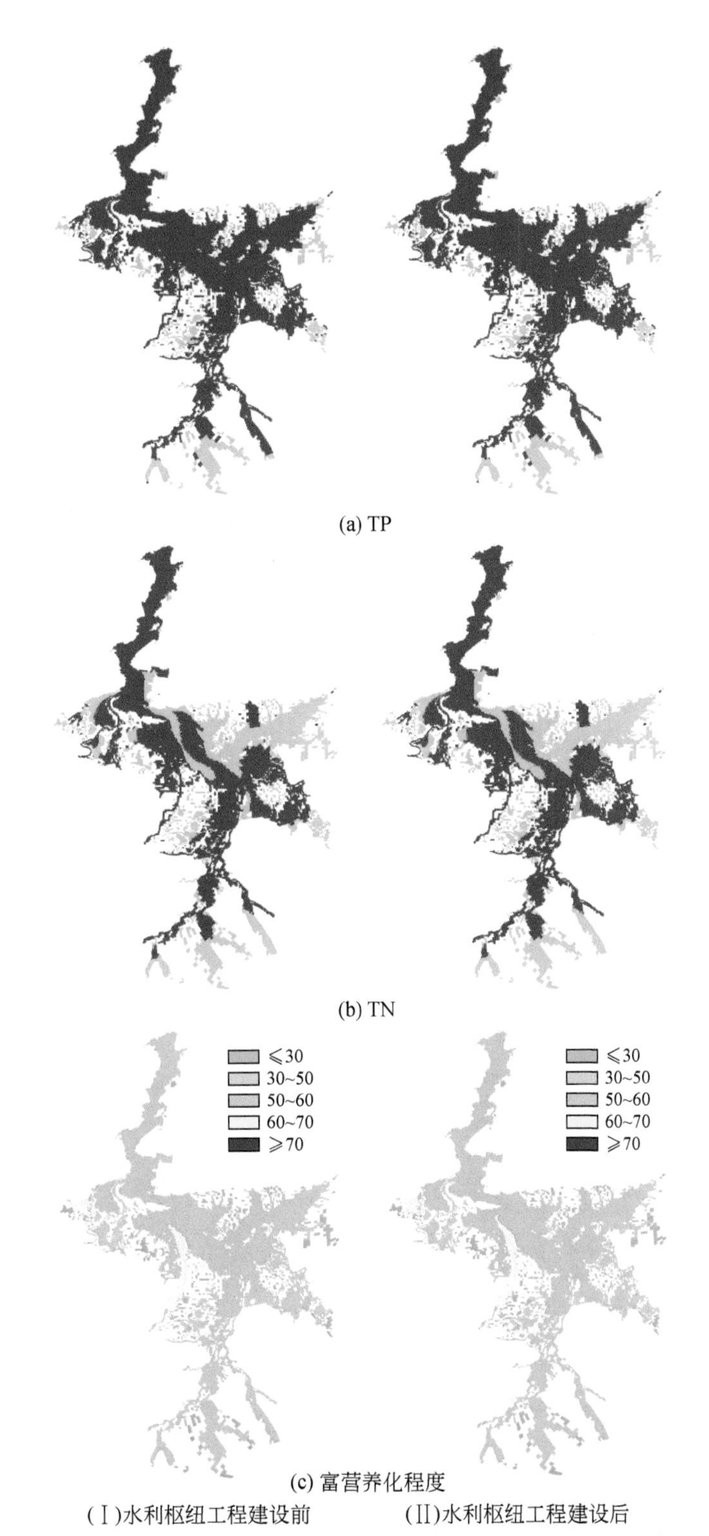

图 6-31　水利枢纽工程建设前后 5 月 10 日水质类别与富营养化程度的差异（2006 年）

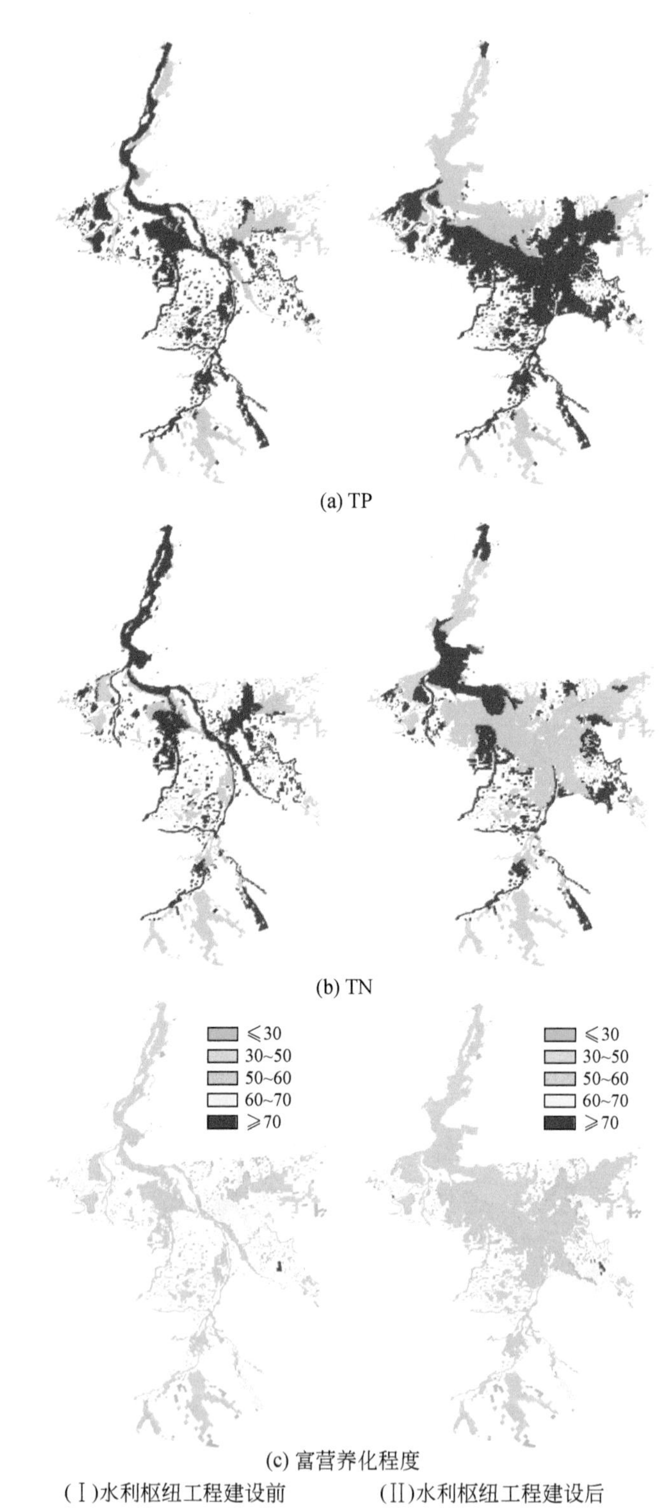

图 6-32 水利枢纽工程建设前后 9 月 20 日水质类别与富营养化程度的差异（2006 年）

相同，水体淹没面积、TP单一指标和TN单一指标分别表示的水质类别及综合富营养化指数的空间分布在水利枢纽工程建设前后几乎完全相同。对于全湖连通期之后的9月20日来说，水利枢纽工程建设后鄱阳湖中部水体淹没面积增加，从以TP单一指标表示的水质类别来看，鄱阳湖中北部河相劣于Ⅲ类水的区域完全被Ⅲ类或优于Ⅲ类的水体替代，而中南部劣于Ⅲ类的水体面积随淹没面积增加而增大；从以TN单一指标表示的水质类别来看，北部河相部分劣于Ⅲ类水的区域被Ⅲ类或优于Ⅲ类的水体替代，但是杨柳津河口东部及都昌站劣于Ⅲ类水的面积随水体淹没面积增加而扩增，鄱阳湖中部的淹没水体绝大部分区域优于与劣于Ⅲ类；从富营养化程度来看，杨柳津河口东部及都昌站附近区域的轻度富营养化水体被中营养区域替代，但中南部中营养水体面积因为水利枢纽工程建设后水体淹没的面积增加而增加。

6.4.3 水利枢纽工程建设对丰水年（2016年）水质的影响

将2016年鄱阳湖丰水年水位按照水利枢纽工程要求进行调控后，需进一步评估水利枢纽工程带来的水质响应。

由图6-33、图6-34可知，NH_4^+浓度对鄱阳湖水利枢纽工程的响应十分微弱；NO_3^-浓度除了撮箕湖、都昌、虎头下、湖汉丰水在9～10月浓度有所升高外，其他站点处几乎无响应。由图6-35可知，PO_4^{2-}浓度除撮箕湖、虎头下与湖汉丰水在9～10月略有升高外，其他站点对水利枢纽工程无明显响应。由图6-36可知，TN浓度各站点变化基本与NO_3^-浓度变化一致。由图6-37可知，TP对鄱阳湖水利枢纽工程的响应极为微弱，只有撮箕湖、蛤蟆石、都昌、虎头下、湖汉丰水在9～10月有略微降低。

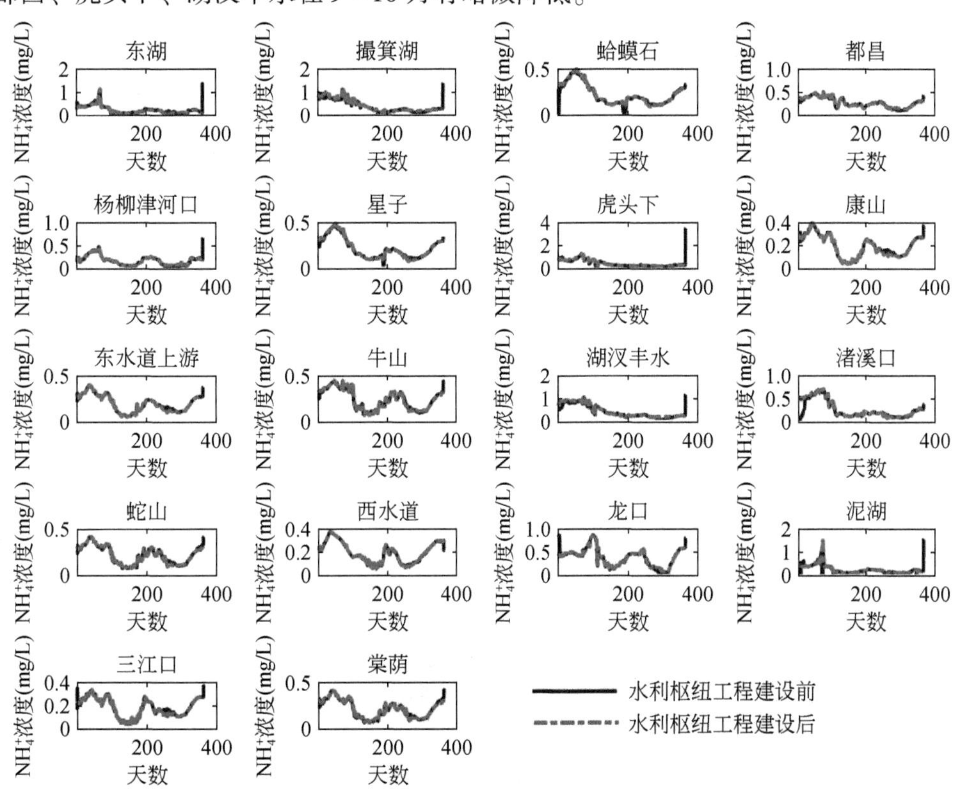

图6-33 水利枢纽工程建设前后重要站点NH_4^+的时间响应（2016年）

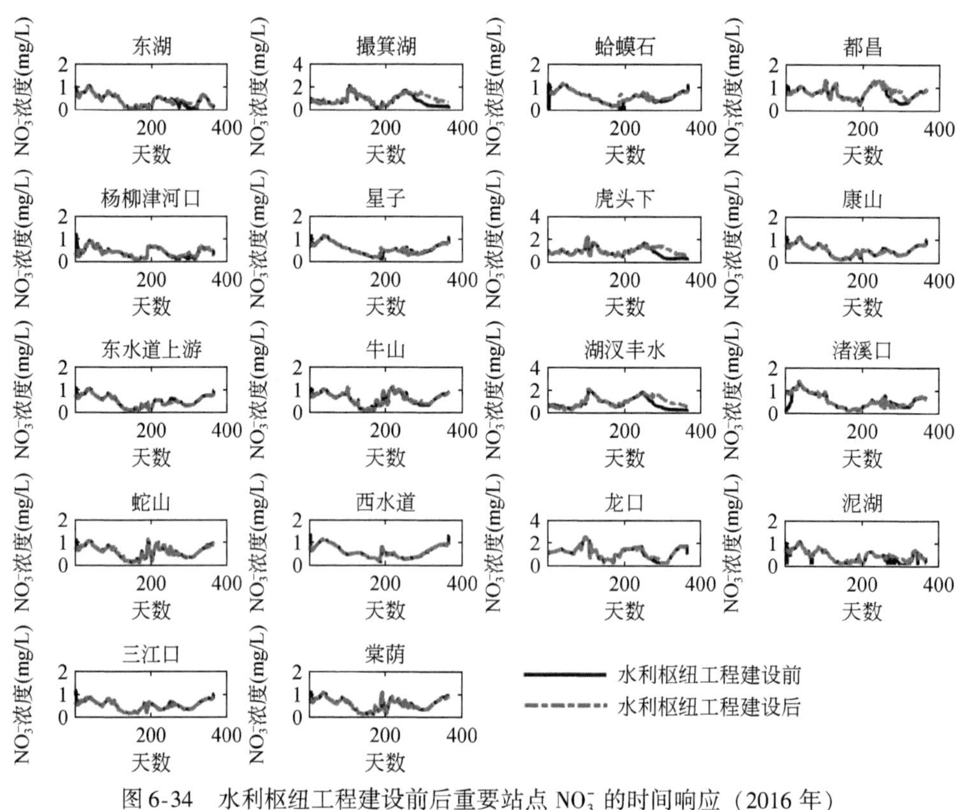

图 6-34 水利枢纽工程建设前后重要站点 NO_3^- 的时间响应（2016 年）

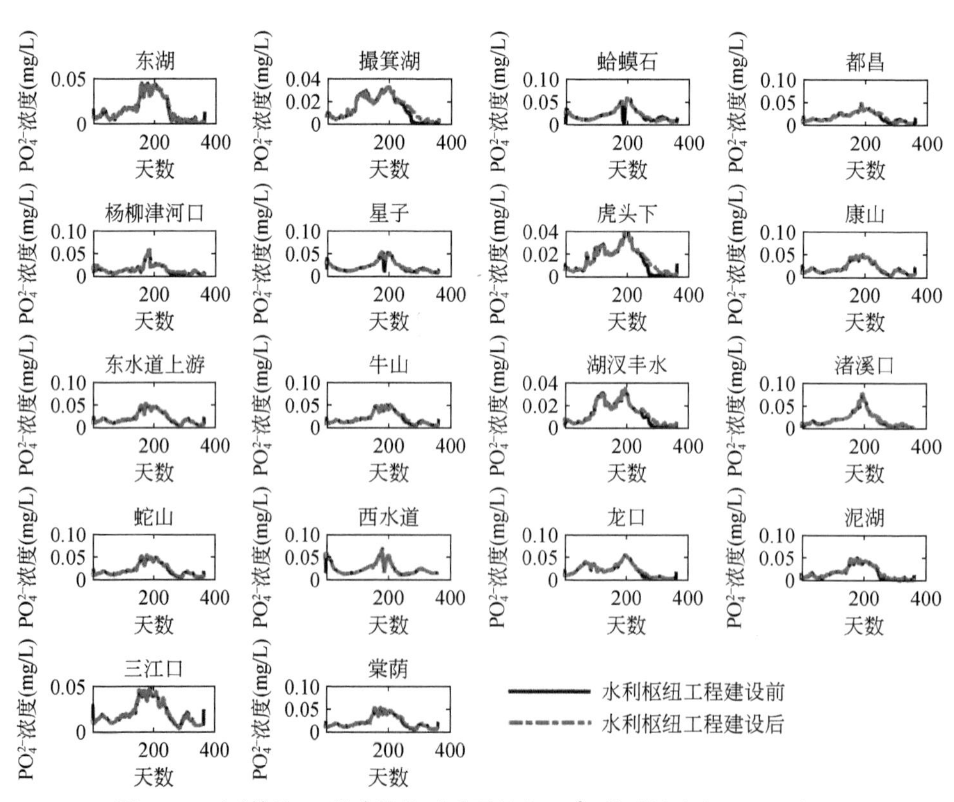

图 6-35 水利枢纽工程建设前后重要站点 PO_4^{2-} 的时间响应（2016 年）

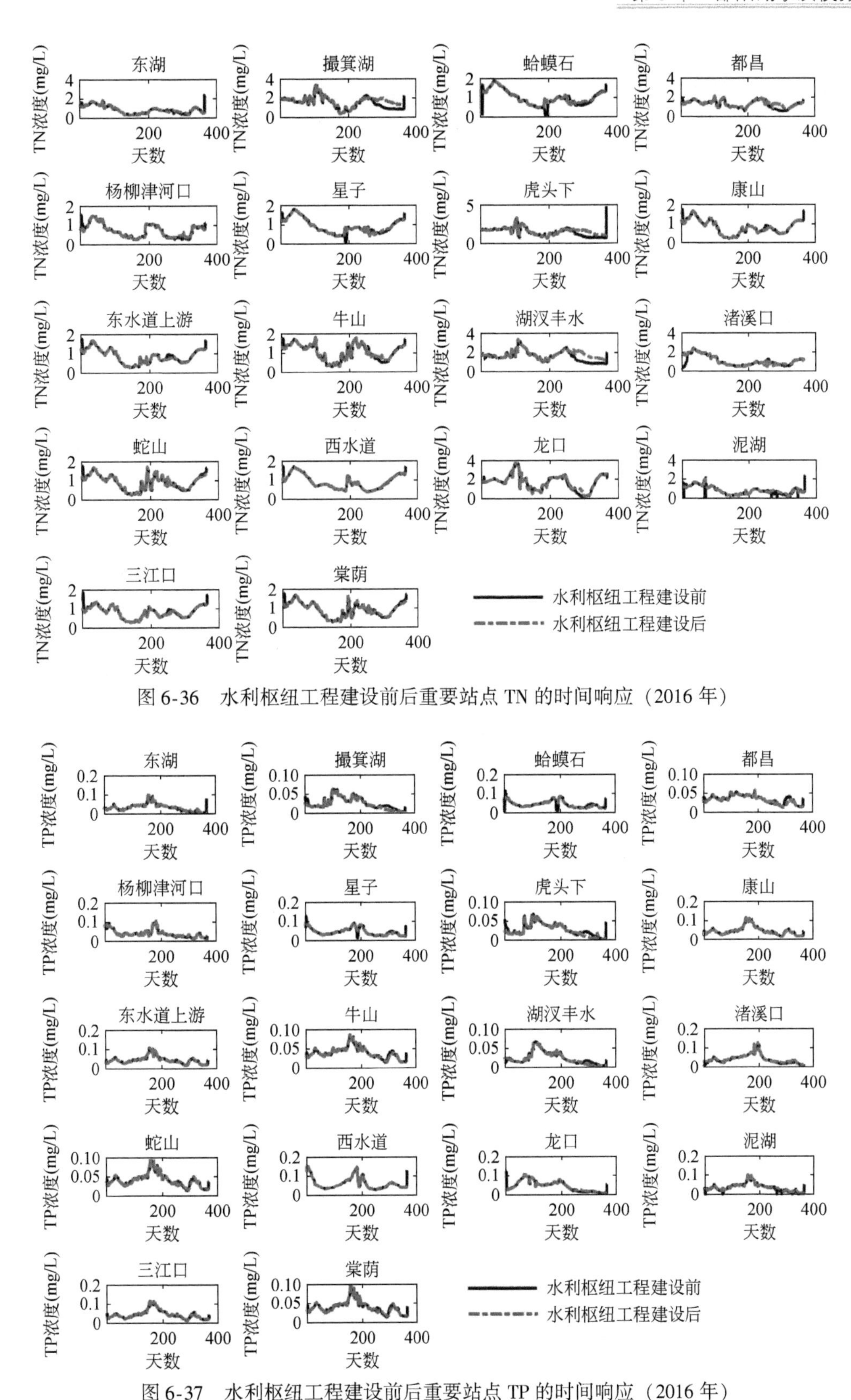

图 6-36　水利枢纽工程建设前后重要站点 TN 的时间响应（2016 年）

图 6-37　水利枢纽工程建设前后重要站点 TP 的时间响应（2016 年）

1. 水利枢纽工程建设前后不同时段的水质空间响应

全湖、全年均值隐藏了水质指标的时间、空间分布信息，而由上述分析可知，不同空间位置处水质、水生态对水利枢纽工程的响应方式差异较大，因此本节进一步探讨2016年丰水年每个阶段水利枢纽工程建设前后的水质空间响应。

第一阶段（1月1日至2月28日）的水利枢纽工程措施在上游水位稳定在10m的初始条件下，通过溢流的方式向下游放水，2月底逐步消落达到9.50m，水利枢纽工程前后的水深、水质空间分布如图6-38所示。水利枢纽工程建设前后除东北部高NH_4^+浓度区域有明显升高外，其他指标，如DEP、PO_4^{2-}、TP、NO_3^-、TN的空间分布在水利枢纽工程建设前后均没有明显差异。

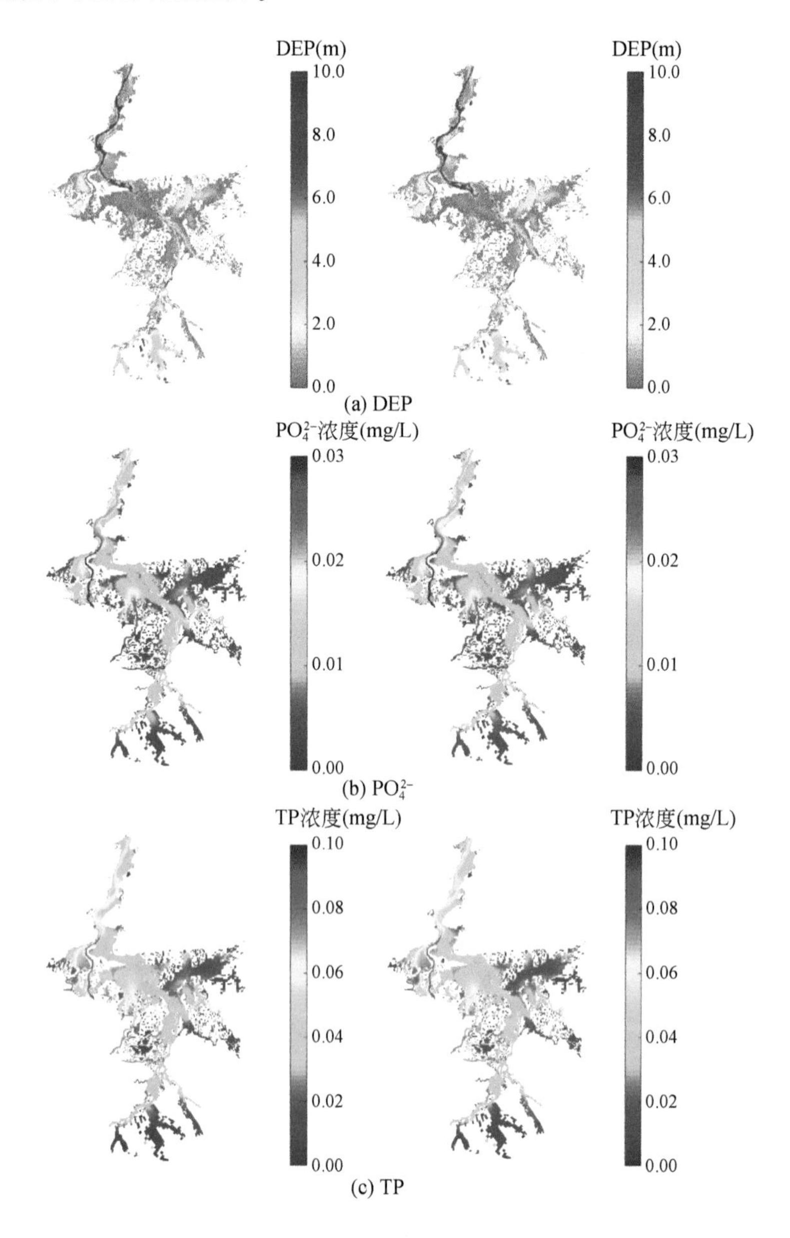

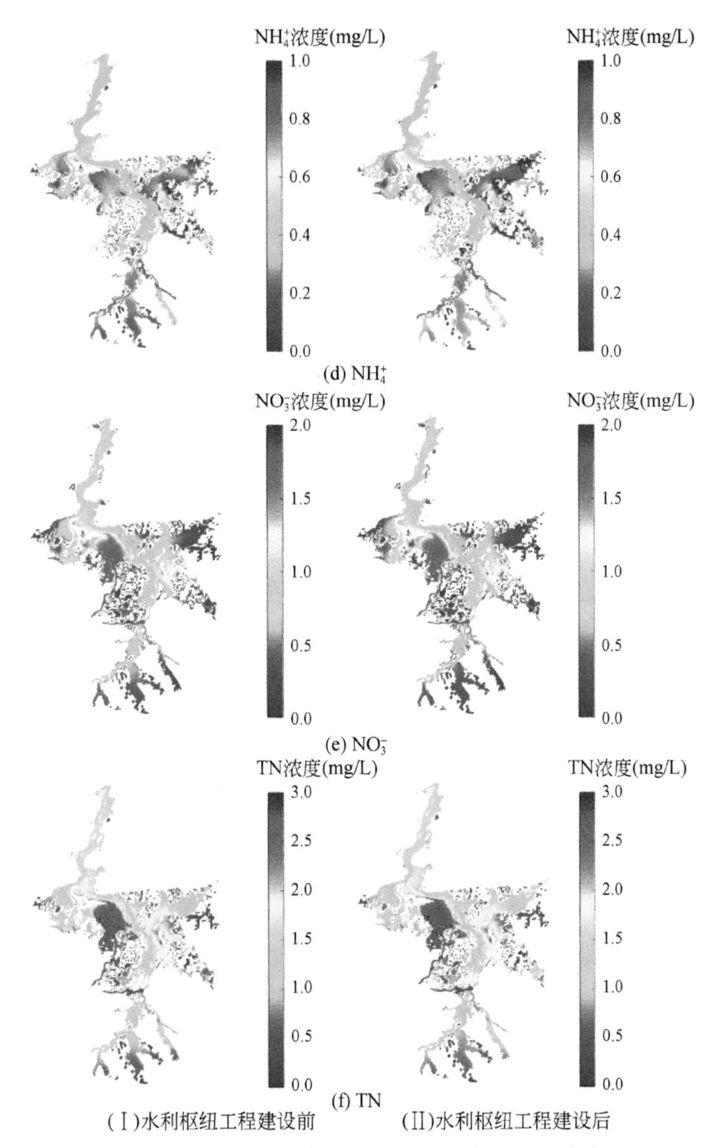

图 6-38 第一阶段水利枢纽工程建设前后水质浓度的空间分布差异（2016 年）

为了进行水利枢纽工程建设前后的数值比较，进一步计算此阶段内水质、水生态指标的均值，但需要指出的是，由于工程后鄱阳湖水体淹没面积增加了 87.78km^2，面积的差异表明研究对象水体发生了变化，且计算的为所有湿网格的均值，网格数量的差异会导致计算的均值在水利枢纽工程建设前后不具有绝对的可比性。由表 6-17 可知，水利枢纽工程建设后此阶段内所有指标的全湖均值浓度变化比例均不足 10%。

表 6-17 第一阶段水利枢纽工程建设前后水质变化情况（2016 年）

项目		PO_4^{2-} 浓度（mg/L）	NH_4^+ 浓度（mg/L）	NO_3^- 浓度（mg/L）	TP 浓度（mg/L）	TN 浓度（mg/L）
均值	工程前	0.011	0.51	0.74	0.04	1.50
	工程后	0.012	0.56	0.72	0.04	1.53

续表

项目		PO_4^{2-} 浓度（mg/L）	NH_4^+ 浓度（mg/L）	NO_3^- 浓度（mg/L）	TP 浓度（mg/L）	TN 浓度（mg/L）
最小值	工程前	0.003	0.13	0.05	0.01	0.45
	工程后	0.004	0.15	0.05	0.01	0.55
最大值	工程前	0.026	0.99	1.65	0.08	2.78
	工程后	0.026	1.09	1.64	0.08	2.81
均值变化比（%）		0.56	9.95	-3.27	0.97	2.62

注：比例正值表示水利枢纽工程建设后水质指标值增加，比例负值表示水利枢纽工程建设后水质指标值降低

第二阶段（3 月 1～31 日）通过控制上、下游连通方式及溢流情况将鄱阳湖闸前水位逐步消落在 9.0～9.5m。由图 6-39 可知，由于此阶段水深差异较小，鄱阳湖 PO_4^{2-}、TP、NH_4^+、NO_3^-、TN 浓度对水利枢纽工程的空间响应比较微弱，工程前后的浓度空间分布无显著差异。

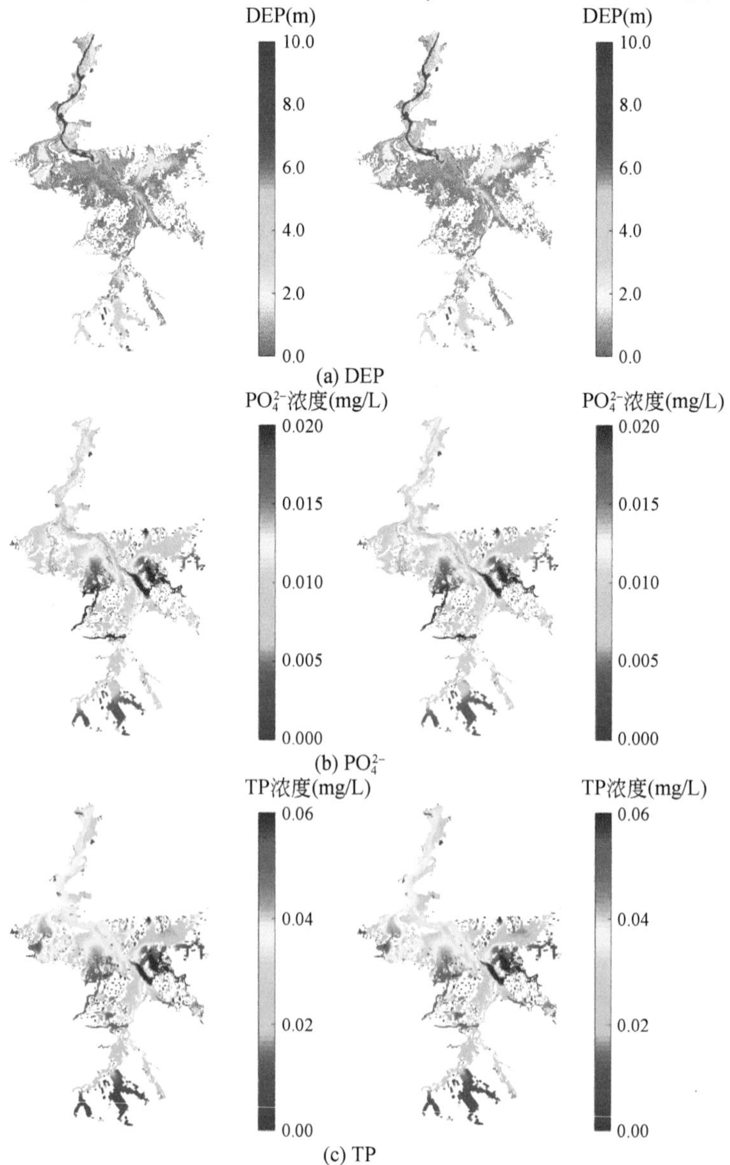

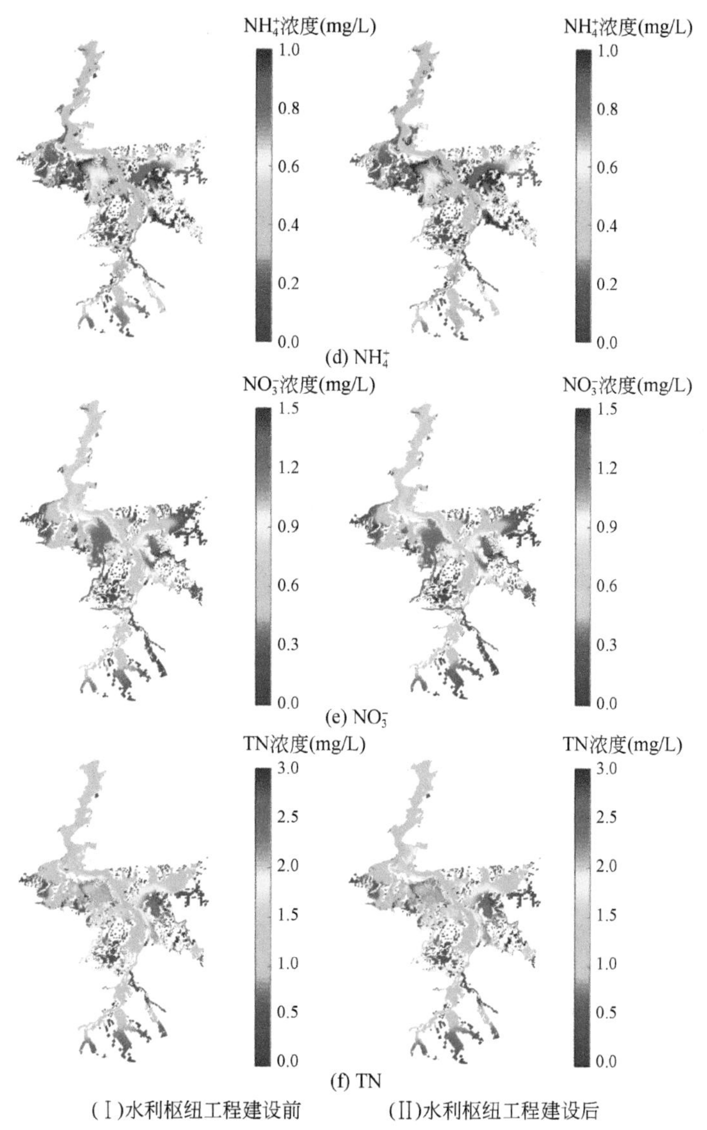

图 6-39 第二阶段水利枢纽工程建设前后水质浓度的空间分布差异（2016 年）

为了进行水利枢纽工程建设前后的浓度比较，进一步计算此阶段内水质的浓度均值，此阶段水利枢纽工程建成后鄱阳湖水体淹没面积仅增加 0.70%（26.57km^2），暂且忽略水利枢纽工程建设前后湿网格数量的差异，用水利枢纽工程建设前后湿网格的空间浓度均值近似代表实际浓度均值进行对比分析。由表 6-18 可知，此阶段内 PO_4^{2-}、TP、NH_4^+、NO_3^-、TN 浓度在水利枢纽工程建设前后的全湖均值变化比例均不足 5.0%。

表 6-18 第二阶段水利枢纽工程建设前后水质变化情况（2016 年）

项目		PO_4^{2-} 浓度（mg/L）	NH_4^+ 浓度（mg/L）	NO_3^- 浓度（mg/L）	TP 浓度（mg/L）	TN 浓度（mg/L）
均值	工程前	0.011	0.51	0.64	0.03	1.38
	工程后	0.011	0.54	0.64	0.03	1.41

续表

项目		PO_4^{2-} 浓度（mg/L）	NH_4^+ 浓度（mg/L）	NO_3^- 浓度（mg/L）	TP 浓度（mg/L）	TN 浓度（mg/L）
最小值	工程前	0.004	0.08	0.05	0.01	0.33
	工程后	0.004	0.08	0.05	0.01	0.34
最大值	工程前	0.020	1.24	1.29	0.06	2.58
	工程后	0.020	1.33	1.29	0.06	2.63
均值变化比（%）		-1.25	4.83	0.60	-1.78	1.85

注：比例正值表示水利枢纽工程建设后水质指标值增加，比例负值表示水利枢纽工程建设后水质指标值降低

第三阶段（4 月 1 日至 8 月 31 日）将闸坝完全打开，即上、下游完全连通，此阶段水利枢纽工程建设前后的水动力、水质响应几乎完全相同，空间分布也极为类似（图 6-40）。由表 6-19 可知，此阶段内所有水质指标的全湖均值浓度在水利枢纽工程建设前后变化比例均不足 3.0%。

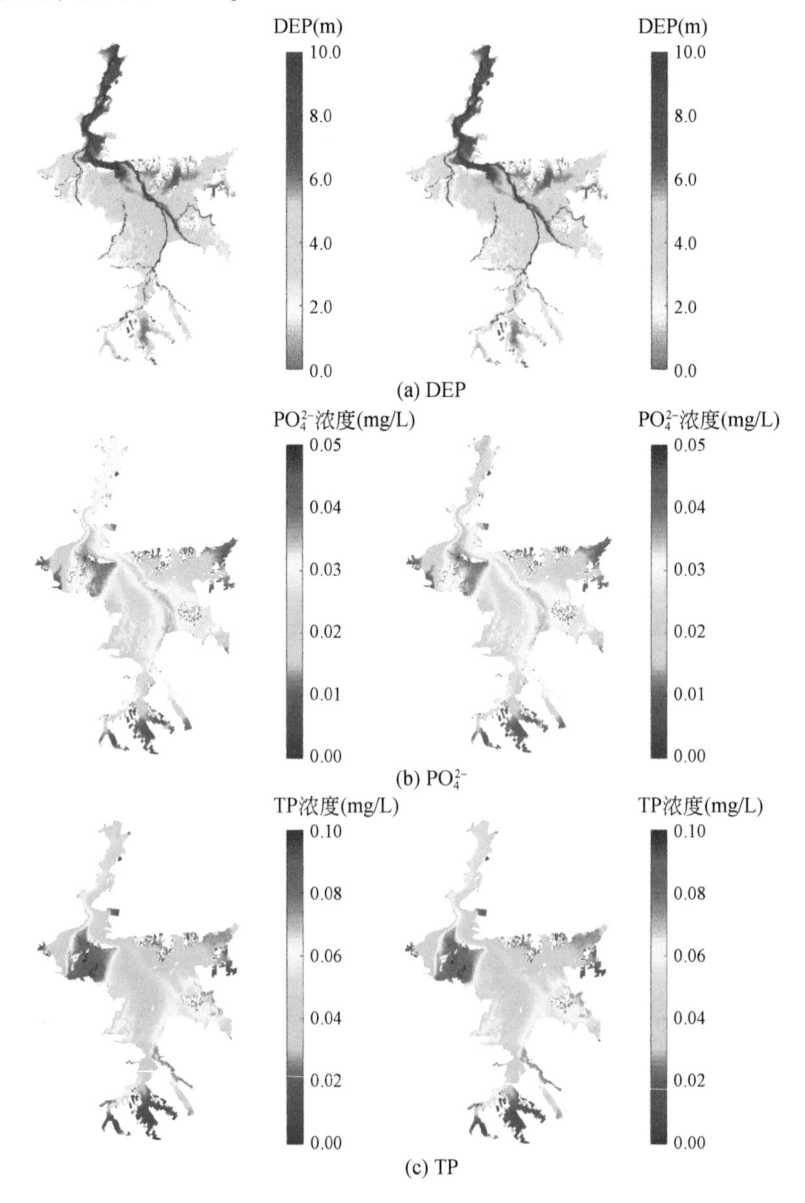

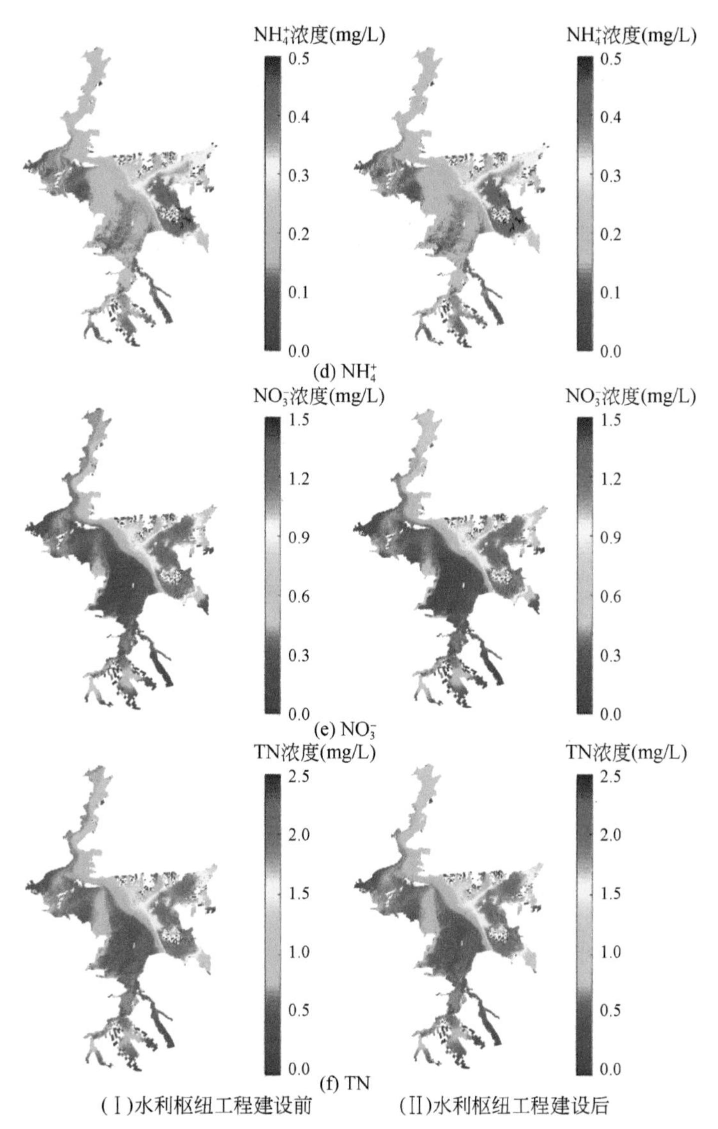

图 6-40　第三阶段水利枢纽工程建设前后水质浓度的空间分布差异（2016 年）

表 6-19　第三阶段水利枢纽工程建设前后水质变化情况（2016 年）

项目		PO_4^{2-} 浓度（mg/L）	NH_4^+ 浓度（mg/L）	NO_3^- 浓度（mg/L）	TP 浓度（mg/L）	TN 浓度（mg/L）
均值	工程前	0.027	0.20	0.51	0.05	0.91
	工程后	0.027	0.20	0.52	0.05	0.92
最小值	工程前	0.009	0.04	0.04	0.02	0.28
	工程后	0.009	0.04	0.05	0.02	0.29
最大值	工程前	0.052	0.46	1.39	0.10	2.18
	工程后	0.052	0.46	1.39	0.10	2.19
均值变化比（%）		0.40	1.32	1.17	0.17	0.96

注：比例正值表示水利枢纽工程建设后水质指标值增加，比例负值表示水利枢纽工程建设后水质指标值降低

第四~第十阶段（9月1日至12月31日）：通过水利枢纽工程的调控，鄱阳湖水体淹没面积增大，分别增加了13.60%（547.27km²）、28.10%（1139.01km²）、24.00%（970.19km²）、23.00%（932.40km²）、16.80%（678.60km²）、8.70%（352.21km²）、3.40%（138.03km²），水利枢纽工程建设前后水体面积的较大变化导致计算的所有湿网格的均值并不再具有可比性，水利枢纽工程建设后水质浓度的升高可能是新增湿网格中的浓度与生物量所致，而降低可能是湿网格数量增加所致。鄱阳湖此时间内的水质响应情况不仅取决于水利枢纽工程建设前原有淹没面积处水体的水质变化，还取决于新增加的淹没水体中水质浓度的情况。图6-41~图6-43分别展示了第四阶段、第七阶段、第九阶段水利枢纽工程建设前后的水质空间分布结果。由图可知，不同空间位置、不同水质指标对水利枢纽工程的响应方式不同，有些区域水利枢纽工程建设后浓度显著升高，有些区域水利枢纽工程建设后浓度显著降低，有些区域却几乎无变化，但由于均值在这里不具有可比性，具体位置、具体水质指标的响应情况应根据空间分布图具体分析。

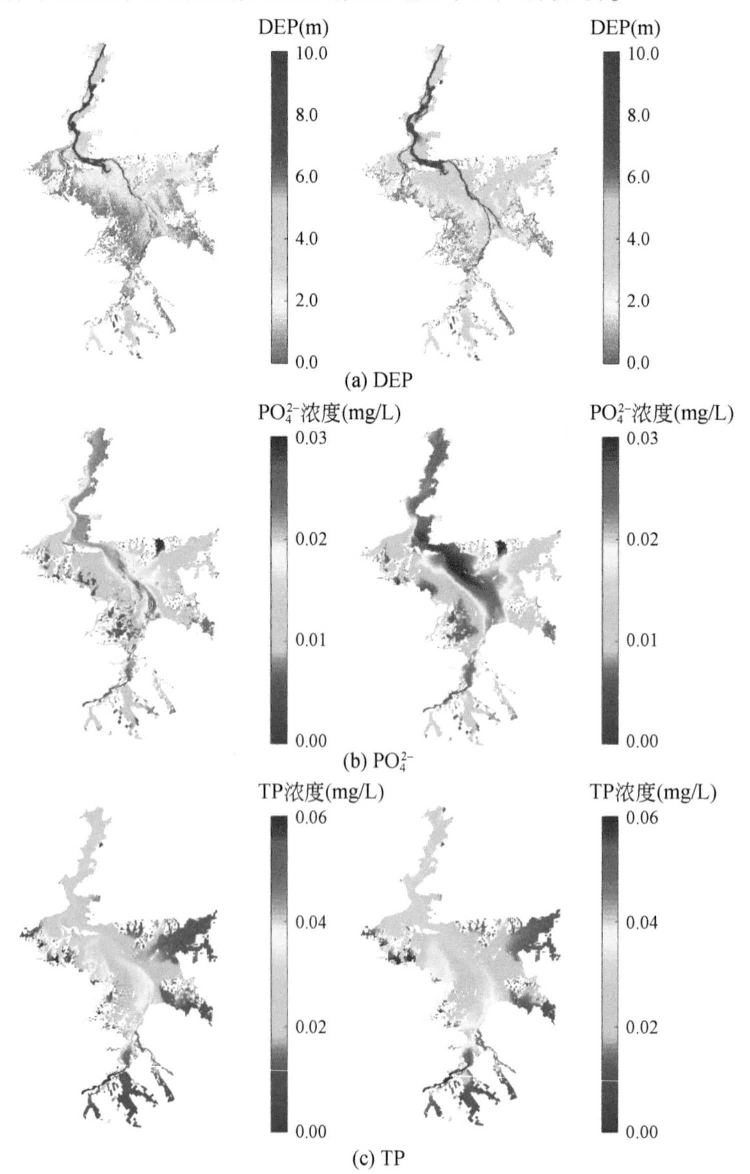

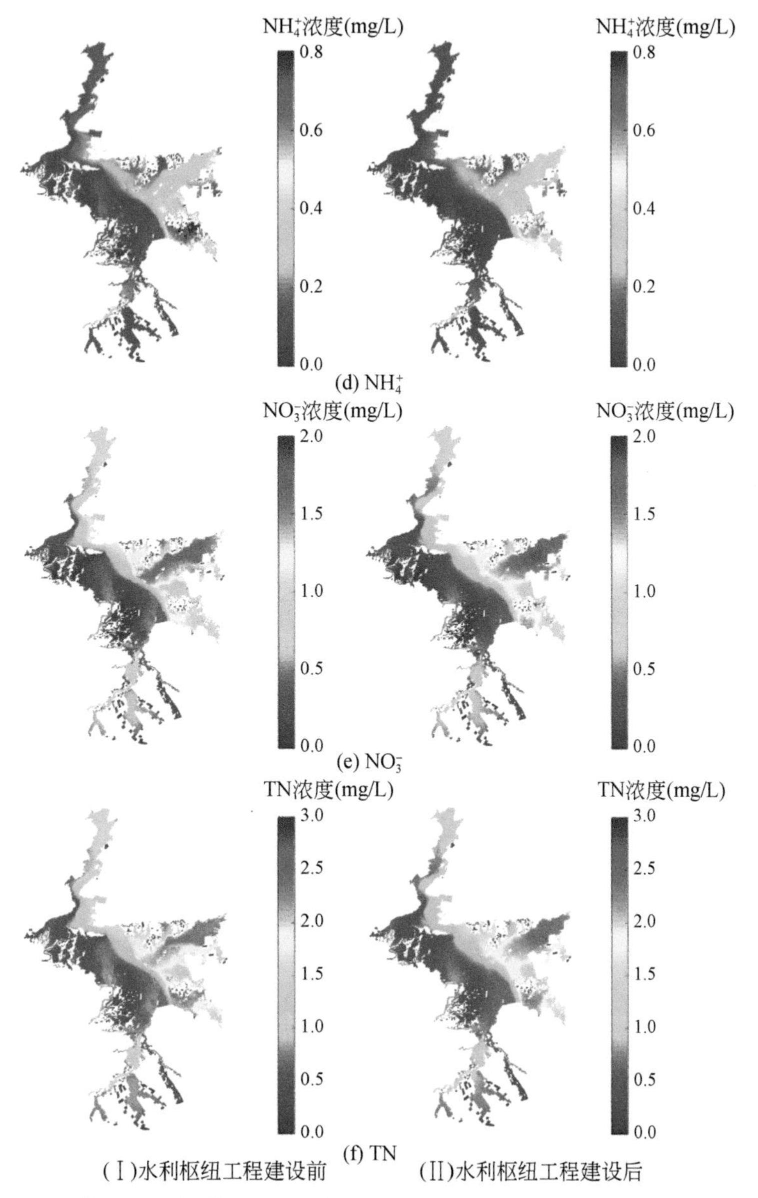

图6-41　第四阶段水利枢纽工程建设前后水质浓度的空间分布差异（2016年）

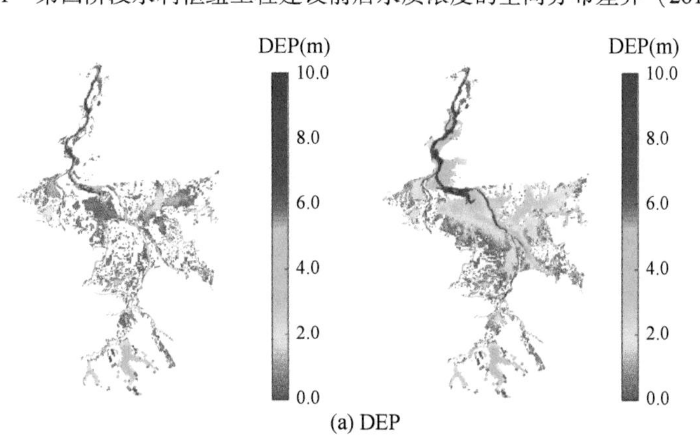

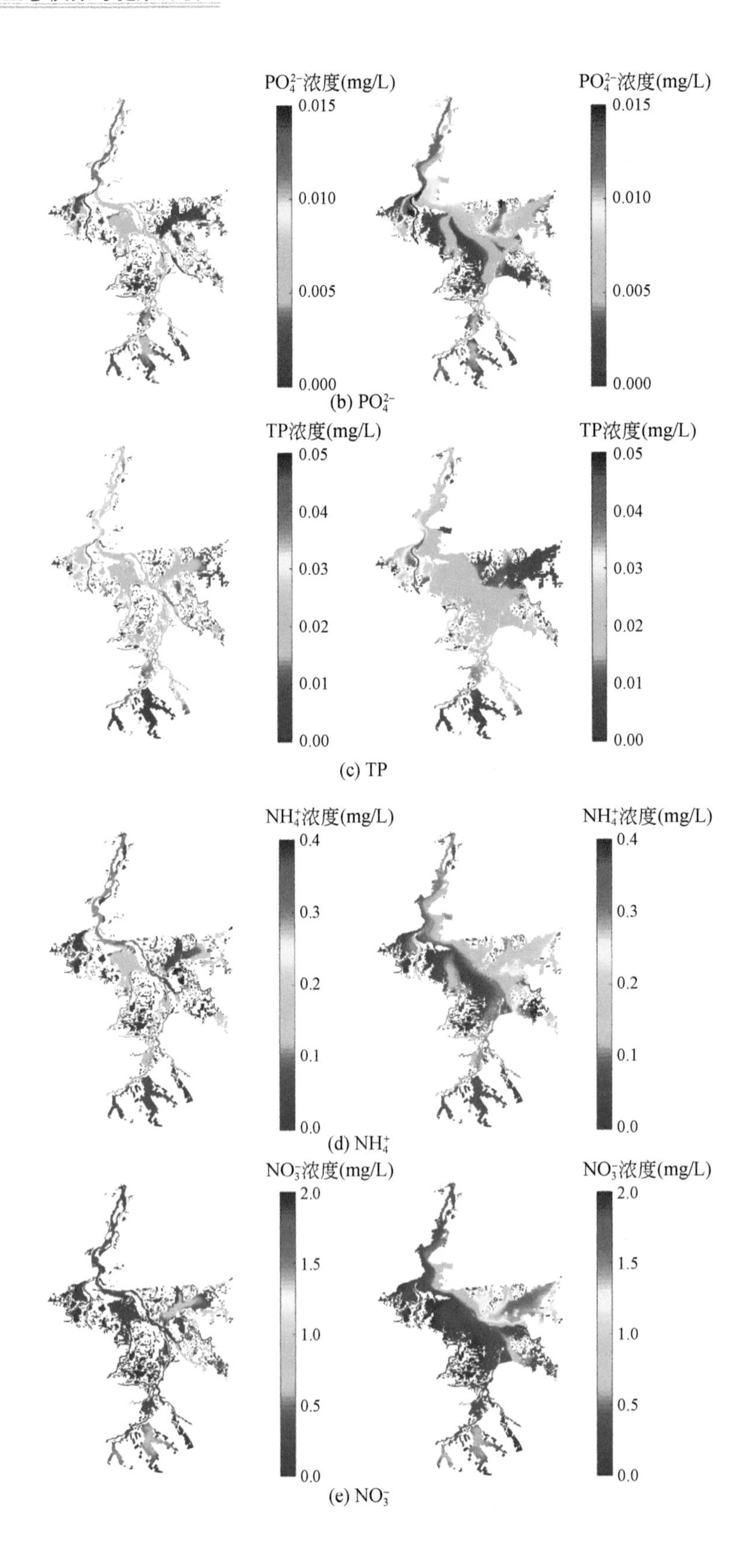

(b) PO_4^{2-}

(c) TP

(d) NH_4^+

(e) NO_3^-

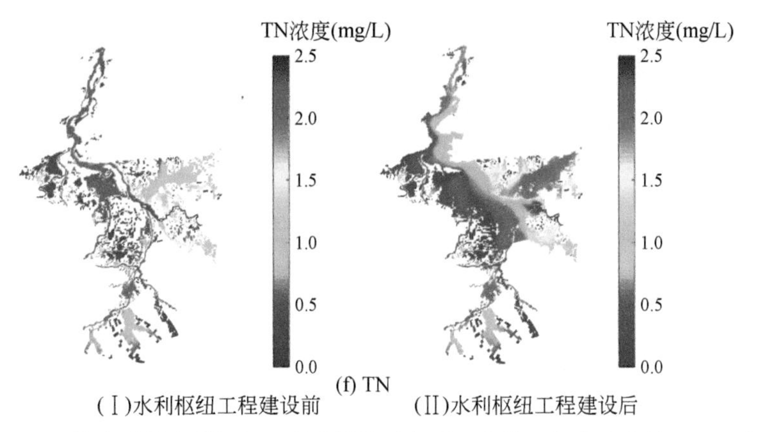

(f) TN

(Ⅰ)水利枢纽工程建设前 (Ⅱ)水利枢纽工程建设后

图 6-42 第七阶段水利枢纽工程建设前后水质浓度的空间分布差异（2016 年）

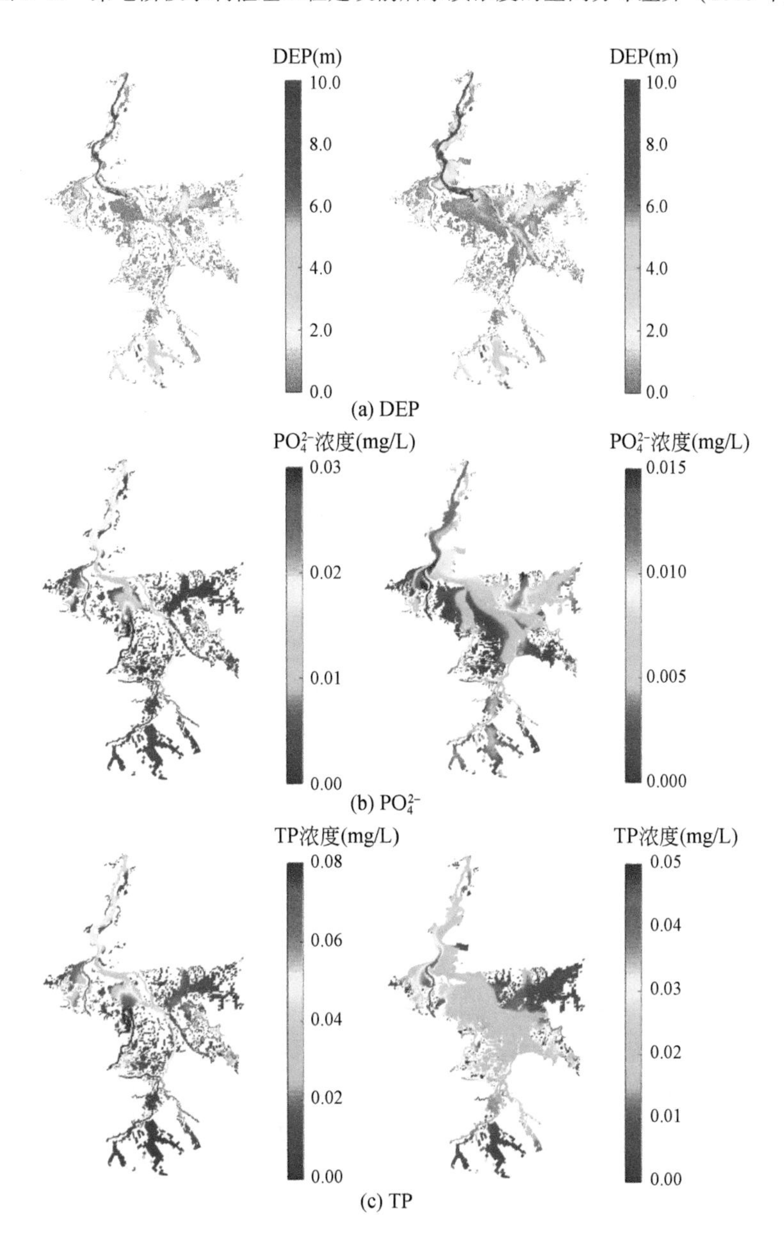

(c) TP

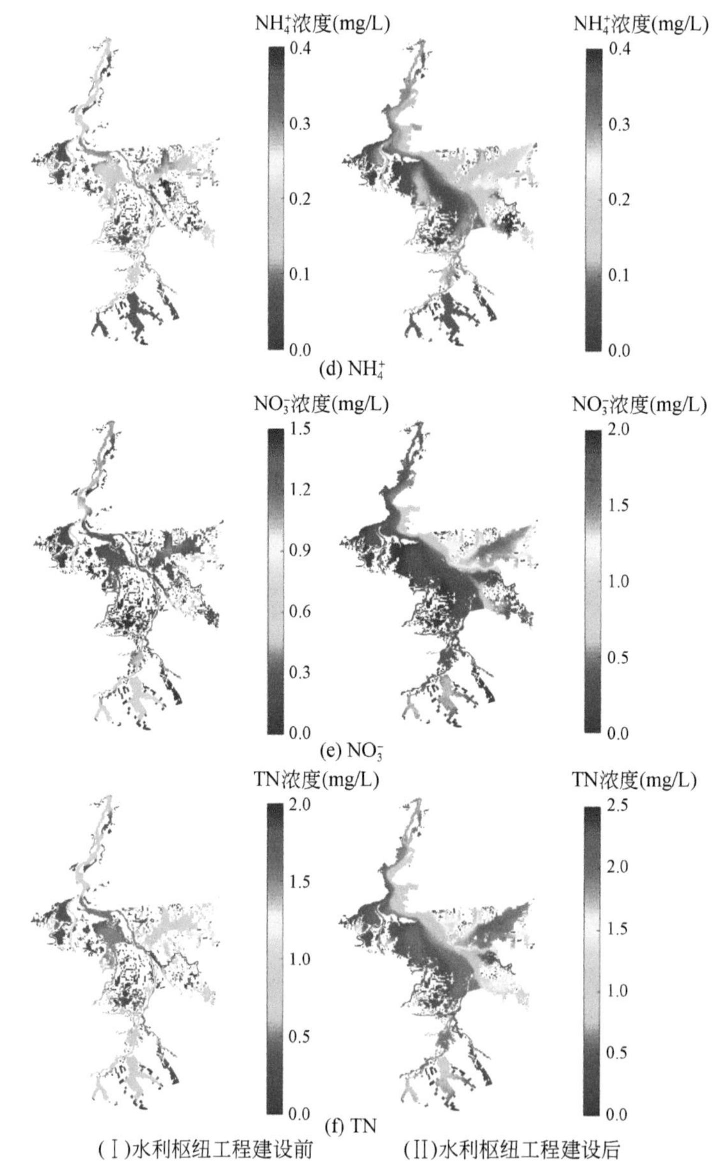

图 6-43　第九阶段水利枢纽工程建设前后水质浓度的空间分布差异（2016 年）

2. 水利枢纽工程建设对鄱阳湖水质类别与富营养化指数的影响

选择 2016 年丰水年第 31 天（1 月 31 日）、第 130 天（5 月 10 日）和第 262 天（9 月 20 日）进一步分析 2016 年建闸前后鄱阳湖水质类别及富营养化程度的空间变化情况。此处水质类别由 TP 单一指标和 TN 单一指标分别表示；富营养化程度因为 SD 与 COD_{Mn} 数据的缺失，由通过 Chla、TP 与 TN 三个指标计算得到的综合富营养化指数表示。由图 6-44 ~ 图 6-46 可知，对于全湖连通前的 1 月 31 日来说，与 2015 年情况相同，除了建闸后水体淹没面积增加导致的差异外，建闸前后相同淹没水体区域处优于Ⅲ类水与劣于Ⅲ类水及富营养化程度的空间分布几乎相同；对于全湖连通期的 5 月 10 日来说，同样与 2015 年平水年、2006 年枯水年情况相同，水体淹没面积、TP 单一指标和 TN 单一指标分别表示的水质

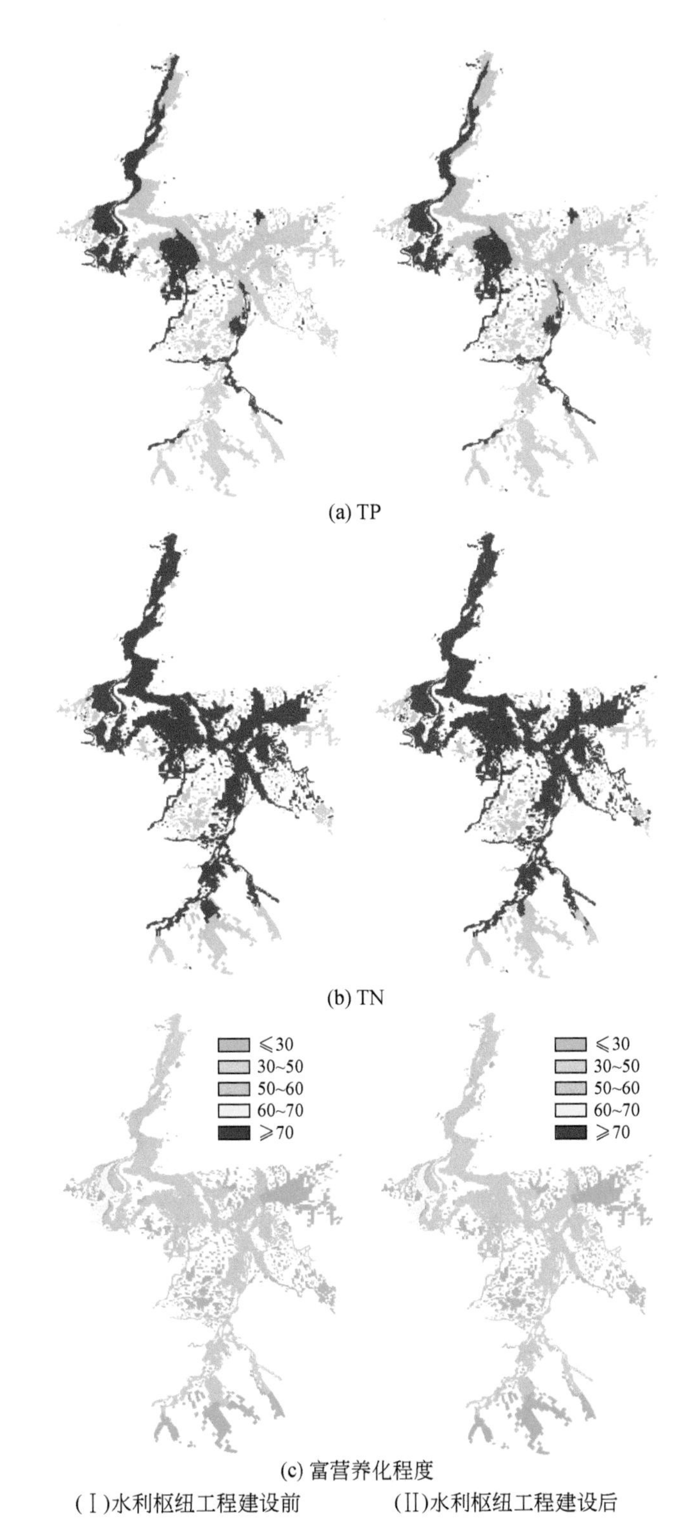

(a) TP

(b) TN

(c) 富营养化程度

(Ⅰ)水利枢纽工程建设前　　(Ⅱ)水利枢纽工程建设后

图 6-44　水利枢纽工程建设前后 1 月 31 日水质类别与富营养化程度的差异（2016 年）

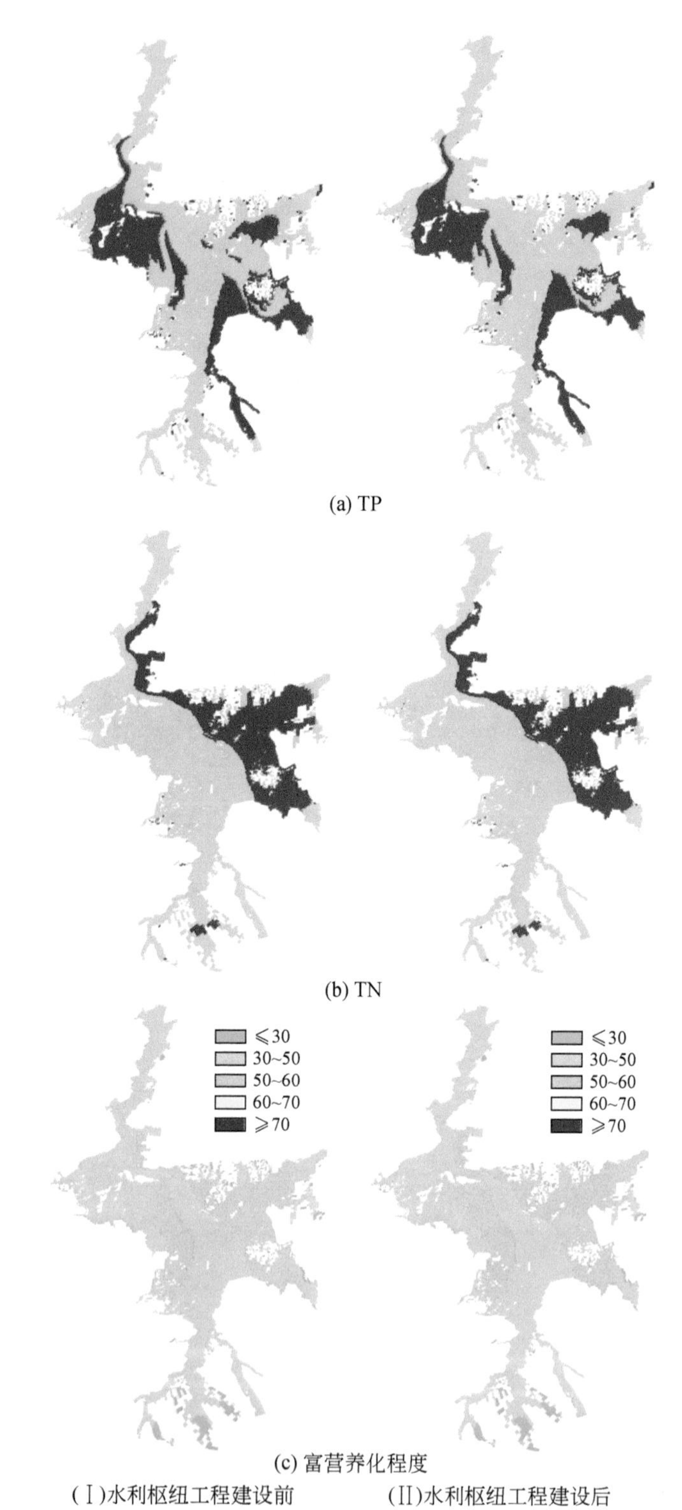

(a) TP

(b) TN

(c) 富营养化程度

(Ⅰ)水利枢纽工程建设前　　(Ⅱ)水利枢纽工程建设后

图 6-45　水利枢纽工程建设前后 5 月 10 日水质类别与富营养化程度的差异（2016 年）

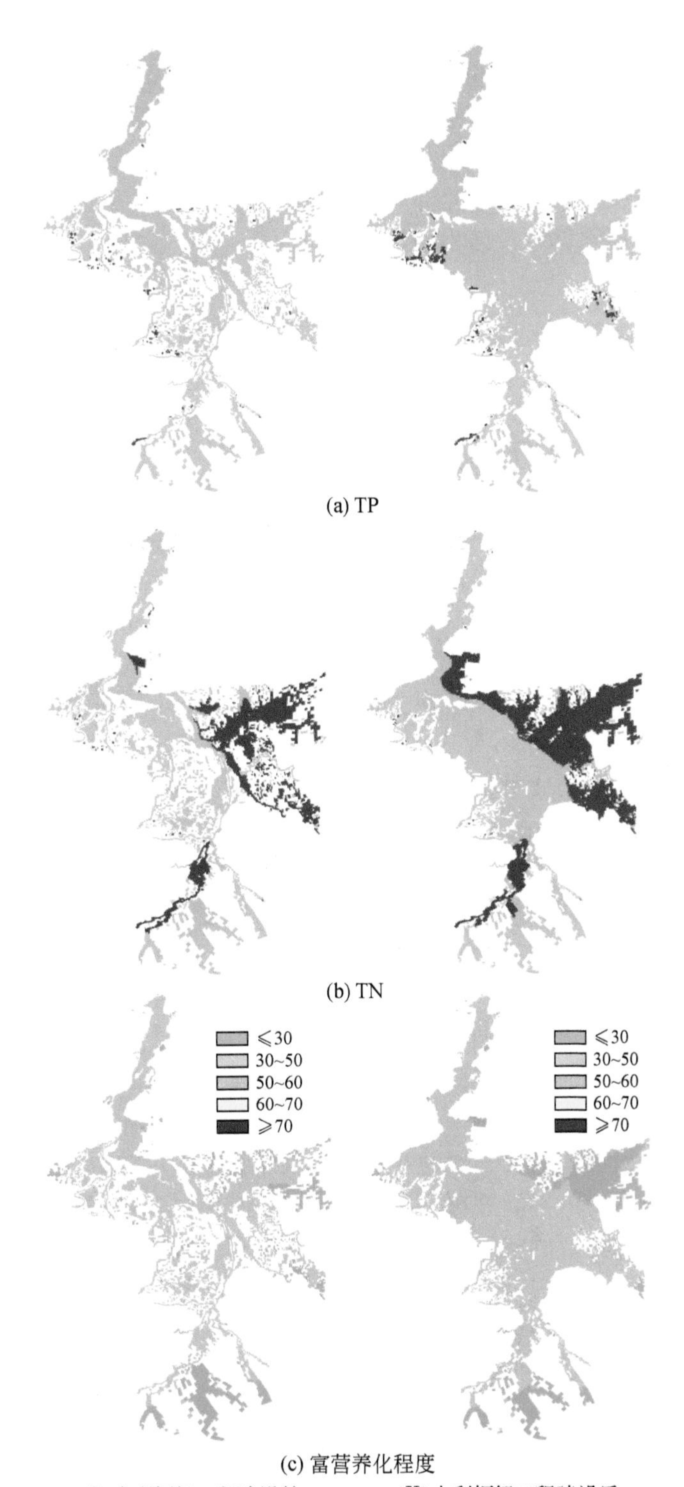

(a) TP

(b) TN

(c) 富营养化程度

(Ⅰ)水利枢纽工程建设前　　(Ⅱ)水利枢纽工程建设后

图 6-46 水利枢纽工程建设前后 9 月 20 日水质类别与富营养化程度的差异（2016 年）

类别、及综合富营养化指数的空间分布在建闸前后几乎完全相同。对于全湖连通期之后的9月20日来说，建闸后鄱阳湖中部水体淹没面积增加，从以TP单一指标表示的水质类别来看，鄱阳湖Ⅲ类或优于Ⅲ类的水体面积随淹没面积增加而增大；从以TN单一指标表示的水质类别来看，东北部劣于Ⅲ类的水体面积有所扩增，西南部新增淹没水体为Ⅲ类或优于Ⅲ类；从富营养化程度来看，东北部局部水体由中营养改善为贫营养，但绝大部分中营养水体面积因为闸坝后水体淹没面积增加而增加。

6.5 结　　论

通过研发鄱阳湖水动力-水质-水生态模型，在完成2015年平水年模型校准的基础上，将模型应用在2006年枯水年与2016年丰水年上进行进一步的验证，结果表明鄱阳湖水动力-水质-水生态模型可以很好地再现鄱阳湖枯水年、平水年与丰水年的水位、水质的时空变化特征。在此基础上，研发鄱阳湖水利枢纽工程模块，包括闸坝阻隔、开启、关闭及上、下游连通等工程措施，并将模拟的下游水位进行滤波处理，将采用滤波后的水位作为闸门全开/关闭的控制信号，以保持系统稳定性和平滑性，同时在模拟闸门在“关闭-部分打开-全开”状态之间切换时考虑状态保持不变时间，以避免过度频繁地开启/关闭全部闸门，减少数值模拟结果的非现实性影响。将开发好的水利枢纽工程模型应用于鄱阳湖2006年枯水年、2015年平水年、2016年丰水年的水利枢纽工程中，根据十个阶段的工程要求进行子模型耦合，最后进行水利枢纽工程的水动力、水质响应评估。

1）鄱阳湖水利枢纽工程的水质响应主要集中在1~2月（第一阶段）与10~11月（第四~第九阶段），因为此时工程前后水位差异最为明显，水动力的差异会改变水体的理化性质、影响营养盐的输送时间与生化反应，从而影响水质的响应。

2）2016年丰水年与2006年枯水年的水位调控难度要高于2015年枯水年，丰水年的下泄流量要明显高于其他年份，1~2月统一的调控方式不能实现闸上水位调控目标，需进一步分阶段不同的下泄流量来调控闸上水位，而2016年2月下旬与3月下旬由于上游来水量过大，即使将闸门完全打开，也无法维持在目标水位。

3）对于全湖连通前的1~2月来说，平水年、枯水年、丰水年情况相同，除了水利枢纽工程建设后水体淹没面积增加导致的差异外，水利枢纽工程建设前后相同淹没水体区域水质类别及富营养化程度的空间分布几乎相同；对于全湖连通期来说，水体淹没面积、水质类别、综合富营养化指数的空间分布在水利枢纽工程建设前后几乎完全相同；对于全湖连通期之后的9月20日来说，水利枢纽工程建设后不同水文年的水质类别与富营养化程度响应情况有所不同。

4）需要指出的是，鄱阳湖水利枢纽工程建设前后水体淹没面积变化大，为了消除干网格的影响，此处计算的平均浓度为所有湿网格的均值，但是水利枢纽工程建设后鄱阳湖全年平均水体淹没面积会增加，因此水利枢纽工程建设后水质浓度的升高可能是新淹没湿网格中增加的浓度所致，而降低可能是湿网格数量增加所致，水利枢纽工程建设前后的均值并不具有可比性。因此，在干湿边界变化大的湖泊中进行均值对比分析或用均值进行统计分析时应格外慎重。

第7章　鄱阳湖藻类模拟

鄱阳湖现状藻类的空间分布和季节性变化需要精细化关注，尤其是在分析重要湖区的藻类季节性演变方面。另外，鄱阳湖水利枢纽工程建设后对鄱阳湖藻类的影响是急需探索的焦点。本章研究得到的鄱阳湖水利枢纽工程建设前后藻类模拟结果，可以为湿地景观生态模型提供输入边界数据，也可以为鄱阳湖区水质水生态管控提供科学量化的决策支撑。

7.1　藻类模型构建

蓝藻，通常被称为蓝绿藻，具有在咸水中含量丰富（与超微型浮游生物类似），在淡水中组织繁盛的特点。蓝藻独特之处在于它的一些种类可以固定大气中的氮，而通常认为在很多河流生态系统中固氮微生物并不占有主导地位。硅藻的特点是需要二氧化硅为营养物质来形成细胞壁。硅藻是一种具有高沉降速度的大型藻类。春季硅藻水华的沉降可能是沉积物中碳的重要来源。不属于以上两种的藻类都被归类到绿藻中。绿藻的沉降速度介于蓝藻和硅藻之间，承受比蓝藻更大的生存压力。

模型中使用固定藻或非流动藻类变量来模拟底栖藻类或大型维管束藻类。固定藻变量与浮游藻类具有相类似的动力学过程，不同的是固定藻不能随水流移动。

藻类在模型中起核心作用，被划分为3个模拟状态变量：蓝藻、硅藻和绿藻；主要的模拟过程包括：生长（生产）、代谢、捕食损耗、沉淀及外源输入。基本的方程如下：

$$\frac{\partial B_x}{\partial t} = (P_x - \mathrm{BM}_x - \mathrm{PR}_x)B_x + \frac{\partial}{\partial Z}(\mathrm{WS}_x \cdot B_x) + \frac{\mathrm{WB}_x}{V} \tag{7-1}$$

式中，x 下标对应不同藻类：B_x 为某种藻类（x）的生物量（g C/m^3）；t 为时间（d）；P_x 为生产率（d^{-1}）；BM_x 为代谢速率（d^{-1}）；PR_x 为捕食速率（d^{-1}）；WS_x 为沉降速度（m/d）；WB_x 为外源负荷（g C /d）；V 为计算网格体积（m^3）。

（1）藻类生长

可摄入营养物质、阳光和温度决定藻类的生长，这些过程以相乘的关系形成综合影响：

$$P_x = \mathrm{PM}_x \cdot f_1(N) \cdot f_2(I) \cdot f_3(T) \cdot f_4(S) \tag{7-2}$$

式中，PM_x 为理想条件下藻类的最大生长率（d^{-1}）；f_1（N）为实际营养物浓度的影响系数（$0<f_1<1$）；f_2（I）为实际光强的影响系数（$0<f_2<1$）；f_3（T）为实际温度的影响系数（$0<f_3<1$）；f_4（S）为盐度对蓝藻生长的影响系数（$0<f_4<1$）。

（2）营养物质对藻类生长的影响

根据 Liebig 的“最小因子定律”，最小量供应营养元素决定生物的生长，对浮游藻类的营养限制表示为

$$f_1(N)=\left(\frac{NH_4^+ + NO_3^-}{KHN_x + NH_4^+ + NO_3^-},\ \frac{PO_{4d}^{2-}}{KHP_x + PO_{4d}^{2-}},\ \frac{SAd}{KHS + SAd}\right) \tag{7-3}$$

式中，NH_4^+为氨氮浓度（g N/m^3）；NO_3^- 为硝态氮浓度（g N/m^3）；KHN_x为半饱和氮吸收常数（g N/m^3）；PO_{4d}^{2-}为溶解性磷酸盐浓度（g P/m^3）；KHP_x为半饱和磷吸收常数(g P/m^3)；SAd 为溶解性可利用硅浓度（g Si/m^3）；KHS 为硅藻半饱和硅吸收常数（g Si/m^3）。

（3）光照对藻类生长的影响

光照对藻类生长的限制性作用可通过 2 种方式来模拟：Steele 方程和 Monod 方程。Steele 方程可表示为

$$f_2(I)=\frac{I}{I_{sx}}\exp\left(1-\frac{I}{I_{sx}}\right) \tag{7-4}$$

Monod 方程可表示为半光限（KHI，watts/m^2）的函数：

$$f_2(I)=\frac{I}{\sqrt{KHI^2+I^2}} \tag{7-5}$$

（4）温度对藻类生长的影响

藻类生长的温度依赖性用高斯概率曲线表示：

$$f_3(T)=\begin{cases}\exp[-KTG1_x(T-TM1_x)^2], & T\leqslant TM1_x\\ 1, \quad TM1_x<T<TM2_x & \\ \exp[-KTG2_x(T-TM2_x)^2], & T\geqslant TM2_x\end{cases} \tag{7-6}$$

式中，T 为温度（℃），由水动力学模型提供；TM_x为藻类生长的最适温度（℃）；$KTG1_x$为低于 $TM1_x$温度对藻类生长的影响（℃$^{-2}$）；$KTG2_x$为高于 $TM2_x$温度对藻类生长的影响（℃^{2}）。

（5）藻类代谢

水质模型中藻类生物量减少的主要生化与生态过程包括代谢（呼吸和排泄作用）及捕食行为；代谢是减少单位体积藻类生物量的内部过程的总和，包括呼吸和排泄作用。在代谢中，藻类物质（碳、氮、磷、硅）在环境中重新转化为有机物质和无机物质两类。代谢一般可以表示为温度的指数增长函数：

$$BM_x = BMR_x \cdot \exp(KTB_x[T-TR_x] \tag{7-7}$$

式中，BMR_x为某种藻类（x）在 TR_x时的基础代谢速率（d^{-1}）；KTB_x为温度对某种藻类（x）新陈代谢作用的影响（℃$^{-2}$）；TR_x 为某种藻类（x）基础代谢的基准温度（℃）。

（6）捕食

$$PR_x = PRR_x \cdot \exp(KTB_x[\mathrm{T}-TR_x]) \tag{7-8}$$

式中，PR_x 为某种藻类（x）在温度 T 下的捕食速率（d^{-1}）；PRR_x为某种藻类（x）在 TR_x温度下的参考捕食率（d^{-1}）；KTB_x为温度对某种藻类（x）捕食的影响系数。

7.2 模型校准与验证

7.2.1 模拟校准

鄱阳湖的水质模型，考虑了水体与大气热交换、与底泥热传导的过程，以及营养盐模

拟的过程，同时也考虑了氮磷污染物进入鄱阳湖后的迁移转化过程，水体与底泥间的交换过程，碳、氮、磷循环过程及营养盐与溶解氧交互作用动力学等过程。鄱阳湖藻类模拟校准的主要指标为 Chla 浓度，包括 16 个监测点位，分别为东湖、撮箕湖、蛤蟆石、都昌、杨柳津河口、星子、虎头下、康山、东水道上游、牛山、湖汉丰水、渚溪口、蛇山、西水道、龙口、泥湖（图 7-1）。在本章研究中，藻类模拟和校准的目的在于通过模型参数的估值实现水质模型的本地化进而捕捉鄱阳湖关键的藻类动力学过程。藻类模型的校准过程是一个反复迭代的过程，需要对其中的关键模型参数进行调整，并且要将模型模拟值与水质实测数据进行对比。2015 年鄱阳湖藻类校准结果如图 7-2 所示。

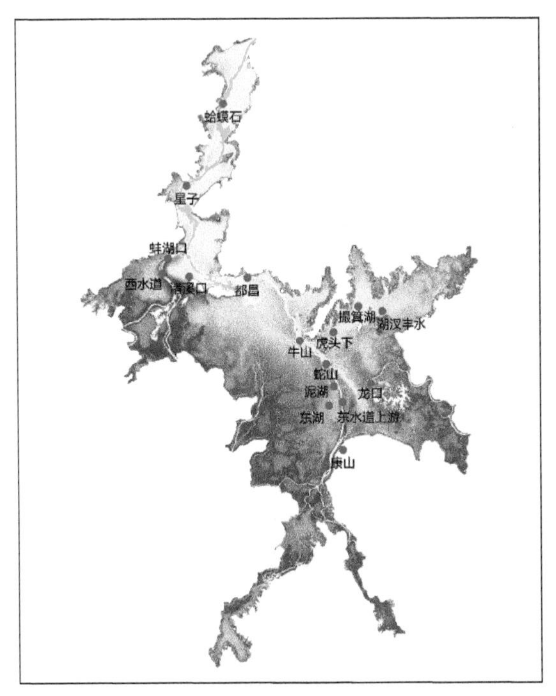

图 7-1　藻类监测点位分布

湖区内多个站点 Chla 浓度的模拟，可以合理地再现藻类在不同湖区观测的动态变化趋势，尤其是一些重点区域的动态捕捉（图 7-2）。2015 年藻类 Chla 浓度模拟与校准，湖区内多个监测站点藻类模拟值可以合理地再现不同湖区的季节性动态变化趋势。鄱阳湖藻类模型具备模拟蓝藻、硅藻与绿藻的能力，可以模拟出藻类 Chla 浓度指标在枯水期、丰水期的空间分布，也可以为其他模块提供藻类空间分布信息。

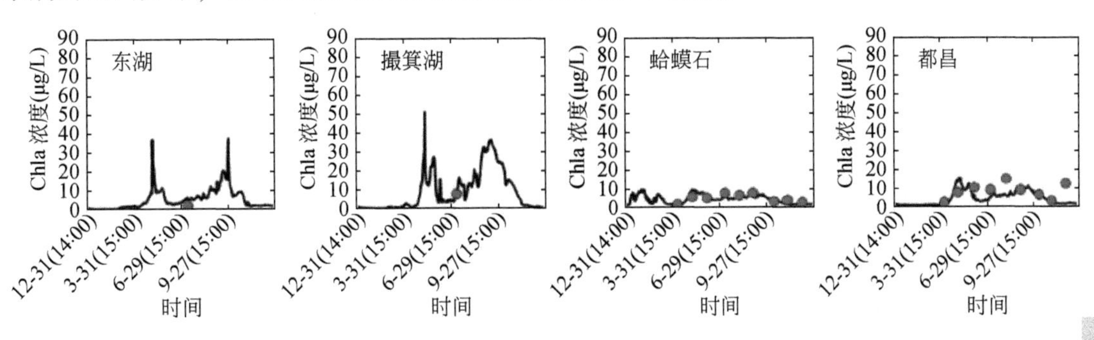

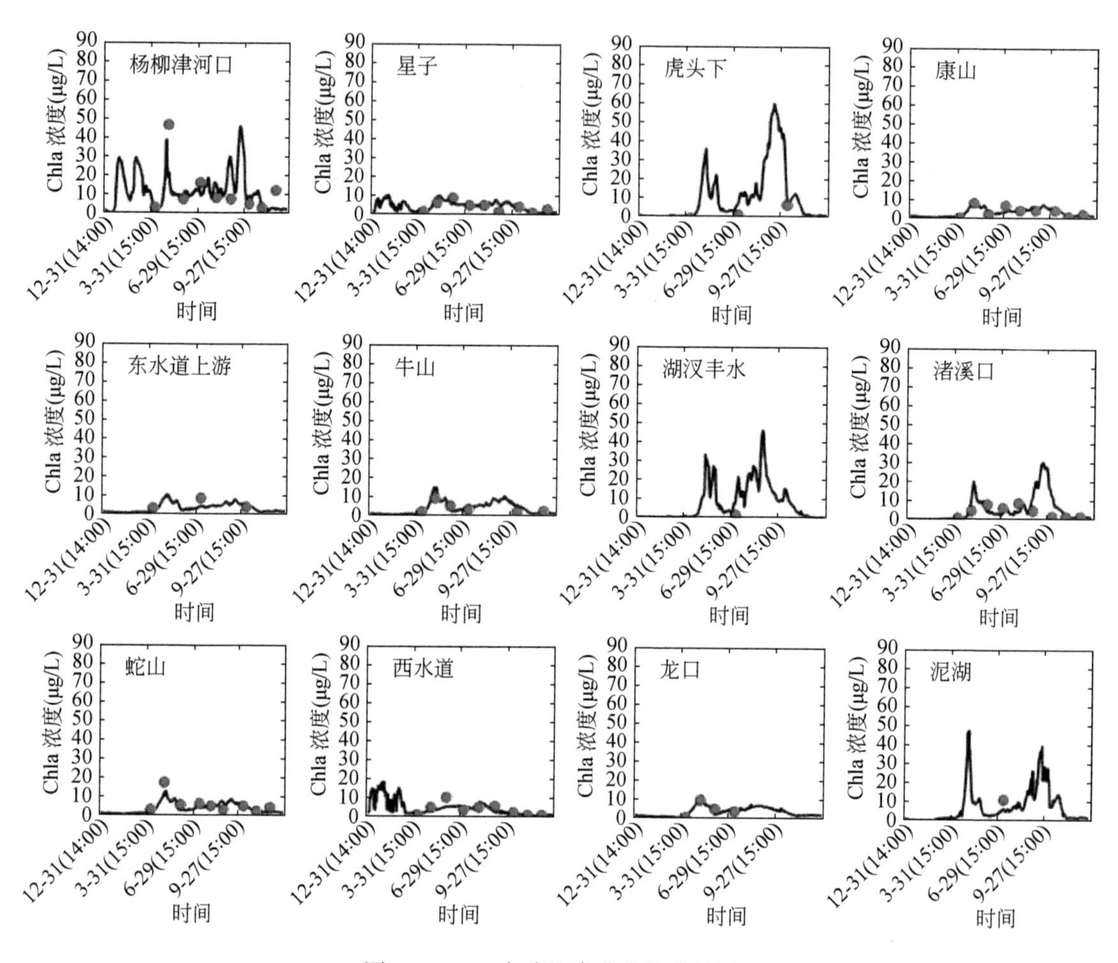

图 7-2　2015 年鄱阳湖藻类校准结果

7.2.2　模拟验证

将经过参数校准率定的 2015 年平水年的鄱阳湖藻类水生态模型参数应用在 2006 年枯水年，进行进一步的藻类模拟验证。2006 年鄱阳湖藻类验证结果如图 7-3 所示。根据实测数据选择验证指标为 Chla 浓度，可见模拟结果较好地吻合了水质观测数据的变化趋势，个别时间、个别站点差异较大可能是由于局部的藻类动态变化特征很难在模型中表达。

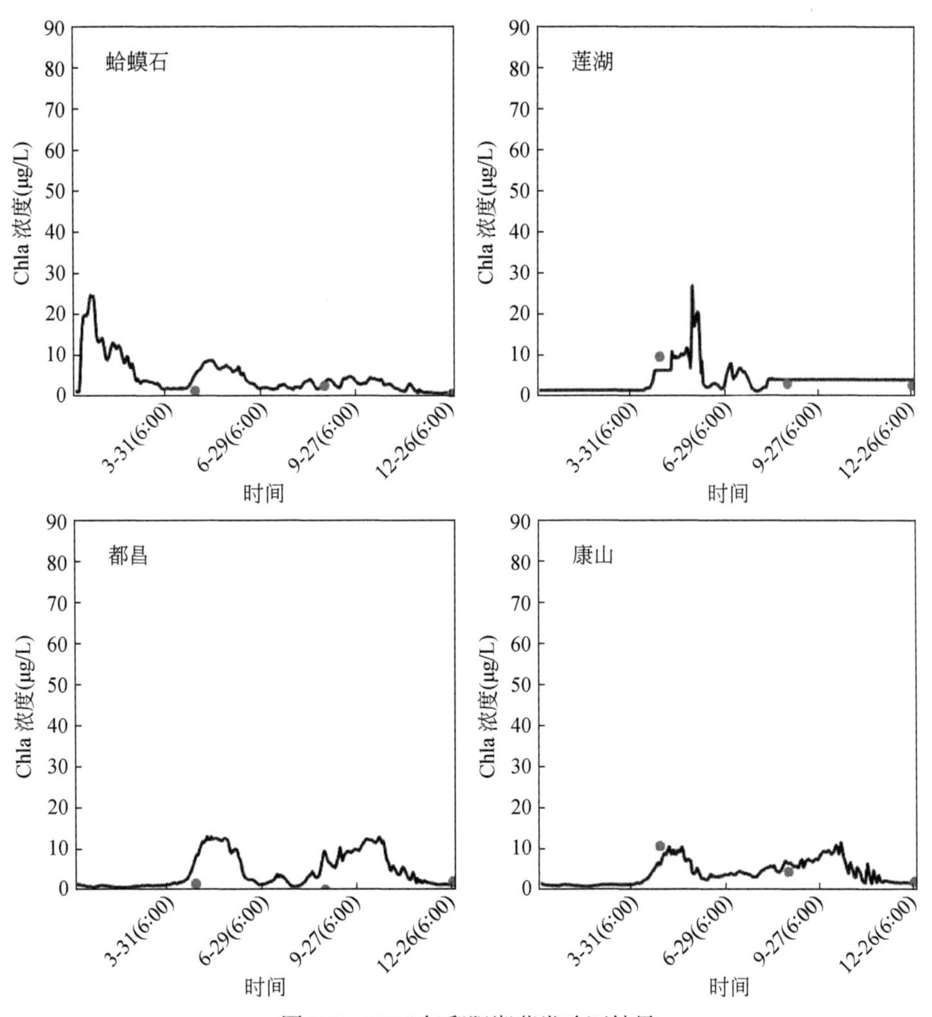

图 7-3　2006 年鄱阳湖藻类验证结果

7.3　典型年藻类对水利枢纽工程建设的响应

7.3.1　平水年（2015 年）藻类对水利枢纽工程建设的响应

7.3.1.1　水利枢纽工程建设前后全年全湖藻类的响应

与水利枢纽工程建成前相比，水利枢纽工程建成后全年 MP2（挺水植物）的全湖均值浓度的变化比例均不足 3.0%，而 Chla 浓度增加 4.57%，MP1（沉水植物）的下降比例超过 10.0%。但需要注意的是，此处计算的为所有湿网格的均值，水利枢纽工程建成后水体淹没面积增加 102.97km²，而网格数量的差异会导致计算的均值在水利枢纽工程建设前后不具有绝对的可比性（表 7-1）。

表 7-1 水利枢纽工程建设前后全年水生态变化情况（2015 年）

项目		Chla 浓度（μg/L）
均值	工程前	7.50
	工程后	7.84
最小值	工程前	0.03
	工程后	0.04
最大值	工程前	31.05
	工程后	32.71
均值变化比（%）		4.57

7.3.1.2 水利枢纽工程建设前后重点区域全年藻类的响应

将鄱阳湖水位按照水利枢纽工程建设要求进行调控后，需进一步评估水利枢纽工程建设带来的水生态响应。由图 7-4 可见，藻类一年中通常有 2 个浓度峰值，分别为 4～5 月与 9 月，但蛤蟆石、白鱼口、星子、西水道 4 个位置除外。Chla 浓度对水利枢纽工程建设的时间响应主要体现在 9～10 月，但不同空间位置处的响应方式相差较大，工程蓄水可以有效降低此时间段内绝大部分点位的藻类 Chla 浓度，但会导致东湖、牛山、龙口、三江口 9 月的峰值浓度有所升高。

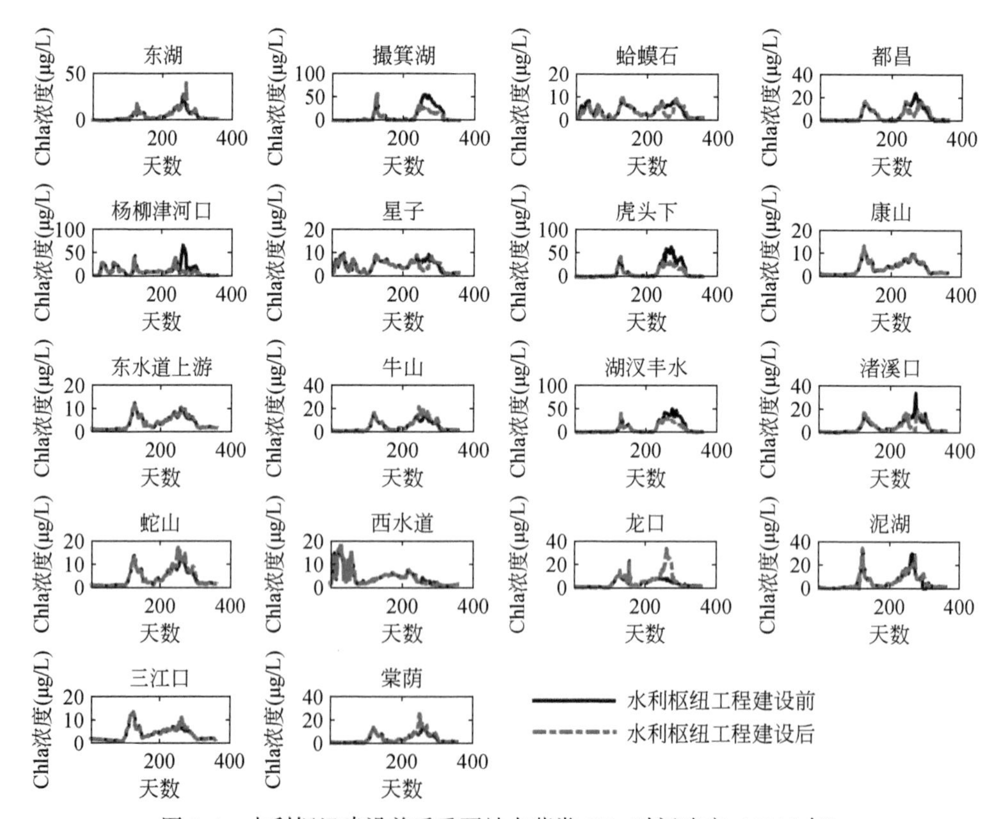

图 7-4 水利枢纽建设前后重要站点藻类 Chla 时间响应（2015 年）

选取星子、都昌、棠荫、康山、杨柳津河口、撮箕湖、三江口 7 个重要站点位置来探讨鄱阳湖的生态指标对水利枢纽工程建设的时间响应情况。鄱阳湖 7 个站点处的 Chla 浓度对水利枢纽工程建设的时间响应主要体现在 9 月 1 日之后，但不同空间位置处的响应方式相差较大，工程蓄水可以有效降低星子、杨柳津河口、撮箕湖、都昌站在 9 月的均值浓度，分别仅为水利枢纽工程建设前的 69.0%、59.1%、58.5% 与 29.9%，但同时也使得棠荫与三江口站在 9 月的峰值浓度升高至水利枢纽工程建设前的 1.8 倍与 1.5 倍，而康山站的 Chla 浓度对水利枢纽工程建设的响应却极其微弱。

7.3.1.3　水利枢纽工程建设前后不同时段藻类的响应

全湖、全年均值隐藏了水生态指标的时间、空间分布信息，而由上述分析可知，不同空间位置处水生态对水利枢纽工程建设的响应方式差异较大，因此本节进一步探讨每个阶段水利枢纽工程建设前后的水生态空间响应。

第一阶段（1 月 1 日至 2 月 28 日）：水利枢纽工程建设措施在上游水位稳定在 10m 的初始条件下，通过溢流的方式向下游放水，2 月底逐步消落达到 9.50m。鄱阳湖不同空间位置、不同水生态指标（Chla）由于水动力、理化特征及环境因子等不同，对水利枢纽工程建设的响应不同，红色区域表示浓度降低、黑色区域表示浓度升高，可见水利枢纽工程建设前后水质响应的空间差异性很大。与水利枢纽工程建设前的基准情景相比，水利枢纽工程建设后不利于水生植物的大量生长繁殖，MP1 沉水植物与 MP2 挺水植物高生物量（>8.0 g C/m^2）区域面积显著减少（图 7-5）。

为了进行水利枢纽工程建设前后的数值比较，进一步计算此阶段内水生态指标的均值，

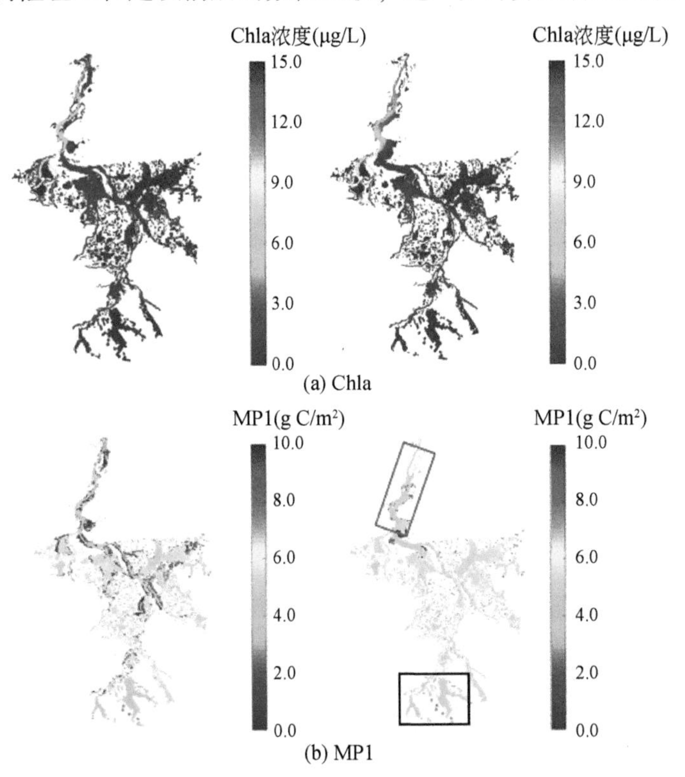

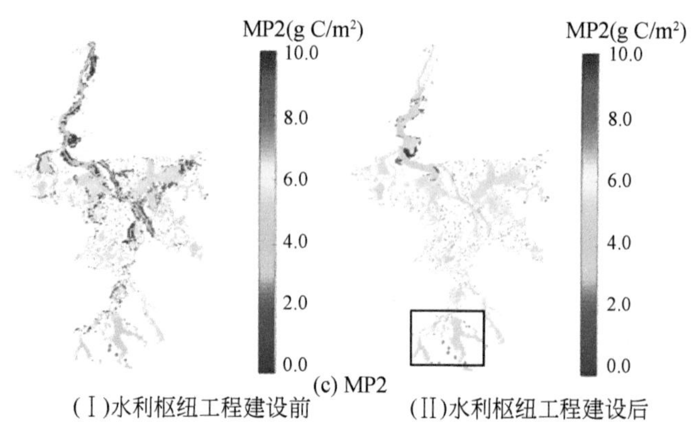

图 7-5　第一阶段水利枢纽工程建设前后水生态浓度的空间分布差异（2015 年）

黑色方框内区域表示水利工程枢纽建设后浓度或生物量显著增加区域，红色方框内区域表示水利枢纽工程建设后浓度或生物量显著减少区域。下同

但需要指出的是，由于水利枢纽工程建设前后鄱阳湖裸露与淹没面积不同，此处计算的为所有湿网格的均值，而网格数量的差异会导致计算的均值在水利枢纽工程建设前后不具有绝对的可比性。Chla 浓度增加不足 6.0%，而 MP1 与 MP2 生物量在鄱阳湖水利枢纽工程建设前后几乎保持不变（表 7-2）。

表 7-2　第一阶段水利枢纽工程建设前后水生态变化情况（2015 年）

项目		Chla 浓度（μg/L）
均值	工程前	3.55
	工程后	3.75
最小值	工程前	0.02
	工程后	0.02
最大值	工程前	22.29
	工程后	22.70
均值变化比（%）		5.70

第二阶段（3 月 1 ~ 31 日）：通过控制上、下游连通方式及溢流情况，将鄱阳湖闸前水位逐步消落在 9.0 ~ 9.5m。由图 7-6 可知，鄱阳湖 Chla 浓度对水利枢纽工程建设的空间响应比较微弱，水利枢纽工程建设前后的浓度空间分布无显著差异。与水利枢纽工程建设前的基准情景相比，水利枢纽工程建设后北部河流区域及东北部区域（黑色方框）的 MP1 与 MP2 生物量有所升高，可见水利枢纽工程建设后的水动力环境因子更有利于这两个区域的水生植物生长。

为了进行水利枢纽工程建设前后的浓度比较，进一步计算此阶段内水生态指标的浓度均值，由于此阶段水利枢纽工程建设后鄱阳湖水面面积仅缩减 2.9% 左右，暂且忽略水利枢纽工程建设前后湿网格数量的差异，用水利枢纽工程建设前后湿网格的空间浓度均值近似代表实际浓度均值进行对比分析。由表 7-3 可知，此阶段内所有水生态指标在水利枢纽工程建设前后的全湖均值变化比例均不足 10.0%。

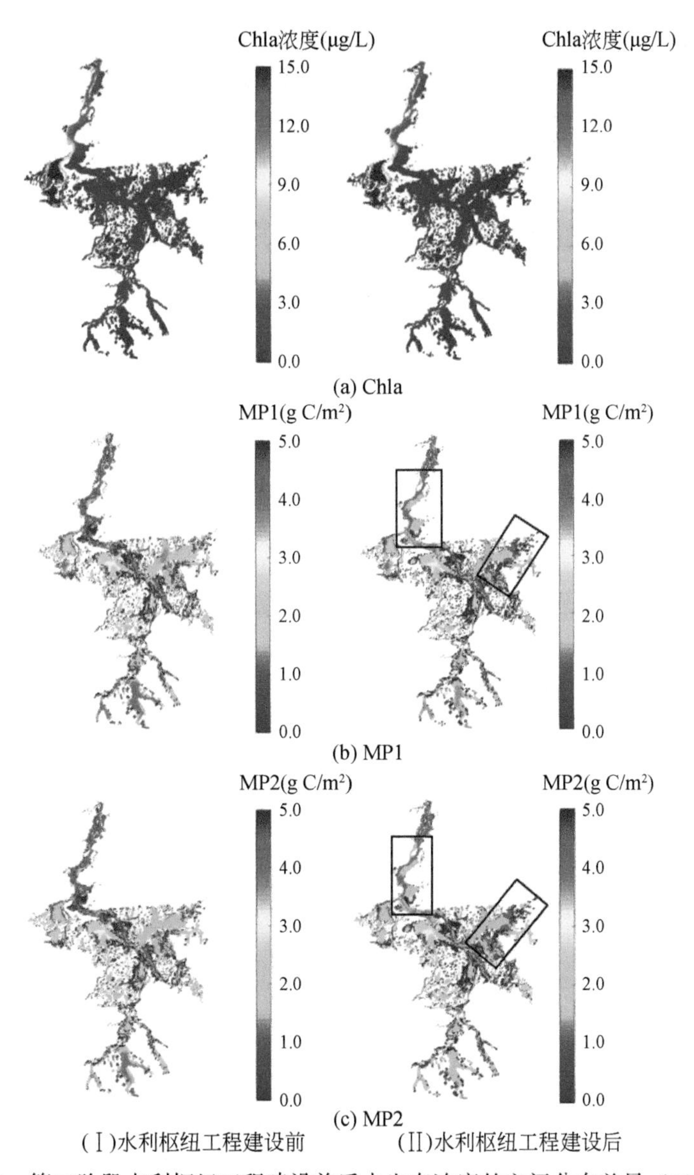

图 7-6　第二阶段水利枢纽工程建设前后水生态浓度的空间分布差异（2015 年）

表 7-3　第二阶段水利枢纽工程建设前后水生态变化情况浓度

项目		Chla 浓度（μg/L）
均值	工程前	2.99
	工程后	3.10
最小值	工程前	0.03
	工程后	0.02
最大值	工程前	20.60
	工程后	21.03
均值变化比（%）		3.62

第三阶段（4月1日至8月31日）：将闸坝完全打开，即上、下游完全连通，此阶段水利枢纽工程建设前后的水生态响应几乎完全相同，空间分布也极为类似，这里就不再一一展示空间分布图。由表7-4可知，此阶段内所有水生态指标的全湖均值浓度在水利枢纽工程建设前后变化比例均不足2.0%。

表7-4 第三阶段水利枢纽工程建设前后水生态变化情况（2015年）

项目		Chla浓度（μg/L）
均值	工程前	6.51
	工程后	6.52
最小值	工程前	0.39
	工程后	0.40
最大值	工程前	19.98
	工程后	19.89
均值变化比（%）		0.12

第四阶段（9月1～15日）：将鄱阳湖闸门关闭，蓄水到14.0m。由表7-5可知，此阶段通过水利枢纽工程建设的调控，鄱阳湖水体淹没面积增大（图7-7中黑色方框）。不同空间位置、不同水质与水生态指标对水利枢纽工程建设的响应方式不同，黑色方框内区域为水利枢纽工程建设后浓度或生物量显著增加区域，红色方框内为水利枢纽工程建设后浓度或生物量显著降低区域，由图可知，鄱阳湖距离水利枢纽工程建设较近的北部区域水深相对较高，Chla浓度在水利枢纽工程建设后相对较低，但距离水利枢纽工程建设较远的南部区域水深相对较浅，Chla浓度在水利枢纽工程建设后相对较高。由于水利枢纽工程建设后鄱阳湖水体淹没面积变大，沉水植物MP1与挺水植物MP2可在新的淹没区域进行生长繁殖。

进一步计算此阶段水利枢纽工程建设前后所有湿网格内水质、水生态指标的均值，由表7-5可知，此阶段内水利枢纽工程建设前后全湖平均MP1改变比例不足3.0%，Chla浓度在水利枢纽工程建设建成后全湖均值下降7.08%，而全湖平均MP2生物量增加8.66%。但需要指出的是，此阶段水利枢纽工程建设前后鄱阳湖裸露与淹没面积差异较大，水利枢纽工程建设后水体淹没面积增加了16.2%，因此此处计算的所有湿网格的均值并不真正具有可比性，水利枢纽工程建设后水生植物生物量的升高可能是新增湿网格中的浓度与生物量所致，而降低可能是湿网格数量增加所致。

表7-5 第四阶段水利枢纽工程建设前后水生态变化情况（2015年）

项目		Chla浓度（μg/L）
均值	工程前	20.03
	工程后	18.61
最小值	工程前	3.08
	工程后	2.54
最大值	工程前	60.87
	工程后	56.35
均值变化比（%）		-7.08

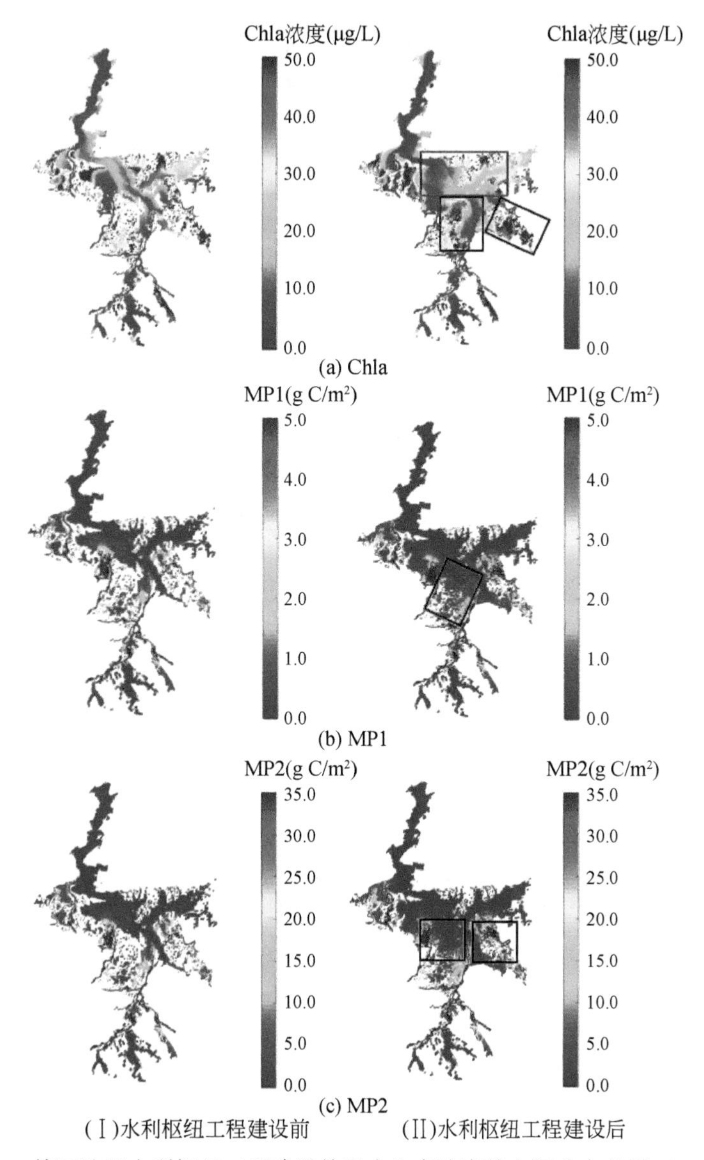

图7-7　第四阶段水利枢纽工程建设前后水生态浓度的空间分布差异（2015年）

第五阶段（9月16～30日）：将鄱阳湖闸前水位稳定在14.0m的水位目标。不同空间位置水生态指标对水利枢纽工程建设的响应方式不同，黑色方框内区域为水利枢纽工程建设后浓度或生物量显著增加区域，红色方框内为水利枢纽工程建设后浓度或生物量显著降低区域，由图可知，鄱阳湖北部及东北部的Chla浓度在水利枢纽工程建设后水深有所上升、浓度有所下降，而中南部区域新淹没区域Chla浓度大量增加。沉水植物与挺水植物对光照等环境因子的适应能力不同，因此对水利枢纽工程建设的响应方式亦不相同（图7-8）。

进一步计算此阶段水利枢纽工程建设前后所有湿网格内水生态指标的均值，由表7-6可知，此阶段内水利枢纽工程建设前后全湖平均MP1改变比例不足5.0%，Chla浓度在水利枢纽工程建设后全湖均值下降11.01%，MP2生物量增加比例高达33.25%。

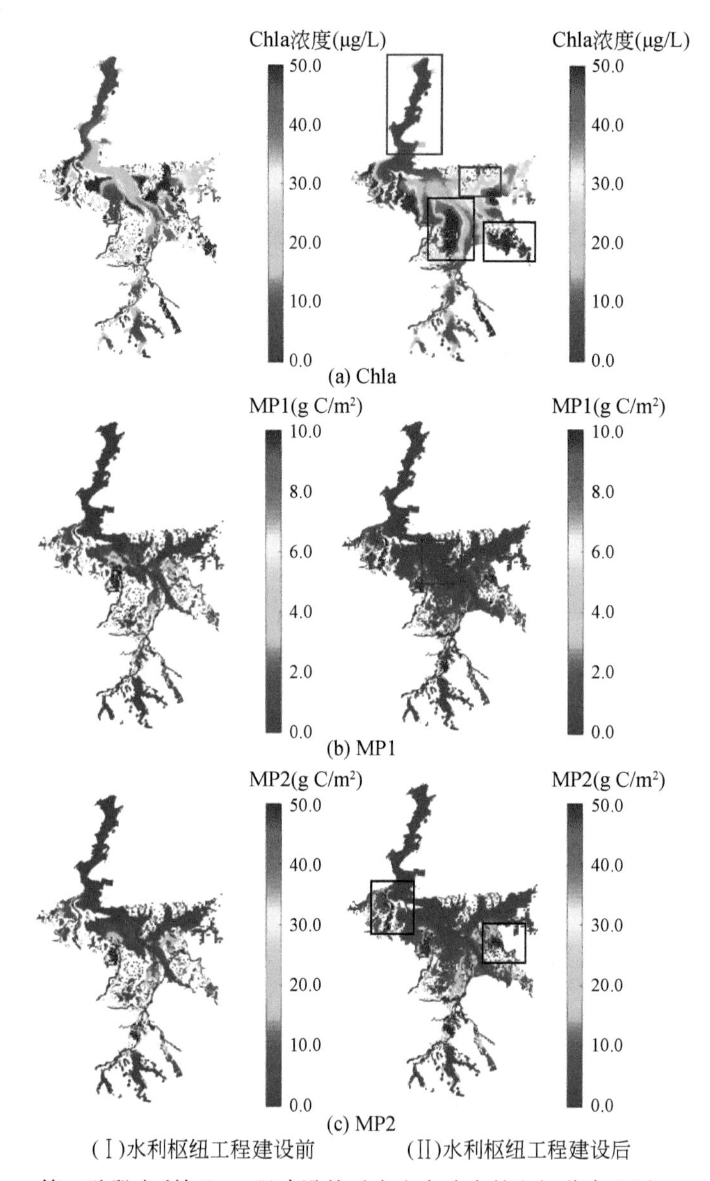

图 7-8　第五阶段水利枢纽工程建设前后水生态浓度的空间分布差异（2015 年）

但需要指出的是，此阶段水利枢纽工程建设前后鄱阳湖裸露与淹没面积差异较大，水利枢纽工程建设后水体淹没面积增加了 29.9%，因此此处计算的所有湿网格的均值并不具有可比性，水利枢纽工程建设后水生植物生物量的升高可能是新增湿网格中的浓度与生物量所致，而降低可能是湿网格数量增加所致。

表 7-6　第五阶段水利枢纽工程建设前后水生态变化情况（2015 年）

项目		Chla 浓度（μg/L）
均值	工程前	25.97
	工程后	23.11

续表

项目		Chla 浓度（μg/L）
最小值	工程前	4. 90
	工程后	1. 97
最大值	工程前	70. 57
	工程后	66. 57
均值变化比（%）		-11. 01

第六阶段（10 月 1 ~ 10 日）、第七阶段（10 月 11 ~ 20 日）、第八阶段（10 月 21 ~ 31 日）、第九阶段（11 月 1 ~ 10 日）将闸前水位分别逐步消落到 13. 5m、13. 0m、12. 0m、11. 0m。由图 7-8 可知，通过水利枢纽工程建设的调控，鄱阳湖中部水深及水体淹没面积增大（图中黑色方框）。不同空间位置、水生态指标对水利枢纽工程建设的响应方式不同，黑色方框内区域为工程后浓度或生物量显著增加区域，红色方框内为工程后浓度或生物量显著降低区域，鄱阳湖水生态指标对水利枢纽工程建设响应方式的空间异质性大，不能仅根据均值评估水利枢纽工程建设带来的水生态响应效果，需综合考虑不同空间位置处的响应情况。而沉水植物与挺水植物由于最适宜水深与光照限制方式不同，对水利枢纽工程建设的空间响应方式亦不同（图 7-9 ~ 图 7-12）。

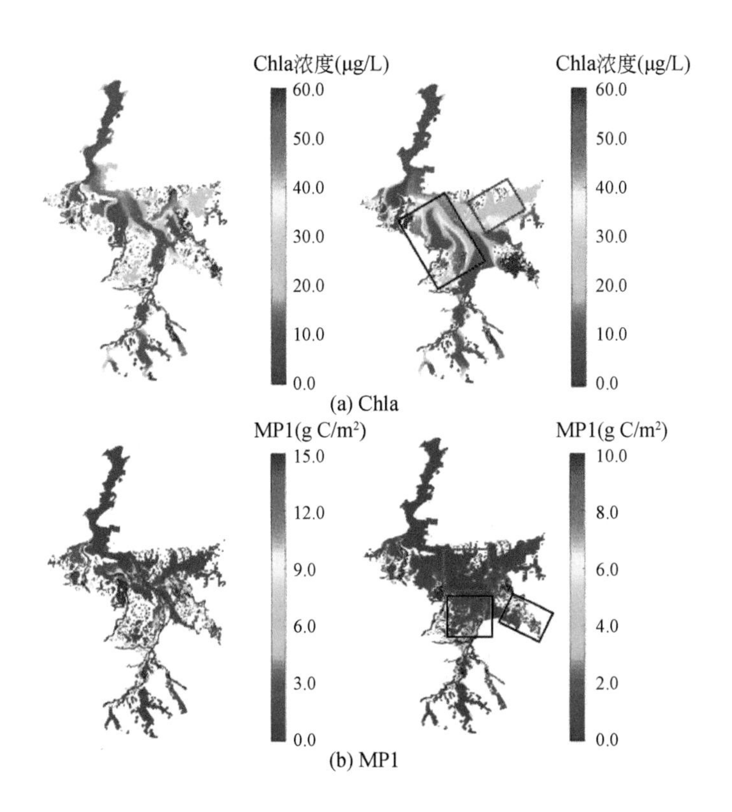

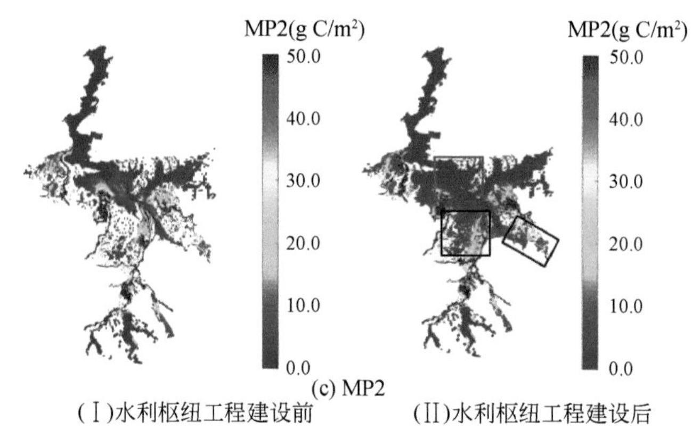

图 7-9　第六阶段水利枢纽工程建设前后水生态浓度的空间分布差异（2015 年）

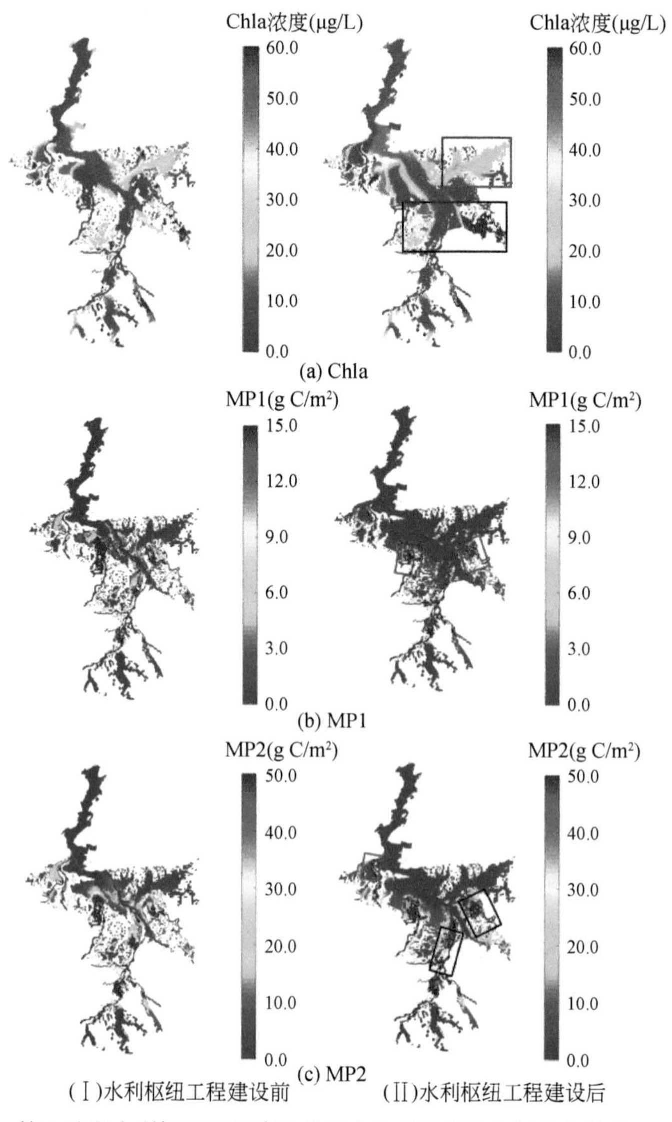

图 7-10　第七阶段水利枢纽工程建设前后水生态浓度的空间分布差异（2015 年）

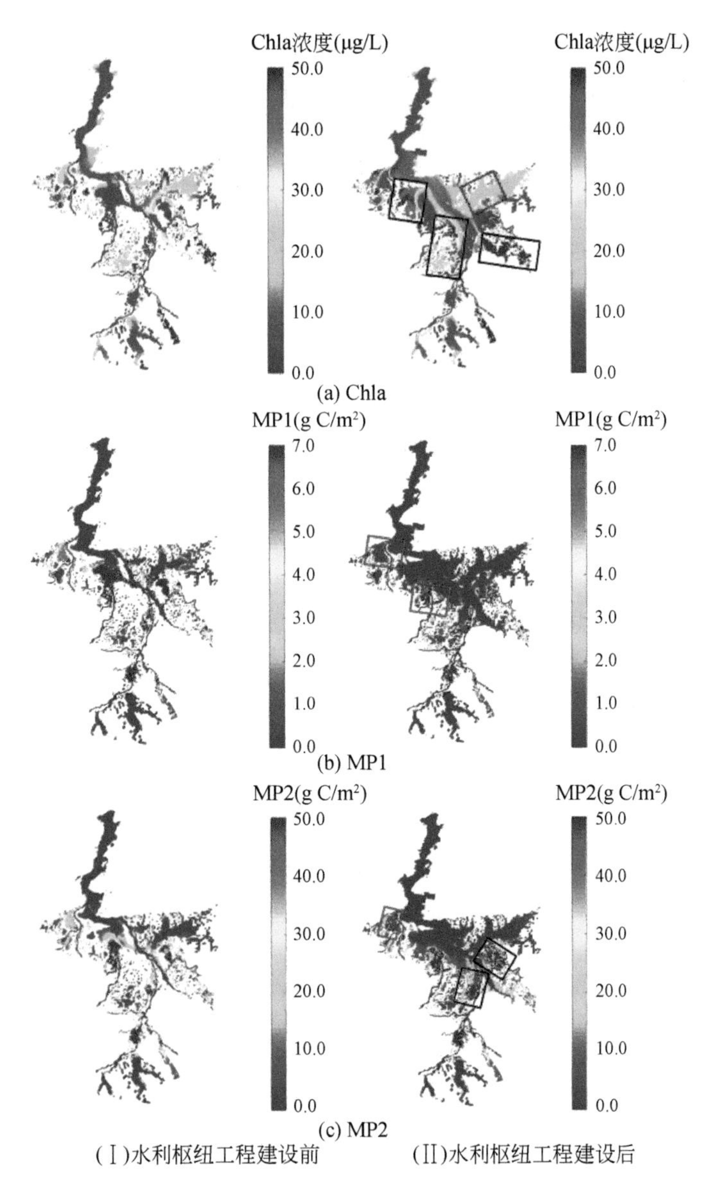

图 7-11　第八阶段水利枢纽工程建设前后水生态浓度的空间分布差异（2015 年）

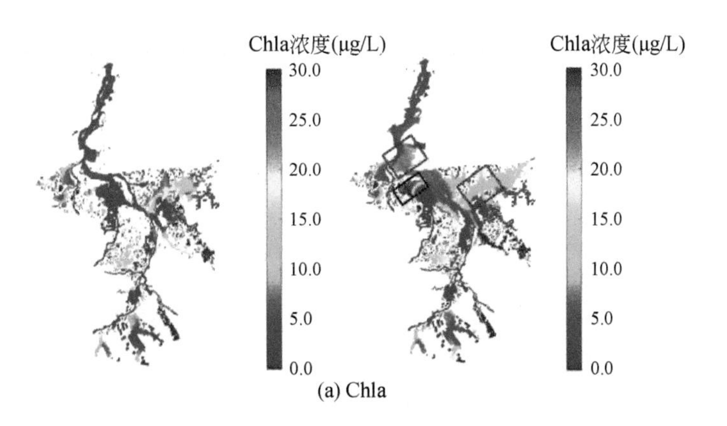

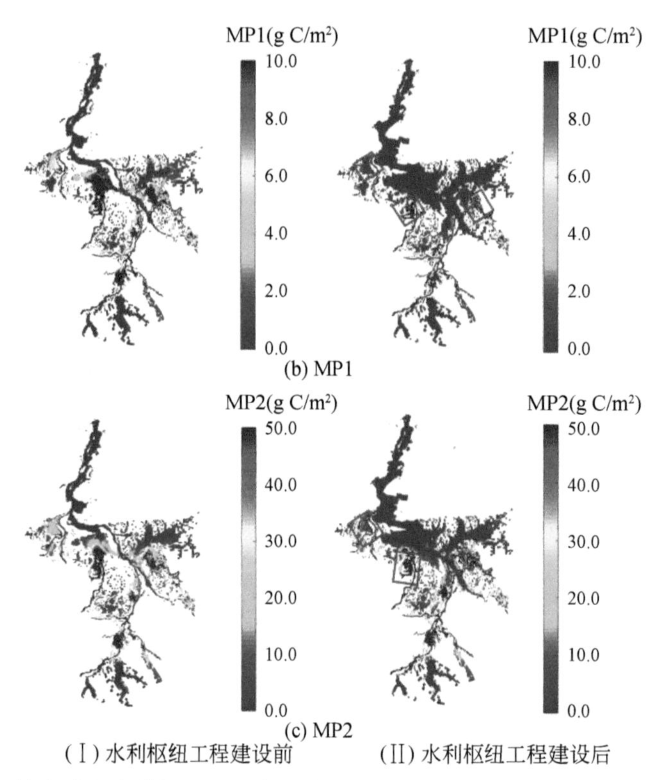

图 7-12 第九阶段水利枢纽工程建设前后水生态浓度的空间分布差异（2015 年）

进一步计算第六～第九阶段水利枢纽工程建设前后所有湿网格内水生态指标的均值，由表 7-7～表 7-10 可知，第六阶段内除 MP1 与 MP2 在水利枢纽工程建设后的下降比例超过 15.0% 外；第七阶段内 MP1 生物量下降比例超过 35.0%；第八阶段内 MP1 生物量分别下降 11.61% 与 62.64%；第九阶段内 MP1 与 MP2 生物量分别下降 64.41% 与 21.79%。同样需要指出的是，第六～第九阶段工程后水体淹没面积增加比例均超过了 25.0%，分别为 25.7%、26.0%、38.1%、24.7%，因此此处计算的所有湿网格的均值并不具有可比性，水利枢纽工程建设后水生植物生物量的升高可能是新淹没湿网格中增加的浓度与生物量所致，而降低可能是湿网格数量增加所致。

表 7-7 第六阶段水利枢纽工程建设前后水生态变化情况（2015 年）

项目		Chla 浓度（μg/L）
均值	工程前	21.19
	工程后	21.11
最小值	工程前	4.14
	工程后	2.06
最大值	工程前	62.85
	工程后	60.88
均值变化比（%）		-0.38

表7-8　第七阶段水利枢纽工程建设前后水生态变化情况（2015年）

项目		Chla浓度（μg/L）
均值	工程前	17.63
	工程后	18.54
最小值	工程前	3.65
	工程后	2.59
最大值	工程前	58.54
	工程后	60.59
均值变化比（%）		5.17

表7-9　第八阶段水利枢纽工程建设前后水生态变化情况（2015年）

项目		Chla浓度（μg/L）
均值	工程前	17.42
	工程后	18.07
最小值	工程前	2.27
	工程后	2.60
最大值	工程前	60.95
	工程后	58.91
均值变化比（%）		3.74

表7-10　第九阶段水利枢纽工程建设前后水生态变化情况（2015年）

项目		Chla浓度（μg/L）
均值	工程前	9.39
	工程后	9.62
最小值	工程前	1.27
	工程后	1.39
最大值	工程前	35.43
	工程后	33.02
均值变化比（%）		2.38

第十阶段水利枢纽工程建设后水体淹没面积增加，但增加比例不足4.8%，因此，与第六～第九阶段相比，进一步计算得到的水利枢纽工程建设前后所有湿网格内水生态指标的均值相对具有可比性。由表7-11可知，此阶段内挺水植物MP2的全湖均值生物量在水利枢纽工程建设后可增加3.45%，但沉水植物MP1的全湖均值生物量在水利枢纽工程建设后的下降比例高达37.69%。由图7-13可知，沉水植物生物量下降主要是因为水深升高后，光抑制增强，原有沉水植物因不能进行光合作用而消亡。

表 7-11　第十阶段水利枢纽工程建设前后水生态变化情况（2015 年）

项目		Chla 浓度（μg/L）
均值	工程前	1.95
	工程后	1.95
最小值	工程前	0.16
	工程后	0.17
最大值	工程前	5.23
	工程后	5.25
均值变化比（%）		-0.07

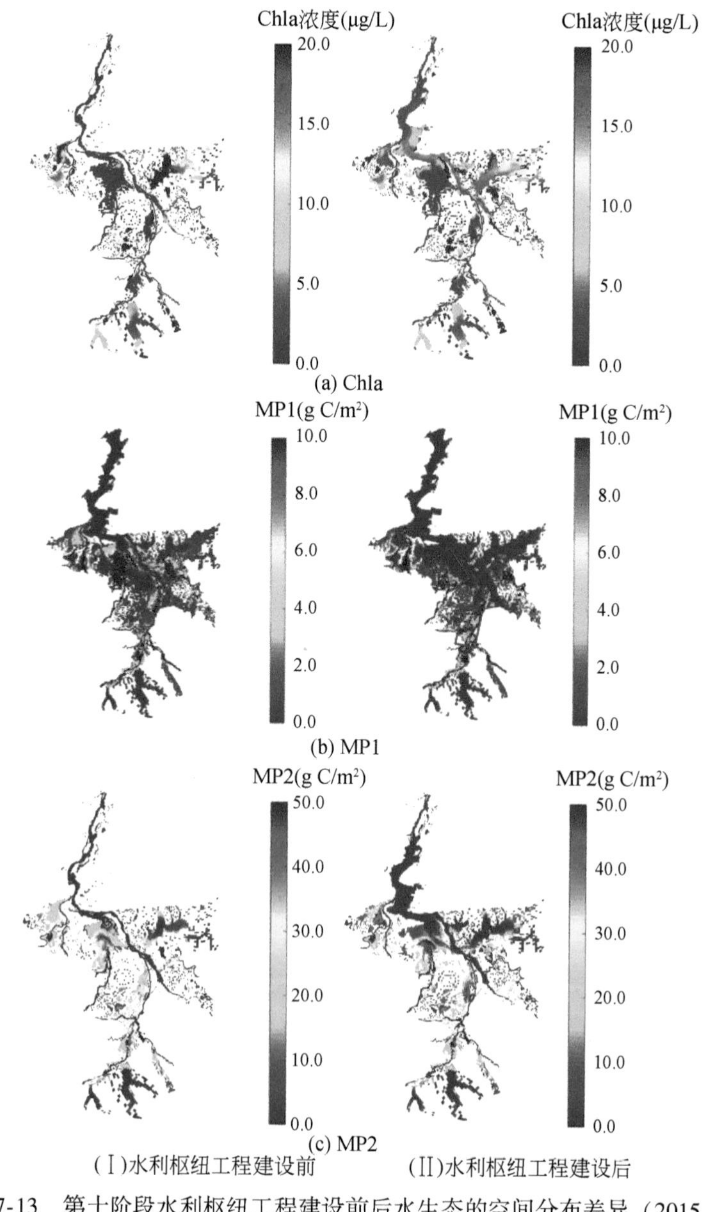

图 7-13　第十阶段水利枢纽工程建设前后水生态的空间分布差异（2015 年）

7.3.2　枯水年（2006年）藻类对水利枢纽工程建设的响应

7.3.2.1　水利枢纽工程建设前后全年全湖藻类的响应

由表7-12可知，与水利枢纽工程建设前相比，水利枢纽工程建设后2006年全年Chla与MP2的全湖均值浓度的变化比例均不足3.0%。但需要注意的是，此处计算的为所有湿网格的均值，闸坝建成后水体淹没面积增加236.95km^2，网格数量的差异导致研究的对象水体发生变化，计算的均值在水利枢纽工程建设前后不具有绝对的可比性。

表7-12　水利枢纽工程建设前后全年水生态变化情况（2006年）

项目		Chla浓度（μg/L）
均值	工程前	9.54
	工程后	10.41
最小值	工程前	0.03
	工程后	0.03
最大值	工程前	44.16
	工程后	47.58
均值变化比（%）		0.36

7.3.2.2　水利枢纽工程建设前后重点区域全年藻类的响应

将鄱阳湖水位按照水利枢纽工程建设要求进行调控后，需进一步评估水利枢纽工程建设带来的水生态响应。由图7-14可见，Chla浓度对水利枢纽工程建设的时间响应主要体现在9～10月，但不同空间位置处的响应方式相差较大，工程蓄水导致此时间段内绝大部分点位的Chla浓度先下降后升高，如蛤蟆石、都昌、星子、牛山、渚溪口、蛇山、棠荫，导致撮箕湖、杨柳津河口、虎头下、东水道、湖汉丰水、泥湖站的峰值浓度有所下降，但水利枢纽工程建设后东湖的峰值浓度却大大升高，而康山、西水道、龙口、三江口处几乎无响应。

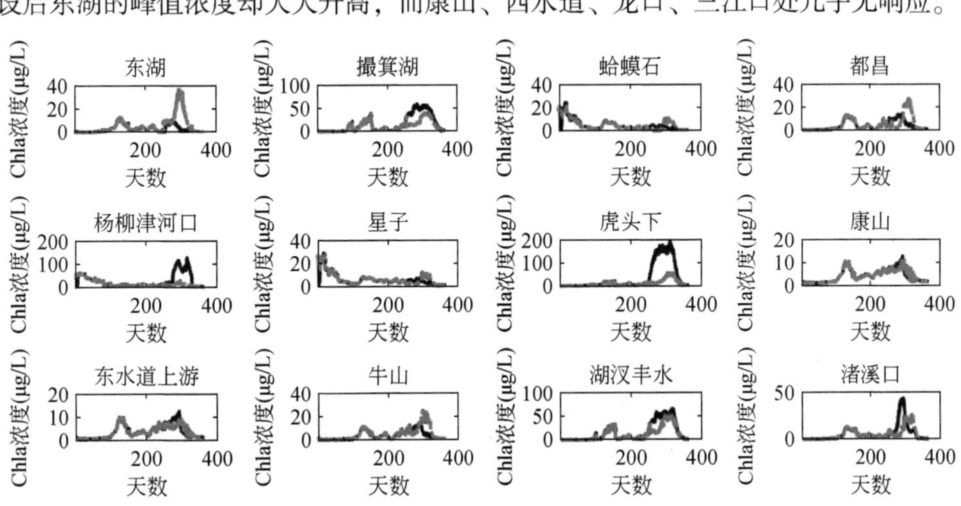

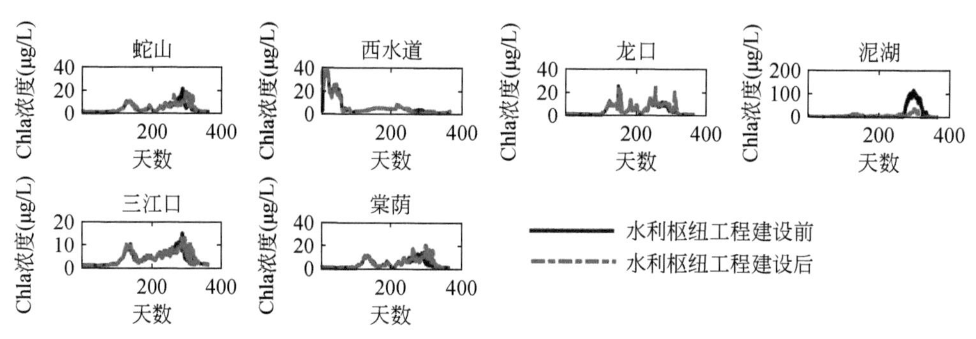

图 7-14　水利枢纽工程建设前后重要站点藻类 Chla 浓度时间响应（2006 年）

7.3.2.3　水利枢纽工程建设前后不同时段藻类的响应

全湖、全年均值隐藏了水生态指标的时间、空间分布信息，而由上述分析可知，不同空间位置处水生态对水利枢纽工程建设的响应方式差异较大，因此本节进一步探讨每个阶段水利枢纽工程建设前后的水生态空间响应。

第一阶段（1 月 1 日至 2 月 28 日）：水利枢纽工程建设措施在上游水位稳定在 10m 的初始条件下，通过溢流的方式向下游放水，2 月底逐步消落达到 9.50m，水利枢纽工程建设前后的水生态分布如图 7-15 所示，水利枢纽工程建设后湖口到蛤蟆石、星子、杨柳津河口，直到都昌段的水深增加，杨柳津河口东侧水体淹没面积增加。鄱阳湖水利枢纽工程建设后，Chla 的差异主要体现在北部河相区域，因为此处水动力的差异性最大，继而对水龄及水质的迁移与输运产生影响。

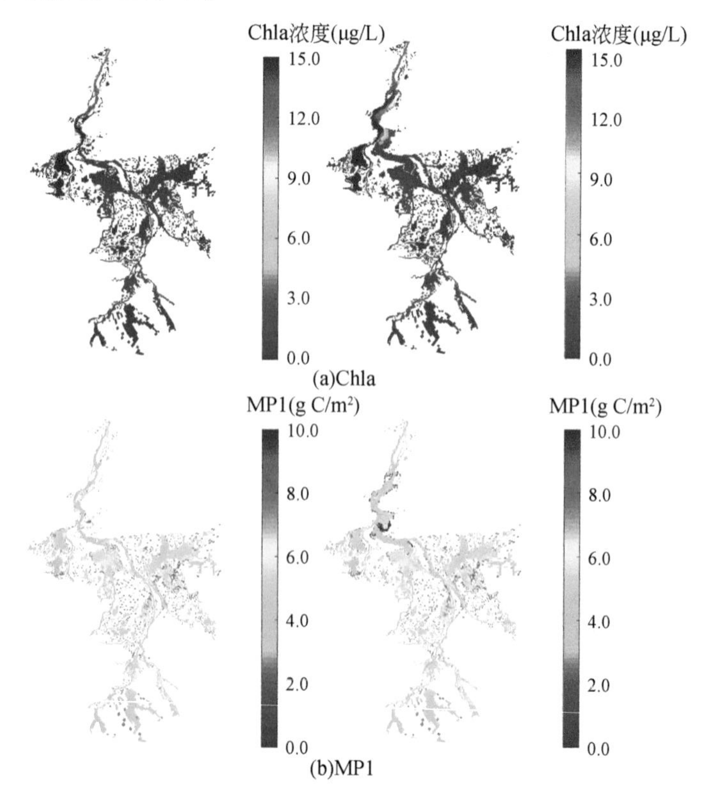

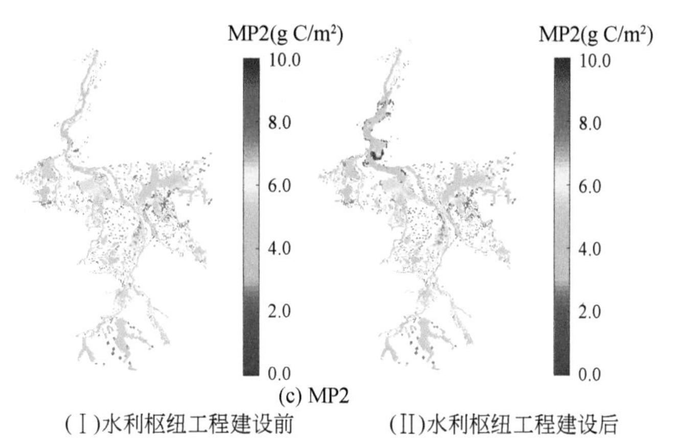

图7-15 第一阶段水利枢纽工程建设前后水生态浓度的空间分布差异（2006年）

为了进行水利枢纽工程建设前后的数值比较，进一步计算此阶段内水生态指标的均值，但需要指出的是，由于水利枢纽工程建设后鄱阳湖水体淹没面积增加了69.90km^2，面积的差异表明研究对象水体发生了变化，且计算的为所有湿网格的均值，网格数量的差异会导致计算的均值在水利枢纽工程建设前后不具有绝对的可比性。由表7-13可知，此阶段水生态指标在鄱阳湖水利枢纽工程建设前后全湖均值浓度变化比例均不足10%。

表7-13 第一阶段水利枢纽工程建设前后水生态变化情况（2006年）

项目		Chla浓度（μg/L）
均值	工程前	7.22
	工程后	7.81
最小值	工程前	0.02
	工程后	0.02
最大值	工程前	52.68
	工程后	53.99
均值变化比（%）		8.18

第二阶段（3月1～31日）：通过控制上下游连通方式及溢流情况将鄱阳湖闸前水位逐步消落在9.0～9.5m。由图7-16可知，由于此阶段水深差异较小，鄱阳湖Chla浓度对水利枢纽工程建设的空间响应比较微弱，对比水利枢纽工程建设前后的浓度空间分布无显著差异。

为了进行水利枢纽工程建设前后的浓度比较，进一步计算此阶段内水生态的浓度均值，由于此阶段水利枢纽工程建设后鄱阳湖水体淹没面积仅增加0.47%（19.08km^2），暂且忽略水利枢纽工程建设前后湿网格数量的差异，用水利枢纽工程建设前后湿网格的空间浓度均值近似代表实际浓度均值进行对比分析。由表7-14可知，此阶段内水生态指标在水利枢纽工程建设前后的全湖均值变化比例均不足10.0%。

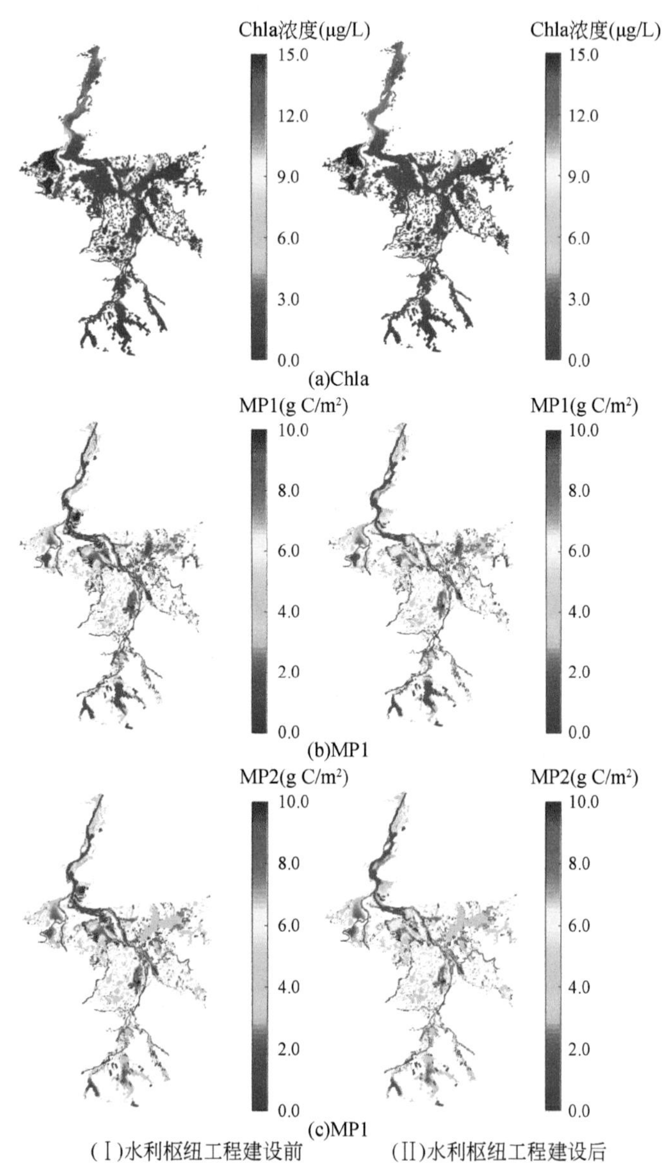

图 7-16　第二阶段水利枢纽工程建设前后水生态浓度的空间分布差异（2006 年）

表 7-14　第二阶段水利枢纽工程建设前后水生态变化情况（2006 年）

项目		Chla 浓度（μg/L）
均值	工程前	3. 93
	工程后	3. 89
最小值	工程前	0. 03
	工程后	0. 03
最大值	工程前	25. 36
	工程后	25. 13
均值变化比（%）		-0. 85

第三阶段（4 月 1 日至 8 月 31 日）：将闸坝完全打开，即上、下游完全连通，此阶段水利枢纽工程建设前后的水生态响应几乎完全相同，水体淹没面积仅减少了 0.50km²，空间分布也极为类似（图 7-17）。由表 7-15 可知，此阶段内所有水生态指标的全湖均值浓度在水利枢纽工程建设前后变化比例均不足 3.0%。

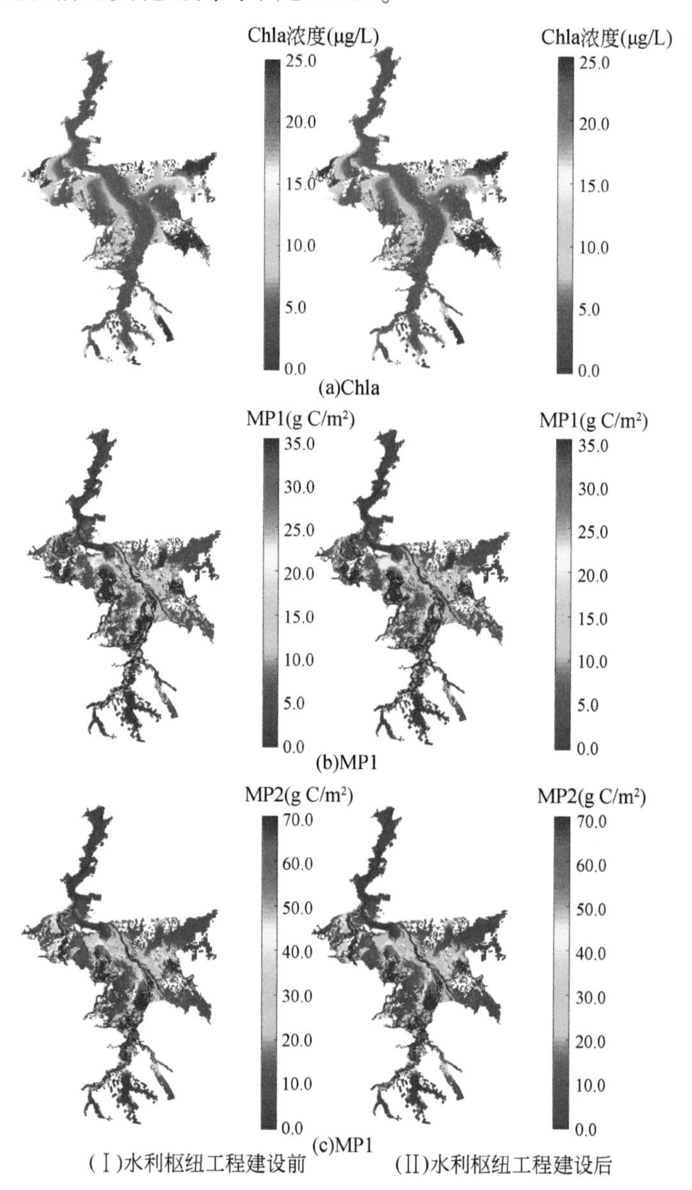

图 7-17　第三阶段水利枢纽工程建设前后水生态浓度的空间分布差异（2006 年）

表 7-15　第三阶段水利枢纽工程建设前后水生态变化情况（2006 年）

项目		Chla 浓度（μg/L）
均值	工程前	8.29
	工程后	8.37

续表

项目		Chla 浓度（μg/L）
最小值	工程前	0.77
	工程后	0.77
最大值	工程前	31.56
	工程后	32.03
均值变化比（%）		0.99

第四～第十阶段（9月1日至12月31日）：通过水利枢纽工程建设的调控，鄱阳湖水体淹没面积增大，分别增加了10.87%（440.41km^2）、27.52%（1114.72km^2）、33.25%（1347.05km^2）、29.91%（1211.70km^2）、22.87%（926.35km^2）、14.18%（574.40km^2）、8.23%（333.28km^2），水利枢纽工程建设前后水体淹没面积的较大变化导致计算的所有湿网格的均值并不再具有可比性，水利枢纽工程建设后水生植物生物量的升高可能是新增湿网格中的浓度与生物量所致，而降低可能是湿网格数量增加所致（表7-16）。由图7-18～图7-21可知，不同空间位置、不同水生态指标对水利枢纽工程建设的响应方式不同，有些区域水利枢纽工程建设后浓度或生物量显著升高，有些区域水利枢纽工程建设后浓度或生物量显著降低，有些区域却几乎无变化，具体位置、具体水生态指标的响应情况应根据空间分布图具体分析。

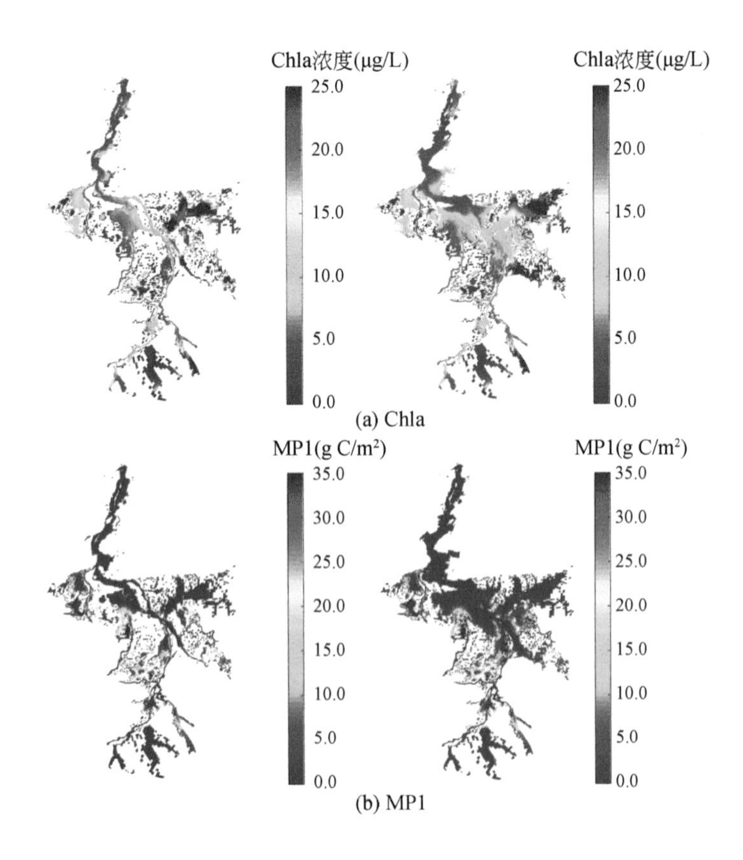

(a) Chla

(b) MP1

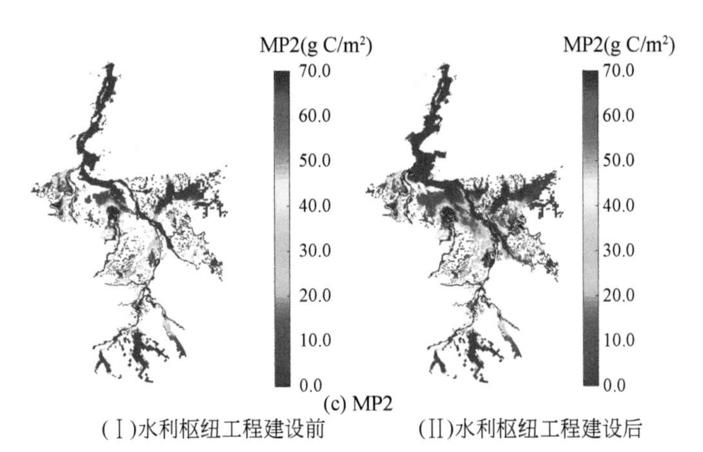

(c) MP2

(Ⅰ)水利枢纽工程建设前　　(Ⅱ)水利枢纽工程建设后

图 7-18　第四阶段水利枢纽工程建设前后水生态浓度的空间分布差异（2006 年）

表 7-16　第四阶段水利枢纽工程建设前后水生态变化情况（2006 年）

项目		Chla 浓度（μg/L）
均值	工程前	9. 57
	工程后	9. 35
最小值	工程前	0. 06
	工程后	0. 20
最大值	工程前	35. 16
	工程后	31. 12
均值变化比（%）		-2. 26

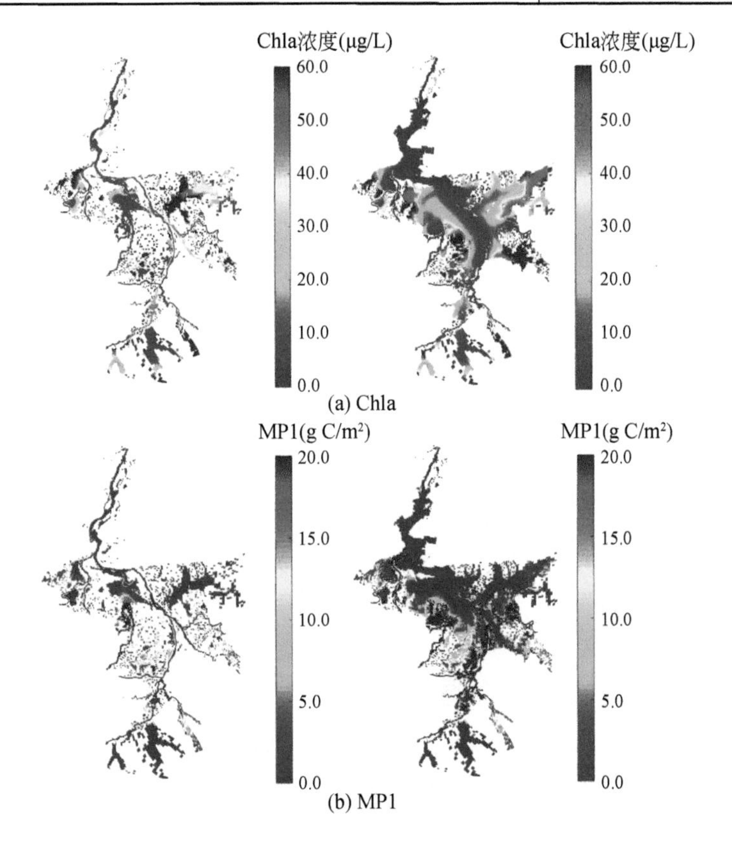

(b) MP1

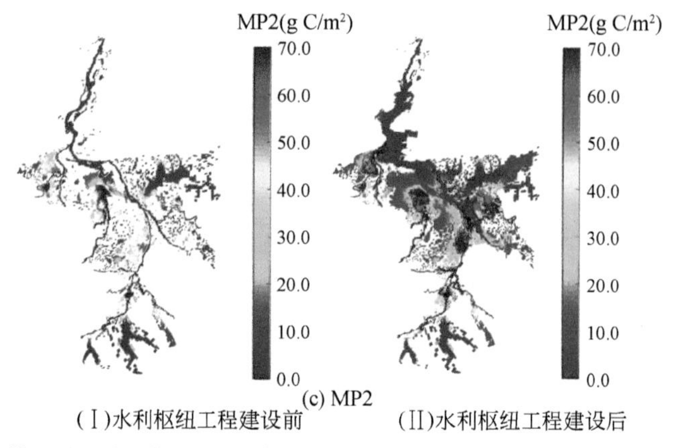

(c) MP2

(Ⅰ)水利枢纽工程建设前　　(Ⅱ)水利枢纽工程建设后

图 7-19　第六阶段水利枢纽工程建设前后水生态浓度的空间分布差异（2006 年）

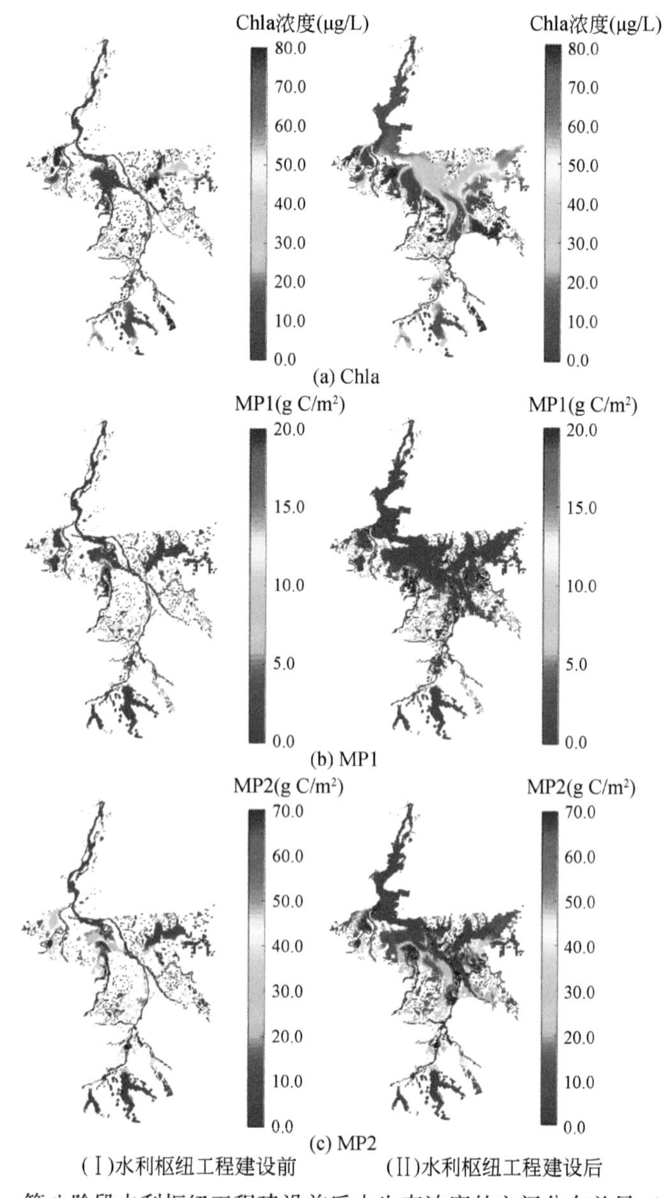

(a) Chla

(b) MP1

(c) MP2

(Ⅰ)水利枢纽工程建设前　　(Ⅱ)水利枢纽工程建设后

图 7-20　第八阶段水利枢纽工程建设前后水生态浓度的空间分布差异（2006 年）

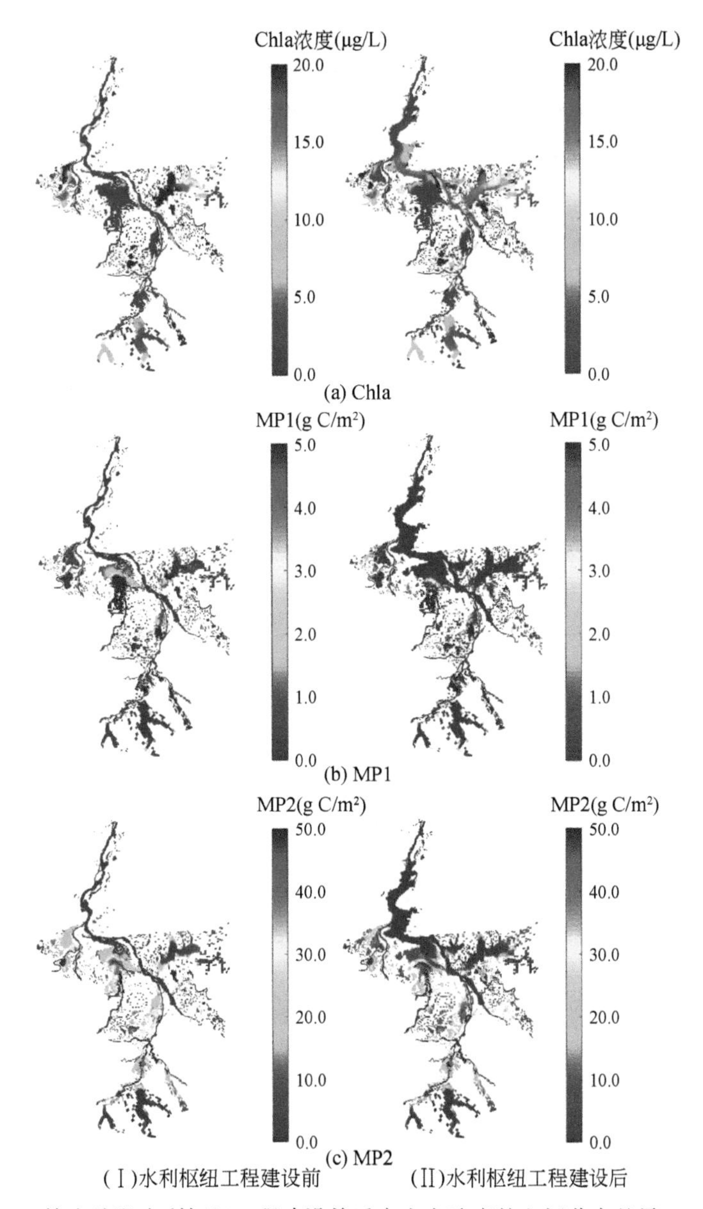

图7-21　第十阶段水利枢纽工程建设前后水生态浓度的空间分布差异（2006年）

7.3.3　丰水年（2016年）藻类对水利枢纽工程建设的响应

7.3.3.1　水利枢纽工程建设前后全年全湖藻类的响应

由表7-17可知，与水利枢纽工程建设前相比，水利枢纽工程建设后2016年全年除Chla、MP1与MP2的全湖均值浓度的变化比例均不超过10.0%。但需要注意的是，此处计算的为所有湿网格的均值，闸坝建成后水体淹没面积平均增加35.15%（1423.71km²），网格数量的差异导致研究对象水体发生变化，计算的均值在水利枢纽工程建设前后不具有绝对的可比性。

表 7-17　水利枢纽工程建设前后全年水生态变化情况（2016 年）

项目		Chla 浓度（μg/L）
均值	工程前	5.48
	工程后	4.50
最小值	工程前	0.03
	工程后	0.03
最大值	工程前	20.91
	工程后	16.78
均值变化比（%）		-17.80

7.3.3.2　水利枢纽工程建设前后重点区域全年藻类的响应

将 2016 年鄱阳湖丰水年水位按照水利枢纽工程建设要求进行调控后，需进一步评估水利枢纽工程建设带来的水质、水生态响应。由图 7-22 可见，Chla 浓度对水利枢纽工程建设的时间响应主要体现在秋季，但不同空间位置处的响应方式相差较大，水利枢纽工程建设导致东湖、三江口、棠荫的 Chla 浓度略有升高，但降低了都昌、杨柳津河口、星子、西水道、泥湖在秋季的 Chla 浓度峰值，甚至完全削弱了撮箕湖、虎头下、湖汉丰水在秋季的 Chla 浓

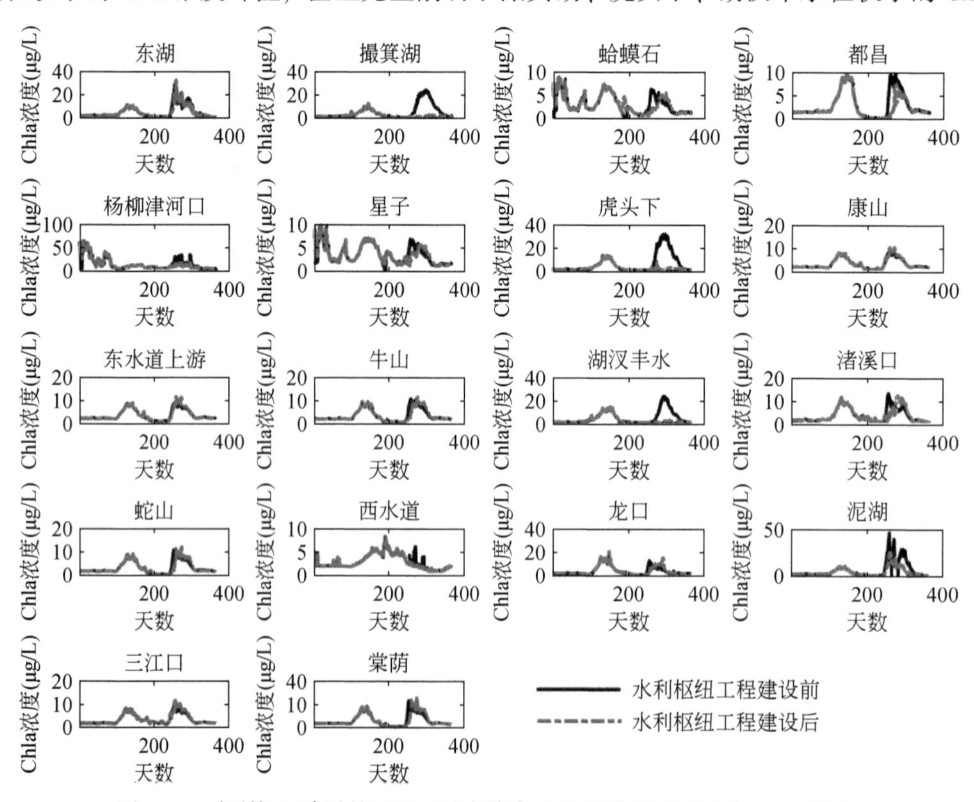

图 7-22　水利枢纽建设前后重要站点藻类 Chla 浓度的时间响应（2016 年）

度峰值，而蛤蟆石、渚溪口、龙口在秋季的浓度峰值出现了时间延迟，其他位置（如康山、东水道、牛山、蛇山、三江口、棠荫）的 Chla 浓度对水利枢纽工程建设却几乎无响应。

7.3.3.3　水利枢纽工程建设前后不同时段藻类的响应

全湖、全年均值隐藏了水生态指标的时间、空间分布信息，而由上述分析可知，不同空间位置处水生态对水利枢纽工程建设的响应方式差异较大，因此本节进一步探讨 2016 年丰水年每个阶段水利枢纽工程建设前后的水生态空间响应。

第一阶段（1 月 1 日至 2 月 28 日）：水利枢纽工程建设措施在上游水位稳定在 10m 的初始条件下，通过溢流的方式向下游放水，2 月底水位逐步下降至 9.50m。水利枢纽工程建设前后的水深、水质空间分布如图 7-23 所示，水利枢纽工程建设后除西部高 Chla 浓度

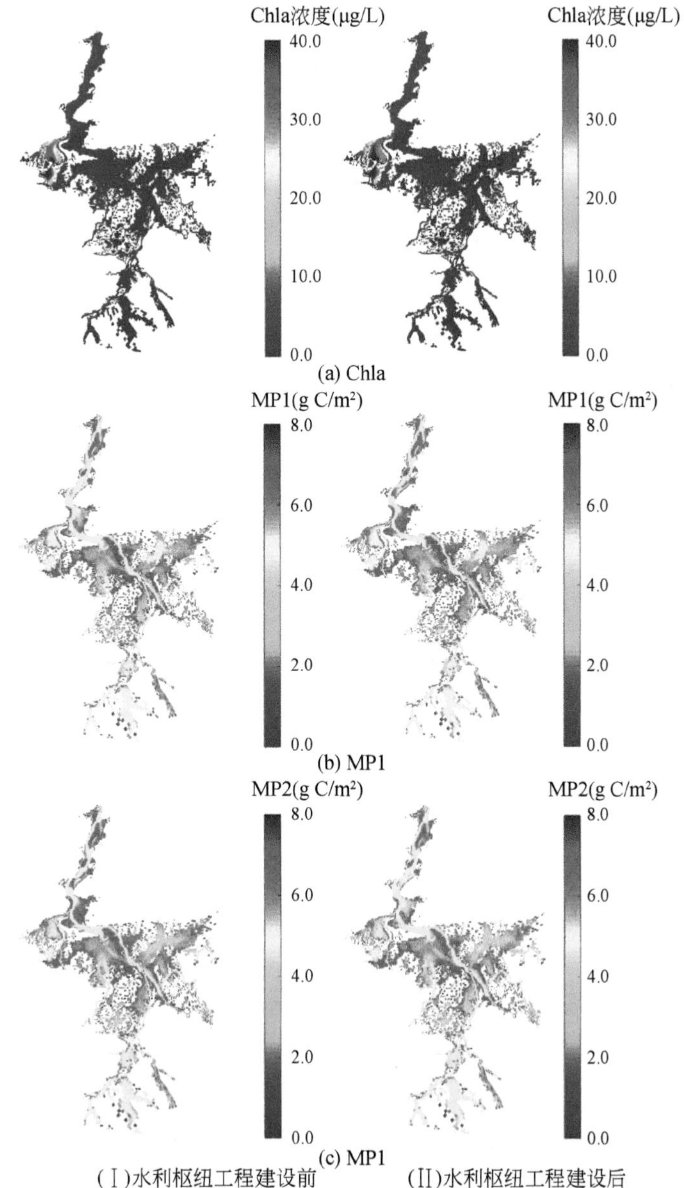

图 7-23　第一阶段水利枢纽工程建设前后水生态浓度的空间分布差异（2016 年）

区域有明显升高。

为了进行水利枢纽工程建设前后的数值比较，进一步计算此阶段内水生态指标的均值，但需要指出的是，由于水利枢纽工程建设后鄱阳湖水体淹没面积增加了 87.78km²，面积的差异表明研究对象水体发生了变化，且计算的为所有湿网格的均值，网格数量的差异会导致计算的均值在水利枢纽工程建设前后不具有绝对的可比性。由表 7-18 可知，水利枢纽工程建设后所有指标的全湖均值浓度变化比例均不足 10%。

表 7-18　第一阶段水利枢纽工程建设前后水生态变化情况（2016 年）

项目		Chla 浓度（μg/L）
均值	工程前	5.34
	工程后	5.62
最小值	工程前	0.03
	工程后	0.03
最大值	工程前	37.62
	工程后	41.83
均值变化比（%）		5.27

第二阶段（3 月 1 ~ 31 日）：通过控制上、下游连通方式及溢流情况将鄱阳湖闸前水位逐步消落在 9.0 ~ 9.5m。由表 7-19 可知，由于此阶段水深差异较小，鄱阳湖 Chla 浓度对水利枢纽工程建设的空间响应比较微弱，水利枢纽工程建设前后的浓度空间分布无显著差异。

表 7-19　第二阶段水利枢纽工程建设前后水生态变化情况（2016 年）

项目		Chla 浓度（μg/L）
均值	工程前	4.17
	工程后	4.11
最小值	工程前	0.03
	工程后	0.03
最大值	工程前	27.78
	工程后	27.36
均值变化比（%）		-1.57

为了进行水利枢纽工程建设前后的浓度比较，进一步计算此阶段内水生态的浓度均值，此阶段水利枢纽工程建设后鄱阳湖水体淹没面积仅增加 0.70%（26.57km²），暂且忽略水利枢纽工程建设前后湿网格数量的差异，用水利枢纽工程建设前后湿网格的空间浓度均值近似代表实际浓度均值进行对比分析（图 7-24）。此阶段内 Chla 浓度在水利枢纽工程建设前后的全湖均值变化比例均不足 5.0%。

第三阶段（4 月 1 日至 8 月 31 日）：将闸坝完全打开，即上、下游完全连通，此阶段水利枢纽工程建设前后的水生态响应几乎完全相同，空间分布也极为类似（图 7-25）。由表 7-20 可知，此阶段内所有水生态指标的全湖均值浓度在水利枢纽工程建设前后变化比例均不足 3.0%。

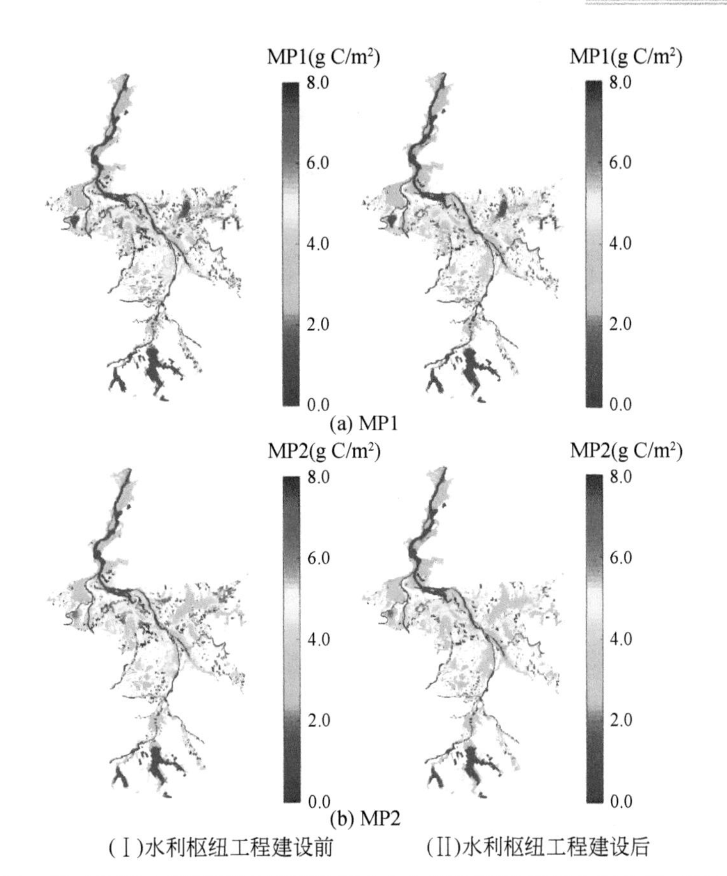

图 7-24 第二阶段水利枢纽工程建设前后水生态浓度的空间分布差异（2016 年）

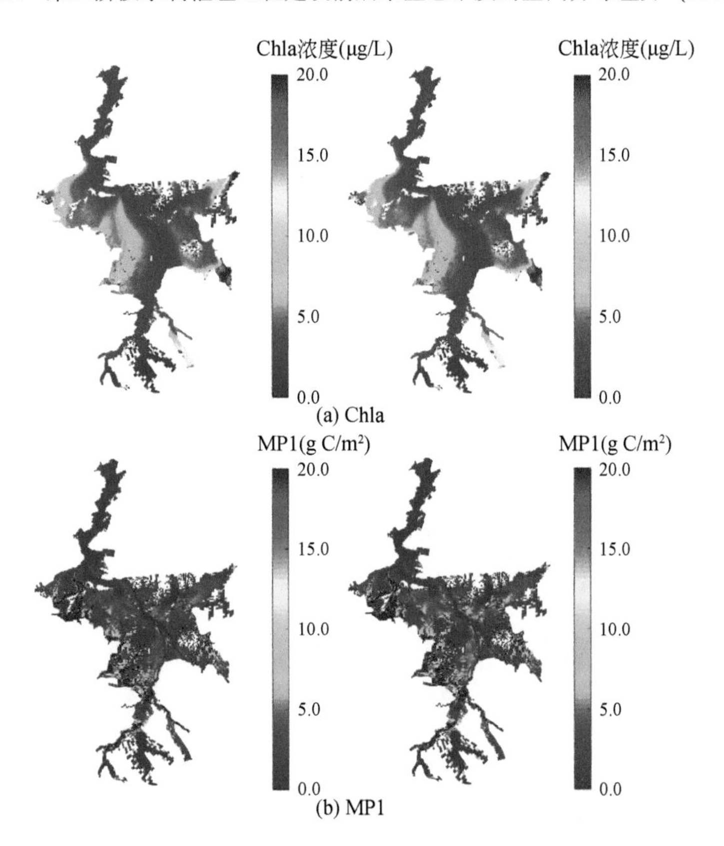

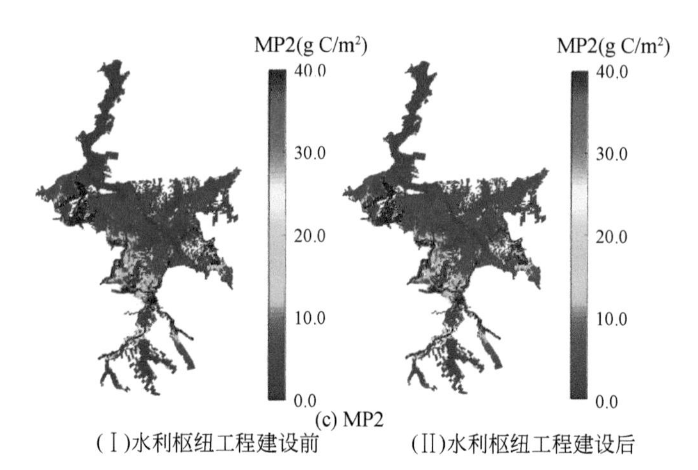

(c) MP2

(Ⅰ)水利枢纽工程建设前　(Ⅱ)水利枢纽工程建设后

图 7-25　第三阶段水利枢纽工程建设前后水生态浓度的空间分布差异（2016 年）

表 7-20　第三阶段水利枢纽工程建设前后水生态变化情况（2016 年）

项目		Chla 浓度（μg/L）
均值	工程前	4.99
	工程后	5.01
最小值	工程前	0.05
	工程后	0.05
最大值	工程前	14.28
	工程后	14.31
均值变化比（%）		0.47

第四～第十阶段（9 月 1 日至 12 月 31 日）：通过水利枢纽工程建设的调控，鄱阳湖水体淹没面积增大，分别增加了 13.60%（547.27km^2）、28.10%（1139.01km^2）、24.00%（970.19km^2）、23.00%（932.40km^2）、16.80%（678.60km^2）、8.70%（352.21km^2）、3.40%（138.03km^2），水利枢纽工程建设前后水体淹没面积的较大变化导致计算的所有湿网格的均值并不再具有可比性，水利枢纽工程建设后水生植物生物量的升高可能是新增湿网格中的浓度与生物量所致，而降低可能是湿网格数量增加所致。图 7-26～图 7-28 分别

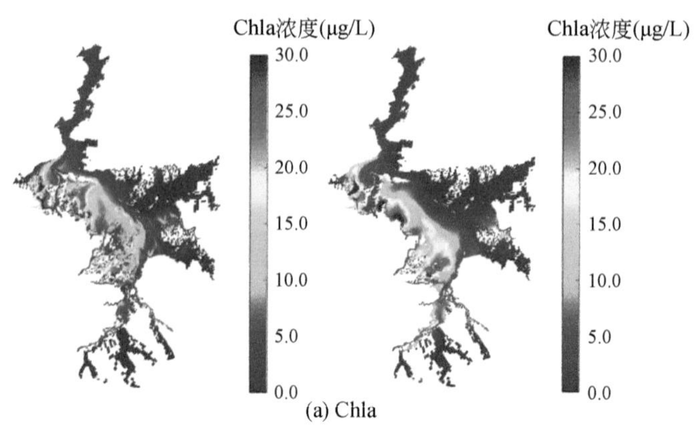

(a) Chla

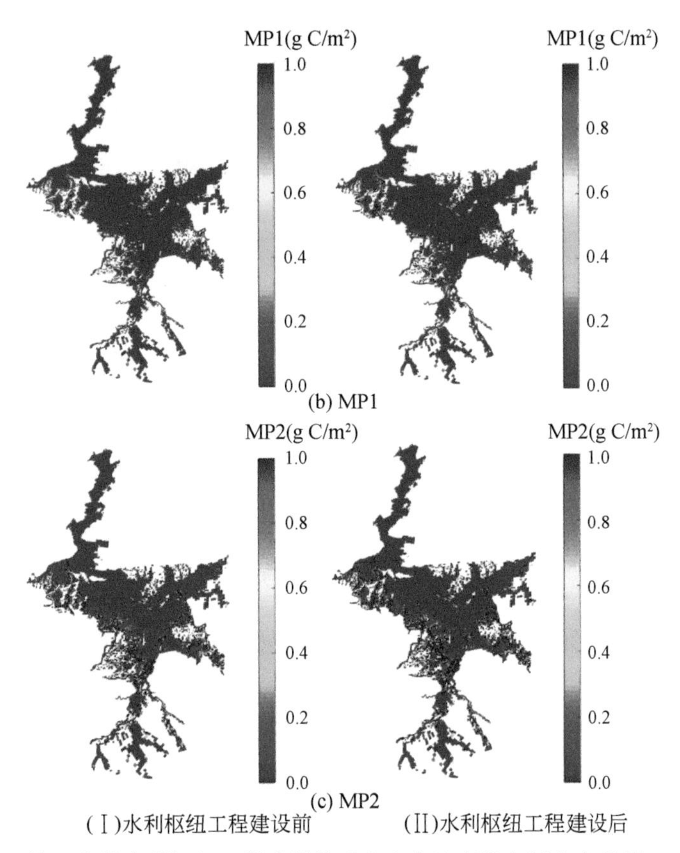

图 7-26 第四阶段水利枢纽工程建设前后水生态浓度的空间分布差异（2016 年）

展示了第四阶段、第七阶段、第九阶段水利枢纽工程建设前后的水生态空间分布结果。由图可知，不同空间位置、不同水生态指标对水利枢纽工程建设的响应方式不同，有些区域水利枢纽工程建设后浓度或生物量显著增加，有些区域水利枢纽工程建设后浓度或生物量显著降低，有些区域却几乎无变化，但由于均值在这里不具有可比性，具体位置、具体水生态指标的响应情况应根据空间分布图具体分析。

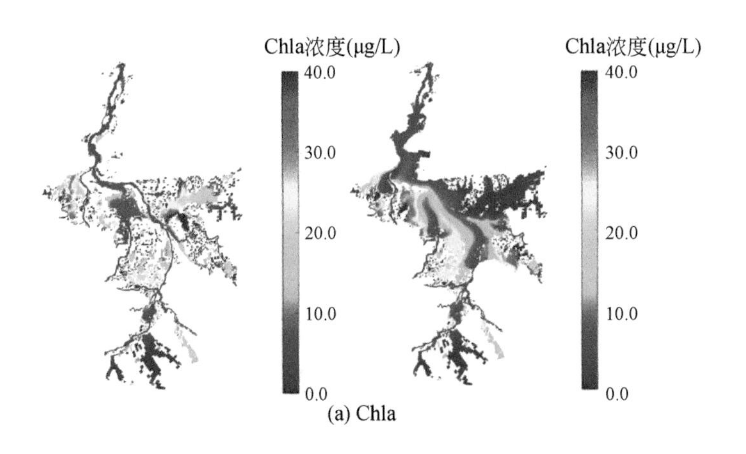

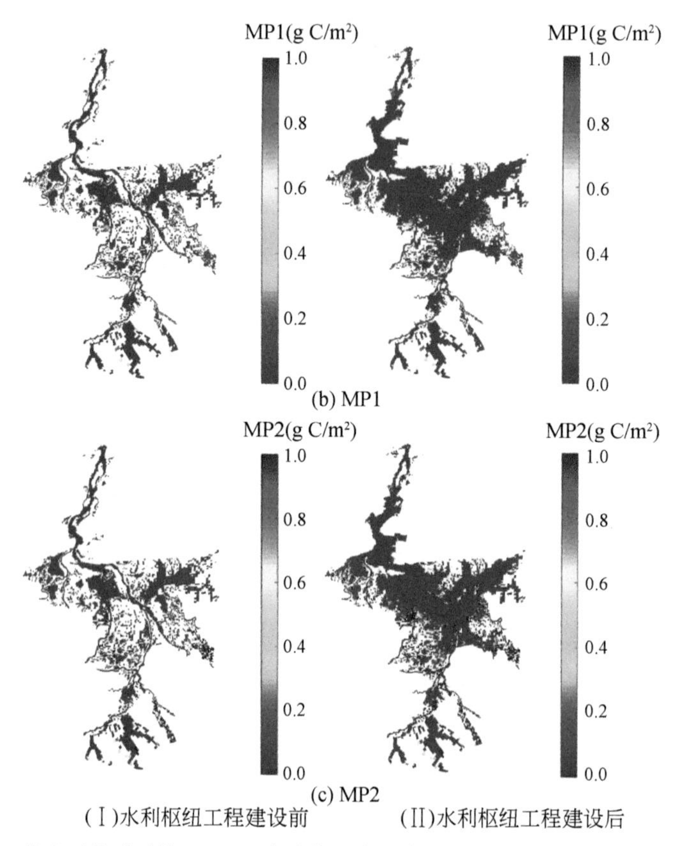

图 7-27　第七阶段水利枢纽工程建设前后水生态浓度的空间分布差异（2016 年）

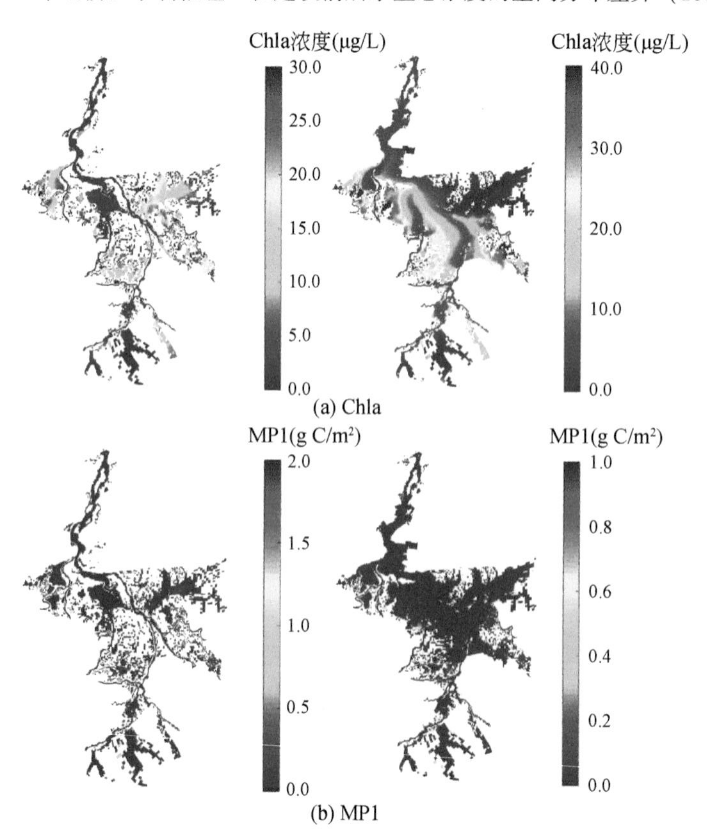

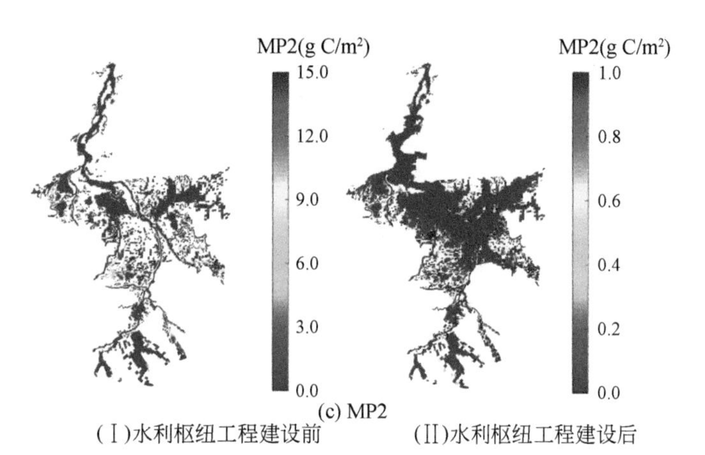

图7-28 第九阶段水利枢纽工程建设前后水生态浓度的空间分布差异（2016年）

7.4 结　　论

通过研发鄱阳湖水生态模型，在完成2015年模型校准的基础上，将模型应用在2006年进行进一步的验证，结果表明鄱阳湖水动力-水质-水生态模型可以很好地再现鄱阳湖水生态的时空变化特征。在此基础上，研发鄱阳湖水利枢纽工程建设模块，包括闸坝阻隔、开启、关闭及上、下游连通等工程措施，并将模拟的下游水位进行滤波处理,将采用滤波后的水位作为闸门全开/关闭的控制信号，以保持系统稳定性和平滑性，同时在模拟闸门在“关闭-部分打开-全开”状态之间切换时考虑状态保持不变时间，以避免过度频繁地开启/关闭全部闸门，减少数值模拟结果的非现实性影响。将开发好的水利枢纽工程建设模型应用于鄱阳湖2006年、2015年的水利枢纽工程建设中，根据十个阶段的工程要求进行子模型耦合，最后进行水利枢纽工程建设的水生态响应评估。

1）鄱阳湖水利枢纽工程建设的水质与水生态响应主要集中在1～2月（第一阶段）与10～11月（第四～第九阶段），因为此时水利枢纽工程建设前后水位差异最为明显，水动力的差异会改变水体的理化性质、影响营养盐的输送时间与生化反应，从而影响水生态的响应。

2）鄱阳湖水利枢纽工程建设的水质与水生态响应的空间异质性强。以2015年平水年的Chla浓度为例，水利枢纽工程建设第四阶段的工程蓄水可以将星子站在9月的Chla均值浓度降至水利枢纽工程建设前的69.0%，将都昌站在9月的Chla峰值浓度削落至水利枢纽工程建设前的29.9%，但会导致棠荫站与龙口站在9月的峰值浓度升高为水利枢纽工程建设前的1.8倍与3.7倍，而康山站却几乎不受影响。

3）需要指出的是，鄱阳湖水利枢纽工程建设前后水体淹没面积变化大，为了消除干网格的影响，此处计算的平均浓度为所有湿网格的均值，但是水利枢纽工程建设后鄱阳湖全年平均淹没面积会增加，因此水利枢纽工程建设后藻类、水生植物生物量的升高可能是新淹没湿网格中增加的浓度与生物量所致，而降低可能是湿网格数量增加所致，水利枢纽工程建设前后的均值并不具有可比性。因此，在干湿边界变化大的湖泊中进行均值对比分析或用均值进行统计分析时应格外慎重。

参考文献

Arifin R R，James S C，de Alwis P D A，et al. 2016. Simulating the thermal behavior in Lake Ontario using EFDC. Journal of Great Lakes Research，42（3）：511-523.

Bae S，Seo D. 2018. Analysis and modeling of algal blooms in the Nakdong River，Korea. Ecological Modelling，372：53-63.

Huang J C，Yan R H，Gao J F，et al. 2016. Modeling the impacts of water transfer on water transport pattern in Lake Chao，China. Ecological Engineering，95：271-279.

Huang J，Zhang Y，Huang Q，et al. 2018. When and where to reduce nutrient for controlling harmful algal blooms in large eutrophic lake Chaohu，China? Ecological Indicators，89：808-817.

Luo X，Li X. 2018. Using the EFDC model to evaluate the risks of eutrophication in an urban constructed pond from different water supply strategies. Ecological Modelling，372：1-11.

Qi L Y，Huang J C，Yan R H，et al. 2017. Modeling the effects of the streamflow changes of Xinjiang Basin in future climate scenarios on the hydrodynamic conditions in Lake Poyang，China. Limnology ，18：175-194.

Tang C Y，Li Y P，Acharya K. 2016. Modeling the effects of external nutrient reductions on algal blooms in hyper-eutrophic Lake Taihu，China. Ecological Engineering，94：164-173.

Tang C Y，Li Y P，Jiang P，et al. 2015. A coupled modeling approach to predict water quality in Lake Taihu，China：linkage to climate change projections. Journal of Freshwater Ecology，30：59-73.

Tang T J，Yang S，Peng Y，et al. 2017. Eutrophication control decision making using EFDC model for Shenzhen Reservoir，China. Water Resources，44：308-314.

Wu B B，Wang G Q，Wang Z G，et al. 2017. Integrated hydrologic and hydrodynamic modeling to assess water exchange in a data-scarce reservoir. Journal of Hydrology，555：15-30.

第 8 章　鄱阳湖健康评价

8.1　健康评价指标体系构建

8.1.1　评价框架

在湖泊生态系统健康的概念和内涵指导下，结合鄱阳湖水生态系统的典型特征，采用综合完整性指数法，对鄱阳湖分“全年–季度”和“全湖–分湖区–点位”时空尺度展开健康评价研究，以反映健康状态空间差异和历史变化，同时选择不同的参照状态，构建包括物理、化学、生物和服务功能完整性在内的综合完整性指标体系，然后进行指标计算与综合，最后得到鄱阳湖水生态系统健康评价结果。鄱阳湖水生态系统健康评价框架如图 8-1 所示。

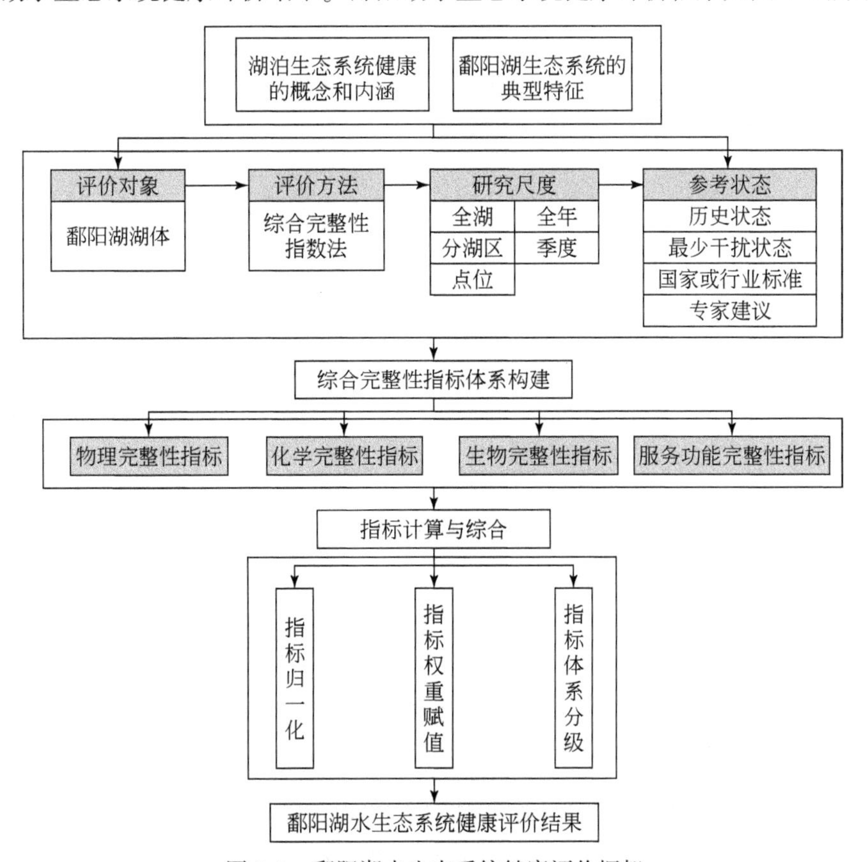

图 8-1　鄱阳湖水生态系统健康评价框架

8.1.2 指标体系构建原则

鄱阳湖是我国第一大淡水湖，同时是季节性过水湖泊，又作为重要的湿地生态系统，具有典型性和代表性。鄱阳湖水生态系统包括自然与人共同组成的社会、经济、环境和生态子系统，存在复杂的、动态的相互关系，共同影响和改变湖泊水生态系统健康状况，是一个有机的整体。因此，只有构建合适的完整性指标体系，才能科学、正确地评价鄱阳湖水生态系统的健康状态，选择指标应遵循以下原则（张艳会等，2014；黄琪等，2016）。

1）科学性。指标体系应遵守湖泊生态系统健康的概念和内涵，能够科学描述湖泊水生态系统健康的状态，判断水生态系统是否能持续地满足自身健康发展需求与人类社会的合理需求。

2）普适性。指标最好具有可移植性，通过不更改指标体系或少量变化，即可对其他类似湖体进行健康评价，而非不可重复的评价研究。

3）层次性。不同时空尺度的指标能够在对应的尺度上反映水生态系统受损的程度及健康特征。

4）代表性。选取能反映水生态系统特征和问题本质的关键性指标。指标间相互独立，避免交叉和重复。

5）可比性。指标之间应具有可比性，包括时间和空间的可比性。指标数据选取和计算采取统一口径与统一标准，保证评价指标与结果具有可比性。

6）可获取性。所有指标必须通过科学监测途径或历史资料搜集可得。指标应具有一定的统计基础，可采用科学方法获取数值。避免过于定性、烦琐，涉及数据应该真实可靠并且易于量化。

7）易理解性。为了便于管理上的应用和降低推广难度，指标体系要简约清晰，易于被管理者和公众理解，且与已有的政策、规划目标和标准相关。

8.1.3 基于完整性的指标体系

对于具体的水生态系统而言，评价其水生态完整性，包括了物理、化学、生物及服务功能完整性（李春晖等，2008；张艳会等，2014；黄琪等，2016）。因此本研究构建的综合完整性指标体系应包含物理、化学、生物和服务功能完整性指标四个方面。具体而言，物理完整性指标包括湖泊水情（水位、径流量）、湖泊形态、河湖连通状况、岸带受人为改造程度；化学完整性指标（即水质理化及营养状况）则涉及对人类活动干扰较为敏感的水质理化、营养盐参数；生物完整性指标包括湖泊食物链中的浮游动植物、大型底栖动物、湿地植被、鱼类、鸟类等主要指示生物类群；服务功能完整性指标则主要包括水功能区水质达标率、调蓄洪水能力等供给人类社会合理需求的功能性指标及反映湖泊受人为干扰程度的采沙等指标（International Joint Commission of Canada and the United States of America，2014）。

8.1.3.1 物理完整性指标

参考北美五大湖健康评价实践和国内大湖水生态系统健康评价研究，结合鄱阳湖典型特征和鄱阳湖专家意见，鄱阳湖物理完整性指标具体包括五个方面。

1）水位。鄱阳湖水位变幅极大（表 8-1），水文波动会直接影响生态环境变化。水位过高不仅会直接影响鄱阳湖初级生产力和水生植物种群多样性（Gordon et al., 2016），还可能导致候鸟无法觅食，对鸟类栖息地造成威胁（胡振鹏等，2014；Zhang et al., 2016）；另外，枯水期的水位过低，则会导致洲滩提前出露，影响植被的生长及种群结构演替，同时也会影响鱼类、候鸟的生境条件（黄金国和郭志永，2007；张艳会等，2014；胡振鹏等，2015）。因此，本研究选择年内水位最高 10 日和最低 10 日内的平均水位两个指标衡量水位波动情况。

表 8-1　2015 年主要水文站点水位统计　（单位：m）

站点	最高水位	最高水位日期	最低水位	最低水位日期	平均水位
湖口	19.32	6 月 24 日	7.48	2 月 17 日	12.78
星子	19.47	6 月 23 日	7.57	2 月 18 日	13.00
都昌	19.30	6 月 23 日	7.60	2 月 14 日	12.96
棠荫	19.44	6 月 23 日	11.03	2 月 19 日	14.14
龙口	19.42	6 月 23 日	12.83	2 月 16 日	14.72
康山	19.41	6 月 23 日	12.26	2 月 19 日	14.85

2）河湖连通状况。河湖连通状况可表征河流和湖泊水沙输送与能量传递状况，继而调整和塑造湖盆结构。通常用口门畅通率来衡量河流和湖泊水域之间的水流畅通程度。该指标常用于鄱阳湖、洞庭湖、太湖及巢湖的健康评价研究（黄琪等，2016）。

3）湖面面积。湖面面积既是湖泊的基本形态参数，又能反映本区湖泊受人类活动干扰的强度，如历史围垦导致的湖泊面积萎缩。鄱阳湖近 50 年来面积急剧萎缩，高程 21m 的湖体水面面积由 1954 年的 5050km^2 减少至 1986 年的 3210km^2。萎缩速率约为28km^2/a，主要是高程在 14m 以上的湖体水面面积减少较为明显，20 世纪 90 年代之后基本处于稳定状态，但仍具有缩小趋势（霍雨，2011）。湖泊面积减小，而流域面积未变，使鄱阳湖补给系数相对增大。同时容积相应减小，使得湖泊调节系数减小（表 8-2），对洪水调蓄能力大大减小。因此使用湖面萎缩率来衡量湖盆变化。

表 8-2　鄱阳湖形态特征变化

年份	1954	1957	1961	1965	1967	1976	1984	1992
调节系数	17.3	16.9	16.0	15.2	14.2	13.8	13.8	13.7
换水周期	63.0	62.0	58.0	55.0	52.0	51.0	50.0	49.0
补给系数	31.4	32.4	34.4	36.8	39.4	41.4	41.7	42.0

资料来源：闵骞等，2000

4）径流。径流变化会直接影响湖泊的水量平衡，威胁湖泊湿地的正常功能（刘健等，2009）。研究表明，由于湿地生态系统与水文过程长期以来的相互作用和影响，鄱阳湖湿地生态系统逐步适应多年平均水情而发育起来。接近平均状况时（如径流、水位等），草洲植被和沉水植被面积较大、生长良好，鱼类和底栖动物生存环境较好，生物多样性丰富，同时越冬候鸟数量最多（胡振鹏等，2014）。因此径流量越接近多年平均径流量，则健康状态最好。因此选用湖口站年总径流量作为物理完整性指标之一。

5）岸带。岸带完整性可以衡量湖岸线受人为改造或破坏的程度。物理性的改变会影响湖岸带进程、水流波动和近湖岸循环格局，同时会改变或破坏湿地植被分布，甚至威胁湖岸带栖息地，最终导致对生物完整性的负面影响（International Joint Commission of Canada and the United States of America，2014）。在此选择北美五大湖健康评价研究中的SAI指数衡量岸带完整性（International Joint Commission of Canada and the United States of A-merica，2014）。

8.1.3.2 化学完整性指标

水质指标表征水环境质量状态，直接反映湖泊的受污染状况，间接反映湖泊的净化能力。鄱阳湖水质近年来总体呈下降趋势，富营养化程度上升。20世纪80年代湖水自净稀释能力强且换水周期短，水质以Ⅰ类、Ⅱ类为主，占85%；90年代以后，水质呈下降趋势，Ⅰ类、Ⅱ类水占比下降至70%；21世纪以后，尤其2003年以后，Ⅰ类、Ⅱ类水只占32%（张艳会等，2015）。为衡量鄱阳湖的水质现状，化学完整性指标包括三方面指标。

1）水质。过多的磷素和氮素会造成藻类的过度繁殖，它们的死亡和分解会消耗大量的氧气，会威胁鱼类生存；藻类释放的毒素也会威胁鸟类等生物生存。同时营养素也会干扰水生态系统中正常的能量流动（International Joint Commission of Canada and the United States of America，2014）。电导率反映了水体中溶解性矿物离子的浓度状况，能够反映长期人类活动对水体的累积影响。研究采用TN、TP及EC作为指标衡量鄱阳湖的水质状况。

2）营养状况。富营养化水体会为优质藻类大量繁殖生长提供良好条件，藻类的过多繁殖会抑制水体含氧量，释放毒素，威胁水体中其他生物生存（蔡龙炎等，2010）。研究使用TLI-PY表征营养状况（王明翠等，2002），包含多个营养盐参数，是一个综合指标，也便于与历史参考状况进行分析计算。

3）毒性。通过文献梳理归纳出鄱阳湖常见的毒性物质，主要包括重金属和有机污染物等。重金属一旦超过限额，就会造成极大危害，可在微生物作用下转化为毒性更强的有机金属化合物，被生物富集，通过食物链进入人体，造成慢性中毒。植被、微生物等营养圈也会受到影响（李鸣，2010）。研究使用鄱阳湖环境污染研究中常见的重金属元素：铜、锌、铅作为指标。同时有机污染物及多环芳烃也因为难降解、生物富集效应、生态毒性及致病致癌性引起重视。虽然某些有机污染物，如DDT等在30年前已禁止使用，但其在生态圈内危害持续时间极长，且非法生产和使用很难被彻底遏制（Zhi et al.，2015）。

8.1.3.3 生物完整性指标

水生物群落与所生存的整个水生态系统，随时进行物质和能量的交换，其群落结构和特性对系统干扰具有高度敏感性，其变化幅度能迅速反映人类活动对水生态系统的影响程度（廖静秋等，2014）。鄱阳湖水生态系统生物完整性指标包括浮游植物、浮游动物、底栖动物、湿地植被、鱼类、鸟类6个方面，几乎涵盖淡水生态系统食物网中所有等级生物（Muylaert et al.，2003；Jones and Waldron，2010）。

1）浮游植物。藻类是水体中的初级生产者，担负着将无机营养元素传递给高级生命体的任务（Wu et al.，2013）；同时藻类群落对水化学和栖息地环境质量反应迅速，且群落变化趋势可预测性较强；同时藻类物种多样性丰富，群落结构特征具有一定的地域性；藻类样品也便于采集（殷旭旺等，2012）。藻类的生物评价指数已经应用于众多流域水体中（殷旭旺等，2012；廖静秋等，2014；张艳会等，2014；黄琪等，2016）。本章研究结合文献资料和专家意见，从物种多样性和数量组成两个方面构建藻类指数参数。

2）浮游动物。浮游甲壳动物的丰度、生物量及群落结构等可反映生境的适宜性。湖泊研究发现，随着营养水平的改变，湖泊的浮游甲壳群落结构和现存量都会随之改变（刘宝贵等，2016）。因此选择对营养盐敏感的底栖生物类群，可间接反映其生境条件。值得注意的是，鄱阳湖水动力条件复杂，很多大型浮游动物如溞属很难适应高流速的水体，而轮虫和小型甲壳动物，如微型裸腹溞等在低流速的水体中又很难占优势（Cai et al.，2014）。考虑到鄱阳湖丰水期流速慢，枯水期流速快，生境转换频繁，因此选择上述受生境流速影响支配的甲壳动物并不能反映湖泊的健康水平。研究表明，象鼻溞和剑水蚤在缓流水体与激流水体中均可占优势，同时均为喜营养盐生物（刘宝贵等，2016），所以选择这二者的个体占比，结合优势度指数来作为浮游动物完整性参数。

3）底栖动物。底栖动物具有活动范围相对固定、对水质要求敏感、生存周期长等特点（Wang et al.，2007），美国国家环境保护局建立的以底栖动物为基础的评价指数（Benthic Integrity Biotic Index，B-IBI）标准已经成功应用于16个州的水体健康评价中（苏玉等，2013），在我国B-IBI也成功应用于安徽黄山地区的溪流（王备新等，2005）、辽河流域（张远等，2007）、太湖流域（蔡琨等，2014）、滇池（苏玉等，2013）等。本章研究中选取B-IBI评价体系中的Berber-Parker优势度指数（BP优势度指数）及FBI耐污指数来衡量鄱阳湖底栖动物的健康程度。

4）湿地植被。鄱阳湖是我国湿地水生态系统中生物资源最丰富的地区之一。但长期以来人类不合理的开发利用，导致鄱阳湖湿地面积和景观结构发生变化，湿地生态功能也遭到破坏，威胁其他生物栖息生存（胡振鹏等，2015）。其中沉水植被作为湿地生态系统的重要组成部分，可吸收大部分有害物质，同时净化水质，也可为其他生物提供觅食、繁殖、栖息场所（Orth et al.，1983；Hurley et al.，1991；Onaindia et al.，1996；Silva et al.，2008）。外来入侵物种的过度泛滥会对本地物种群落结构构成直接威胁（Dextrase et al.，2006），而近年来大量中生性植物侵入鄱阳湖湿地，还包括毒麦、柳叶马鞭草等28种外来入侵种，侵占了湖盆内高程15m以上的洲滩（胡振鹏等，2015）。研究选用沉水植被面积以及外来入侵种面积来表征鄱阳湖湿地植被健康特征。

5）鱼类。鱼类作为湖泊生物系统食物链的较高等级消费者，其生物量和群落结构等直接反映湖泊水生态系统的健康水平。近年来鄱阳湖鱼类呈低龄化、小型化、低质化发展态势。群体结构变化主要表现为洄游性鱼类，如“四大家鱼”（青鱼、草鱼、鲢鱼、鳙鱼）在渔获物中所占的比例越来越少，尤其是青鱼所占的比例在逐年下降（Müller et al.，2000；胡茂林，2009；Yang et al.，2011，2015）。基于以上考虑，选用四大家鱼占比和1~2龄鱼占比来表征鄱阳湖鱼类种群特征。

6）鸟类。鸟类是湖泊水生态系统食物网中的高等级消费者，和鱼类一样，可直接反映湖泊水生态系统的健康水平。鄱阳湖地貌环境多样，湖水位季节性变化强烈，形成了发育系列明显、生物多样性丰富的湿地生态系统，为鸟类越冬提供了理想栖息地，每年有34万多只候鸟在此越冬，最多年份达到73万只，是世界上最大的鸟类保护区，被誉为“鸟类的天堂”。尤其白鹤被《世界自然保护联盟濒危物种红色名录》列为极度濒危物种，也被我国列为国家Ⅰ级重点保护物种（李言阔等，2014）。研究选用越冬候鸟总数和白鹤数量作为鄱阳湖鸟类健康评价指标。

8.1.3.4 服务功能完整性指标

不同自然生态系统的生态服务功能内容有所差异，一方面与其类型密切相关，另一方面也与人类对自然生态系统的开发利用等因素有关。20世纪90年代，学者开始基于不同的学术视角、不同研究尺度和不同研究目的进行生态系统服务功能分析。其中包括Daily将生态系统服务功能分为10类，即净化空气、缓解干旱和洪水、废物分解和解毒、更新土壤和产生土壤肥力等（Daily，1997）。Costanza等将生态系统服务归纳为17类4个层次，即生态系统的生产、生态系统的基本功能、生态系统的环境效益、生态系统的娱乐价值（Costanza et al.，1997）。De Groot等在总结已有的关于生态系统服务分类研究成果的基础上，提出了生态系统服务四大功能：调节功能、生境功能、生产功能和信息功能（De Groot et al.，2002）。目前，最新且得到国际广泛认可的生态系统服务功能分类方法是由千年生态系统评估工作组提出的，其将生态系统服务划分为四类：对人类具有直接影响的供给服务、调节服务与文化服务，以及维持其他服务所必需的支持服务（张永民，2007）。

湖泊生态系统作为人类赖以生存、生活和生产的重要资源，是自然界最富生物多样性的生态景观和人类最重要的生存环境之一，具有巨大的环境功能和效益，在抵御洪水、调节径流、蓄洪防旱、控制污染、调节气候、控制土壤侵蚀、促淤造陆、美化环境等方面具有其他系统不可替代的作用。对湖泊生态系统服务功能的分类，目前暂无统一的方法。大部分研究都是基于千年生态系统评估工作组提出的生态系统服务功能分类方法开展的。表8-3列出了许妍等（2000）、贾军梅等（2015）根据湖泊生态系统结构理论，借鉴国内外研究成果，归纳出的湖泊生态系统服务功能分类。

表8-3 湖泊生态系统服务功能分类

服务功能	功能含义	服务子功能	评价指标
物质生产与供给功能	生态系统直接提供的，用来维持人类的生活和生产活动，为人类带来直接利益的产品或服务	提供水产品（渔业及其他动植物产品）、供水（生活及生产用水）、水力发电、航运	供水量、水资源价值、湿地物质生产量
生态环境调节与维护功能	人类从湖泊生态系统过程的调节功能中所得到的惠益	调节气候、净化水质、调蓄洪水、涵养水源、维护生物多样性	全国水库建设费用标准、二氧化碳排放收费标准、工业制氧标准
文化社会服务功能	人们通过精神满足、认知发展、思考、消遣和美学体验而从生态系统获得的非物质惠益	旅游休闲娱乐、科研教育	国际和国家科研教育、栖息地保护费用标准

鄱阳湖水生态系统与人类社会活动密不可分，一方面为人类社会提供水源等服务功能，另一方面也会受到人类干扰活动的影响。研究根据以上湖泊生态系统服务功能分类，借鉴北美五大湖健康评价实践，结合鄱阳湖自身典型特征，并听取专家意见，最终提出供给与调节功能（水功能区水质、削洪能力、采沙）、人类健康（血吸虫病）、活动响应（碟形湖及公众反馈）三个方面的服务功能指标。血吸虫是鄱阳湖特殊生物群落，具有高致病性，对家畜、人类健康威胁较大（陈红根等，2009）。活动响应指标指的是人类社会对水生态系统健康做出的积极保护或应对措施（International Joint Commission of Canada and the United States of America，2014）。碟形湖是指鄱阳湖湖盆内枯水季节显露于洲滩之中的季节性子湖泊，具有特殊的地貌特征和水文特性、复杂多变的湿地景观和丰富的生物多样性等特征（图 8-2）。如果没有人为活动影响，如围网养殖等，其保持浅水湖泊特征，特别适宜浮游动物、水生植物、鱼类、鸟类等栖息（胡振鹏等，2015）。但目前未纳入当地政府或保护区管理的碟形湖，常用来养鱼养蟹，人工投饵致使水体污染，同时“竭泽捕鱼”等活动放干碟形湖，严重影响鱼类、鸟类等栖息。因此把纳入管理的碟形湖面积占比作为服务功能指标之一。公众反馈是根据江西省水利科学研究院实地问卷调查进行整理分析，并进行满意度计算得出的结果。

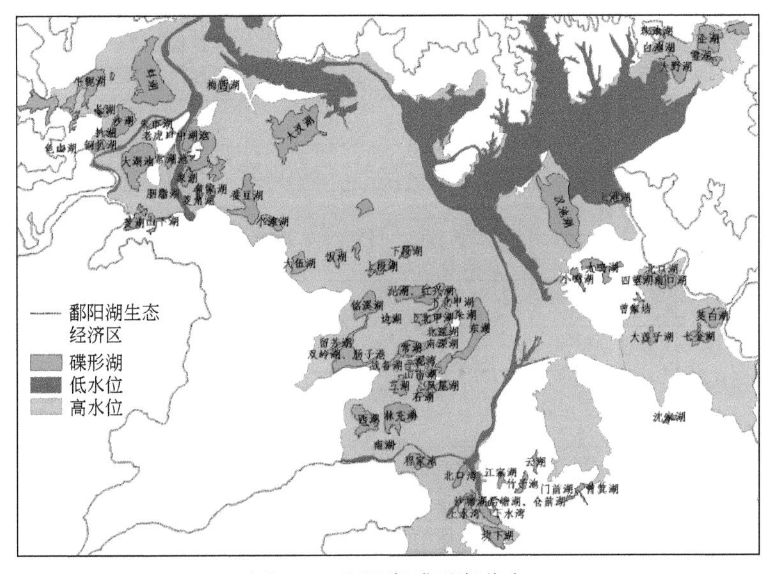

图 8-2　鄱阳湖碟形湖分布

综合以上 4 个方面，构建包括 4 个层次 34 个分指标在内的鄱阳湖综合完整性指标体系，如表 8-4 所示。

表 8-4　综合完整性指标体系及计算方法

属性层	功能层	指标层	分指标	计算公式	参数说明	单位
自然属性	物理	水位	最低 10 日水位	$E_{1/2} = \sum_{i=1}^{10} \mathrm{wl}_i/10$	wl_i 为水位最高/最低的 10 天内第 i 天的水位	m
			最高 10 日水位			
		河湖连通状况	口门畅通率	$E_3 = \frac{n}{N}$	n 为连通鄱阳湖的口门数目；N 为口门总数	%

续表

属性层	功能层	指标层	分指标	计算公式	参数说明	单位
自然属性	物理	湖面面积	湖盆萎缩率	$E_4 = (A_1/A_{2010} + A_1/A_{1998})/2$	A_1 为现状年湖泊面积；A_{2010} 为第二次鄱考测得面积；A_{1998} 为长江水利委员会组织测量的湖泊面积	%
		径流	年总径流量	$E_5 = \sum_{i=1}^{365} q_i$	q_i 为第 i 天的日径流量	亿 m^3
		岸带	岸带完整性	$SAI(E_6) = 1 - (P_{ratio} \times B_{ratio})$	P_{ratio} 为受人为改造或破坏的湖岸线比例；B_{ratio} 为在人为改造的湖岸线中，生态和谐的湖岸线比例	—
	化学	水质	TP	—	—	mg/L
			TN	—	—	mg/L
			EC	—	—	mS/cm
		富营养化	TLI-PY	$TLI-PY(E_{10}) = \sum_{j=1}^{m} W_j \times TLI(j)$	TLI - PY 为鄱阳湖综合营养状态指数；TLI(j) 为第 j 种参数的营养状态指数；W_j 为第 j 种参数的营养状态指数对应的权重	mg/L
		毒性	HCHs	—	—	ng/L
			DDTs	—	—	ng/L
			Pb	—	—	mg/L
			Cu	—	—	mg/L
			Zn	—	—	mg/L
	生物	浮游植物	蓝藻生物量	Chla 浓度	—	μg/L
			BP 优势度指数	$E_{17} = n_{max}/N$	n_{max} 为浮游植物中最大种群密度；N 为浮游植物总密度	—
		浮游动物	喜营养盐物种占比	$E_{18} = N_D/N$	N_D 为喜营养盐物种密度（象鼻溞、剑水蚤）；N 为浮游动物总密度	%
			BP 优势度指数	$E_{19} = n_{max}/N$	n_{max} 为浮游动物中最大种群密度；N 为浮游动物总密度	—
		底栖动物	BP 优势度指数	$E_{20} = n_{max}/N$	n_{max} 为底栖动物中最大种群密度；N 为底栖动物总密度	—
			FBI 耐污指数	$FBI(E_{21}) = \sum_{i=1}^{n} F_i N_i / \sum_{i=1}^{n} N_i$	F_i 为第 i 种底栖动物的科级耐污值；N_i 为第 i 种底栖动物的密度	—
		湿地植被	沉水植物面积占比	$E_{22} = \frac{a}{A}$	a 为沉水植被面积；A 为湿地植被总面积	%
			外来入侵种面积占比	$E_{23} = \frac{a}{A}$	a 为外来入侵种面积；A 为湿地植被总面积	%

续表

属性层	功能层	指标层	分指标	计算公式	参数说明	单位
自然属性	生物	鱼类	四大家鱼占比	$E_{24/25}=W_{f/y}/W$	W_f 为四大家鱼的重量；W_y 为 1～2 龄鱼类重量；W 为鱼类总重量	%
			1～2 龄鱼占比			
		鸟类	越冬候鸟总数	—	—	万只
			白鹤数量	—	—	万只
社会属性	供给与调节功能	水功能区水质	水功能区水质达标率	$E_{28}=\frac{n}{N}$	n 为环鄱阳湖区水质达标的水功能区数目；N 为环鄱阳湖区水功能区总数	—
		削洪能力	洪水期出入湖流量差	$E_{29}=Q_{in}-Q_{out}$	Q_{in} 为鄱阳湖洪峰期（4～6 月）入湖流量；Q_{out} 为鄱阳湖洪峰期（4～6 月）出湖流量	亿 m^3
		采沙	年批复采沙量	—	—	万 t
	人类健康	血吸虫病	阳性钉螺占比	$E_{31}=\frac{n}{N}$	n 为草洲中阳性钉螺个数；N 为草洲中钉螺总数	%
			有螺草洲面积占比	$E_{32}=\frac{a}{A}$	a 为有螺草洲面积；A 为草洲总面积	%
	活动响应	碟形湖	纳入管理的碟形湖面积占比	$E_{33}=A_m/A$	A_m 为纳入保护区或当地政府管理的碟形湖面积；A 为碟形湖总面积	%
		公众反馈	公众满意度	—	—	—

8.1.4　参照状态的确定与阈值、期望值计算

8.1.4.1　参照状态的确定

参照状态的确定是健康评价中的关键步骤之一。鄱阳湖水生态系统健康评价的参照状态综合使用最少干扰状态、历史状态、国家或行业标准规范、专家建议等方法进行系统确立。其中最少干扰状态是河流和湖泊健康状态评价中常见的方法之一（Huang et al.，2015）。但绝大多数内陆湖泊与人类社会关系密切，受到不同程度的人为破坏和干扰，鄱阳湖也同样受到人类活动（如采沙、渔业、农垦、工业等）影响，因此很难选出一些参照样点表征所有指标都为“最佳状态”。综合考虑研究尺度和数据条件，本章研究最终使用最少干扰状态方法来确定浮游植物、浮游动物以及大型底栖动物的参照状态（表 8-5），即参照 Huang 等（2015）研究方法，统计样点监测结果的 5%（或 95%）的分位数作为指标的参照状态。

研究采用历史状态来确定大多数全湖尺度指标的参照状态（表 8-5），如湖泊面积、鱼类、鸟类等指标。具体是指 20 世纪 80 年代第一次鄱阳湖考察数据或者最早时间节点的权威文献数据延续至今的历史最好状态，即鄱阳湖湖区周围工业化、城市化以及规模种植

业发展规模有限，只有较少的水质理化及生物发生不利改变，生态状态良好。

国家或行业标准可看作最佳可达状态，即理论上对一个区域进行了最佳的生态修复后能达到的环境管理目标。例如，水质指标采用《地表水环境质量标准》(GB 3838—2002)中湖泊水质分级最高优标准（Ⅰ类）作为参照状态。综合营养指数采用王明翠等（2002）提出的水质监测行业分级标准确定参照状态。最后部分指标依据专家建议进行参照状态的确定，如入侵植被面积占比等（表 8-6）。研究中综合使用最少干扰状态、历史状态和最佳可达状态等方法确定参照状态，相较于“完美”参照状态，可能导致对健康状态的估计过于乐观。但该参照状态体系可有效地反映鄱阳湖水生态系统各指标的尺度、层次和特征，具备较高的可靠性。

表 8-5　不同参照状态与对应尺度

参照状态	评价尺度	评价内容	湖体
历史状态	时间尺度	历史变化状况	评价对象是整个湖泊
最少干扰状态	空间尺度	空间差异状况	评价对象是调查样点

资源来源：黄琪，2015

表 8-6　指标参照状态来源

目标层	属性层	功能层	指标层	参照状态来源			
				最少干扰状态	历史状态	国家或行业标准	专家建议
综合完整性指数	自然属性	物理	水位		√		√
			河湖连通性		√		√
			湖面面积		√		
			径流		√		
			湖岸线			√	
		化学	水质			√	
			富营养化			√	
			毒性			√	
		生物	浮游植物	√			
			浮游动物	√			
			底栖动物	√			
			湿地植被		√		√
			鱼类		√		
			鸟类		√		√
	社会属性	供给与调节功能	饮用水		√		√
			削洪能力		√		√
			采沙		√		
		人类健康	血吸虫病		√		
		活动响应	碟形湖				√
			公众反馈			√	√

8.1.4.2　指标期望值与阈值计算

基于参照状态，确定各个指标对应的优质期望值和阈值。期望值为未受到人为活动干扰（参照状态）下评价参数的最优取值，指生态完整性的最佳状况；临界阈值指受到人类活动干扰后，湖泊生态系统面临重大威胁，濒临崩溃的阈值，此时完整性状态为最差状态。

（1）水位、流量的阈值与期望计算

为保持水生生物的繁殖和迁徙、满足候鸟的越冬需求，需要一定的水面面积，水面面积与水位直接相关。湖泊最低生态水位计算方法很多，本章研究考虑最小月平均法和Q90法计算。最小月平均法首先在每年找出月平均水位最小月份的水位值，然后计算总体平均值即为所求最低生态水位。一般方法仅要求近10年的资料，考虑到鄱阳湖水位变幅较大的特征，以1983～2015年的月均水位来进行分析，所得最低生态水位为8.75m。Q90法计算过程为，首先在各年中找出月平均水位最小月份的水位值，然后利用这些最小月平均水位进行P-Ⅲ型频率计算，其90%保证率的水位值即可作为河道内生态环境最低生态水位。以同样的历史资料进行计算，得最低生态水位为7.80m。同时综合考虑鄱阳湖越冬候鸟生境条件，候鸟生境分浅水、软泥、草滩等类型，齐述华等（2014）利用遥感影像分析鄱阳湖不同水位条件下候鸟生境面积变化，证明水位越低，出露陆地面积越大，候鸟生境面积也越大。而在候鸟生境中，浅水环境面积对珍稀候鸟的影响较大，可利用浅水环境面积的变化寻求适宜候鸟水位。图8-3为星子站浅水面积与水位关系，在水位为10.87m时浅水面积最大，当水位减小或增加时，浅水面积均减小。期望值初步选定为范围7.80～10.87m，后综合考虑历史水位资料中最低10日水位的均值和范围区间，经专家讨论确定，最终将低水位期望值的范围确定为7.25～10.25m。

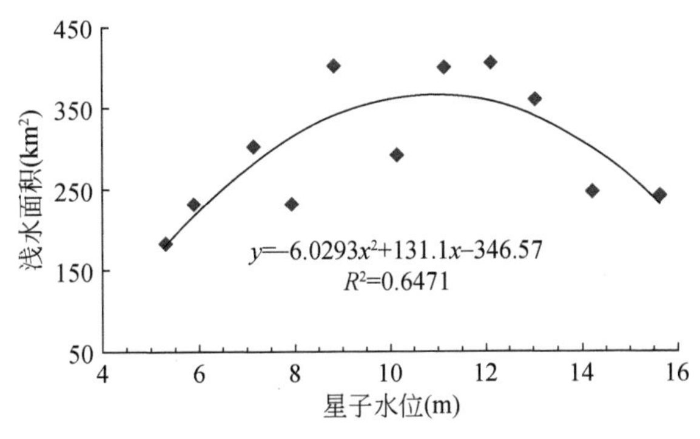

图8-3　星子站浅水面积与水位关系

资料来源：长江流域重要河湖评价项目

最高10日水位阈值和期望值的确定也需考虑鄱阳湖水文过程和生物栖息地影响等。1998年鄱阳湖流域遭遇特大洪水。丰水期平均水位为18.38m，水位高于21m的天数超过50天。主湖区和碟形湖几乎没有沉水植被；12m高程的洲滩是薹草集中地带，9～10月是薹草秋季生长最为旺盛的季节，但由于水位过高，没有洲滩出露，薹草面积小，发育不良，生物量少，直接导致食用植物茎部的候鸟和食用薹草嫩叶的雁鸭类候鸟食物匮乏，从而无法逗留。这一年越冬候鸟最少，仅有13.57万只（胡振鹏等，2014）。因此最高10日水位阈值选为1998年高水位（7~9月）均值21m，期望值为历史水位资料中最高10日水位均值19m。

研究表明，径流量指标只有接近多年均值时才认为是最健康状态，径流量过大或过小都会影响鄱阳湖水环境和水生生物群落的稳定（胡振鹏等，2014）。因此，其阈值分为最大阈值和最小阈值，分别是历史资料中年径流最大值和最小值。期望值则为多年年径流平均值。

（2）最少干扰参照状态下的指标阈值与期望值计算

对于采用最少干扰状态作为参照状态的指标，如底栖动物等，其阈值与期望值的计算分为两种情况：如果指标值随人类活动干扰增强而增大，则采用样点监测结果的5%分位数和95%分位数分别确定参数的期望值和阈值；如果指标值随人类活动干扰增强而变小，则采用样点监测结果的95%分位数和5%分位数分别确定参数的期望值和阈值（Huang et al.，2015）。

（3）历史和国家或行业标准参照状态下的指标阈值与期望计算

采用历史参照状态的指标，如鱼类、鸟类等，分别采用历史记录中最优和最差记录作为期望值和阈值。而采用国家或行业标准确定参照状态的指标，如TP、TN，期望值为湖库Ⅰ类水中的TN和TP浓度，阈值则采用劣Ⅴ类水的浓度。最后阈值和期望值都会根据鄱阳湖专家建议进行适当调整和优化（表8-7）。

表8-7　指标参照状态来源

属性层	功能层	指标层	分指标	评价标准		单位
				期望值	阈值	
自然属性	物理	水位	最低10日水位	7.25<WL<10.25	≥10.25或≤7.25	m
			最高10日水位	19	21	
		河湖连通状况	口门畅通率	100	0	%
		湖面面积	湖盆萎缩率	100	0	%
		径流	年总径流量	0.017	≥0.031或≤0.007	亿m^3
		岸带	岸带完整性	1	0.9	—
	化学	水质	TP	0.01	0.2	mg/L
			TN	0.2	2	mg/L
			EC	75.97	174.15	μS/cm
		富营养化	TLI-PY	40	70	—
		毒性	HCHs	0	5000	ng/L
			DDTs	0	1000	ng/L
			Pb	0.01	0.1	mg/L
			Cu	0.01	1.0	mg/L
			Zn	0.05	2.0	mg/L
	生物	浮游植物	蓝藻生物量	1.2	11.8	μg/L
			BP优势度指数	0.22	0.85	—
		浮游动物	喜营养盐物种占比	0	70	%
			BP优势度指数	0.33	0.80	—
		底栖动物	BP优势度指数	0.28	0.92	—
			FBI耐污指数	2.32	6.29	—
		湿地植被	沉水植物面积占比	40	15	%
			外来入侵种面积占比	0	5	%
		鱼类	四大家鱼占比	15	4.63	%
			1~2龄鱼占比	66.6	75.9	%
		鸟类	越冬候鸟总数	71	17	万只
			白鹤数量	0.4	0.0725	万只

续表

属性层	功能层	指标层	分指标	评价标准		单位
				期望值	阈值	
社会属性	供给与调节功能	水功能区水质	水功能区水质达标率	100	0	%
		削洪能力	洪水期出入湖流量差	196.56	-445.54	亿 m^3
		采沙	年批复采沙量	600	6270	万 t
	人类健康	血吸虫病	阳性钉螺占比	0	100	%
			有螺草洲面积占比	0	100	%
	活动响应	碟形湖	纳入管理的碟形湖面积占比	100	0	%
		公众反馈	公众满意度	1	0	—

8.1.4.3　差异性分析

分析指标在参照状态与受损状态之间的差异性可反映参照状态选择的合理性和敏感度，其分析方法主要运用于箱线图法（box-plot），箱线图中的分位数可以分析不同批次数据的异常值、分布范围及重尾分布等信息。在同一数轴上，多组数据的箱形图并行排列，其中位数、尾长、异常值、分布区间等形状信息便能清楚地表达出来。在一组数据中，通过比较各组数据箱线图的异常值不仅可以看出某些数据点明显超出了正常值分布范围，还能比较这些数据点放在同类其他组数据处于什么位置，同理通过箱线图中的中位数、上下四分位数等信息便能比较各组数据之间的差异。通过比较参照状态与受损状态箱体 25%（上四分位数）和 75%（下四分位数）分位数范围的重叠情况，并通过赋值（inter quartile ranges，IQ）可确定参照状态与受损状态之间的差异。只有 IQ≥2 的指数才作进一步分析，即指标在参照状态和受损状态之间才具有显著性差异（Barbour et al.，1996）（表 8-8）。

对于采用历史状态和国家或行业标准的指标，其参照状态为全年尺度，即年内不发生变化，参照状态和受损状态之间的差异性显然存在，如 TN 的参照值和阈值分别为 0.20mg/L 和 2.00mg/L。因此研究中主要利用箱线图来分析最少干扰状态法确定的指标参照状态和受损状态之间的差异性。结果显示浮游植物、浮游动物和底栖动物参照状态和受损状态差异明显（IQ ≥ 2，图 8-4），因此证明参照状态选择合理。以上分析在 Origin9 软件中完成。

表 8-8　箱线图中的 IQ 值类型

IQ	说明
3	没有重叠
2	部分重叠，但各自中位数都在对方箱体范围之外
1	只有 1 个中位数在对方箱体范围之内
0	各自中位数都在对方箱体范围之内

资源来源：Barbour et al.，1996

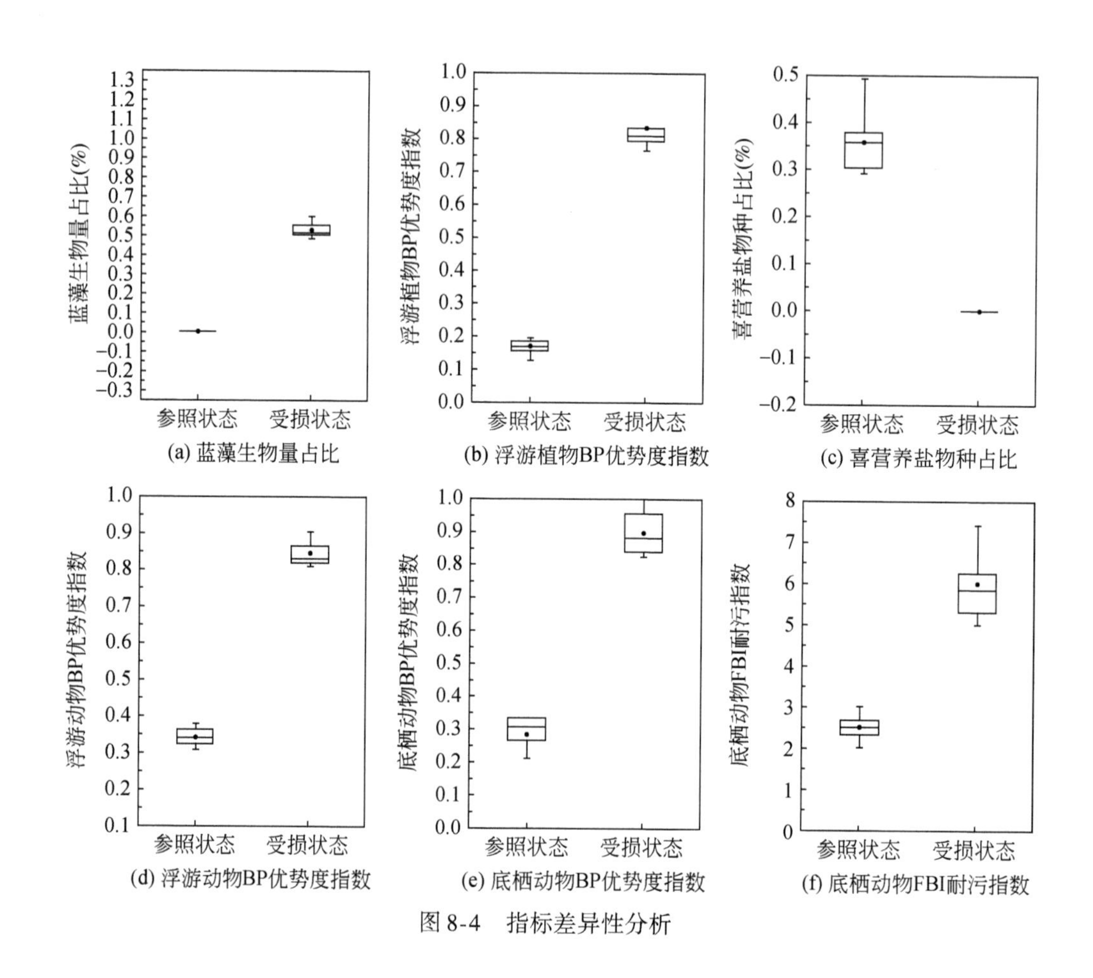

图 8-4　指标差异性分析

8.1.5　指标计算与综合

8.1.5.1　指标归一化

为消除不同量纲之间的差异，必须对指标进行统一标准化。指标归一化参考黄琪（2015）提出的计算方法，将阈值与期望值之间的差值距离作为分母，指标实际值距离期望值的差值作为分子，即可得到与指标自身优劣状态正向相关的分值，即分母固定，离期望值越近，分值越高。绝大多数指标值可根据自身状况分配到 0 ~ 1 的得分，而对个别点位的指标值，优于 5% 上边界分位数或劣于 95% 下边界分位数，就会出现小于 0 或大于 1 的情况。其中，小于 0 的值记为 0，大于 1 的值记为 1。

对随人类活动干扰增强而增大的指标，如 TN、TP、EC 等，归一化公式为

$$\text{Score} = (B-X)/(B-T) \tag{8-1}$$

对随人类活动干扰变弱而减小的指标，如沉水植被面积、鸟类数目等，归一化公式为

$$\text{Score} = (X-B)/(T-B) \tag{8-2}$$

式中，Score 为评价指标的归一化得分；T 为优质期望值；B 为临界阈值；X 为实际值。

8.1.5.2　指标权重确定

层次分析法（AHP）由美国著名运筹学家匹兹堡大学萨蒂教授于 20 世纪 70 年代初期首次提出。该方法将决策总体分解成目标层、准则层、方案层等层次，在此基础上进行定性和定量分析（崔娟敏和季文光，2011）。研究利用该方法初步确定各评价指标的权重。层次分析法可分为以下步骤（王丽，2014）：

1）构造判断矩阵。假定评价目标为 A，评价指标集 $F=(f_{11}, \cdots, f_{nn})$，构建判断矩阵 P（A-F）为

$$P=\begin{pmatrix} f_{11} & \cdots & f_{1n} \\ \vdots & \ddots & \vdots \\ f_{n1} & \cdots & f_{nn} \end{pmatrix}$$

利用比率标度法对各指标的相对重要性进行判断。比率标度法根据两个因素重要程度相比结果分别赋予相应的标度（5/5=1，6/4=1.5，7/3=2.3，8/2=4，9/1=9）（同等重要、略重要、显著重要、非常重要及特别重要），如果重要程度处于上述各情况中间，则赋予相应标度为（5.5/4.5=1.2，6.5/3.5=1.9，7.5/2.5=3，8.5/1.5=5.7）。

2）特征根求解权重。由此得到判断矩阵，对判断矩阵求最大正特征根，并用方根法求解得到各指标权重。

3）一致性检验。客观事物复杂性及专家经验和评价认识上的差异，可能会带来一定的不确定性，只有通过检验，才能说明判断矩阵的合理性。对判断矩阵进行一致性检验的公式为

$$\begin{aligned} R_c &= I_c/I_R \\ I_c &= (\lambda_{max}-n)/(n-1) \end{aligned} \tag{8-3}$$

式中，R_c 为一致性比例；I_c 为一致性指标；I_R 为随机一致性指标，取值范围见王丽（2014）的研究；λ_{max} 为判断矩阵的最大特征根；n 为成对比较因子的个数。当 $R_c<0.10$ 时，认为判断矩阵具有令人满意的一致性；如不是，则需要继续调整矩阵，直至一致性令人满意为止。

通过 AHP 得出权重方案再经鄱阳湖专家讨论、调整，最终得到指标分层权重如表 8-9 所示。结合湖泊生态系统健康的概念和内涵，一个湖泊健康与否不仅取决于生态系统是否能进行自我维持与更新，还取决于其是否能满足人类社会合理需求（张艳会等，2014）。但湖泊生态系统自我维持与更新比满足人类社会合理需求更为重要，因此自然属性权重为 0.8，社会服务属性权重为 0.2。而我们认为社会服务属性中各个指标均能反映湖泊系统对人类社会的反馈情况且重要性相当，因此对这些指标采用均权。自然属性包括物理、化学、生物完整性三个方面，其中物理完整性反映湖泊的基本情况及受人为干扰或损害的程度，其重要性相较于直接反映水质情况和污染程度的化学完整性较低，同时水生物群落与所生存的整个水生态系统随时在进行物质和能量的交换，其群落结构和特性对系统干扰具有高度敏感性（廖静秋等，2014），权重呈 1∶2∶2 的比例关系（郝利霞等，2014）。物理完整性中的鄱阳湖特殊水情变化特征，包括水位、径流、河湖连通状况对水生态系统的维持具有重要意义（Zhang and Werner，2015），因此权重高于其他两个指标。化学完整性指

标中，水质直接反映湖水受污染程度及人为干扰程度，因此权重高于营养状况和毒性。生物完整性指标权重按照生物链等级顺序分配，生物等级越高，权重越高（International Joint Commission of Canada and the United States of America，2014）。

表 8-9　分层权重

<table>
<tr><th>属性层</th><th>功能层</th><th>指标层</th><th>分指标</th><th colspan="5">权重</th></tr>
<tr><td rowspan="23">自然属性</td><td rowspan="6">物理</td><td rowspan="2">水位</td><td>最低 10 日水位</td><td>0.02</td><td rowspan="2">0.04</td><td rowspan="6">0.16</td><td rowspan="23">0.80</td><td rowspan="30">1.00</td></tr>
<tr><td>最高 10 日水位</td><td>0.02</td></tr>
<tr><td>河湖连通状况</td><td>口门畅通率</td><td>0.04</td><td>0.04</td></tr>
<tr><td>湖面面积</td><td>湖盆萎缩率</td><td>0.02</td><td>0.02</td></tr>
<tr><td>径流</td><td>年总径流量</td><td>0.04</td><td>0.04</td></tr>
<tr><td>岸带</td><td>岸带完整性</td><td>0.02</td><td>0.02</td></tr>
<tr><td rowspan="5">化学</td><td rowspan="3">水质</td><td>TP</td><td>0.08</td><td rowspan="3">0.20</td><td rowspan="5">0.32</td></tr>
<tr><td>TN</td><td>0.08</td></tr>
<tr><td>EC</td><td>0.04</td></tr>
<tr><td>富营养化</td><td>TLI-PY</td><td>0.08</td><td>0.08</td></tr>
<tr><td>毒性</td><td>HCHs/DDTs/Pb/Cu/Zn</td><td>0.04</td><td>0.04</td></tr>
<tr><td rowspan="12">生物</td><td rowspan="2">浮游植物</td><td>蓝藻生物量</td><td>0.01</td><td rowspan="2">0.02</td><td rowspan="12">0.32</td></tr>
<tr><td>BP 优势度指数</td><td>0.01</td></tr>
<tr><td rowspan="2">浮游动物</td><td>喜营养盐特种占比</td><td>0.01</td><td rowspan="2">0.02</td></tr>
<tr><td>BP 优势度指数</td><td>0.01</td></tr>
<tr><td rowspan="2">底栖动物</td><td>BP 优势度指数</td><td>0.02</td><td rowspan="2">0.04</td></tr>
<tr><td>FBI 耐污指数</td><td>0.02</td></tr>
<tr><td rowspan="2">湿地植被</td><td>沉水植物面积占比</td><td>0.04</td><td rowspan="2">0.08</td></tr>
<tr><td>外来入侵种面积占比</td><td>0.04</td></tr>
<tr><td rowspan="2">鱼类</td><td>四大家鱼占比</td><td>0.04</td><td rowspan="2">0.08</td></tr>
<tr><td>1～2 龄鱼占比</td><td>0.04</td></tr>
<tr><td rowspan="2">鸟类</td><td>越冬候鸟总数</td><td>0.04</td><td rowspan="2">0.08</td></tr>
<tr><td>白鹤数量</td><td>0.04</td></tr>
<tr><td rowspan="7">社会属性</td><td rowspan="3">供给与调节功能</td><td>水功能区水质</td><td>水功能区水质达标率</td><td>0.033</td><td>0.033</td><td>0.033</td><td rowspan="7">0.20</td></tr>
<tr><td>削洪能力</td><td>洪水期出入湖流量差</td><td>0.033</td><td>0.033</td><td>0.033</td></tr>
<tr><td>采沙</td><td>年批复采沙量</td><td>0.033</td><td>0.033</td><td>0.033</td></tr>
<tr><td rowspan="2">人类健康</td><td rowspan="2">血吸虫病</td><td>阳性钉螺占比</td><td>0.033</td><td>0.033</td><td>0.033</td></tr>
<tr><td>有螺草洲面积占比</td><td>0.033</td><td>0.033</td><td>0.033</td></tr>
<tr><td rowspan="2">活动响应</td><td>碟形湖</td><td>纳入管理的碟形湖面积占比</td><td>0.033</td><td>0.033</td><td>0.033</td></tr>
<tr><td>公众反馈</td><td>公众满意度</td><td>0.033</td><td>0.033</td><td>0.033</td></tr>
</table>

8.1.5.3 指标体系分级标准

鄱阳湖综合完整性最终得分或某一方面（物理、化学、生物、社会服务功能）完整性的得分采用加权法，计算公式如下：

$$HI = \sum_{i=1}^{n} I_i \times w_i \tag{8-4}$$

式中，HI 为综合健康得分；I_i 为第 i 个指标得分；w_i 为第 i 个指标对应权重。

利用等分法把指标得分范围分为五个等级："优"、"良"、"中"、"差" 和 "劣"，具体如表 8-10 所示（Langhans et al.，2014；黄琪，2015）。

表 8-10　健康评价级别划分与描述

等级	分级标准	等级状态描述	颜色
优	0.80～1.00	湖泊水生态系统健康，整个水生态系统是完整的、稳定的和可持续的，对外界不利因素具有抵抗力；同时可满足人类合理需求	
良	0.60～0.80	湖泊水生态系统健康状态良好，受到一定的人类活动的不利干扰，但水生态系统的基本功能完好且状态稳定	
中	0.40～0.60	湖泊水生态系统健康状态中等，物理生境、水质环境及生物群落均受到了较严重干扰，呈恶化趋势，甚至出现部分生态功能丧失	
差	0.20～0.40	湖泊水生态系统健康状态较差，系统脆弱且生态功能遭受显著破坏，对外界不利影响的抵抗力很低，若不加强保护，健康状态会很快向"劣"转化	
劣	0.00～0.20	湖泊水生态系统结构和功能遭受不可逆性严重损害，生态功能完全丧失，短期难以恢复	

8.2　鄱阳湖健康评价结果

鄱阳湖 2015 年水生态系统健康评价结果整体为"良"。物理完整性各指标健康状态均为"优"；化学完整性健康水平为"良"，其中水质指标 TN、TP、EC 的评价结果分别为"差"、"良" 和 "中"，鄱阳湖富营养化状况评价为"优"，毒性指标均在国家标准以下，评价为"优"；生物完整性健康水平为"良"，其中浮游植物情况为"良"，而浮游动物和底栖动物为"中"，湿地植被情况较好，健康等级为"优"，但鱼类资源退化严重，健康评价为"中"，鸟类评价为"良"；服务功能完整性健康水平总体为"中"，尤其是碟形湖管理方面，由于目前纳入国家保护区管理的碟形湖仅包括战备湖、沙湖、大湖池、常湖池、梅西湖、朱市湖等6个小型碟形湖，面积占比仅为0.06%，因此碟形湖的指标健康等级为"劣"，水功能区水质达标率、年批复采沙量及公众满意度均为"中"，削洪能力为"良"，血吸虫病由于近年防治力度加大，有大幅度改善，评价为"良"（表 8-11）。

表 8-11　全湖尺度的鄱阳湖健康静态评价结果

属性层	功能层	指标层	分指标	健康评价结果		
自然属性	物理	水位	最高 10 日水位	优	优	良
			最低 10 日水位			
		河湖连通状况	口门畅通率	优		
		湖面面积	湖盆萎缩率	优		
		径流	年总径流量	优		
		岸带	岸带完整性	优		
	化学	水质	TN	差	良	
			TP	良		
			EC	中		
		富营养化	TLI-PY	优		
		毒性	HCHs	优		
			DDTs			
			Pb			
			Cu			
			Zn			
	生物	浮游植物	蓝藻生物量	良	良	
			BP 优势度指数			
		浮游动物	喜营养盐物种占比	中		
			BP 优势度指数			
		底栖动物	BP 优势度指数	中		
			FBI 耐污指数			
		湿地植被	沉水植物面积占比	优		
			外来入侵种面积占比			
		鱼类	四大家鱼占比	中		
			1～2 龄鱼占比			
		鸟类	越冬候鸟总数	良		
			白鹤数量			
社会属性	供给与调节功能	水功能区水质	水功能区水质达标率	中	中	
		削洪能力	洪水期出入湖流量差	良		
		采沙	年批复采沙量	中		
	人类健康	血吸虫病	阳性钉螺占比	良		
			有螺草洲面积占比			
	活动响应	碟形湖	纳入管理的碟形湖面积占比	劣		
		公众反馈	公众满意度	中		

2015 年鄱阳湖水质健康水平时空分异特征明显，且 7 月健康水平优于其余月份，湖区

和点位之间健康水平有所不同。1 月入江水道区（Ⅰ区）、西部湖区（Ⅱ区）水质较差，其余三个湖区均为“中”；赣江主支、乐安河口点位为“劣”，湖口、星子、都昌均为“差”，其余站点均处于“良”或以上水平。4 月除东部湖湾区（Ⅲ区）为“良”，大部分湖区处于“中”水平。除修河口、信江西支、昌江口为“良”水平，大部分点位处于“中”或以下水平。7 月水质最好，除Ⅰ区外，其他湖区均处于“良好”状态，绝大多数点位处于“良”或“优”水平。10 月水质湖区差异明显，Ⅲ区和Ⅴ区分别为“优”和“良”，其余湖区大部分点位处于“中”，乐安河口、赣江主支、东水道上游和蛤蟆石点位呈“差”的水平（图 8-5）。

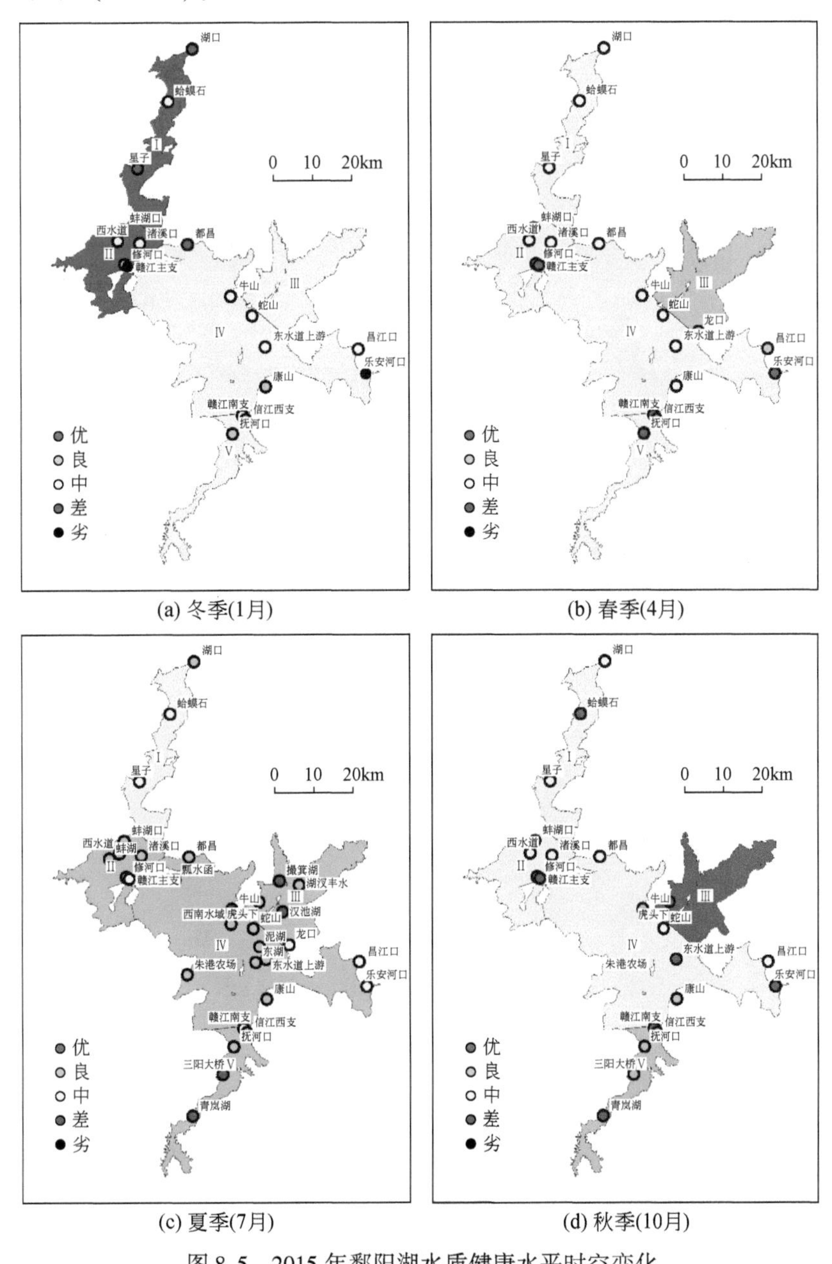

(a) 冬季(1月)　(b) 春季(4月)　(c) 夏季(7月)　(d) 秋季(10月)

图 8-5　2015 年鄱阳湖水质健康水平时空变化

2015年鄱阳湖营养盐健康水平时空变化不大。1月除Ⅱ区处于“良”外，其余湖区均为“优”；全湖点位除湖口、星子、渚溪口、都昌、信江西支、乐安河口处于“良”外，其余点位均为“优”。4月所有湖区、点位富营养化水平均为“优”。7月所有湖区富营养化水平均为“优”，点位除蛤蟆石、牛山、东水道上游为“良”外，其余点位均为“优”。10月所有湖区均为“优”，除都昌、东水道上游、赣江南支为“良”外，其余点位均为“优”（图8-6）。

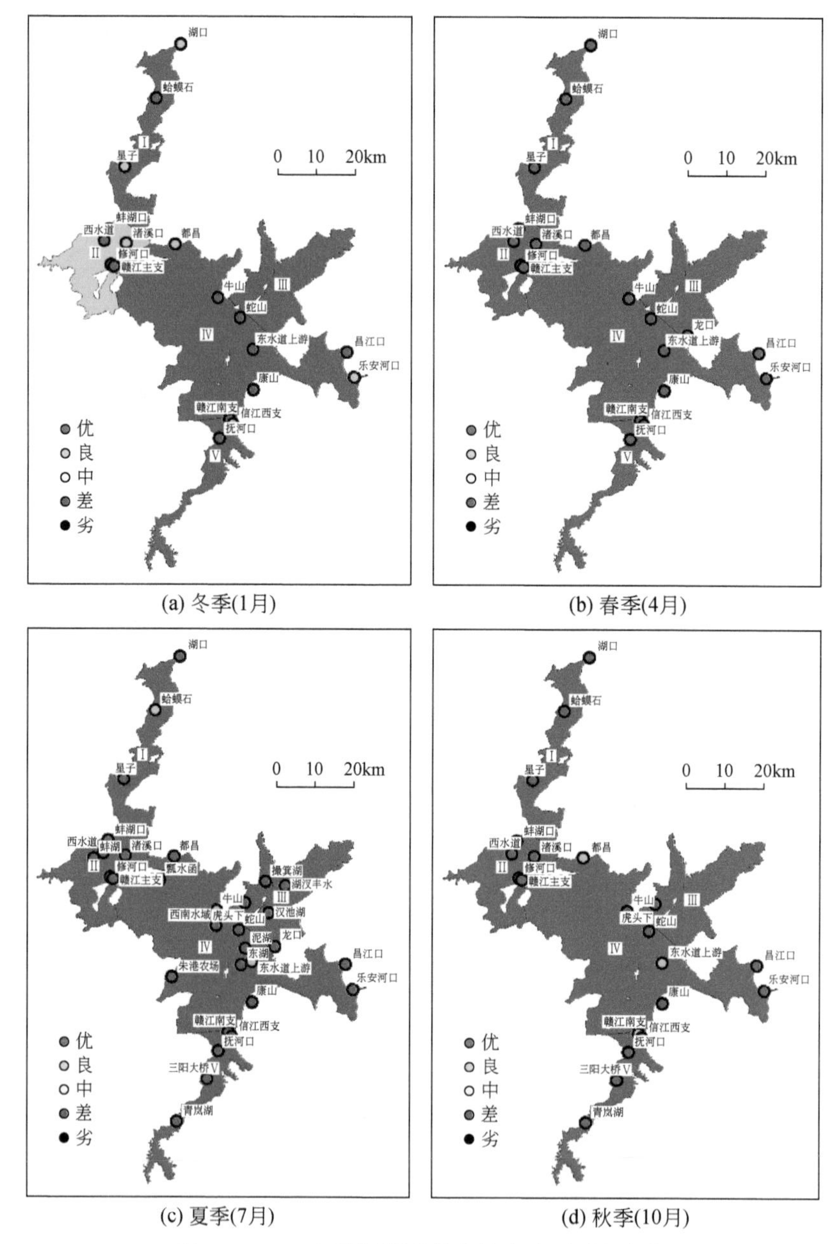

(a) 冬季(1月)　(b) 春季(4月)

(c) 夏季(7月)　(d) 秋季(10月)

图8-6　2015年鄱阳湖营养盐健康水平时空变化

2015年鄱阳湖浮游植物健康水平整体处于“良”，10月健康水平劣于其他月份，大部分湖区或点位为“良”或以上，且存在一定差异。鄱阳湖浮游植物健康水平1月Ⅰ区、Ⅲ

区、Ⅳ区处于“良”，其余两个湖区均为“优”；其中，湖口、老爷庙、都昌等点位健康水平为“良”，其余点位均为“优”。4 月Ⅰ、Ⅲ、Ⅳ湖区处于“优”，其余两个湖区均为“良”；除修河口处于“中等”水平，其余点位均为“优”或“良”水平。7 月湖区健康水平与 1 月类似，Ⅰ区、Ⅲ区、Ⅳ区处于“良”，其余两个湖区均为“优”。加测点 2 处于“中等”水平，其余点位均为“优”或“良”水平。10 月浮游植物健康水平最差，Ⅱ区、Ⅲ区、Ⅳ区都为“中等”水平，Ⅰ区为“优”，Ⅴ区为“良”；都昌、赣江主支、蛇山点位均为“中等”水平，其余点位为“优”或“良”（图 8-7）。

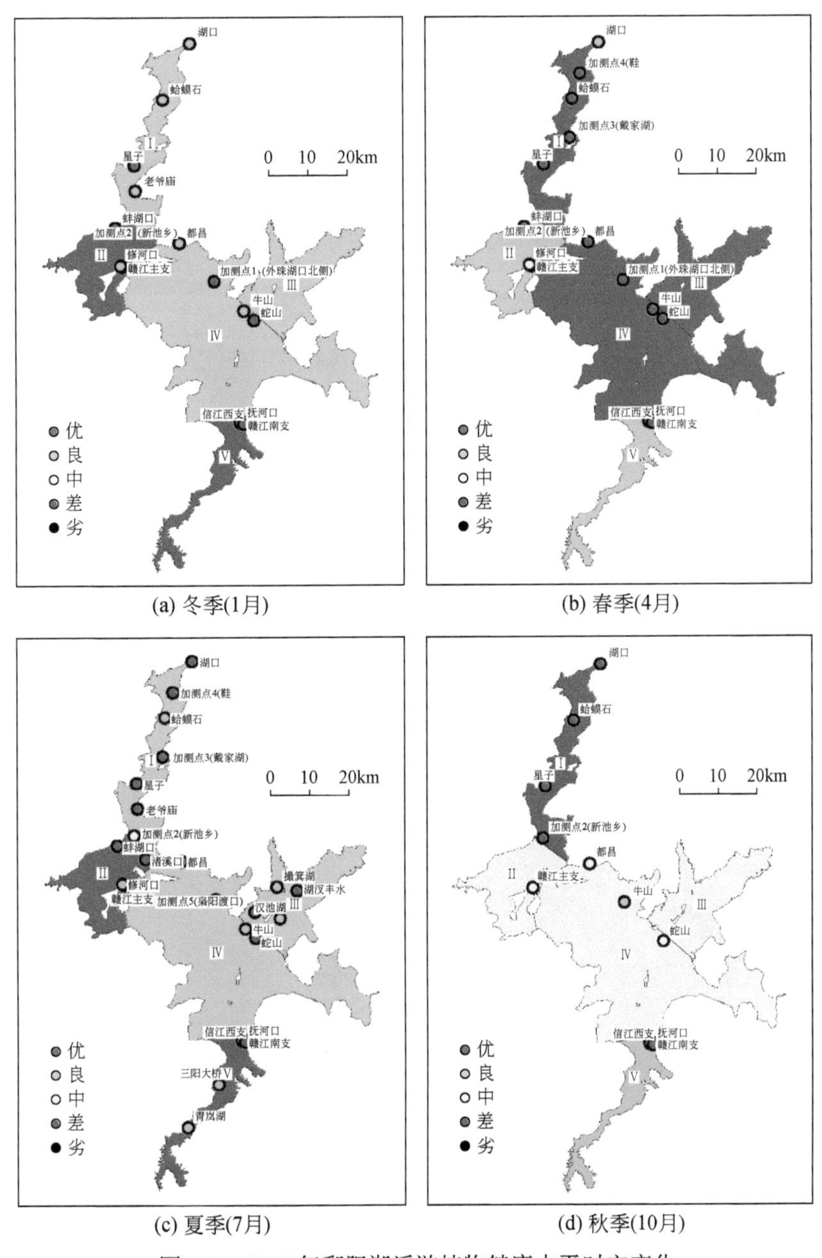

(a) 冬季(1月)　　(b) 春季(4月)

(c) 夏季(7月)　　(d) 秋季(10月)

图 8-7　2015 年鄱阳湖浮游植物健康水平时空变化

2015 年鄱阳湖浮游动物健康水平时空差异明显，1 月、4 月优于 7 月、10 月，且湖区和点位健康水平也存在差异。浮游动物健康水平 1 月除Ⅲ区为“中”以外，其余四个湖区均为“良”；老爷庙点位健康水平为“优”，星子、蚌湖口、牛山点位均为“中”，其余点位为“良”；4 月浮游动物健康水平湖区差异较大，Ⅰ区、Ⅱ区为“优”，Ⅲ区、Ⅴ区为“良”，Ⅳ区为“中等”。除加测点 1 水平为“差”以外，其余点位均为“优”或“良”。7 月浮游动物健康水平明显比 1 月、4 月差，Ⅱ区、Ⅴ区为“差”，其余三个湖区为“中”。蚌湖口、赣江主支、加测点 4 健康水平均为“劣”，其余点位为“中”或“差”。10 月健康水平除Ⅰ区好转以外，其余湖区仍然为“中”或“差”；蛤蟆石点位健康水平好转为“优”，渚溪口、湖口为“良”，其余点位均为“中”或“差”（图 8-8）。

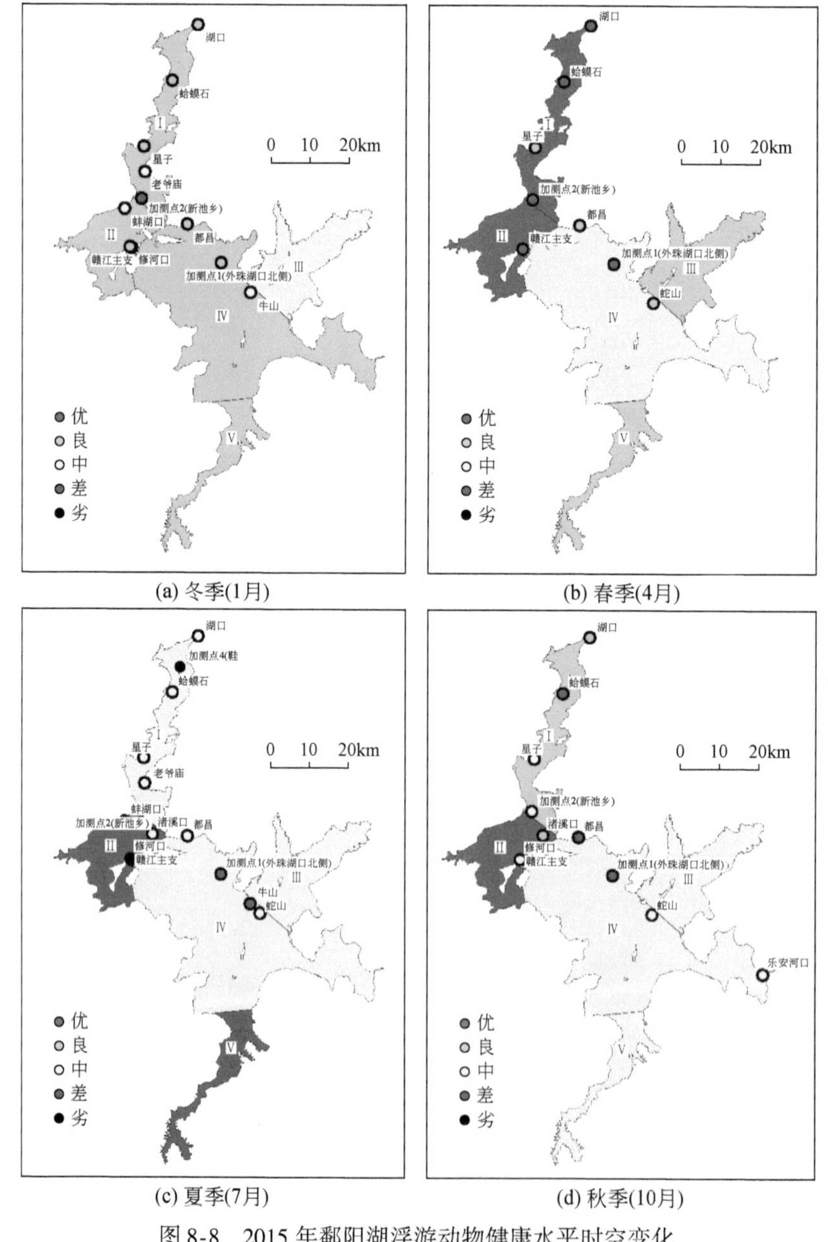

(a) 冬季(1月)　(b) 春季(4月)　(c) 夏季(7月)　(d) 秋季(10月)

图 8-8　2015 年鄱阳湖浮游动物健康水平时空变化

2015 年鄱阳湖底栖动物健康水平总体为“中”，7 月优于其余月份，湖区间健康水平变化不大，但点位之间存在差异。1 月所有湖区健康水平为“中”，蚌湖口为“差”，湖口、加测点 4、蛇山等点位均为“中”，蛤蟆石、星子等点位为“良”。4 月所有湖区健康水平仍为“中”，蚌湖口下降至“劣”，蛇山点位为“差”，其余点位为“中”或“良”。7 月Ⅲ、Ⅳ湖区健康水平好转至“良”，其余湖区仍然为“中”。加测点 3 和蚌湖口点位健康水平为“差”，其余点位为“中”或“良”。10 月所有湖区再次下降至“中”。湖口、星子、蚌湖点位健康水平为“差”，其余点位为“中”或“良”（图 8-9）。

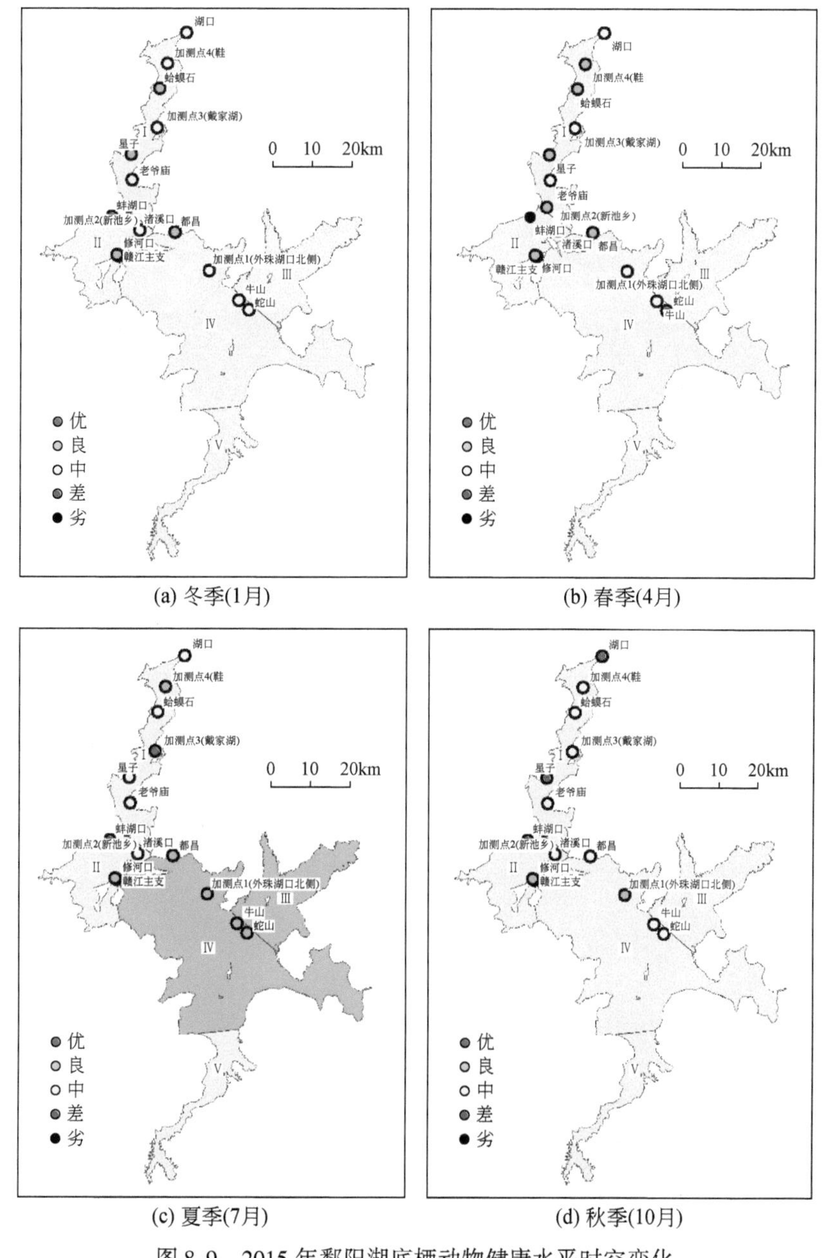

图 8-9　2015 年鄱阳湖底栖动物健康水平时空变化

2015年鄱阳湖综合健康水平时空变化不大，绝大多数湖区和点位健康水平为“良”。1月除Ⅱ区健康水平为“中”外，其余均为“良”；除蚌湖口点位健康水平为“中”外，其余点位均为“良”。4月所有湖区、点位健康水平均为“良”。7月所有湖区健康水平均为“良”，点位除加测点1为“中等”外，其余点位均为“良”。10月综合健康水平为“良”。仅在1月和7月各有一个点位为“中”，其他站点均为“良”（图8-10）。

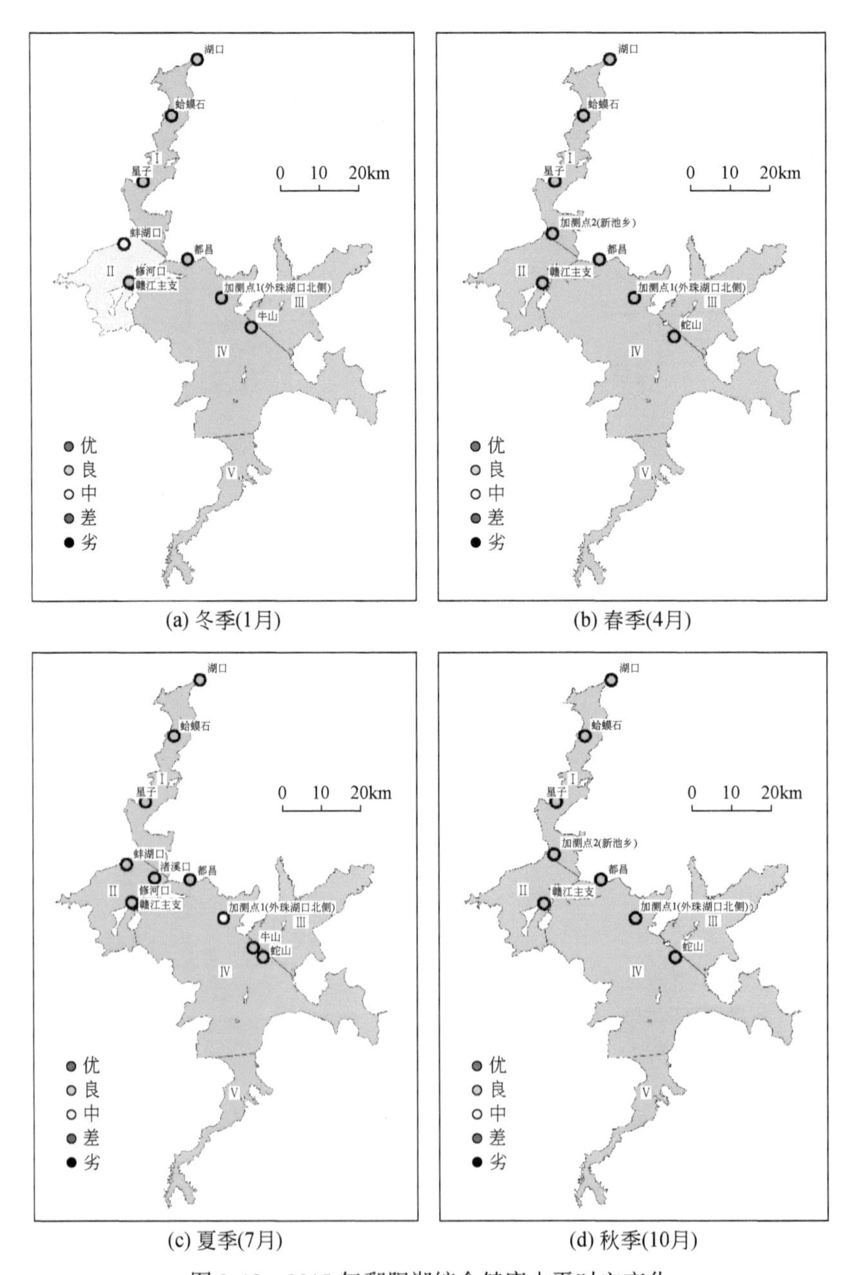

(a) 冬季(1月)　(b) 春季(4月)

(c) 夏季(7月)　(d) 秋季(10月)

图8-10　2015年鄱阳湖综合健康水平时空变化

参考文献

蔡琨，张杰，徐兆安，等 . 2014. 应用底栖动物完整性指数评价太湖生态健康 . 湖泊科学，26（1）：74-82.
蔡龙炎，李颖，郑子航 . 2010. 我国湖泊系统氮磷时空变化及对富营养化影响研究 . 地球与环境，38（2）：235-241.
陈红根，曾小军，熊继杰，等 . 2009. 鄱阳湖区以传染源控制为主的血吸虫病综合防治策略研究 . 中国血吸虫病防治杂志，21（4）：243-249.
崔娟敏，季文光 . 2011. 基于 AHP 的土地集约利用水平模糊综合评价 . 水土保持研究，18（4）：122-125.
郝利霞，孙然好，陈利顶 . 2014. 海河流域河流生态系统健康评价 . 环境科学，35（10）：3692-3701.
胡茂林 . 2009. 鄱阳湖湖口水位、水环境特征分析及其对鱼类群落与洄游的影响 . 南昌：南昌大学博士学位论文 .
胡振鹏，葛刚，刘成林 . 2014. 越冬候鸟对鄱阳湖水文过程的响应 . 自然资源学报，29（10）：1770-1779.
胡振鹏，葛刚，刘成林 . 2015. 鄱阳湖湿地植被退化原因分析及其预警 . 长江流域资源与环境，24（3）：381-386.
黄金国，郭志永 . 2007. 鄱阳湖湿地生物多样性及其保护对策 . 水土保持研究，14（1）：305-306，309.
黄琪，高俊峰，张艳会，等 . 2016. 长江中下游四大淡水湖生态系统完整性评价 . 生态学报，36（1）：118-126.
黄琪 . 2015. 太湖流域水生态系统健康评价研究 . 南京：中科院南京地理与湖泊研究所 .
霍雨 . 2011. 鄱阳湖形态特征及其对流域水沙变化响应机制 . 南京：南京大学博士学位论文 .
贾军梅，罗维，杜婷婷，等 . 2015. 近十年太湖生态系统服务功能价值变化评估 . 生态学报，35（7）：2255-2264.
李春晖，崔嵬，庞爱萍，等 . 2008. 流域生态健康评价理论与方法研究进展 . 地理科学进展，27（1）：9-17.
李鸣 . 2010. 鄱阳湖重金属污染特征研究及环境容量估算 . 南昌：南昌大学博士学位论文 .
李言阔，钱法文，单继红，等 . 2014. 气候变化对鄱阳湖白鹤越冬种群数量变化的影响 . 生态学报，34（10）：2645-2653.
廖静秋，曹晓峰，汪杰，等 . 2014. 基于化学与生物复合指标的流域水生态系统健康评价 . 环境科学学报，34（7）：1845-1852.
刘宝贵，刘霞，吴瑶，等 . 2016. 鄱阳湖浮游甲壳动物群落结构特征 . 生态学报，36（24）：8205-8213.
刘健，张奇，左海军，等 . 2009. 鄱阳湖流域径流模型 . 湖泊科学，21（4）：570-578.
闵骞 . 2000. 近 50 年鄱阳湖形态和水情的变化及其与围垦的关系 . 水科学进展，11（1）：76-81.
齐述华，张起明，江丰，等 . 2014. 水位对鄱阳湖湿地越冬候鸟生境景观格局的影响研究 . 自然资源学报，29（8）：1345-1355.
苏玉，曹晓峰，黄艺 . 2013. 应用底栖动物完整性指数评价滇池流域入湖河流生态系统健康 . 湖泊科学，25（1）：91-98.
王备新，杨莲芳，胡本进，等 . 2005. 应用底栖动物完整性指数 B_ IBI 评价溪流健康 . 生态学报，25（6）：1481-1490.
王丽 . 2014. 基于 AHP 的城市旅游竞争力评价指标体系的构建及应用研究 . 地域研究与开发，33（4）：105-108.
王明翠，刘雪芹，张建辉 . 2002. 湖泊富营养化评价方法及分级标准 . 中国环境监测，18（5）：47-49.

许妍，高俊峰，黄佳聪 . 2010. 太湖湿地生态系统服务功能价值评估 . 长江流域资源与环境，19（6）：646-652.

殷旭旺，渠晓东，李庆南，等 . 2012. 基于着生藻类的太子河流域水生态系统健康评价 . 生态学报，32（6）：1677-1691.

张艳会，杨桂山，万荣荣 . 2014. 湖泊水生态系统健康评价指标研究 . 资源科学，36（6）：1306-1315.

张艳会 . 2015. 大型通江湖泊水生态系统健康评价——以鄱阳湖为例 . 南京：中国科学院南京地理与湖泊研究所 .

张永民 . 2007. 生态系统与人类福祉：评估框架 . 北京：中国环境科学出版社 .

张远，徐成斌，马溪平，等 . 2007. 辽河流域河流底栖动物完整性评价指标与标准 . 环境科学学报，27（6）：919-927.

Barbour M T，Gerritsen J，Griffith G E. 1996. A framework for biological criteria for Florida streams using benthic macroinvertebrates. Journal of the North American Benthological Society，15（2）：185-211.

Cai Y J，Lu Y J，Wu Z S，et al. 2014. Community structure and decadal changes in macrozoobenthic assemblages in Lake Poyang，the largest freshwater lake in China. Knowledge and Management of Aquatic Ecosystems，414：9.

Costanza R，d Arge R，de Groot R S，et al. 1997. The value of the world´s ecosystem services and natural capital. Nature，387（15）：253-260.

Daily G C. 1997. Nature’ s Services：Societal Dependence on Nature Ecosytems. Washington D C：Island Press，120-138.

De Groot R S，Wilson M A，Bouman R M J. 2002. A Typology for the Classification，Description and Valuation of Ecosystem Services，Goods and Services. Ecological Economics，41（3）：393-408.

Dextrase A J，Mandrak N E. 2006. Impacts of Alien Invasive Species on Freshwater Fauna at Risk in Canada. Biological Invasions，8（1）：13-24.

Gordon N，Perissinotto R，Miranda N A F. 2016. Microalgal dynamics in a shallow estuarine lake：Transition from drought to wet conditions. Limnologica，60：20-30.

Huang Q，Gao J F，Cai Y J，et al. 2015. Development and application of benthic macroinvertebrate- based multimetric indices for the assessment of streams and rivers in the Taihu Basin. China. Ecological Indicators，48：649-659.

Hurley L M. 1991. Submerged Aquatic Vegetation//Funderbunk S L，Jordan S J，Mihursky J A，et al. Habitat Requirements for Chesapeake Bay Living Resources，2nd. Chesapeake Research Consortium，Inc，Solomons，MD：1-19.

Internationgal Joint Commission of Canada and the United States of America. 2014. Assessment of progress made towards restoring and maintaining Great Lakes water quality since 1987. The 16th Biennial Report on Great Lakes Water Quality and Accompanying Technical Reports.

Jones J I，Waldron S. 2010. Combined stable isotope and gut contents analysis of food webs in plant- dominated，shallow lakes. Freshwater Biology，48（8）：1396-1407.

Langhans S D，Reichert P，Schuwirth N. 2014. The method matters：A guide for indicator aggregation in ecological assessments. Ecological Indicators，45：494-507.

Muylaert K，Declerck S，Geenens V，et al. 2003. Zooplankton，phytoplankton and the microbial food web in two turbid and two clearwater shallow lakes in Belgium. Aquatic Ecology，37（2）：137-150.

Müller U K，Stamhuis E J，Videler J J. 2000. Hydrodynamics of unsteady fish swimming and the effects of body size：comparing the flow fields of fish larvae and adults. The Journal of Experimental Biology，203（2）：193-206.

Onaindia M, de Bikuña B G, Benito I. 1996. Aquatic plants in relation to environmental factors in northern Spain. Journal of Environmental Management, 47 (2): 123-137.

Orth R J, Moore K A. 1983. Chesapeake bay: an unprecedented decline in submerged aquatic vegetation. Science, 222 (4619): 51-53.

Silva T S F, Costa M P F, Melack J M, et al. 2008. Remote sensing of aquatic vegetation: theory and applications. Environmental Monitoring and Assessment, 140: 131-145.

Wang H Z, Xu Q Q, Cui Y D, et al. 2007. Macrozoobenthic community of Poyang Lake, the largest freshwater lake of China, in the Yangtze floodplain. Limnology, 8 (1): 65-71.

Wu Z S, CaiY J, Liu X, et al. 2013. Temporal and spatial variability of phytoplankton in Lake Poyang: The largest freshwater lake in China. Journal of Great Lakes Research, 39 (3): 476-483.

Yang F Y, Liu X T, Zhao K Y, et al. 2011. Natural fishery function of Poyang Lake. Wetland Science, 9 (1): 82-89.

Yang S R, Li M Z, Zhu Q G, et al. 2015. Spatial and temporal variations of fish assemblages in Poyanghu Lake. Resources and Environment in the Yangtze Basin, 24 (1): 54-64.

Zhang Q, Werner A D. 2015. Hysteretic relationships in inundation dynamics for a large lake- floodplain system. Journal of Hydrology, 527: 160-171.

Zhang Y H, Yang G S, Li B, et al. 2016. Using eutrophication and ecological indicators to assess ecosystem condition in Poyang Lake a Yangtze connected lake. Aquatic Ecosystem Health and Management, 19 (1): 29-39.

Zhi H, Zhao Z H, Zhang L. 2015. The fate of polycyclic aromatic hydrocarbons (PAHs) and organochlorine pesticides (OCPs) in water from Poyang Lake, the largest freshwater lake in China. Chemosphere, 119: 1134-1140.

第9章　入湖径流及其影响模拟

9.1　气候变化和土地利用对入湖径流的影响

9.1.1　研究区概况

信江流域（27°33′~28°59′N，116°23′~118°22′E）位于江西省的东南部，是鄱阳湖流域的五大子流域之一。其梅港水文站以上的控制性流域面积为 $1.53\times10^4\mathrm{km}^2$，径流量约占鄱阳湖来水的14.6%，该区属于典型的亚热带季风气候区，年平均气温为18℃，年均降水量为1878mm，蒸发潜力为849mm。其中降水多集中在4~6月（图9-1）。

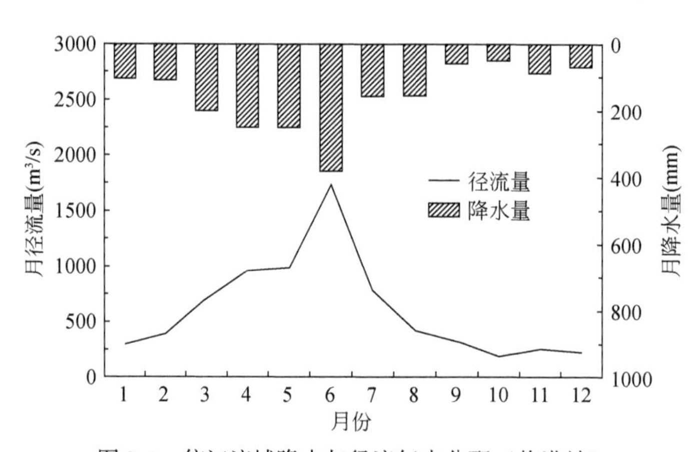

图9-1　信江流域降水与径流年内分配（梅港站）

9.1.2　数据与处理

本研究所需的数据集包括DEM、土地利用等空间数据，气象和径流等水文气候数据，以及未来气候变化情景数据集。

空间数据：30m×30m分辨率的DEM（ASTER）数据来源于中国科学院计算机网络信息中心。2001年的1km×1km土地利用数据来自中国西部环境与生态科学数据中心。根据南方土地利用的实际情况，将流域内的土地利用分为水田、旱地、水面、建设用地四类，分别占流域面积的28.4%、68.9%、1.5%和1.2%。所有这些空间数据集都统一重采样为250m×250m分辨率。

水文气候数据：新安江模型所需要的气象数据包括降水和蒸散。考虑到实测蒸发皿数据的缺失，将根据1989～2007年的玉山（28.68° N，118.25° E）和贵溪（28.30° N，117.22° E）日照时间（h）、水汽压（hPa）、风速（m/s）、平均气温（m/s）、最大与最小气温（℃）和相对湿度（%）等气候因子，采用彭曼公式来计算该时段潜在蒸散量，并利用空间反距离插值法将其插值到250m × 250m的栅格上。模型率定与验证采用来自于梅港水文站的1989～2007年日径流数据。

9.1.3 流域水文模型与情景设置

9.1.3.1 流域水文模型

本书研究基于新安江模型理论（Zhao，1992），利用PCRaster平台构建了分布式水文模型——栅格型新安江模型。该模型包括蒸散发、产流、水源划分与汇流四个模块。在蒸散发模块中，利用常规气象数据，采用彭曼公式计算的蒸散发量作为潜在蒸散发的输入数据（PE）。然后采用一层蒸散发模型（Zhao，1992）计算地区的实际蒸散发量（AE）。在产流和水源划分模块中，对于透水区采用蓄满产流理论进行产流的计算，然后引入自由蓄水库结构将总径流划分为地表径流（RS）、壤中流（RI）和地下径流（RG）三种类型；而对于不透水区，则认为降水经蒸发后直接形成地表径流，并不发生下渗。汇流包括坡面汇流和河道回流。在坡面汇流中，地表径流采用含有曼宁公式的一维运动波方程（one-dimensional kinematic wave function），壤中流和地下径流则采用单位线法，即分别引入消退系数KKI、KKG来计算汇流。河道汇流则利用一维运动波方程进行计算。

9.1.3.2 未来气候变化情景

未来气候变化情景数据集：来源于21个气候模式（BCC-CSM-1，BNU-ESM，CanESM2，CCSM4，CNRM-CM5，CSIRO-Mk3-6-0，FGOALS-g2，FIO-ESM，GFDL-CM3，GFDL-ESM2G，GFDL-ESM2M，GISS-E2-H，GISS-E2-R，HadGEM2-AO，IPSL-CM5A-LR，MIROC5，MIROC-ESM，MIROC-ESM-CHEM，MPI-ESM-LR，MRI-CGCM3，NorESM1-M）的RCP情境下的数据作为未来气候变化的情景数据。中国国家气候中心已将不同分辨率的气候模式数据统一降尺度插值到的1°×1°栅格上，并得到这21个气候模式的算术平均值数据集（Xu C H and Xu Y，2012）。所以，在此基础上选取2016～2050年、2051～2100年这两个时段的RCP 2.6（低浓度）、RCP 4.5（中浓度）、RCP 8.5（高浓度）三种温室气体和气溶胶排放情景下的数据。该数据集包括月平均降水、月平均气温、月最高气温和最低气温。最后采用WXGEN天气发生器（Sharpley and Williams，1990）生成日值数据。

本书研究共涉及三个时间段，即1990～2007年作为基年，2016～2050年和2051～2100年作为两个未来时段。

9.1.3.3 未来土地利用变化情景

统计数据表明，该区土地利用变化主要表现为水田和旱地转化为建设用地，尤其是居民用地。本研究假设未来这种趋势仍将继续，未来土地利用变化情景将基于历史三个时期（1980年、1994年和2001年）居民地变化率构建。三种变化情景设置如下：①不变化。土地利用分布保持不变，2001年现状土地利用数据将用于未来2个时期。②单倍建设用地增长速率。土地利用将以目前建设用地增长速率变化。③2倍建设用地增长速率。土地利用将以目前建设用地增长速率的2倍变化。基于上述情景设置，未来土地利用分布比例计算结果如表9-1所示。

表9-1 目前和未来土地利用分布情景

土地利用类型	水面	水田	建设用地	旱地	单倍增长速率的未来建设用地		2倍增长速率的未来建设用地	
年份	2001	2001	2001	2001	2025	2075	2025	2075
占比（%）	1.5	28.4	1.2	68.9	4.3	10.0	7.2	18.5

9.1.3.4 模拟实验

研究所涉及的三个时段分别进行如下设置：①1989～2007年用来进行模型的率定和验证，其基础数据为相应年份的实测气象数据和2001年的土地利用数据。其中1989年为模型预热期，1990～2000年为率定期，2001～2007年为验证期；②2016～2050年，土地利用数据为2025年土地利用分布数据；③2051～2100年，土地利用数据为2075年土地利用分布数据。为区分气候变化和土地利用变化对径流的影响，气候和土地利用变化情景分别在3种气候变化情景、3种土地利用变化情景、2个未来历史时期之间变化，模型将运行18次。

9.1.4 结果与分析

9.1.4.1 率定与验证

模型率定和验证后的参数最佳取值见表9-2。图9-2（a）和图9-2（b）分别显示了模型率定期和验证期的日径流量实测值和模拟值之间的对比。在模型率定期，日径流量模拟值的大小和波动基本与实测值相吻合，其纳什指数（E_{NS}）为0.83。同时径流与降雨强度的时间变化一致。模拟值和实测值的散点图（图9-3）表明两者主要分布于1∶1拟合线附近，其趋势线斜率为0.9103，接近于1，且$R^2=0.8373$（$p<0.001$）。这些指标都表明模拟值与实测值的相关性较好。

在模型验证期，E_{NS}、R^2分别为0.79和0.8326（$p<0.001$），表明虽比率定期略差些，但模拟值与实测值也基本相符合。此外，两者的散点图也表现出与率定期相似的现象，即沿1∶1拟合线分布，斜率接近于1。因此，率定好的模型参数可以很好地反映信江流域的水文过程，可以用来分析径流对未来气候变化的响应。

表 9-2　新安江模型主要参数的意义及取值

参数	物理含义[a]	范围[b]	取值[c]
KE	蒸散发折算系数	率定	1
B	蓄水容量分布曲线指数	面积 $t<10\text{km}^2=0.1$； $\leqslant 300\text{km}^2=0.2\sim 0.3$； 几千平方千米=0.3～0.4	0.4
WM	张力水容量	80～170mm	水田：110mm； 旱地：120mm
SM	自由水容量	5～60mm	60
Ex	流域自由水容量分布曲线指数	1～1.5	1.4
KI	壤中流出流系数	KI+KG=0.7～0.8	0.25
KG	地下水出流系数		0.45
KKI	壤中流消退系数	0.5～0.9	0.8
KKG	地下水消退系数	0.99～0.998	0.99
Beta	运动波的动力方程参数	率定	0.3
N	曼宁糙度系数	0.011～0.8	0.8

注：a 参考 Zhao（1992）；b 参考 USDA-SCS（1986）；c 为率定后的取值

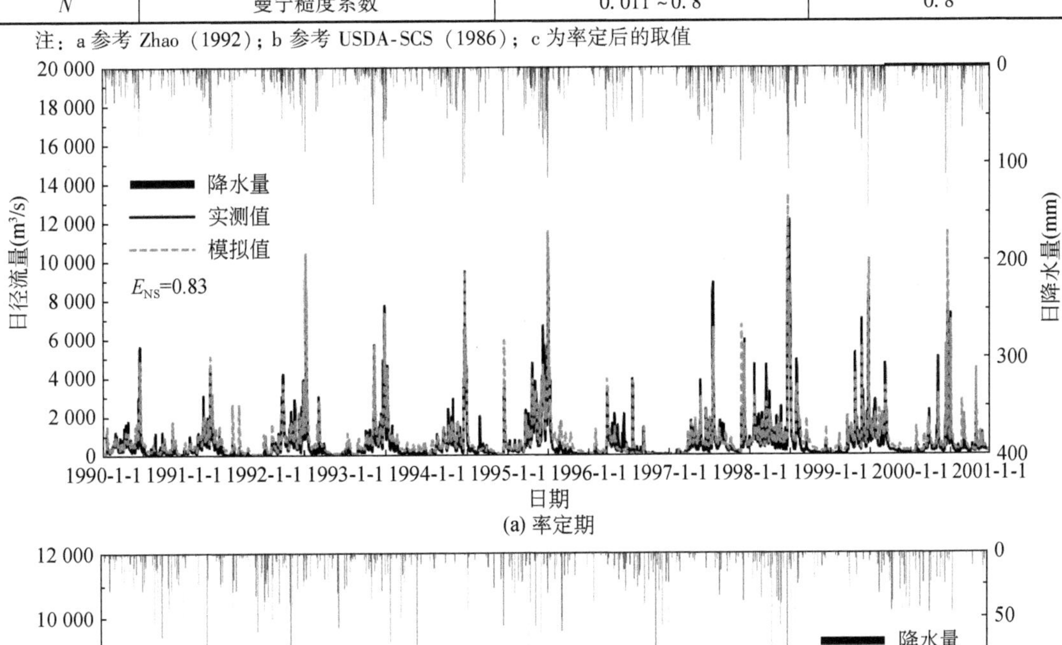

(a) 率定期

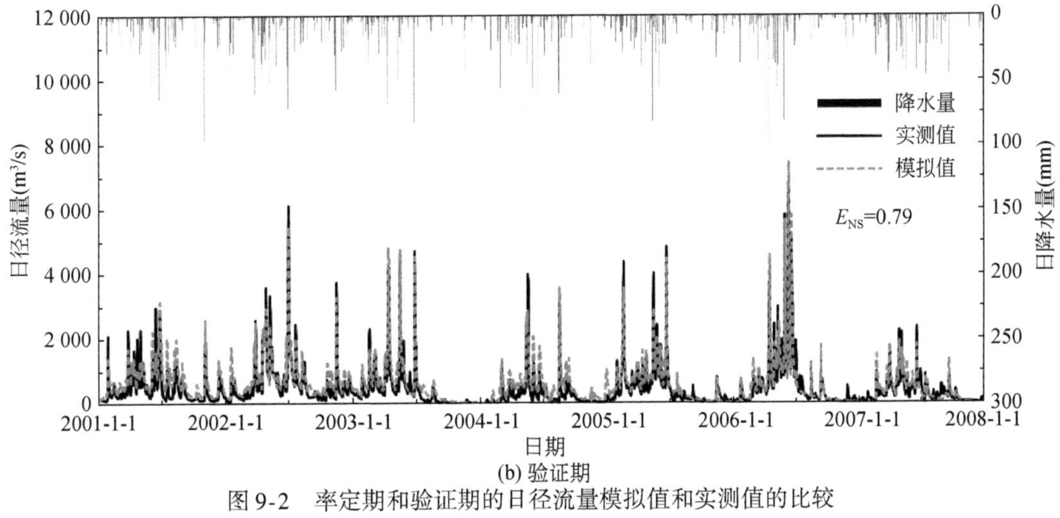

(b) 验证期

图 9-2　率定期和验证期的日径流量模拟值和实测值的比较

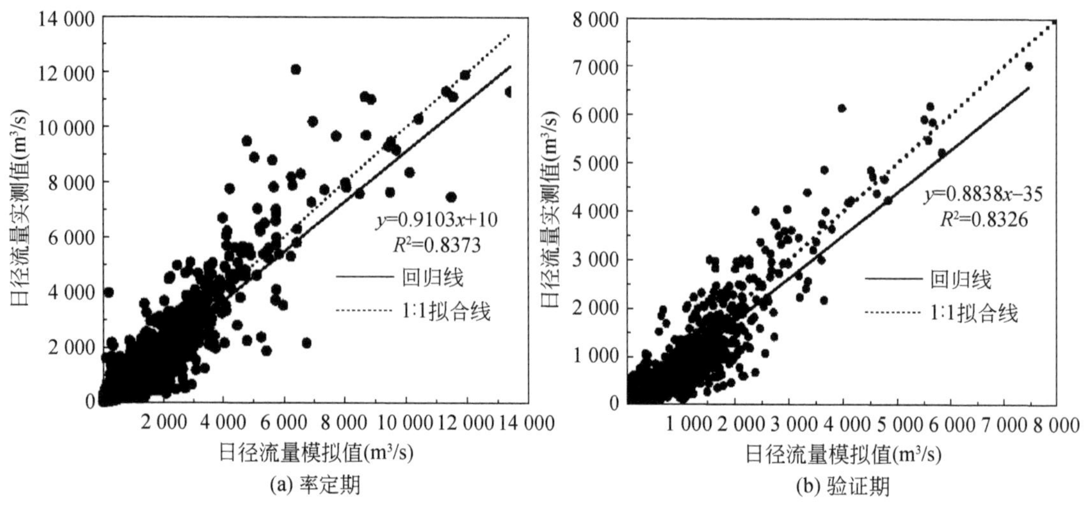

(a) 率定期 (b) 验证期

图 9-3 率定期和验证期的日径流量模拟值和实测值的相关性

9.1.4.2 气候变化对径流的影响

为分析气候变化对径流的影响，土地利用保持不变，即与基期一样，将两个时期（2016～2050 年，2051～2100 年）在 RCP 2.6、RCP 4.5、RCP 8.5 三种气候情景下的径流模拟与基期（1990～2007 年）的径流值进行比较。

图 9-4 表明气候变化对未来时期的月径流值有明显的影响。在秋季和冬季早期（9～12 月），三种气候情景下的径流都有一定程度的增长。例如，在 2016～2050 年的 12 月相对于基期增长超过 20%。与此相反，其他季节的径流则出现明显的减少现象，特别是在春季早期和夏季早期（3～6 月）减少量超过 40%。这与 Sun 等（2013）的研究结果一致，他采用 SWAT 模型和 CMIP3 数据集对信江流域进行了径流模拟，也发现在春季和夏季的模拟径流出现较大幅度的增长。这种季节性的变化可能是由夏季降水量的增加和冬季早期蒸

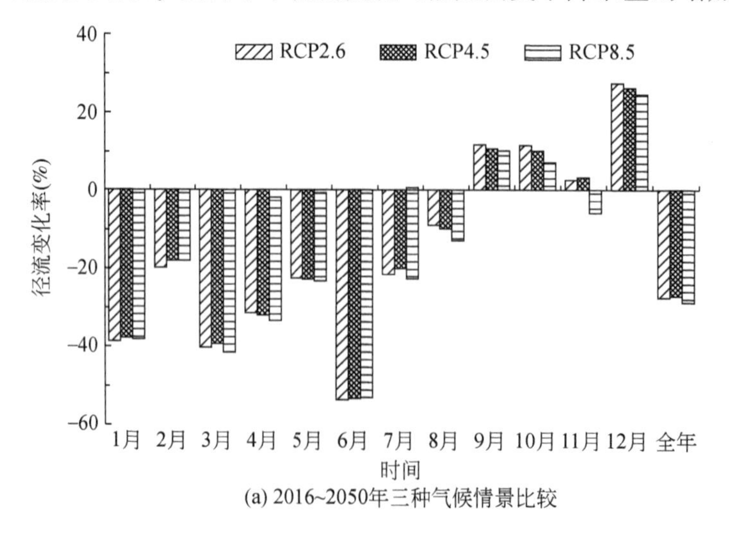

(a) 2016~2050年三种气候情景比较

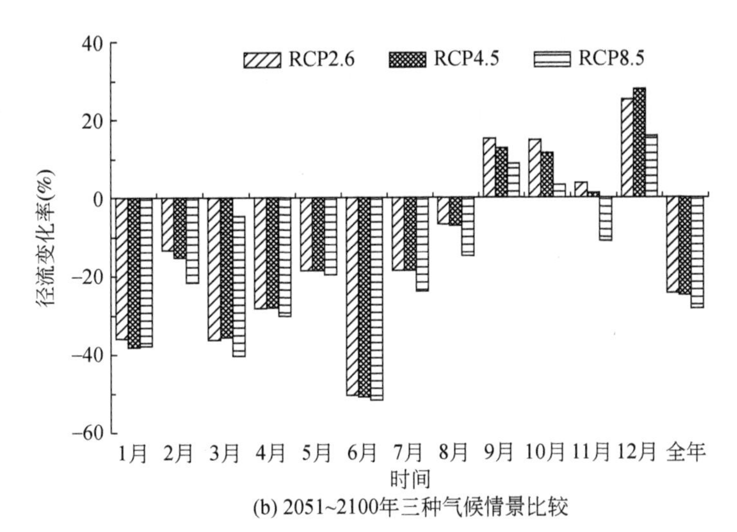

图 9-4　三种不同气候情景下 2016 ~ 2050 年和 2051 ~ 2100 年的径流与基期径流的比较

散量减少引起的。该解释可以通过对降水量、气温和潜在蒸散量与基期值的比较得到验证：在秋季（9 ~ 10 月），降水量明显高于基期，而较低的气温导致蒸散量明显减少，最终导致净雨量的增加和径流量的增多。在秋季末期和冬季早期（11 ~ 12 月），虽然降水量减少，但湿润秋季储存的多余水量和减少的蒸散量会引起径流的增加。然而在冬季末期，春季和夏季（1 ~ 8 月）降水量的明显减少，促使径流大幅度减小。三种不同气候情景下的年径流值较基期减少了超过 20%，这也是年降水量减少、气温降低和蒸散量减少综合作用的结果。因此，气候变化不仅影响了径流的季节变化，而且改变了年径流值的大小。

9. 1. 4. 3　土地利用变化对径流的影响

为了区分出土地利用变化对径流的影响作用，采用同一种气候情景的两种土地利用情况（建设用地面积单倍增速和双倍增速）进行未来径流的模拟，并将其与 9. 1. 4. 2 节中土地利用保持不变下的未来径流模拟进行对比。在 9. 1. 4. 2 节中三种 RCP 气候情景变化趋势基本一致，因此，下面将仅分析 RCP4. 5 情景下的径流变化情况（图 9-5）。

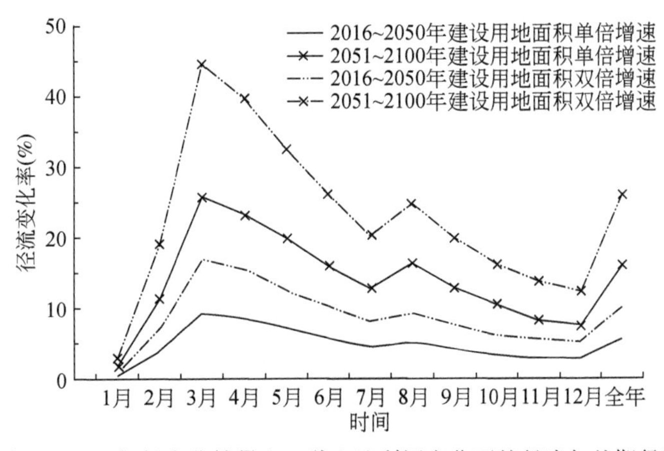

图 9-5　在 RCP4. 5 气候变化情景和 2 种土地利用变化下的径流与基期径流的比较

图 9-5 显示了在建设用地面积单倍和双倍增速下流域的月径流值和年径流值均有明显的增长。这主要是建设用地面积扩张，致使区域蒸散量增加。另外，建设用地作为不透水区，其面积扩大造成潜流和地下水流的补给量减少，从而产生了更多的地表径流。径流增长速度在不同的季节有所不同，夏季（3～5 月）和秋末（8 月）径流增长速度明显高于其他季节月份。从建设用地面积单倍增速和双倍增速的比较来看，前者的径流增速明显小于后者。从对径流的作用方向来看，在秋季和冬初，土地利用对径流的作用与气候变化的作用方向一致，而在冬末、夏季和秋季，两者的作用方向则相反。

9.1.5 结论与讨论

本书研究利用开发的分布式水文模型——栅格型新安江模型，结合未来气候模式数据集 CMIP5，分析了未来 2016～2050 年、2051～2100 年两个时段在气候变化下的径流响应规律，具体包含 RCP2.6、RCP4.5 和 RCP8.5 三种气候情景。

未来时期的径流量在秋季和冬初出现一定程度的增长，而在春季和夏季则大幅度减小，最终引起年径流量的减少。因此，气候变化不仅影响到径流量的季节变化，也引起年径流量大小的变化。这些变化是降水、气温和蒸散等气候因子综合作用的结果，其中降水起主导作用。两个时段之间、三种不同气候情景之间，径流变化的趋势大体一致。

未来时期的土地利用变化将会引起月径流值和年径流值的明显增长。其中，单倍建设用地增速下的径流增速明显小于双倍建设用地增速下的径流增速。

9.2 气候变化引起入湖径流变化对鄱阳湖水动力的影响

9.2.1 数据与处理

鄱阳湖在五河七口设立常规水文监测站，可获取每日流量数据。同时湖区内部设有星子、都昌等水位观测站（图 9-6）。研究收集以上站点的水文数据，结合气象、地形数据构建鄱阳湖水动力模型（表 9-3）。

表 9-3 水动力模型输入

数据类型	来源	时间	数据获取位置	指标
水文	江西省鄱阳湖水文局	2010 年 7 月 1 日至 2011 年 6 月 30 日（逐日）	河流监测站点（图 9-6）	流量
			湖内监测站点（图 9-6）	水位
气象	中国气象科学数据共享服务网	2010 年 7 月 1 日至 2011 年 6 月 30 日（逐日）	波阳站、南昌站（图 9-6）	大气压、干球温度、相对湿度、太阳辐射、风速、风向、降水量
	江西省鄱阳湖水文局		星子站（图 9-6）	降水量、蒸发量
湖底地形	江西省水利厅	2010	5m	湖底高程

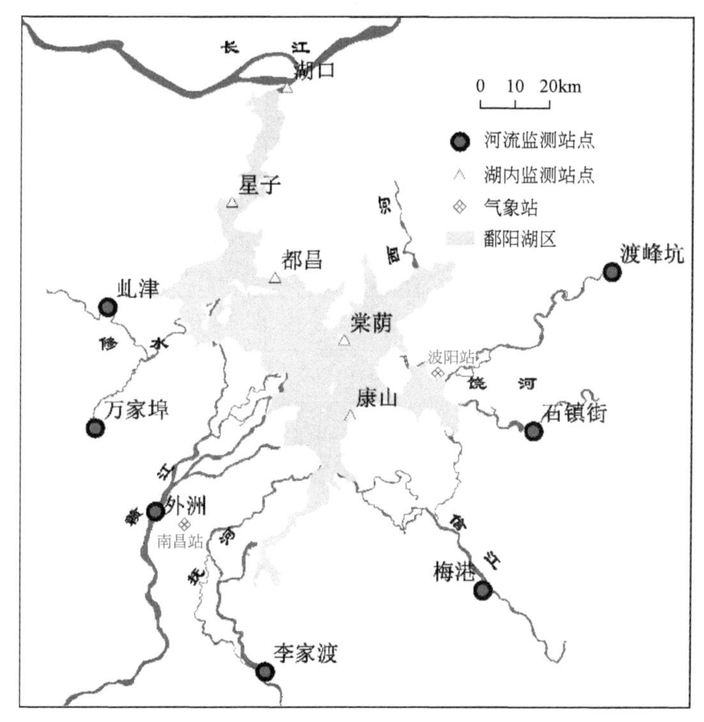

图9-6 鄱阳湖水文、气象监测站点位置

模型中水文数据包括5条主要入湖河流（修水、赣江、抚河、信江、饶河）及2条较小支流（博阳河和西河）的日均流量（Q，m^3/s）。其中博阳河离修水距离较近，将其流量归于修水。入湖流量由河流所属水文站点监测，分别是万家埠和虬津（修水）、外洲（赣江）、李家渡（抚河）、梅港（信江）、渡峰坑和石镇街（饶河）、石门街（西河）、梓坊（博阳河），其中赣江西支：赣江中支：赣江南支流量比为3∶4∶3。同时水文数据还包括湖区内湖口、星子、都昌、棠荫、康山的水位数据（WL，m）。

气象数据分别来自国家气象中心的波阳站（站点编号：58519）、南昌站（站点编号：58606）以及鄱阳湖区的星子站。国家气象站数据共包括2010年7月1日至2011年6月30日每天8个气象指标：大气压（PRTM，hPa）、日平均气温（T,℃）、相对湿度（HR,%）、太阳短波辐射强度（SOLSWR，MJ/m2）、风速（WS，m/s）、风向［WD，(°)］、降水量（PR，mm）、蒸发（mm）。其中，云量数据（CLOUD,%）暂无法获得，故统一作50%计，该数据对湖泊水动力过程的影响极小。而星子站位于湖区中部，其降水量和蒸发量接近整个湖区的气象条件，因此用星子站的降水数据（PR，mm）和蒸发数据（EVP，mm）来描述鄱阳湖区的雨量和蒸发条件。波阳站和南昌站的降水量主要用于计算区间径流量。

$$Q_i = (S_c - S_d) \times r \times p \tag{9-1}$$

式中，Q_i 为区间径流量；S_c 和 S_d 分别为子流域面积和各水文站相应的集水面积；r 为径流系数；p 为波阳站或南昌站的降水量，选择依据为水文站点离气象站的距离。最终区间流计算结果约占总流量的14%（表9-4）。

表 9-4 区间流计算参数

河流	站点	集水面积（km^2）	径流系数	降水量来源
赣江	外洲	80 948	0.530	南昌站
抚河	李家渡	15 811	0.471	南昌站
信江	梅港	15 535	0.612	波阳站
乐安河	石镇街	8 367	0.634	波阳站
昌江	渡峰坑	5 013	0.634	波阳站
修水	虬津	9 914	0.564	南昌站
潦河	万家埠	3 548	0.621	南昌站

注：径流系数数据来源于郭华等（2007）

地形数据由江西省水利厅提供，为 2010 年鄱阳湖湖区湖底高程（D，m），空间分辨率为 5m，后经重采样作为模拟输入条件。利用上述数据初始化模型输入参数和设定模型边界条件，其中边界条件包括气象边界条件和水动力边界条件。气象边界条件设为模拟时段内每日的气象数据（表 9-3）；水动力边界条件由上、下边界组成，上边界为入湖河流每日流量，下边界为湖口站每日水位。

9.2.2 湖泊水动力模型与情景设置

9.2.2.1 湖泊水动力模型

EFDC 是由威廉玛丽学院弗吉尼亚海洋科学研究所的 John Hamrick 等开发的三维水动力水质模型系统（Hamrick and Wu，1997），被美国国家环境保护局支持并推荐用于复杂地表水模拟研究。该模型包含集成水动力模块、泥沙输运模块、污染负荷迁移转化模块和水质预测模块，已经成功应用于包括河流、湖库、湿地和近岸海域等在内的 100 多个水体，同时满足环境评价、健康管理和调控需求（Park et al.，2005）。EFDC 模型计算过程具有通用性，通过设置初始化文件和时间序列输入文件调整模拟维数、时空特性、环境条件和污染负荷等，适用于特定湖库模拟。该模型在水平方向采用直角坐标或正交曲线坐标，垂直方向采用 σ 坐标。动力学方程采用有限差分法求解，水平方向采用交错网格离散，时间积分采用二阶精度的有限差分法及内外模式分裂技术，即采用剪切应力或斜压力的内模块和自由表面重力波或正压力的外模块分开计算。外模块采用半隐式计算方法，允许较大的时间步长，且可采用自适应时间步长模式。内模块采用垂直扩散的隐式格式，期间水陆漫滩带区域采用干湿网格技术。模型由 Fortran 语言开发,源代码开放，可以根据不同的应用目标进行适当的修改，灵活性较强（赖格英等，2015）。

水动力、水质和悬浮物迁移模型原理详见本书第 5 章和第 6 章相关内容。

9.2.2.2　未来气候变化情景

选取2016~2050年这个时段的RCP 4.5（中浓度）、RCP 8.5（高浓度）两种温室气体和气溶胶排放情景下的数据。该数据集包括月平均降水、平均气温、最高气温和最低气温。采用WXGEN天气发生器（Sharpley and Williams，1990）生成日值数据。

本研究共涉及两个时段，即2010年7月1日至2011年6月30日作为基准日期，2016~2050年作为未来时段。

9.2.2.3　模拟实验

对研究所涉及的两个时段分别进行如下设置：①2010年7月1日至2011年6月30日进行模型的率定和验证，其基础数据为相应年份的实测气象数据；②2016~2050年，维持水动力边界条件不变，加入未来气候变化因素，即气候变化情景分别在2种气候变化情景、1个未来历史时期之间变化，模型将运行3次（包括基准日期）。

9.2.3　结果与分析

9.2.3.1　结果验证

由于水动力模型自适应能力较强，模型通过预热期可自行率定水动力参数，且下边界用水位进行校正，不需要单独进行水动力参数的率定。考虑数据获取条件及均匀分布原则，模型验证选取湖口、星子、都昌、棠荫、康山站点的实测水位和模拟水位进行。其中湖口站作为下边界水位控制站，模拟水位过程与实测水位高度一致，因此不宜给出该站点的水位对比图及误差计算结果。图9-7绘制了2010年7月1日至2011年6月30日的5个验证站点的水位对比图，同时计算误差指标，包括平均绝对误差（mean absolute error，MAE）、均方根误差（root mean square error，RMSE）、决定系数（determination coefficient，R^2）、平均相对误差（mean relative error，MRE）（表9-5）。由水位对比图和误差统计可以看出，水位较高时，模拟效果优于较低水位，这是由于丰水时期鄱阳湖为大湖面，流场稳定，而水位低时，由于鄱阳湖地形复杂，多数鄱阳湖网格由“湿”转“干”，水流运动受到一定程度的阻滞作用，加大枯水位时的模拟难度。同时鄱阳湖边界地形较为复杂，研究表明湖湾形状、湖泊岸线复杂程度是产生湖泊水位不确定性的重要原因（李一平等，2012）。星子、都昌、棠荫站误差极小，拟合效果较优，而康山站误差相对较大，其主要由于康山水底比其他站点地形复杂，高程变率大（赖格英等，2015），而统一分辨率的模型网格很难反映实际地形。虽然研究已经分湖区设置不同湖底糙率，但很难将糙率精细到网格尺度，康山站点附近均一化的糙率可能会导致水流快速流出，使得该点水位比实际值低。

表 9-5 水位模拟误差指标

误差指标	单位	公式	范围	星子	都昌	棠荫	康山
MAE	m	$\mathrm{MAE}=\dfrac{\sum_{i=1}^{n}\lvert C_i-\hat{C}_i\rvert}{n}$	[0, +∞)	0.17	0.13	0.28	0.93
RMSE	m	$\mathrm{RMSE}=\sqrt{\dfrac{\sum_{i=1}^{n}(C_i-\hat{C}_i)^2}{n}}$	[0, +∞)	0.20	0.16	0.41	1.14
R^2	/	$R^2=\left(\dfrac{\sum_{i=1}^{n}(\hat{C}_i-\bar{\hat{C}})(C_i-\bar{C})}{\sqrt{\sum_{i=1}^{n}(\hat{C}_i-\bar{\hat{C}})^2}\sqrt{\sum_{i=1}^{n}(C_i-\bar{C})^2}}\right)^2$	[0.0, 1.0]	0.99	0.99	0.97	0.86
MRE	%	$\mathrm{MAE}=\dfrac{\sum_{i=1}^{n}\left\lvert\dfrac{C_i-\hat{C}_i}{\bar{\hat{C}}_i}\right\rvert}{n}$	[0, +∞)	0.01	0.01	0.02	0.08

注：C_i 和 $\hat{C}_i$ 分别是鄱阳湖在第 i 天水位的模拟值和观测值；$\bar{C}$ 和$\bar{\hat{C}}$分别是鄱阳湖在第 i 天水位的模拟平均值和观测平均值（$\bar{C}=\sum_{i=1}^{n}C_i$，$\bar{\hat{C}}=\sum_{i=1}^{n}\hat{C}_i$）；$n$ 是模拟值和观测值均有效的天数

9.2.3.2 气候变化对水动力的影响

为分析气候变化对水动力的影响，水动力条件保持不变，即与基期一样，将未来时期（2016~2050 年）在 RCP 4.5、RCP 8.5 两种气候情景下的水动力模拟与基期（2010 年 7 月 1 日至 2011 年 6 月 30 日）的水动力模拟结果进行比较。研究定义流向角度改变超过 15°或者流速变化超过 1cm/s 的区域为水动力受气候变化影响明显的区域。研究选取 1 月、4 月、7 月、10 月作为代表月份，讨论气候变化在整个水文周期内对水动力的影响。

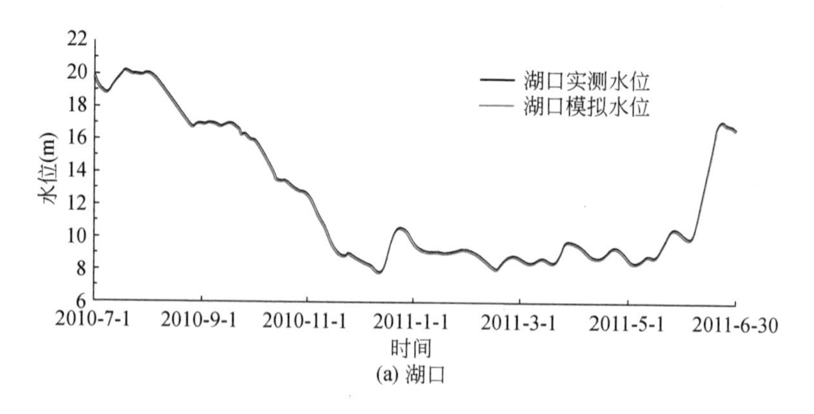

(a) 湖口

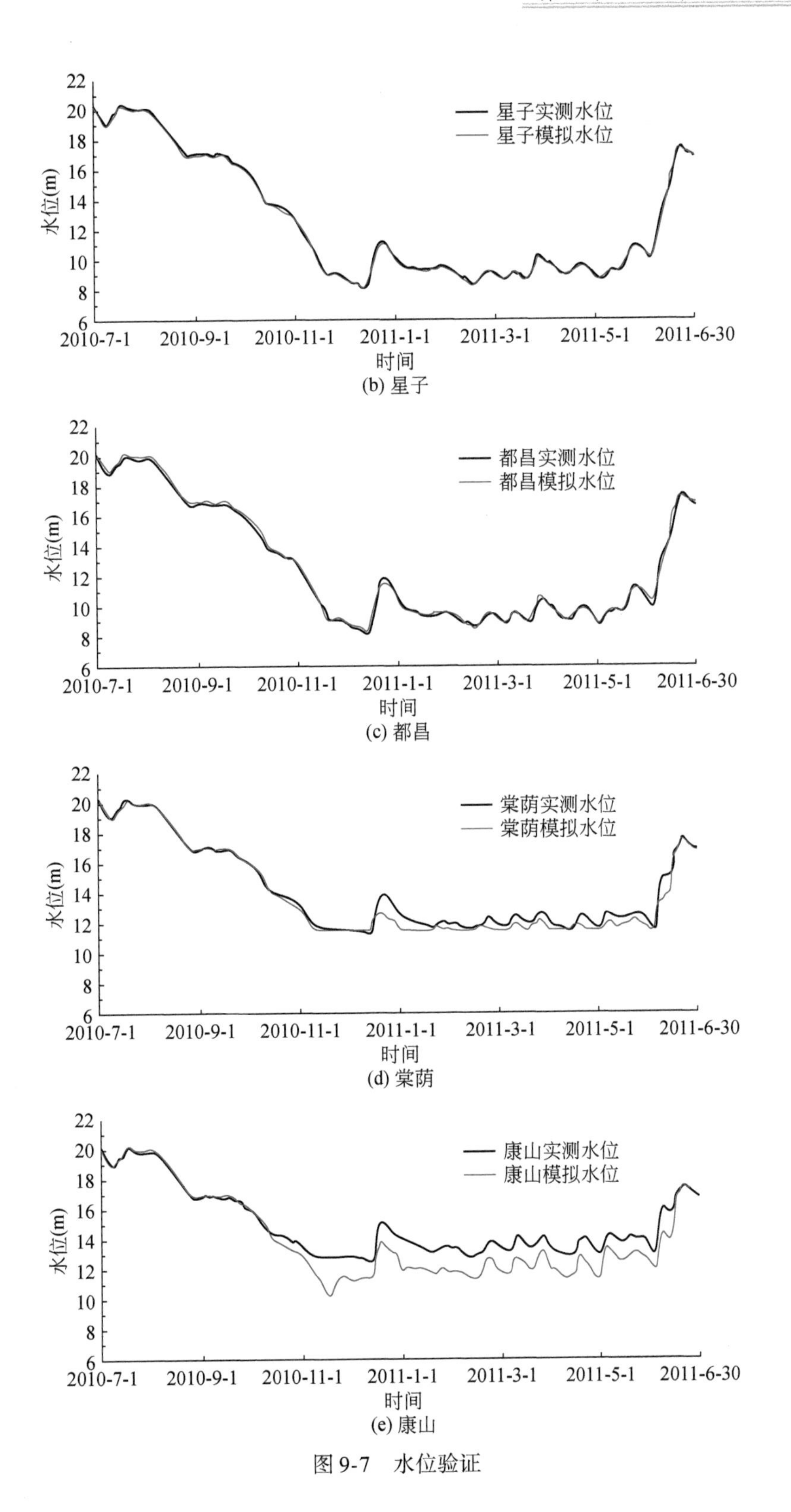

(b) 星子

(c) 都昌

(d) 棠荫

(e) 康山

图 9-7　水位验证

图 9-8（a）~图 9-8（d）对比了 7 月、10 月、1 月、4 月基准年与 RCP 4.5 情景下的流场。在此情景下，鄱阳湖的水动力条件在四个代表月份发生不同变化。7 月，湖泊仅在较小区域内发生轻微改变，流速相对较慢。10 月，变化面积明显扩大，覆盖面积近 417.94km^2。1 月，变化区域由南部向北部移动，主要集中在入江水道。由于水面高程差异较大，又与沟槽重力坡度增大有关，鄱阳湖流速加快。直到 4 月，水动力条件发生了很大变化，几乎覆盖了整个湖泊。

图 9-9（a）~图 9-9（d）对比了 7 月、10 月、1 月、4 月基准年与 RCP 8.5 情景下的流场。7 月除了东部水道沿岸的一个小区域外，鄱阳湖大部分区域的平均流速没有发生明显差异。即使从放大的地图上看，水流速度的变化也不明显。直至 10 月，变化区域逐渐扩大，且变化区域主要位于东水道、信江入湖口及西水道，面积约为 427.81km^2。在修水、赣江、抚河、饶河 4 个入湖口附近，水动力条件几乎没有变化。1 月，变化区域向北移动，鄱阳湖水位下降到 10m 以下（湖口站 1 月平均水位为 9.15m），湖泊大部分干涸。变化区域面积为 28.13km^2，主要分布在永久性水域的东水道。4 月水动力变化区域面积扩

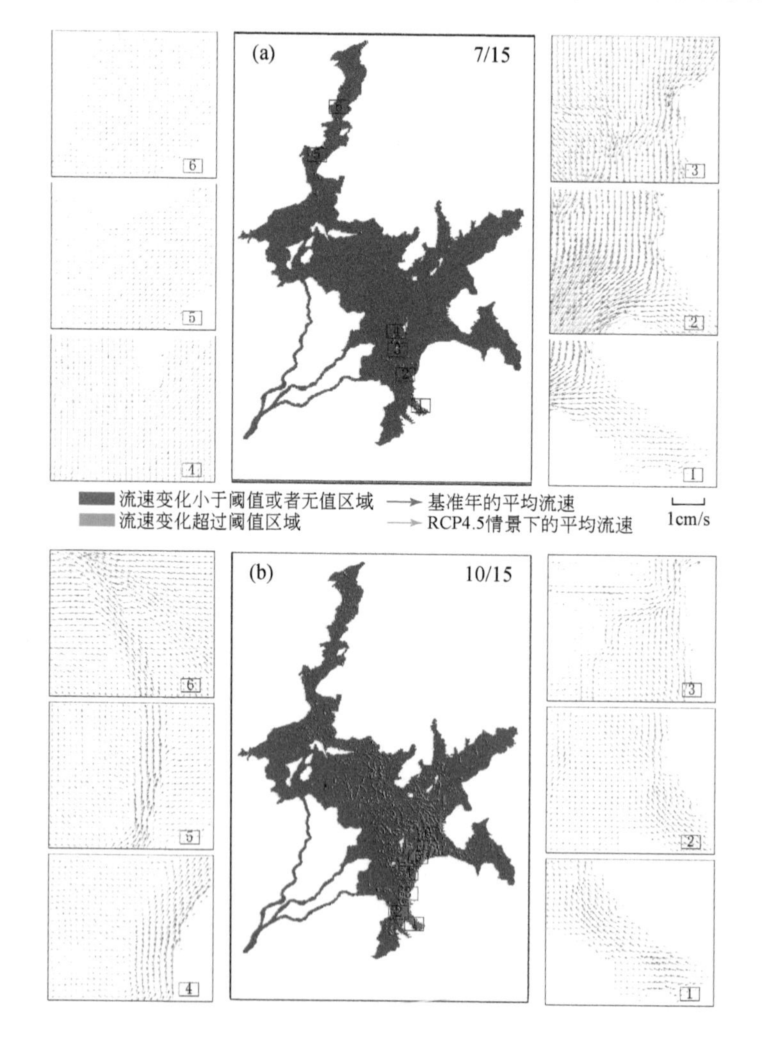

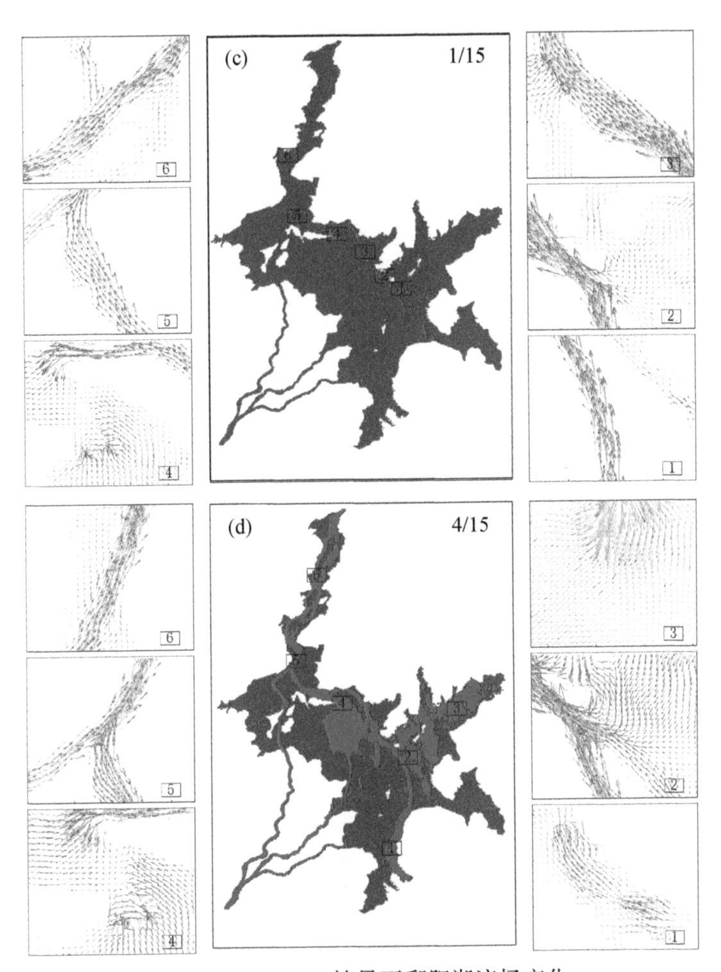

图 9-8　RCP4. 5 情景下鄱阳湖流场变化

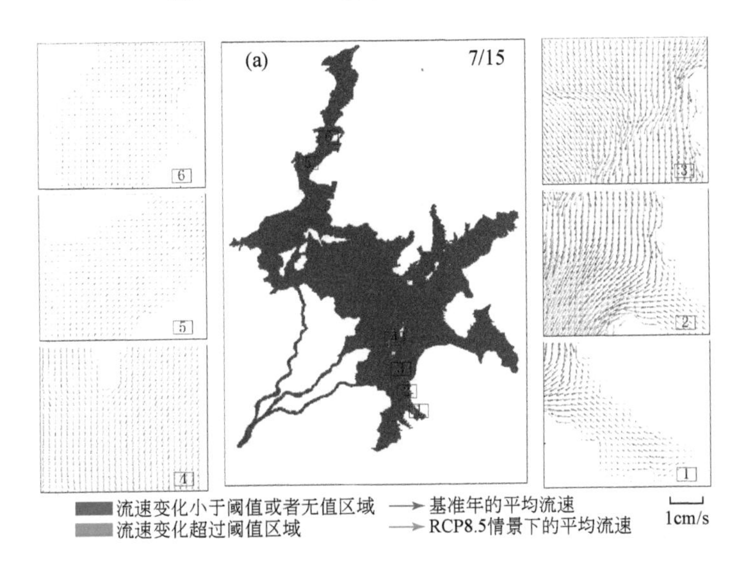

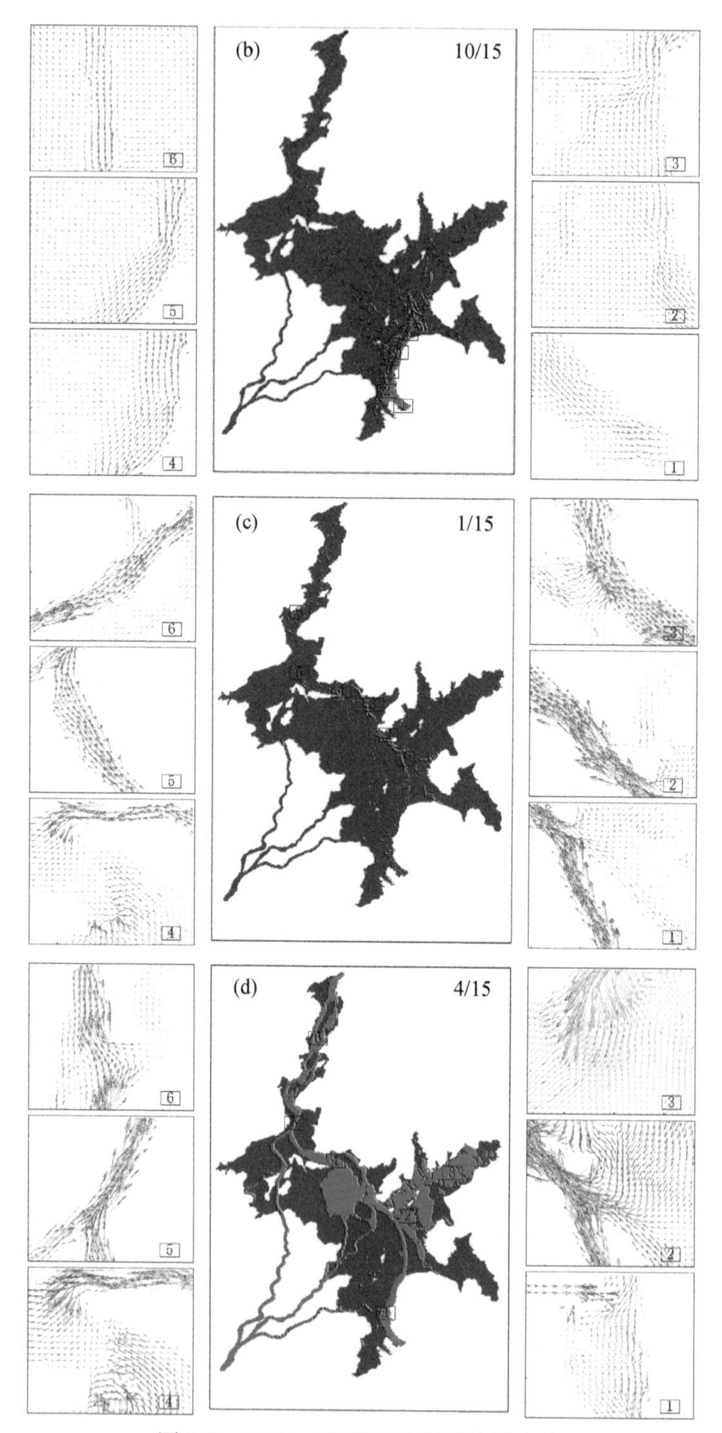

图 9-9　RCP8.5 情景下鄱阳湖流场变化

大到 781.88km²，几乎覆盖了整个湖区。此外，基准年和 RCP8.5 情景在 4 月均表现出较快的水流速度，但在方向和速度上均有显著差异。

从图9-8和图9-9可以看出，RCP4.5和RCP8.5气候情景对水动力的影响过程类似，但超过流速阈值的变化区域有波动的趋势。在模拟开始时受影响的区域很小。10月，RCP4.5和RCP8.5气候情景的变化面积分别扩大到417.94km^{2}和427.81km^2。1月，变化区域向北迁移，RCP4.5和RCP8.5气候情景下的变化区域面积分别为111.81km^{2}和107.50km^2。4月，水流变化明显影响了水动力条件，几乎覆盖了整个湖泊。除7月外，东水道水动力情况在整个时段内均受到水流变化的显著影响。这主要是因为该河道位于信江入湖口附近，对水流变化非常敏感。考虑到东水道的流速比主湖区快，特别是在旱季，这种变化可以迅速转移。与此同时可以看出，RCP8.5气候情景下的变化区域面积大于RCP4.5，这与流场的变化一致。

9.2.4 结论与讨论

本书研究分析了未来不同气候情景下信江径流变化对鄱阳湖水动力条件的影响。首先，基于EFDC模型对湖泊水位和流速进行了数值模拟。误差统计表明该模型较好地反映了鄱阳湖的水动力特性。其次，以新安江模型为基础，在未来两种气候情景（RCP4.5和RCP8.5）中预测信江流域2016～2050年的未来径流量，结合水动力模型来研究未来流量与鄱阳湖水动力的响应关系。结果表明，信江流域未来气候情景的流量变化对鄱阳湖流场的季节分布有较大影响。在这两种气候情景下，超过阈值的水动力变化区域均表现为波动的趋势，且直到4月，变化区域几乎覆盖了整个鄱阳湖。除1月外，RCP8.5气候情景下的变化区域面积略大于RCP4.5，且东部航道受流量变化的影响一直较明显。研究可以增进对湖泊水动力与子流域水文过程之间关系的进一步探索。

参考文献

赖格英，王鹏，黄小兰，等.2015. 鄱阳湖水利枢纽工程对鄱阳湖水文水动力影响的模拟. 湖泊科学，27（1）：128-140.

李一平，唐春燕，余钟波.2012. 大型浅水湖泊水动力模型不确定性和敏感性分析. 水科学进展，23（2）：271-277.

Hamrick J M，Wu T S. 1997. Computational design and optimization of the EFDC/HEM3D surface water hydrodynamic and eutrophicationmodels. Next Generation Environmental Models Computational Methods：143-156.

Park K，Jung H S，Kim H S，et al. 2005. Three-dimensional hydrodynamic-eutrophication model（HEM-3D）：application to Kwang-Yang Bay，Korea. Marine Environmental Research，60（2）：171-193.

Sharpley A N，Williams J R. 1990. EPIC-erosion/productivity impact calculator：1. Model documentation. Technical Bulletin-United States Department of Agriculture.

Sun S，Chen H，Ju W，et al. 2013. Assessing the future hydrological cycle in the Xinjiang Basin，China，using a multi-model ensemble and SWAT model. International Journal of Climatology，34：2972-2987.

USDA-SCS. 1986. Urban hydrology for small watersheds. Technical Release，55：2-6.

Xu C H，Xu Y. 2012. The projection of temperature and precipitation over China under RCP scenarios using a CMIP5 multi-model ensemble. Atmospheric And Oceanic Science Letters，5（6）：527-533.

Zhao R J. 1992. TheXinanjiang model applied in China. Journal of Hydrology，135（1）：371-381.